电工维修技能

杨宗强　胡建明　胡建坤◎主编

化学工业出版社
·北京·

图书在版编目（CIP）数据

电工维修技能一本通 / 杨宗强，胡建明，胡建坤主编. —北京：化学工业出版社，2019.8
ISBN 978-7-122-34472-4

Ⅰ.①电…　Ⅱ.①杨…②胡…③胡…　Ⅲ.①电工 - 维修　Ⅳ.① TM07

中国版本图书馆 CIP 数据核字（2019）第 087920 号

责任编辑：宋　辉　　　　　　　　　　　　　文字编辑：陈　喆
责任校对：王素芹　　　　　　　　　　　　　装帧设计：王晓宇

出版发行：化学工业出版社（北京市东城区青年湖南街13号　邮政编码100011）
印　　装：大厂聚鑫印刷有限责任公司
787mm×1092mm　1/16　印张25¾　字数643千字　2019年10月北京第1版第1次印刷

购书咨询：010-64518888　　　　　　　　　　售后服务：010-64518899
网　　址：http://www.cip.com.cn
凡购买本书，如有缺损质量问题，本社销售中心负责调换。

前言

电工维修工作是一项既简单又复杂的工作，简单到日常更换电灯泡、熔断器，复杂至宇宙飞船电控系统的检修。无论是简单还是复杂，只要能够本着"看到、想到、做到、悟到"的思路去做，循环往复，日积月累，你就可能成为一名优秀的维修工程师。

"看到"就是要认真仔细观察现象、询问情况、收集信息。"想到"就是在所收集到的信息中，根据现象，运用自己的知识和经验分析判断得出结论，做好方案。"做到"就是在分析、判断的基础之上，正确选择和使用仪器、仪表及工具进行检测与操作，并根据检测所得数据与正常数据对比，判断得出结论，排除故障，恢复正常。"悟到"就是总结工作过程，找出检修工作过程的经验和不足，不断积累和升华。

做好电工维修工作，离不开基础理论知识、基本操作、检测技能和基本方法。在掌握了这些知识和技能后，学会根据实际情况，灵活运用，才是一名优秀维修工程师应具备的基本素质。

本书基于上述思路，在编写中力求内容从简到繁，实例从易到难，注重内容的实用性，知识、技能和方法并重。同时，兼顾内容的易读性，采用图文并茂编写方式，通俗易懂。

本书第1～4章为读者入门介绍了电工基础理论知识、基本电子和电气元件特性、基本操作技能、基本检测方法，为了适应初学者的学习特点和要求，帮助初学者较快地掌握基本知识、技能和方法，作者结合多年从事电气维修工作的经历和培训教学工作的经验，在内容选取上，介绍常用仪器仪表的结构、性能和使用技巧；从实用角度着重介绍了使用万用表检测常用电子元件、电力电子器件等元器件的检测方法和技巧；同时介绍了常用电气元件的基础知识和选择，使用电气元件的注意事项，以便为读者今后的学习和工作打下良好的基础。

本书第5～9章为读者深入学习介绍了常见电子、电气控制线路，PLC控制技术，典型机床、数控机床电气控制部分的常见故障和检修方法，也为同行从业人员提供了一种思路和经验。这部分的主要内容有：电子线路分析与维修、机床电气电路分析与检修、数控机床数控电气控制系统维修、单片机控制装置维修、PLC 应用与维修。在这几章内容中，既有理论分析示例，又有实际维修工作案例，能够帮助读者建立一种将知识应用到实践的方法，提高分析问题和解决生产实际问题的能力。

本书由杨宗强、胡建明、胡建坤主编，杨宗强负责全书的统稿。参加本书编写工作的还有张书源、王二敏、陈庆华、郝飞、李莹莹、杨振雷、马前帅。杨宗强编写了第 1 章；张书源编写了第 2 章；胡建坤编写了第 3 章第 3.1 ～ 3.7 节；王二敏编写了第 3 章第 3.8 ～ 3.10 节和第 4 章第 4.7 ～ 4.8 节；陈庆华编写了第 4 章第 4.1 ～ 4.6 节；胡建明编写了第 5 章；郝飞编写了第 6 章；李莹莹编写了第 7 章；杨振雷编写了第 8 章；马前帅编写了第 9 章。

本书在编写中参考了天津源峰科技发展有限公司和天津德畅科技发展有限公司的部分技术资料，在编写过程中得到了李庆生、霍春云、刁雅芸、辜竹君、王威、陈玉衡等人的大力支持，在此表示衷心感谢。

由于编者水平有限，编写时难免有不妥之处，恳请读者批评指正。

编者

第3章　电子元件检测　//89

第 4 章 电气元件检测 // 151

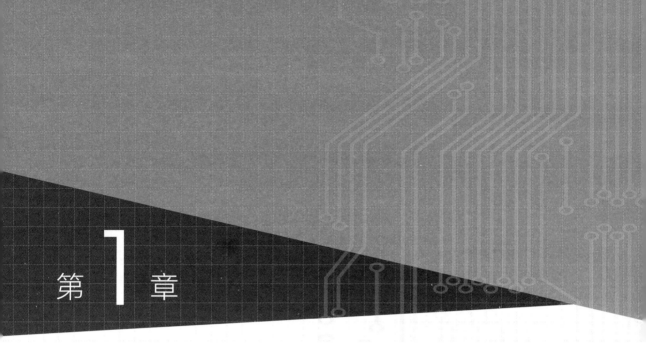

第 1 章

电工基础知识

1.1 电工常用计算和电路

1.1.1 常用基本计算公式

（1）欧姆定律

在一个电路中我们要知道电流、电压、电阻之间的关系，那么，就要知道欧姆定律：

$$I = \frac{U}{R} \tag{1-1}$$

式中，I 为电路中流过电阻的电流，单位为 A；U 为施加于电路中电阻两端的电压，单位为 V；R 为电阻的阻值，单位为 Ω。

在图 1-1 中，如果 U=15V，R=1.5kΩ，则 $I = \dfrac{15V}{1500\Omega} = 0.01A = 10mA$。

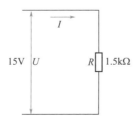

图 1-1 电流、电压、电阻之间的关系

（2）直流电路功率

有时还要计算电路的功率：

$$P=UI=I^2R=\frac{U^2}{R}$$

（1-2）

由式（1-2）看出计算直流电路功率时，要么已知电路的电压值和电流值，或者知道电阻值和电压值，还可以是已知电流值和电阻值，算出功率值。在图1-1中的功率是：

$$P=\frac{U^2}{R}=\frac{15^2}{1500}=0.15(W)$$

（3）交流电路功率

如果计算交流电路的功率就相对复杂一些了，其计算公式如式（1-3）～式（1-6）。

有功功率：

$$P=UI\cos\varphi=I^2R(W)$$

（1-3）

无功功率：

$$Q=UI\sin\varphi=I^2X(var)$$

（1-4）

视在功率：

$$S=UI=I^2Z$$

（1-5）

功率因数：

$$\cos\varphi=\frac{R}{Z},\ \sin\varphi=\frac{X}{Z}(V\cdot A)$$

（1-6）

在维修中，我们所使用的绝缘材料和导电材料都有一定的电阻，称为材料电阻，一般的材料电阻为：

$$R=\rho\frac{l}{S}$$

（1-7）

式中，R为材料电阻；ρ为材料电阻率；l为材料长度；S为材料的截面积。

在电路中，电阻很少单独使用，总是与其他电阻相连接，形成电阻的串并联关系。

（4）电阻的串联、并联

图1-2（a）是电阻串联，电阻串联后总值为：

$$R=R_1+R_2+R_3$$

（1-8）

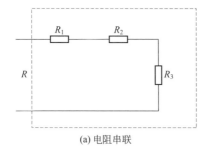

(a) 电阻串联

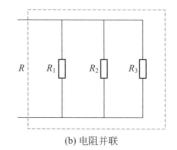

(b) 电阻并联

图1-2　电阻的串联、并联

图 1-2（b）是电阻并联。电阻并联后总值为：

$$\frac{1}{R} = \frac{1}{R_1} + \frac{1}{R_2} + \frac{1}{R_3}$$ （1-9）

（5）电阻与电感的串联

在电路中，除了电阻之间有串并联连接外，电阻也和电感、电容串并联使用。如图 1-3（a）所示，电阻、电感串联后阻抗：

$$Z = \sqrt{R^2 + X_L^2}，\text{其中 } X_L = 2\pi f L$$ （1-10）

（6）电阻与电容的串联

如图 1-3（b）所示，电阻、电容串联后阻抗：

$$Z = \sqrt{R^2 + X_C^2}，\text{其中} X_C = \frac{1}{2\pi f C}$$ （1-11）

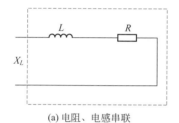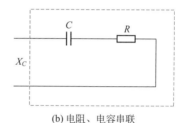

(a) 电阻、电感串联   (b) 电阻、电容串联

图 1-3　电阻、电感串联和电阻、电容串联

（7）电容的串联、并联

如图 1-4（a）所示，电容串联后总值：

$$\frac{1}{C} = \frac{1}{C_1} + \frac{1}{C_2} + \frac{1}{C_3}$$ （1-12）

如图 1-4（b）所示，电容并联后总值：

$$C = C_1 + C_2 + C_3$$ （1-13）

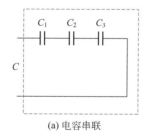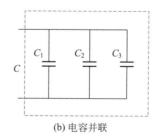

(a) 电容串联   (b) 电容并联

图 1-4　电容的串联、并联

（8）电感的串联、并联

如图 1-5（a）所示，电感串联后总值：

$$L = L_1 + L_2 + L_3$$ （1-14）

如图 1-5（b）所示，电感并联后总值：

$$L = \frac{L_1 L_2}{L_1 + L_2} \qquad (1\text{-}15)$$

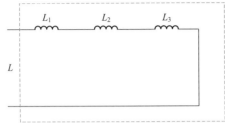

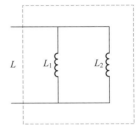

(a) 电感串联   (b) 电感并联

图 1-5 电感的串联、并联

（9）交流电路中电压、电流、阻抗之间的关系

交流电路中电压、电流、阻抗之间的关系：

$$I = \frac{U}{Z}, \qquad Z = \sqrt{R^2 + X^2} \qquad (1\text{-}16)$$

（10）三相交流电路中线电压与相电压的关系

负载三角形接法时：

$$U_L = U_{LN} \qquad (1\text{-}17)$$

负载星形接法时（有中线时才成立，与负载对称与否无关）：

$$U_L = \sqrt{3}\, U_{LN} \qquad (1\text{-}18)$$

式中，U_L 为线电压；U_{LN} 为相电压。

（11）三相交流电路中线电流与相电流关系

负载三角形接法时（负载对称时才成立）：

$$I_L = \sqrt{3}\, I_{LN} \qquad (1\text{-}19)$$

负载星形接法时：

$$I_L = I_{LN} \qquad (1\text{-}20)$$

式中，I_L 为线电流；I_{LN} 为相电流。

（12）对称三相交流电路功率

有功功率：

$$P = \sqrt{3}\, UI\cos\varphi \qquad (1\text{-}21)$$

无功功率：

$$Q = \sqrt{3}\, UI\sin\varphi \qquad (1\text{-}22)$$

视在功率：

$$S = UI \qquad (1\text{-}23)$$

（13）电动机额定转矩

$$M = 9.550 \frac{P}{n} \qquad (1\text{-}24)$$

式中，M 为电动机额定转矩，N·m；P 为电动机额定容量，kW；n 为电动机转速，r/min。

▶1.1.2 常用的几种整流电路

（1）单相半波整流电路

图 1-6 是单相半波整流电路。

① 空载时，有电容滤波，输出电压 $U_d=1.41U_2$，负载时，$U_d=1.1U_2$（工程估算值）。没有电容滤波时，输出电压 $U_d=0.45U_2$。

② 元件所承受的反向电压峰值。没有电容滤波时，元件所承受的反向电压峰值为 $1.41U_2(3.14U_d)$。有电容滤波，空载时，元件所承受的反向电压峰值为 $2U_d$，负载时为 $2.56U_d$（工程估算值）。

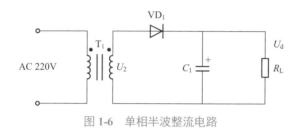

图 1-6 单相半波整流电路

③ 流过元件的电流最大值。没有电容滤波时为 $3.14I_d$，有电容滤波时，由电容的容量大小决定。

④ 整流变压器二次侧电压有效值：有电容滤波，空载时 $U_2=0.707U_d$，负载时 $U_2=0.91U_d$（工程估算值）；没有电容滤波时，$U_2=2.22U_d$。

⑤ 整流变压器二次侧电流有效值：$I_2=1.57I_d$。

⑥ 整流变压器二次侧容量：$P_2=3.49U_dI_d$。

⑦ 整流变压器一次侧容量：$P_1=2.69U_dI_d$。

⑧ 整流变压器平均计算容量：$P_T=3.09U_dI_d$。

⑨ 脉动系数：$S=1.57$。

⑩ 纹波系数：$\gamma=1.21$。

⑪ 输出电压最低频率：f（f 为基波频率）。

（2）单相全波整流电路

图 1-7 是单相全波整流电路。在图中：

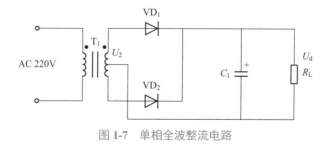

图 1-7 单相全波整流电路

① 空载时，有电容滤波，输出电压 $U_d=1.41U_2^*$，负载时，$U_d=1.1U_2$（工程估算值）。没有电容滤波时，输出电压 $U_d=0.9U_2$。

② 元件所承受的反向电压峰值。没有电容滤波时，元件所承受的反向电压峰值为 $2.82U_2(3.14U_d)$。有电容滤波，空载时，元件所承受的反向电压峰值为 $2U_d$，负载时为 $2.56U_d$（工程估算值）。

③ 流过元件的电流最大值：没有电容滤波时为 $1.57I_d$，有电容滤波时，由电容的容量大小决定。

④ 整流变压器二次侧电压有效值：有电容滤波，空载时 $U_2=0.707U_d$，负载时 $U_2=0.91U_d$（工程估算值），没有电容滤波时，$U_2=1.11U_d$。

⑤ 整流变压器二次侧电流有效值：$I_2=0.79I_d$。

⑥ 整流变压器二次侧容量：$P_2=1.74U_dI_d$。

⑦ 整流变压器一次侧容量：$P_1=1.23U_dI_d$。

⑧ 整流变压器平均计算容量：$P_T=1.48U_dI_d$。

⑨ 脉动系数：$S=0.667$。

⑩ 纹波系数：$\gamma=0.48$。

⑪ 输出电压最低频率：$2f$。

（3）单相桥式整流电路

图 1-8 是单相桥式整流电路。

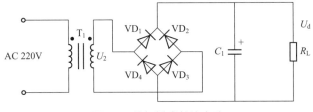

图 1-8　单相桥式整流电路

① 空载时，有电容滤波，输出电压 $U_d=1.41U_2$，负载时，$U_d=1.1U_2$（工程估算值）。没有电容滤波时，输出电压 $U_d=0.9U_2$。

② 元件所承受的反向电压峰值。没有电容滤波时，元件所承受的反向电压峰值为 $1.41U_2(1.57U_d)$。有电容滤波，空载时，元件所承受的反向电压峰值为 U_d，负载时为 $1.28U_d$（工程估算值）。

③ 流过元件的电流最大值。没有电容滤波时为 $1.57I_d$，有电容滤波时，由电容的容量大小决定。

④ 整流变压器二次侧电压有效值：有电容滤波，空载时 $U_2=0.707U_d$，负载时 $U_2=0.91U_d^*$（工程估算值），没有电容滤波时，$U_2=1.11U_d$。

⑤ 整流变压器二次侧电流有效值：$I_2=1.11I_d$。

⑥ 整流变压器二次侧容量：$P_2=1.23U_dI_d$。

⑦ 整流变压器一次侧容量：$P_1=1.23U_dI_d$。

⑧ 整流变压器平均计算容量：$P_T=1.23U_dI_d$。

⑨ 脉动系数：$S=0.667$。

⑩ 纹波系数：$\gamma=0.48$。

⑪ 输出电压最低频率：$2f$。

三种典型单相整流电路的特点如表 1-1 所示。

表 1-1　三种典型单相整流电路的特点

类型	输出电压波形	元器件数量	变压器结构	滤波电容器容量
单相半波	半波，波动较大	少	简单	需要较大
单相全波	全波，波动较小	少	复杂	需要较小
桥式整流	全波，波动较小	多	简单	需要较小

（4）三相半波整流电路

图 1-9 是三相半波整流电路。电阻负载，输出、输入电压关系为：

$$U_d=1.17U_2$$

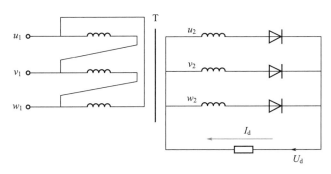

图 1-9　三相半波整流电路

（5）三相桥式整流电路

图 1-10 是三相桥式整流电路。电阻负载，输出、输入电压关系为：

$$U_d=2.34U_2$$

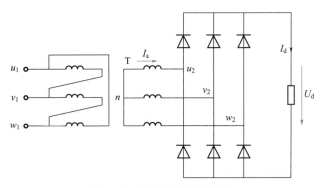

图 1-10　三相桥式整流电路

7

（6）单相可控整流电路

图 1-11（a）是单相半波可控整流电路。电阻负载，输出、输入电压关系为：

$$U_{\mathrm{d}} = 0.45U_2 \frac{1 + \cos\alpha}{2}$$

图 1-11（b）是单相全控桥式整流电路。电阻负载，输出、输入电压关系为：

$$U_{\mathrm{d}} = 0.9U_2 \frac{1 + \cos\alpha}{2}$$

图 1-11（c）是单相半控桥式整流电路。电阻负载，输出、输入电压关系为：

$$U_{\mathrm{d}} = 0.9U_2 \frac{1 + \cos\alpha}{2}$$

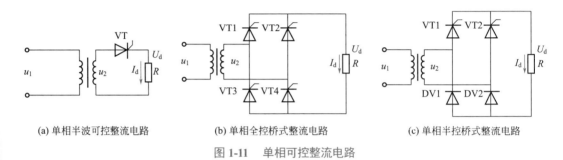

(a) 单相半波可控整流电路　　(b) 单相全控桥式整流电路　　(c) 单相半控桥式整流电路

图 1-11　单相可控整流电路

（7）三相可控整流电路

图 1-12（a）是三相半波可控整流电路。电阻负载，输出、输入电压关系为：

$$U_{\mathrm{d}} = 1.17U_2\cos\alpha \quad 0 \leqslant \alpha \leqslant \frac{\pi}{6}$$

$$U_{\mathrm{d}} = 0.675U_2 \left[1 + \cos\left(\alpha + \frac{\pi}{6}\right) \right] \qquad \frac{\pi}{6} < \alpha \leqslant \frac{5\pi}{6}$$

图 1-12（b）是三相桥式控整流电路。电阻负载，输出、输入电压关系为：

$$U_{\mathrm{d}} = 2.34U_2\cos\alpha \quad \alpha \leqslant \frac{\pi}{3}$$

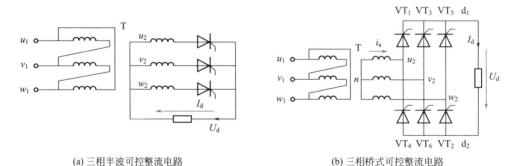

(a) 三相半波可控整流电路　　　　　　　　(b) 三相桥式可控整流电路

图 1-12　三相可控整流电路

1.2 变压器及连接组别

变压器是利用电磁感应原理来升高或降低交流电路电压的一种静止的电器。它除了能把某一等级的电压变换成同频率另一等级的电压之外，还能变换电流、变换阻抗、改变相位等。常用单相和三相变压器外形如图 1-13 所示。

图 1-13　单相和三相变压器外形

1.2.1　变压器结构及工作原理

（1）变压器结构

变压器种类很多，在此只介绍小型变压器。变压器的基本结构由铁芯及套在铁芯柱上的线圈（也称绕组）组成。绕组是电路通道，铁芯是磁路通道。绕组有一次侧（高压侧）和二次侧（低压侧）之分。一次侧（高压侧）绕组也叫原边绕组，二次侧（低压侧）绕组又叫副边绕组。一般而言，一次侧（高压侧）绕组接电源，二次侧（低压侧）绕组接负载。

当一次绕组接通交流电源时，一次绕组中便有交变电流通过，由于二次绕组未接负载，因而这个电流称为空载电流或励磁电流。励磁电流在铁芯中产生交变的磁通，同时穿过一次绕组和二次绕组，这个磁通叫主磁通。根据电磁感应定律，在一、二次绕组中产生的感应电动势 E_1、E_2 分别为

$$E_1 = 4.44 f \Phi_m N_1 \times 10^{-8}$$

$$E_2 = 4.44 f \Phi_m N_2 \times 10^{-8}$$

$$E_1 / E_2 = N_1 / N_2 = K$$

式中，f 为频率，Hz；N_1、N_2 为绕组匝数；K 为变压器的电压比。显然，$K>1$ 时，变压器为降压变压器；$K<1$ 时，变压器为升压变压器，这就是变压器能够变换电压的原理。

（2）变压器主要参数

① 功率容量。变压器的功率包括输入功率和输出功率。输入功率与变压器的效率有关。

功率是确定变压器铁芯的主要依据。在纯电阻负载时，变压器的输出功率 P_2 等于次级负载电压 U_2 和负载电流 I_2 的乘积，即 $P_2=U_2I_2$。输入功率 $P_1=P_2/\eta$，η 为变压器效率。

② 功率因数。变压器的输入功率 P_1 与其伏安容量 VA_1 之比称为功率因数 $\cos\varphi$，即：

$$\cos\varphi = \frac{P_1}{VA_1} = \frac{1}{\sqrt{1+\left(\dfrac{I_\varphi}{I_1}\right)^2}}$$

其中，I_φ 为铁芯磁化电流；VA_1 为初级伏安值；I_1 为初级电流。

③ 效率。变压器输出功率 P_2 与输入功率 P_1 的比值称为效率。即：$\eta=P_2/P_1$。

使用变压器时，必须保证在铭牌规定条件及额定数据下运行，如果条件不符或超出额定数据，必将缩短变压器使用年限，甚至损坏变压器。铭牌上标出的技术数据主要有型号、额定容量、相数、频率、额定电压、额定电流、阻抗电压、使用条件、冷却方式、温升及连接组标号等。

变压器空载：变压器一次侧接入额定电压，二次侧开路，就是空载运行。理想变压器空载运行原理图如图 1-14 所示。在图中只要有一个量的方向确定了，其他量的方向也就确定了。这是分析运行的依据。实际变压器会有空载

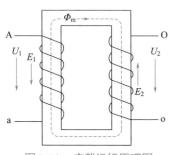

图 1-14　空载运行原理图

损耗，也就是变压器的铁芯损耗掉一部分输入功率。

▶ 1.2.2　单相变压器绕组的极性及其判定

（1）变压器绕组的极性

变压器绕组的极性是指变压器一次侧、二次侧绕组在同一磁通作用下所产生的感应电动势之间的相位关系，通常用同名端来标记。在图 1-15 中，铁芯上绕制的所有线圈都被铁芯中交变的主磁通所穿过，在任何某个瞬间，电动势都处于相同极性（如正极性）的线圈端就称同名端。而另一端就成为另一组同名端，它们也处于同极性（如负极性）。不是同极性的两端就称为异名端。例如在交变磁通 Φ 的作用下，感应电动势 E_{1U} 与 E_{2U} 的正方向所指的 $1U_2$、$2U_2$ 是一对同名端，而 $1U_1$ 与 $2U_1$ 也是同名端。应该指出，没有被同一个交变磁通所贯穿的线圈，它们之间就不存在同名端的问题。

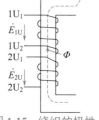

图 1-15　绕组的极性

同名端的标记有好几种。通常用"*"或"·"表示。在互感器上用"+"或"-"表示。对于一个绕组而言，哪一端作为正极是无所谓的，但是，一经确定后，其他有关的线圈的正极性也就根据同名端关系定下了。有时也称为线圈的首与尾，只要一个线圈的首尾确定了，那些与它有磁路穿通的线圈的首尾也就定下了。

（2）绕组之间连接

绕组之间进行连接时，极性是至关重要的。一旦极性接反，轻者不能正常工作，重者导致绕组和设备的严重损坏。这在变压器、电机和控制电路中会经常遇到。

① 绕组串联，如图 1-16 所示。同名端正向串联，也称为首尾相连，如图 1-16（a）所示，

即把两个线圈的异名端相连，总电动势为两个电动势相加，电动势会越串越大。反向串联，也称为尾尾相连（或首首相连），如图 1-16（b）所示。总电动势为两个电动势之差，电动势将变小。正因为正、反向串联的总电动势相差很大，所以常用此法来判别两个绕组的同名端。

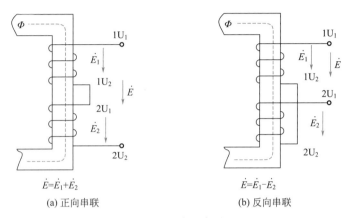

图 1-16　绕组串联

②绕组并联时，也有两种连接方法，如图 1-17 所示。同极性并联，又分两种情况。其一，如图 1-17（a）所示。两个线圈的感应电动势大小一样，则两个绕组回路内部的总电动势为零，不产生内部环流，这是最理想状态，变压器的并联就应符合这种条件。其二，两个线圈的感应电动势大小不一样，则两个绕组回路内部的总电动势不为零，产生内部环流。这种情况环流会产生热量，输出电压、电流会减小，严重时会烧毁绕组。绕组反极性并联，如图 1-17（b）所示。绕组不能反极性并联，这样环流会很大，以至于烧毁绕组。

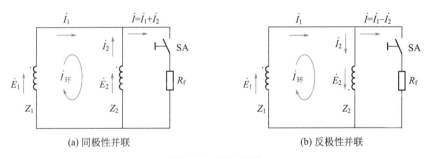

图 1-17　绕组并联

（3）绕组极性判别

① 直观法。如图 1-15、图 1-16 所示，因为绕组的极性是由它的绕制方向决定的，所以可以用直观法判别它们的极性。如果从绕组的某一端通入直流电，产生的磁通方向一致的这些端点就是同名端（右手螺旋法则判别）。

② 测试法。如果无法观察到绕组的绕制方向（如绕组密封在内部），只能借助仪表来测试。

a. 电压表法，如图 1-18 所示。根据前面串联接法的分析，测出电压 U_2 和 U_3，如果 $U_3=U_1+U_2$，则是正向串联，$1U_1$ 与 $2U_1$ 是异名端；如果 $U_3=U_1-U_2$，则是反向串联，$1U_1$ 与 $2U_1$

是同名端。

b. 检流计法，如图 1-19 所示。P 为检流计（检流计指针偏向电流流入的一端）。当合上开关 S 后，如电流向下，说明这时 1U$_1$ 与 2U$_1$ 都处于高电位，所以它们是同名端。用这个方法时，为了省电和保护检流计，一般将高压侧接电池，低压侧接检流计。也可用直流毫安表代替检流计，直流毫安表量程由大至小试用，直到反应明显为止。

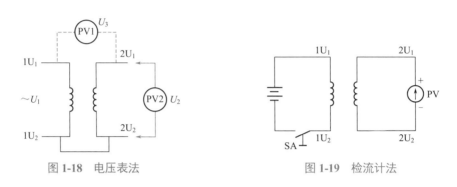

图 1-18 电压表法　　　　　　　图 1-19 检流计法

以上是对单相绕组的极性判别。对三相变压器来说，它的每一相的一次侧、二次侧绕组之间的同名端判别同单相变压器一样。但三相绕组之间严格地讲不属于同名端判别范畴，因为它们分别绕在不同的铁芯柱上，有各自不同的磁通，因此不存在同名端关系。

▶ 1.2.3 三相变压器连接组别

现代电力系统广泛使用三相交流电。三相变压器也就有了广泛的应用。使用三个单相变压器按照一定规律相互连接就能组成三相变压器，称为三相组式变压器，如图 1-20（a）所示。而实际应用的三相变压器都是采用三相合为一体的芯式变压器，如图 1-20（b）所示。

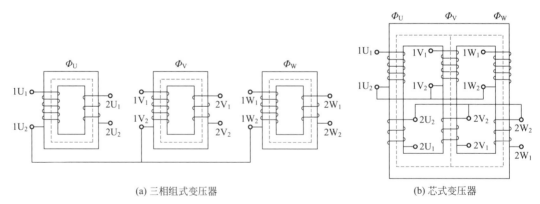

(a) 三相组式变压器　　　　　　　　(b) 芯式变压器

图 1-20 三相变压器

（1）三相绕组首尾端判别

三相绕组首尾端判别如图 1-21 所示。第一种接法为顺接，如图 1-21（a）所示。先假设 1U$_1$ 是首端，外加电压 U_1 后，测得电压 U_2=0，说明 1U$_1$ 和 1V$_1$ 都是首端。第二种接法为反接，如图 1-21（b）所示，测得电压 $U_2=U_1$，说明 $1V_2$ 是尾端。因为第一种接法时 W 相中的磁通量为零，感应电动势也就为零，而第二种接法 W 相中的磁通量不为零，感应电动势也就不为零了。同样的道理，我们把 V、W 交换，测出 W 相绕组的首尾端。只有三相绕组的首尾端都确定了，才能正确连接绕组的星形（Y）和三角形（△）接法。

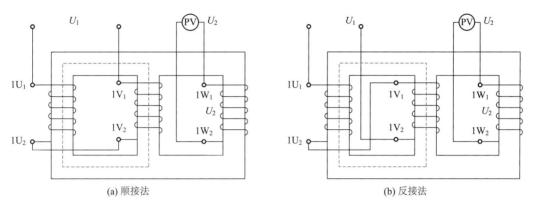

(a) 顺接法   (b) 反接法

图 1-21　三相绕组首尾判别法

（2）三相变压器的两种接法

① 星形（Y）接法。三相变压器的星形（Y）接法如图 1-22 所示。把三个绕组的尾端连接在一起，三个首端接电源就是一次侧的星形接法。二次侧星形接法是将三个绕组的尾端连接在一起。如果接反了，会出现三相不平衡，三个相电压值大小不一致，两个线电压与相电压相等，因此可根据线电压的大小判断二次侧星形接法是否正确。

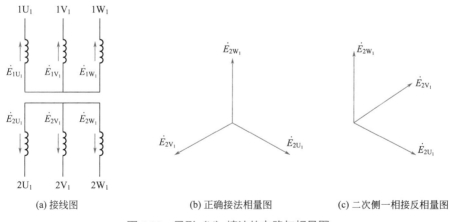

(a) 接线图   (b) 正确接法相量图   (c) 二次侧一相接反相量图

图 1-22　星形（Y）接法的电路与相量图

② 三角形（△）接法。三相变压器一次侧绕组三角形（△）接法如图 1-23 所示。三角形（△）接法就是把三个绕组首尾相接构成一个闭合回路，把连接点接到电源上。三角形（△）接法有正相序连接和反相序连接两种方法。一次侧如有一相首尾接反了，将会使空载电流急剧增加。

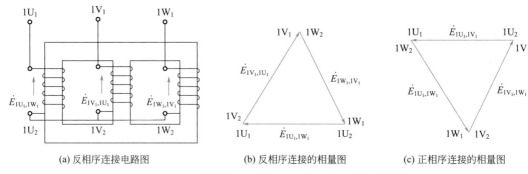

(a) 反相序连接电路图   (b) 反相序连接的相量图   (c) 正相序连接的相量图

图 1-23　一次侧绕组三角形（△）接法的电路与相量图

二次侧绕组三角形（△）接法如图 1-24 所示。

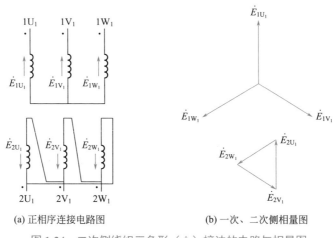

(a) 正相序连接电路图   (b) 一次、二次侧相量图

图 1-24　二次侧绕组三角形（△）接法的电路与相量图

二次侧绕组正确连接时，回路中无环流。如果二次侧绕组有一相首尾反接（图 1-25），将在闭合回路中产生很强的环流，因此二次侧绕组不允许首尾反接。只要测量开口电压是否为零就能判断二次侧绕组是否连接正确。

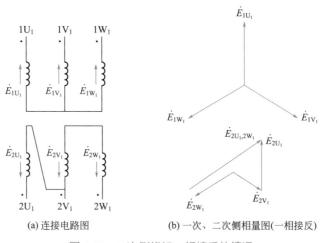

(a) 连接电路图   (b) 一次、二次侧相量图(一相接反)

图 1-25　二次侧绕组一相接反的情况

（3）星形（Y）接法和三角形（△）接法的特点

① 星形（Y）接法。

a. 与三角形接法相比，相电压低 3 倍，可节省绝缘材料，对高电压特别有利。

b. 有中性点可引出，适合于三相四线制，可提供两种电压。

c. 中点附近电压低，有利于装分接开关。

d. 相电流大，导线粗，强度大，匝间电容大，能承受较高的电压冲击。

e. 没有中线时，电流中没有三次谐波，这会使磁通中有三次谐波存在（由磁路造成），而这个磁通只能从空气和油箱中通过（指三相芯式变压器），造成损耗增加。所以 1800kV·A 以上的变压器不能采用这种接法。

f. 中性点要直接接地，否则当三相负载不平衡时，中点电位会严重偏移，对安全不利。

g. 当某相发生故障时，只好整机停用，而不像三角形接法时还有可能接成 V 形运行。

② 三角形接法。

a. 输出电流比星形接法大 3 倍，省铜材，对大电流变压器很合适。

b. 当一相有故障时，另外两相可接成 V 形运行供给三相电。

c. 没有中性点，没有接地点，不能接成三相四线制。

（4）连接组及其判别

① 连接组。变压器的一次侧、二次侧都可以有三角形或星形两种接法，一次侧绕组三角形接法用 D 表示，星形接法用 Y 表示，有中线时用 YN 表示；二次侧绕组分别用小写的 d、y 和 yn 表示。根据不同的需要，一次侧、二次侧有各种不同的接法，形成了不同的连接组别，也反映出一次侧、二次侧的线电压之间的相位关系。两台三相变压器并联，如果它们的一次侧、二次侧电压大小一样，但相位不同，不能并联，要求它们的连接组别一样才能并联，从而说明连接组别判别的重要性。

国际上规定，标志三相变压器高、低压绕组线电动势的相位关系用时钟表示法。即规定高压侧线电动势 $E_{1U_1, 1V_1}$ 为长针，永远指向 12 点位置；低压侧线电动势 $E_{2U_1, 2V_1}$ 为短针，它指向几点钟，就是连接组别的标号。如 Y, d1 表示高压边为星形接法，低压边为三角形接法，一次侧线电压落后二次侧线电压相位 30°。虽然连接组别有许多，但为了便于制造和使用，国家标准规定了五种常用的连接组，如表 1-2 所示。

表 1-2　五种常用的连接组

接线图		相量图		标号
高压侧	低压侧	高压侧	低压侧	
1U 1V 1W	N 2U 2V 2W	1V 1W 1U		Y, yn0

续表

接线图		相量图		标号
高压侧	低压侧	高压侧	低压侧	
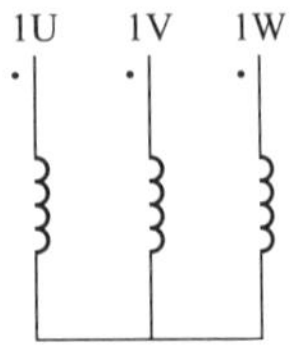 1U 1V 1W	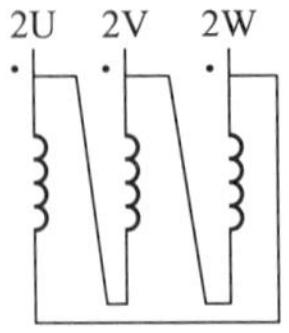 2U 2V 2W	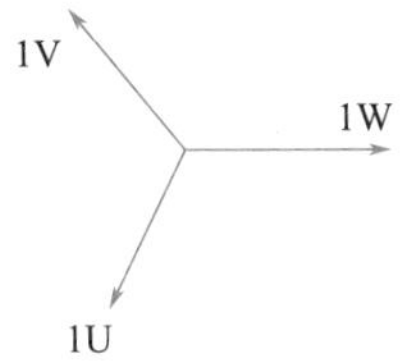 1V 1W 1U	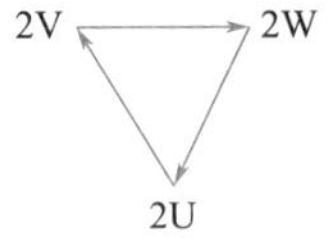 2V 2W 2U	Y, d11
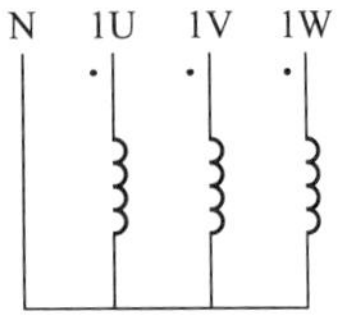 N 1U 1V 1W	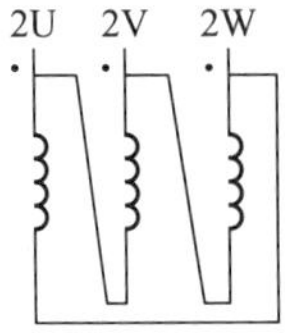 2U 2V 2W	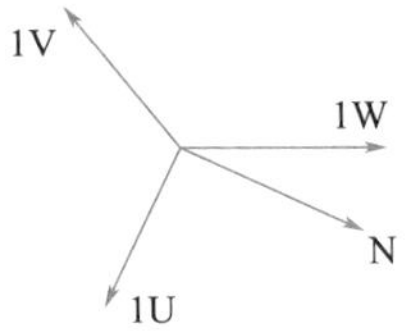 1V 1W N 1U	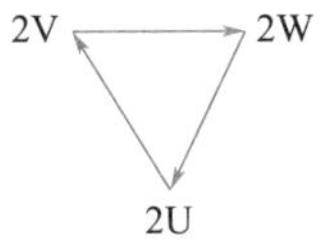 2V 2W 2U	YN, d11
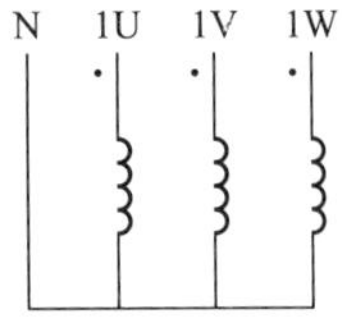 N 1U 1V 1W	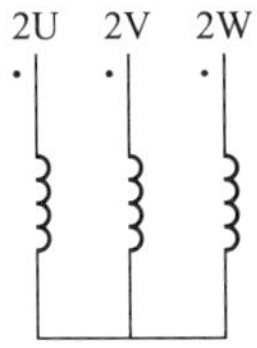 2U 2V 2W	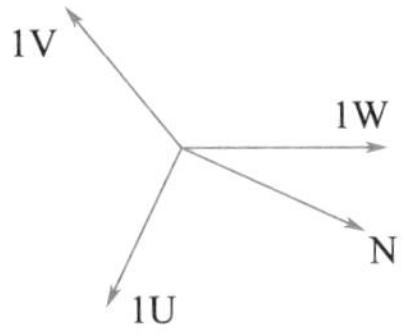 1V 1W N 1U	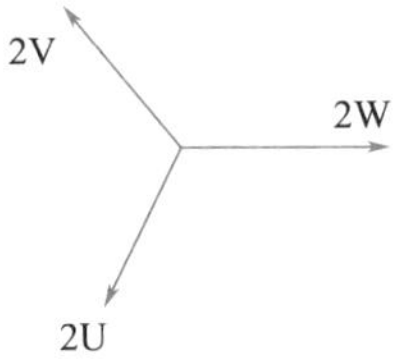 2V 2W 2U	YN, y0
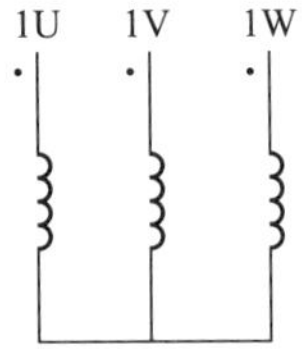 1U 1V 1W	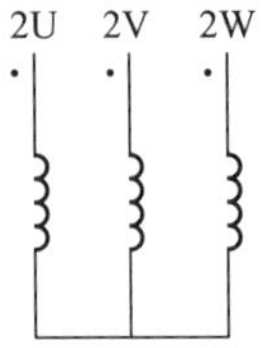 2U 2V 2W	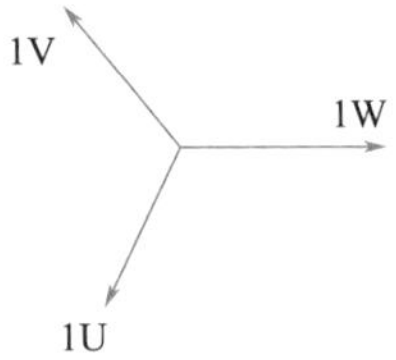 1V 1W 1U	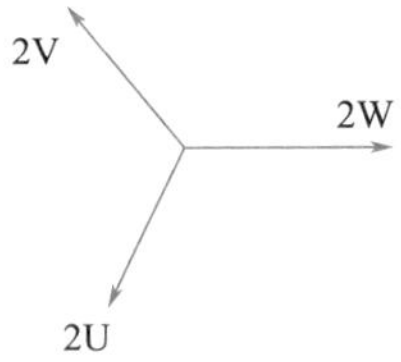 2V 2W 2U	Y, y0

② 连接组的判别方法。在常用的连接组别中，可分成 Y, y 和 Y, d 两类接法，下面分别介绍它们的判别方法。

a.Y, y 接法。知道变压器的绕组连接图及各相一次侧、二次侧的同名端，如图 1-26（a）所示，可按下列步骤判别。

步骤一：首先要在接线图中标出每个相电动势的正方向及 $\dot{E}_{1U_1,1V_1}$ 和 $\dot{E}_{2U_1,2V_1}$ 的正方向，一次侧和二次侧都指向各自的首端即 $1U_1$、$2U_1$。再画出一次侧绕组（高压边）电动势相量图，最好按书中方位画，这样画出的线电势 $\dot{E}_{1U_1,1V_1}=\dot{E}_{1U_1}-\dot{E}_{1V_1}$，正巧在钟表"12"的位置不用再移动了，如图 1-26（b）中所示。

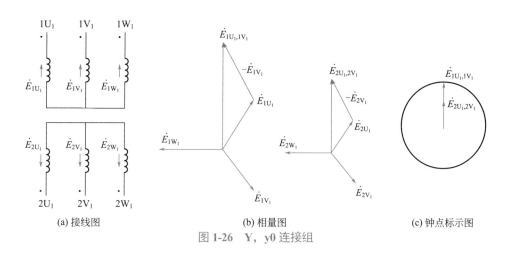

(a) 接线图　　　　　　　(b) 相量图　　　　　　　(c) 钟点标示图

图 1-26　Y，y0 连接组

步骤二：画出二次侧绕组的电动势相量图，由接线图中的同名端可判断出 $\dot{E}_{2U_1}$、$\dot{E}_{2V_1}$、$\dot{E}_{2W_1}$ 和一次侧的电动势 $\dot{E}_{1U_1}$、$\dot{E}_{1V_1}$、$\dot{E}_{1W_1}$ 是同相位（即同极性），所以它的相量图也和一次侧一样，画出 $\dot{E}_{2U_1, 2V_1} = \dot{E}_{2U_1} - \dot{E}_{2V_1}$，如图 1-26（b）所示。

步骤三：画出时钟的钟点，只要把一次侧的 $\dot{E}_{1U_1, 1V_1}$ 放在"12"点，再把二次 $\dot{E}_{2U_1}$、$\dot{E}_{2V_1}$ 作为短针放上去即可，很明显二次侧是 12 点，也就是 0 点，所以是 Y，y0 连接组，如图 1-26（c）所示。如果接线图改变了，二次侧的同名端换成另一端，则二次侧的相电动势反相，结果会怎样呢？不需重新画图，只要把二次侧的线电压旋转 180° 就可以了，即由 0 点变成了 6 点，标记变成了 Y，y6，如图 1-27 所示。当然，如果二次侧不变，而把一次侧的极性接反，结果也是一样。

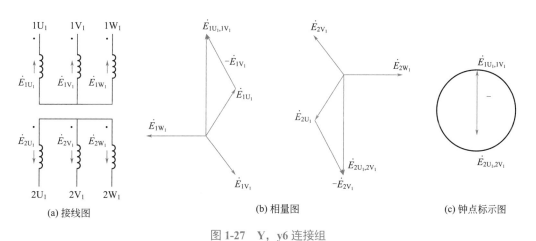

(a) 接线图　　　　　　　(b) 相量图　　　　　　　(c) 钟点标示图

图 1-27　Y，y6 连接组

另外，如果同名端不变，而是绕组的首尾变了，即把 2U₁、2V₁、2W₁ 和 2U₂、2V₂、2W₂ 对换，那么相电动势的正方向也要随之反相，其结果和前面改变同名端是一样的，由 0 点变成 6 点。由此可见，连接组别与同名端及标号是密切相关的，两者的任何变化，都会引起连接组别的变化。

b. Y，d 接法以图 1-28 为例，这种接法的判别比 Y，y 接法稍难一点，主要是二次侧相量图和二次侧线电动势比较难找，步骤如下。

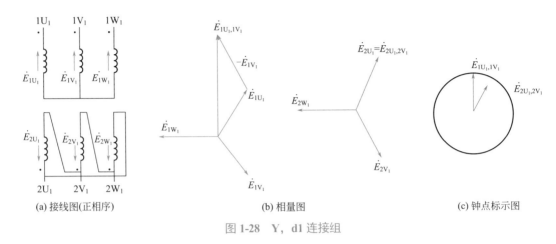

(a) 接线图(正相序)　　　　(b) 相量图　　　　(c) 钟点标示图

图 1-28　Y，d1 连接组

步骤一：完全和前面一样，画出三相相电动势和 $\dot{E}_{1U_1,1V_1}$ 线电动势（在 12 点的位置）。

步骤二：根据一次侧、二次侧线圈的同名端是否相同，决定二次侧相电动势的相位方向，画出二次侧三相对称相量图，如图 1-28（b）所示。从接线图中找出二次侧线电动势 $\dot{E}_{2U_1,2V_1}$ 与哪个相电势相等，由图 1-28（a）中找到 $\dot{E}_{2U_1,2V_1}=\dot{E}_{2U_1}$，即 $\dot{E}_{2U_1,2V_1}$ 的方向指向"1"点，所以可画出时钟图。

步骤三：画出时钟图，如图 1-28（c）所示，该变压器为 Y，d1 连接组。

如果把接线图改为图 1-29（a），即由正相序改成反相序接法，而且二次侧极性也反了，则连接组别也变了。步骤一还是同原来一样。步骤二中画二次侧相量图时，相量方向与一次侧相反，如图 1-29（b）所示。同样从图 1-29（a）找到线电动势 $\dot{E}_{2U_1,2V_1}=-\dot{E}_{2V_1}$，指向"5"点钟位置，所以是 Y，d5 连接组，如图 1-29（c）所示。

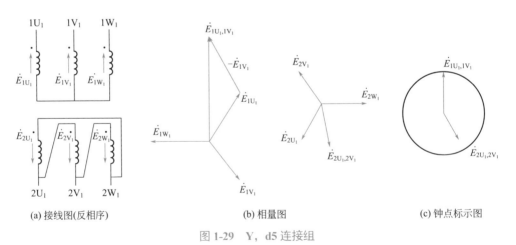

(a) 接线图(反相序)　　　　(b) 相量图　　　　(c) 钟点标示图

图 1-29　Y，d5 连接组

在一般情况下，Y，y 连接和 Y，d 连接已可满足多种需要，只有少数场合，如晶闸管整流电路中要求有 D，yn11 和 D，yn5 连接组。

在常用的五种连接组中，Y，yn0 连接组是经常遇到的，可供三相动力和单相照明用电，容量不大，一般不超过 1800kV·A，高压侧电压等级不超过 35kV。此外，Y，yn0 连接组不能用于三相组式变压器，只能用于三相芯式变压器，因为前者二次侧会感应出较高的三次谐波电压，对电网不利。Y，d 连接组用于高压 35kV 的电网中，YN，d1 用于高压 110V 以上的输电系统中。

1.3 维修基础技能

1.3.1 手工焊接与拆焊

焊接时，掌握好电烙铁的温度和焊接时间，选择恰当的电烙铁和焊点的接触位置，才能得到良好的焊点。对于一般焊点而言，完成焊接过程，需要 2 ~ 3s。

（1）选择电烙铁

根据手工焊接工艺和不同的施焊对象的要求，选用不同的电烙铁。主要从电烙铁的种类、功率及烙铁头的形状考虑。

（2）焊接材料的选择

焊接材料分为焊料（焊锡）和焊剂（助焊剂和阻焊剂）。知道了焊料和焊剂的性质和选用知识，对提高焊接质量很有帮助。

① 焊料。焊料是指易熔金属及其合金，它能使被焊物（导线与导线、元器件引线与印制电路板的焊盘）的连接点连接在一起。焊料的选择对焊接质量有很大的影响。

在锡中加入一定比例的铅和少量其他金属可制成熔点低、抗腐蚀性好、对元件和导线的附着力强、机械强度高、导电性好、不易氧化、抗腐蚀性好、焊点光亮美观的焊料，故焊料常称作焊锡。焊锡有条状、丝状的，如图 1-30 所示。常用的焊锡直径有 0.5mm、0.8mm、0.9mm、1.0mm、1.2mm、1.5mm、2.0mm、2.3mm、2.5mm、3.0mm、4.0mm、5.0mm 等。丝状焊锡主要用于手工焊接。块状及棒状焊锡用于浸焊、波峰焊等自动焊接机。

图 1-30　条状、丝状焊锡

焊锡按其组成成分可分为锡铅焊料、银焊料、铜焊料等，熔点在 450℃以上的称为硬焊料，450℃以下的称为软焊料。锡铅焊料的材料配比不同，性能也不同。常用的锡铅焊料及其用途如表 1-3 所示。

表 1-3　常用的锡铅焊料及其用途

名称	牌号	熔点温度 /℃	用途
10# 锡铅焊料	H1SnPb10	220	焊接食品器具及医疗方面物品
39# 锡铅焊料	H1SnPb39	183	焊接电子电气制品
50# 锡铅焊料	H1SnPb50	210	焊接计算机、散热器、黄铜制品
58-2# 锡铅焊料	H1SnPb58-2	235	焊接工业及物理仪表
68-2# 锡铅焊料	H1SnPb68-2	256	焊接电缆铅护套、铅管等
80-2# 锡铅焊料	H1SnPb80-2	277	焊接油壶、容器、大散热器等
90-6# 锡铅焊料	H1SnPb90-6	265	焊接铜件
73-2# 锡铅焊料	H1SnPb73-2	265	焊接铅管件

市场上出售的焊锡，由于生产厂家不同，配制比有很大的差别，但熔点基本在140 ～ 180℃之间。在电子产品的焊接中一般采用 Sn62.7%+Pb37.3% 配比的焊料，其优点是熔点低、结晶时间短、流动性好、机械强度高。

② 焊剂。根据焊剂的作用不同可分为助焊剂和阻焊剂两大类。在锡铅焊接中，助焊剂是一种不可缺少的材料。它有助于清洁被焊物的焊点处，防止焊面氧化，增加焊料的流动性，使焊点易于成形。常用助焊剂分为有无机助焊剂、有机助焊剂和树脂助焊剂三种。焊料中常用的助焊剂是松香，在要求较高的场合下使用新型助焊剂——氧化松香。

a. 助焊剂。松香酒精助焊剂是将松香溶于酒精之中，重量比为 1 ： 3。消光助焊剂具有一定的浸润性，可使焊点丰满，防止搭焊、拉尖，还具有较好的消光作用。中性助焊剂适用于锡铅料对镍及镍合金、铜及铜合金、银和白金等的焊接。

b. 阻焊剂。阻焊剂是一种耐高温的涂料，可使焊接只在所需要的焊点上进行，而将不需要焊接的部分保护起来，以防止焊接过程中的桥连，减少返修，使焊接时印制板受到的热冲击小，板面不易起泡和分层。阻焊剂的种类有热固化型阻焊剂、光敏阻焊剂及电子束辐射固化型阻焊剂等几种，目前常用的是光敏阻焊剂。

③ 使用助焊剂时应注意：不要使用存放时间过长的助焊剂。常用的松香助焊剂在温度超过 60℃时，绝缘性能会下降，焊接后的残渣对发热元件有较大的危害，故在焊接后要清除助焊剂残留物。助焊剂常温下必须稳定，其熔点要低于焊料，在焊接过程中助焊剂要具有较高的活化性、较低的表面张力，受热后能迅速而均匀地流动，不产生有刺激性的气体和有害气体，不导电，无腐蚀性，残留物无副作用，施焊后的残留物易于清洗。

（3）手工焊接步骤

手工焊接的操作可以分为五个步骤，如图 1-31 所示。

① 准备施焊：焊接前应准备好焊接工具和材料，清洁被焊件及工作台，进行元器件的插装及导线端头的处理。操作者左手拿焊锡丝，右手握电烙铁，进入待焊状态。

② 加热焊件：将电烙铁头放置在焊件与焊盘之间的连接处，进行加热，使焊点的温度上升。电烙铁头放在焊点上时应注意其位置，即加大电烙铁头与焊件的接触面积，以缩短加

热时间，达到焊盘受热均衡的目的。

③ 送入焊锡丝：当焊件加热到能熔化焊料的温度后，在电烙铁头与焊接部位的结合处以及对称的一侧，将焊锡丝置于焊点，焊料开始熔化并润湿焊点。

④ 移开焊锡丝：当焊点上的焊料充分润湿焊接部位时时撤离焊锡丝，以保证焊点不出现堆锡现象，获得较好的焊点。

⑤ 移开电烙铁：移开焊锡丝后，待焊锡全部润湿焊点时，就要及时迅速地移开电烙铁。移开电烙铁头的时间、方向和速度决定着焊点的质量。通常情况下，电烙铁头以与焊盘大致成45°的方向向上移开。

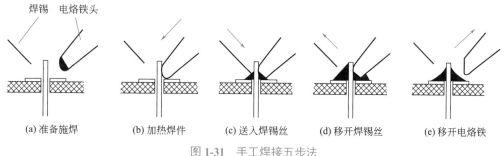

(a) 准备施焊   (b) 加热焊件   (c) 送入焊锡丝   (d) 移开焊锡丝   (e) 移开电烙铁

图 1-31　手工焊接五步法

（4）焊点质量的要求

对焊点质量的要求：可靠的电气连接、足够的机械强度和光洁整齐的外观。正确和错误的焊锡用量如图 1-32 所示。

图 1-32　正确和错误的焊锡用量

① 可靠的电气连接。电子产品工作的可靠性与电子元器件的焊接紧密相连。一个焊点要能稳定、可靠地通过一定的电流，没有足够的连接面积是不行的。如果焊接仅仅是将焊料堆在焊件的表面或只有少部分形成合金层，随着时间的推移和条件的变化，接触层被氧化，会出现脱焊现象，电路会出现工作不稳定现象，而观察焊点表面，连接如初，这是电子仪器检修中最头痛的问题，也是电子产品制造中要十分注意的问题。

② 足够的机械强度。焊接不仅起到电气连接的作用，同时也是固定元器件、保证机械连接的手段。由于锡铅焊料的抗拉强度小，必须有足够的连接面积才能保证机械强度。

③ 光洁整齐的外观。良好的焊点要求焊锡量恰到好处，表面有金属光泽，没有桥接、拉尖等现象，导线焊接时不伤及绝缘皮。

（5）检查焊接

检查焊接项目主要有：外观检查、牢固度检查和通电检查。

① 外观检查。外观检查就是通过肉眼从焊点的外观上检查焊接质量，可以借助 3 ～ 10 倍的放大镜进行目检。目检的主要内容包括：焊点是否有错焊、漏焊、虚焊和连焊，焊点周围是否有焊剂残留物，焊接部位有无热损伤和机械损伤现象。

② 牢固度检查。在外观检查中发现有可疑现象时，可用镊子轻轻拨动焊接部位进行检查，并确认其质量。主要包括导线、元器件引线和焊盘与焊锡是否结合良好，有无虚焊现象；元器件引线和导线根部是否有机械损伤。

（6）手工拆焊

在调试、维修电子设备的工作中，经常需要更换元器件。更换元器件的前提是把原先的元器件拆下来。如果拆焊的方法不当，则会破坏印制电路板，也会使换下来但并没失效的元器件无法重新使用。拆焊前，一定要弄清楚原焊接点的特点，不要轻易动手。

① 手工拆焊操作要点。以不损坏拆除的元器件、导线、原焊接部位的结构件，不损坏印制电路板上的焊盘与印制导线为原则。

a. 严格控制加热的温度和时间。拆焊的加热时间和温度较焊接时间要长、要高，所以要严格控制温度和加热时间，以免将元器件烫坏或使焊盘翘起、断裂。宜采用间隔加热法来进行拆焊。

b. 拆焊时，不要用力过猛。在高温状态下，元器件封装的强度都会下降，尤其是对塑封器件、陶瓷器件、玻璃端子等，过分地用力拉、摇、扭都会损坏元器件和焊盘。

c. 吸去拆焊点上的焊料。用吸锡器吸去焊料，有时可以直接将元器件拔下。即使还有少量锡连接，也可以减少拆焊的时间，减小元器件及印制电路板损坏的可能性。如果在没有吸锡工具的情况下，则可以将印制电路板或能够移动的部件倒过来，用电烙铁加热拆焊点，利用重力原理，让焊锡自动流向烙铁头，也能达到部分去除焊锡的目的。

② 手工拆焊方法。电阻、电容、晶体管等引脚不多，且每个引线可相对活动的元器件可用烙铁直接解焊。把印制板竖起来夹住，一边用烙铁加热待拆元件的焊点，一边用镊子或尖嘴钳夹住元器件引线轻轻拉出。手工拆焊示意如图 1-33 所示。

当拆焊多个引脚的集成电路或多引脚元器件时，一般有以下几种方法。

a. 选择使用合适的医用空心针头拆焊。具体方法如图 1-34 所示。将医用针头用钢锉锉平，作为拆焊的工具。一边用电烙铁熔化焊点，一边把针头套在被拆卸元器件的引线上，直至焊点熔化后，将针头迅速插入印制电路板的孔内，使元器件的引线脚与印制电路板的焊盘分开。

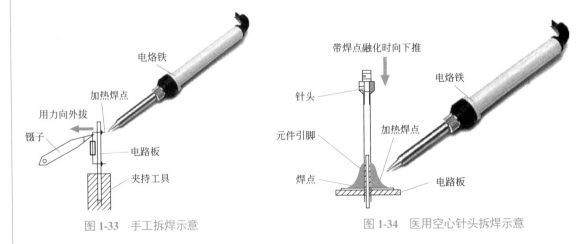

图 1-33　手工拆焊示意　　　　　　　图 1-34　医用空心针头拆焊示意

b.使用吸锡材料拆焊。可用作锡焊材料的有屏蔽线编织网、细铜网或多股铜导线等，如图 1-35 所示。将吸锡材料中加入松香助焊剂，用烙铁加热进行拆焊。

图 1-35　拆焊用铜网

图 1-36 是用吸锡材料拆焊的示意图。

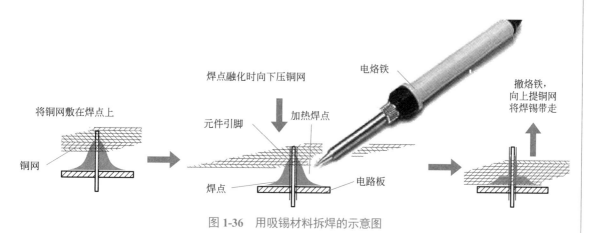

图 1-36　用吸锡材料拆焊的示意图

c.使用吸锡烙铁或吸锡器进行拆焊。采用吸锡烙铁或吸锡器进行拆焊的示意图如图 1-37 所示。吸锡烙铁对拆焊是很有用的，既可以拆下待换的元件，又可同时不使焊孔堵塞，而且不受元器件种类限制。但它必须逐个焊点除锡，效率不高，而且必须及时排除吸入的焊锡。

d.使用专用拆焊工具进行拆焊。专用拆焊工具能一次完成多引线引脚元器件的拆焊，而且不易损坏印制电路板及其周围的元器件。图 1-38 是用专用拆焊工具进行拆焊的示意图。

e.使用热风枪或红外线焊枪进行拆焊。对于表面安装元器件，用热风枪或红外线焊枪进行拆焊效果最好。用此方法

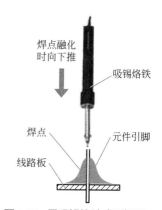

图 1-37　用吸锡烙铁或吸锡器进行拆焊的示意图

拆焊的优点是拆焊速度快，操作方便，不宜损伤元器件和印制电路板上的铜箔。图1-39是用热风枪拆焊的示意图。热风枪或红外线焊枪可同时对所有焊点进行加热，待焊点熔化后取出元器件。

图1-38　用专用拆焊工具进行拆焊的示意图

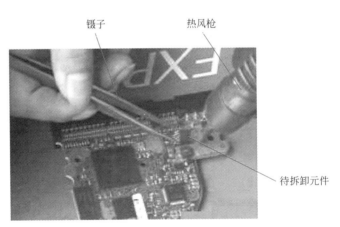

图1-39　用热风枪拆焊的示意图

▶ 1.3.2　电气元件的安装

（1）继电器类元器件的安装

常用的继电器类元器件有接触器、继电器、热继电器、时间继电器、断路器、熔断器。这类元件的安装方式比较简单，常用的有三种。第一种是直接安装，就是使用紧固件，把接触器／继电器与底板直接固定。这种方式常用在老型号的接触器／继电器的安装中。第二种是卡轨安装，就是将先卡轨固定在底板上，然后再把接触器／继电器装卡在卡轨上，可在接触器／继电器两边安装上防滑动的固定件。第三种安装方式就是焊装。这种安装方式常用于印制电路板上小型继电器的安装。对于热继电器还有插接安装方式，就是将热继电器与继电器或接触器插接在一起。图1-40是常用的几种卡轨。

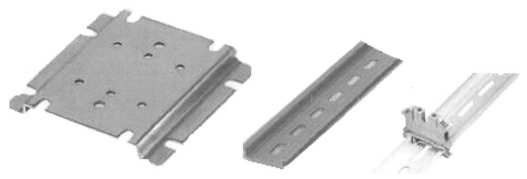

图 1-40　常用的几种卡轨

图 1-41 是器件安装在卡轨上的示意图。

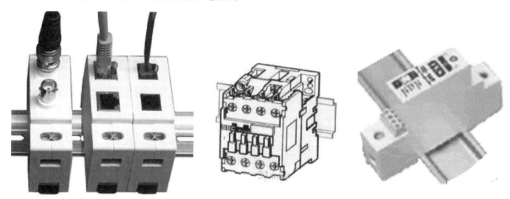

图 1-41　器件安装在卡轨上的示意图

图 1-42 是装有器件的卡轨安装在底板上的示意图。

接触器

继电器

图 1-42　装有器件的卡轨安装在底板上的示意图

（2）指示器件和按钮类器件的安装

指示器件和按钮类器件的安装方式有两种。一种是螺接紧固安装方式。这种器件本身带有螺纹、螺母。还有一种方式就是卡装。这种器件本身带有卡簧，安装时只需将其推入安装孔中即可，非常简便快捷。图 1-43 是按钮的一种安装方式的示意图。

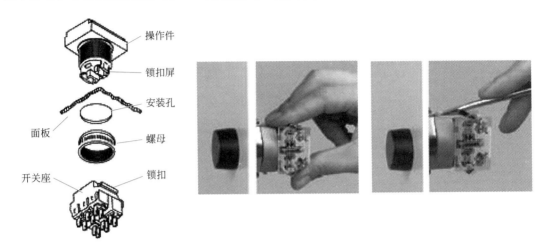

图 1-43　按钮的一种安装方式的示意图

（3）配电盘元件安装

① 按图安装。在安装之前，要检查元器件的外观是否有损坏。按照图纸核对元器件的数量和种类。按照图纸的位置和安装方式安装元器件。图 1-44 是配电盘的位置图。

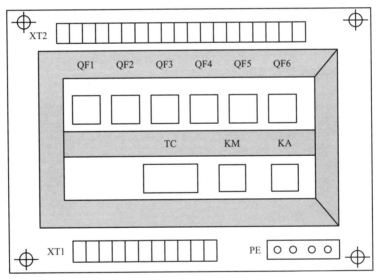

图 1-44　配电盘的位置图

② 元器件安装顺序。一般按照先低后高、先轻后重，从左上方向右下方的安装顺序进行安装。

③ 安装时的注意事项。要注意紧固件的力度，因为一般的电气元件外壳为绝缘脆性材质，所以在紧固时，用力要适度。安装元件时要注意元件的进出线方向，不可倒置。元件标识要尽可能放置在易识读的位置和方向。

④ 配电盘的接线。配电盘的接线有软线和硬线之分，它们的工艺是有所区别的。在此仅以软线接线为例，介绍一些接线工艺。图 1-45 是一个电气控制线路配电盘的示例。

导线成束处要捆扎

一端子所接导线不能超过2根

接线端子处导线要有标明线号的号码管

行线槽每一缝隙只允许出入2根导线

进出配电盘的导线必须经过端子排引入和引出

图 1-45　一个电气控制线路配电盘的示例

配电盘接线时要注意以下几点。

a. 按照接线图配线和接线。在原理图、接线图中，已十分清楚地标明所用导线的规格、截面积、颜色、连接对象和连接方式，接线时必须严格遵守。

b. 导线走向以用线最短为原则。每一端子所接导线不能超过 2 根，行线槽每一缝隙只允许出入 2 根导线。

c. 接线端子处导线要有标明线号的号码管，号码管的长度要一致，线号字体字号一致，字头朝向一致。

d. 进出配电盘的导线必须经过端子排引入和引出，导线成束处要捆扎，捆扎节距大致相等。

▶ 1.3.3　电子元件的安装

（1）电子元件安装前的处理

① 元件引脚成型。将其引脚弯曲以适合元件安装，这称为元件引脚成型。如图 1-46 是几种元件引脚成型示意。

图 1-46　元件引脚成型示意

元件引脚成型的要求是引脚打弯处距离引脚根部要大于 1.5mm，弯曲的半径要大于引脚直径的二倍，两根引脚打弯后要相互平行，成型时应注意将元器件的标称值及文字标记放在最易查看的位置，以利于检查和维修。

a. 元件引脚的预加工。元件引脚的预加工处理主要包括引脚的校直、表面清洁和搪锡三个步骤。手工对引脚进行预加工处理的程序是：先使用尖嘴钳或镊子进行引脚的校直，然后用小刀轻轻刮拭引脚表面或用细砂纸擦拭引脚表面去除表面氧化层，再用湿布擦拭引脚，最后用电烙铁进行搪锡。

b. 成型的方法。元件进行安装时，通常分为立式安装和卧式安装两种。不同的安装方式，其成型的形状不同。为了满足安装的尺寸要求和印制电路板的配合要求，一般引脚成型是根据焊点之间的距离，做成所需要的形状，其目的是使元器件能迅速而准确地插入安装孔内。元件引脚成型的方法主要有专用模具成型、专业设备成型以及用尖嘴钳进行简单的加工成型三类。其中手工模具成型较为常用。图1-47是使用尖嘴钳使元件引脚成型示意图。

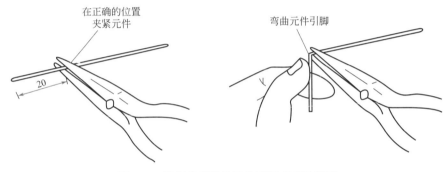

图 1-47　使用尖嘴钳使元件引脚成型示意图

常用的引脚成型模具如图1-48所示，模具的垂直方向开有插入元件引脚的长条形孔，孔距等于格距。将元件的引脚从上方插入长条形孔，然后使引脚成型，这种方法加工引脚一致性较好。

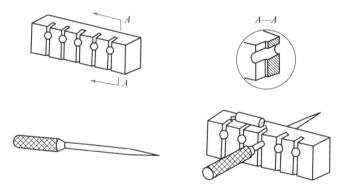

图 1-48　引脚成型模具

② 元器件引线及导线端头焊接前的加工。

a. 元器件引线氧化层的去除。由于元器件的长期存放，元器件的引线可焊性变差，这主要是元器件表面附有灰尘和杂质及氧化层造成的。元器件在插装在印制电路板上之前，要对其引线进行去氧化处理（元件引线没有氧化的除外），然后再对引线脚进行浸锡处理，以保证不出现虚焊。具体的方法是：用小刀或锋利的工具，沿着引线方向，距离器件引线根部2～4mm处向外刮。一边刮，一边转动器件引线，将引线上的氧化物彻底刮净为止。刮引线脚时要注意，不能把器件引线上原有的镀层刮掉，见到原金属的本色即可。同时也要注意，不能用力过猛，以防将元器件的引线刮断或折断。

b.元器件引线搪锡。将刮净的元器件引线及时蘸上助焊剂，放入锡锅浸锡，或者用电烙铁上锡。不管用哪种方法，上锡的时间都不能过长，以免元器件因过热而损坏，尤其是半导体器件。如晶体管在浸锡时用镊子夹持引线脚上端，以帮助散热。

c.绝缘导线端头的加工。绝缘导线在接入电路前必须对端头进行加工处理，这样才能保证引线在接入电路后，不致因端头问题产生导电不良及经受不住一定的拉力而产生断头。

导线端头加工步骤：按所需长度截断导线；按导线连接的方式决定削头长度（搭焊连接、钩焊连接、绕焊连接）；对多股导线进行捻头处理；最后是搪锡。

剥线头就是将导线端头的绝缘物去掉露出芯线。剥线头的方法，一般是采用剥线钳。使用剥线钳时要选择合适的钳口，不要把芯线损坏。没有剥线钳的也可用电工刀或剪刀，但要特别留心不要损伤芯线。

多股导线经剥头处理后，芯线很容易松散。浸锡后芯线就变得比原导线直径粗得多，并带有毛刺。为此多股绝缘导线剥头后要进行捻头处理。捻头的方法是按原来的方向继续捻紧，一般螺旋角在30°～40°之间。捻线时用力要合适，否则就会将细线捻断。经捻头后的绝缘导线，应及时进行浸锡。浸锡方法与元器件引线的浸锡方法基本相同。但要注意浸锡时不要浸到导线的绝缘层上。

（2）元件安装

电子元件一般被安装在印制电路板上，一般电路板上都印有元部件符号和文字代号，如图1-49所示。安装元件是要注意以下几点。

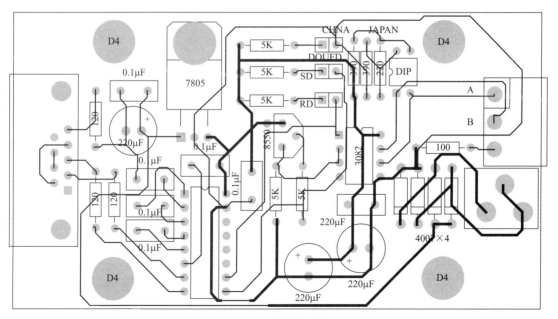

图1-49　印制电路板

① 手工插装。手工插装方法简单易行，使用设备少，如图 1-50 所示，将元器件的引脚插入对应的插孔即可，但生产效率低，误插率高。

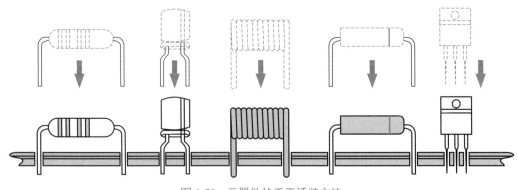

图 1-50 元器件的手工插装方法

② 安装方式。根据元件本身的安装方式，可采用立式安装或卧式安装，如图 1-51 所示。

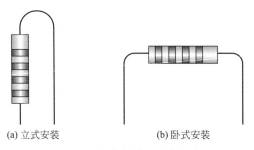

(a) 立式安装   (b) 卧式安装

图 1-51 立式安装和卧式安装

立式安装的特点是元件在印制电路板上所占的面积小，元件的安装密度高；缺点是元件容易相碰，散热差，且不适合机械化装配。所以立式安装常用于元件多、功耗小、频率低的电路。卧式安装的优点是元件排列整齐、牢固性好、元件的两端点距离较大，有利于排版布局，便于焊接和维护，也便于机械化装配；缺点是所占面积较大。对于两种安装方式都可以采用的元件，当工作频率不太高时，两种安装方式都可以采用；工作频率较高时，元器件最好采用卧式安装，并且引线尽可能短一些，以防产生高频寄生电容影响电路。

卧式安装又可分为贴板安装、悬空安装。卧式贴板安装：将元器件贴紧印制线路板表面安装，安装间隙在 1mm 左右，如图 1-52（a）所示。此种方法稳定性好，插装简单，但不利于散热，不适用高发热元器件。若元器件为金属外壳，安装面又有印制的导线，为了避免短路，元器件壳体应加绝缘衬垫或套绝缘管。

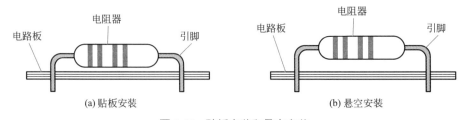

(a) 贴板安装   (b) 悬空安装

图 1-52 贴板安装和悬空安装

卧式悬空安装：将元器件壳体与印制线路板面间隔一定的距离安装，安装间距在 3 ～ 8mm 之间，如图 1-52（b）所示。一般发热元器件、不耐热元器件都采用悬空安装的方法。图 1-53 是将电阻、电容、三极管壳体加绝缘衬垫或套绝缘管卧式安装示例。

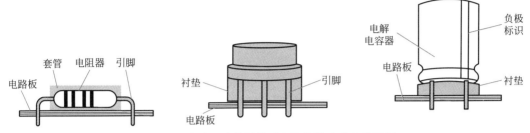

图 1-53　壳体加绝缘衬垫或套绝缘管卧式安装示例

③ 安装大的元件。在安装较大、较重的元器件时，除可以焊接在电路板上外，最好再采用支架固定，这样才能更加牢固可靠。图 1-54 为较重元器件安装支架固定法示意图。图中把一大功率三极管用螺钉固定在角形的铝板上，然后再固定在安装板上。这样一是稳固，二是铝片能起到散热的作用。

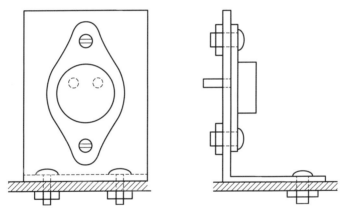

图 1-54　较重元器件安装支架固定法示意图

④ 元件标识朝向。安装各种电子元器件时，应将标注元器件型号和数值的一面朝上或朝外，以利于焊接和检修时查看元器件型号数据，见图 1-55。

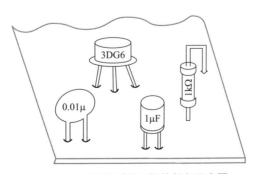

图 1-55　元器件型号和数值朝向示意图

⑤ 元件引线的长短。需要保留较长的元器件引线时，必须套上绝缘导管，以防元器件引脚相碰短路。

⑥ 元器件的安装要美观。立式安装时，元器件要与电路板垂直，卧式安装时，要与电路板平行或贴服在电路板上。

（3）集成器件的安装

集成电路的引脚比晶体管及其他元件多，而且引脚间距很小，所以安装和焊接的难度要比晶体管大。集成电路在安装时要注意如下问题。

① 集成电路在装入电路板前，首先要弄清引脚的排列与孔位是否能对准，否则不是装错就是装不进去。

② 插装集成电路引脚时，用力不能过猛，以防止弄断和弄偏引脚。

③ 集成电路的封装形式有晶体管式封装、单列直插式封装、双列直插式封装和扁平式封装。在使用时一定要弄清引脚的排列顺序，不能插错。

④ 集成电路安装在印制电路板上有三种形式：其一，使用 IC 座，把 IC 座焊接在印制电路板上，然后再把集成电路插在 IC 座上；其二，将单列直插式封装、双列直插式封装的集成电路芯片直接焊接印制电路板上；其三，采用贴片焊接。图 1-56 是这三种方式的示意图。

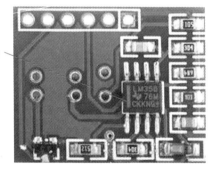

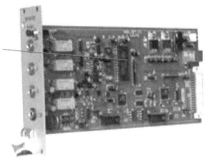

图 1-56　集成电路的三种安装方式示意图

▶ 1.3.4　识图技能

学会看图，能够看懂原理图、安装图、接线图，对电器维修人员而言是必须的，懂得制图标准和规范是看懂图的基础。

（1）电路图（原理图）

用图形符号并按照工作顺序排列，详细表示电路、设备或成套设备的全部基本组成和连接关系，而不考虑实际位置的一种简图，目的是便于详细了解作用原理，分析和计算电路特性。图 1-57 是原理图图例。

依据设计要求，进行原理设计，绘制电气原理图。在原理图中要体现出原理实现的电路，元件的连接关系，元件的规格、型号，导线的规格、型号。绘制图纸要使用国家标准规定的电气图形符号、文字代号。布局、数据标注、图线等绘图要符合国家标准要求。同一套图纸要使用统一的标准，不能同时使用不同版本的标准。

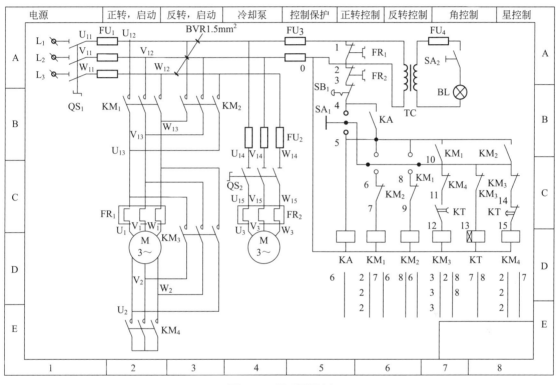

图 1-57　原理图图例

电路图的布局应遵守的原则：电路垂直布置时，类似项目宜横向对齐；水平布置时，类似项目宜纵向对齐。功能上相关项目应靠近绘制，以使关系表达得清晰，相关元件应靠近绘制。同等重要的并联通路应依主电路对称布置，属同等重要项目，应对称布置。在某些情况下，为了把相应元件连接成对称的布局，也可以采用斜的交叉线。

电路图布局的出发点为对图的理解和使用方便，应做到布局合理、排列均匀、图面清晰、便于看图。主要从图线的布置和电路或元件的布局方面考虑。

① 图线的布置。一般用直线表示连接线，要横平竖直，尽可能减少交叉和弯折。图线的布置方式一般有水平布置、垂直布置和交叉布置三种常用方式。

② 电路或元件的布局。电气线路图属于简图。在电气简图中，电路或元件的布局一般采用功能布局法和位置布局法两种。

③ 导线的一般表示法。在电路图中连接各个图形符号的图线称为连接线，如电线、母线、绞线、电缆、线路等。连接线是电气图的重要部分，有不同的表示方法，如连续和断续表示法，单根和多根表示法。在图面上通过图线粗细、图形符号及文字、数字来区分各种不同的导线。

导线的一般符号可以表示一根导线、一组导线、母线等。在图上导线不仅要表示出导线根数，而且还要标注出导线的截面积。

④ 导线连接点的表示。导线连接点有"T"形和"十"字形两种，对于"T"形连接点的标注可用实心圆点"●"，也可不加实心圆点，对"十"字形连接点，则必须加实心圆点。但为了统一图面标注和读图方便，连接点应只使用一种标注方式。

⑤ 在电气图中，电气元件的可动部分均按"正常状态"表示。对触点符号通常规定为"左开右闭，下开上闭"，当触点符号水平放置时，动触点在静触点下（或上）方为动合（常开），而在上（或下）方则为动断（常闭）。

⑥ 元件工作状态的表示原则：元器件和设备的可动部分应表示在非激励、不工作的状态或位置；多重开闭器件的各组成部分必须表示在相互一致的位置上，而不管电路的工作状态。

⑦ 元件的技术数据及有关注释和标志的表示方法。在电气线路图中，元件的技术数据及有关注释和标志的标注是必不可少的，正确合理的标注不仅使得图面清晰美观，而且对正确理解电路的工作原理也有一定帮助。

电气元器件的型号、规格、整定值等称为技术数据。一般将其标注在图形符号的近旁。当连接线水平布置时，技术数据尽可能标注在图形符号的下方；垂直布置时，则标注在图形符号的左方。技术数据也可以标注在继电器线圈、仪表、集成块等元件的方框符号或简化外形符号内。技术数据也可用表格的形式给出，表格的主要项目为序号、代号、型号、规格、数量、备注等。

（2）安装图

也叫装配图，是表示电气设备中各单元或各单元中各元件相对位置和安装方式的一种简图，分为总装配图和部件装配图。总装配图主要是清楚表示出各个部件的安装位置，各个部件之间的相互连接关系。

单元装配图体现元件之间的空间位置、安装方式、元件规格型号、紧固件数量和规格。绘制图纸时要按照比例缩放，比例大小以表示清楚装配关系为目的。有时为表示细微之处，可采用局部放大的画法。图1-58是单元装配图图例。

（3）接线图

分为互连接线图（表）、单元接线图（表）和端子接线图（表）。接线图中的元件可使用实物，也可使用图框加图形符号的方式绘制。接线图（表）是依据电路图和位置图绘制，表示电气设备、装置和单元电路连接关系的简图。接线图和接线表有单元接线图和接线表、互连接线图和接线表、端子接线图和接线表等几种类型。接线图和接线表是设备安装、调试、检修和故障处理的重要依据。

a.接线图和接线表的内容。接线图和接线表主要表示清楚每个接线点和连接到这些接线点上的导线和电缆的相关信息，主要有项目代号、导线号、端子号；表示导线和电缆的信息有型号、材料、规格、绝缘等级、电压值和颜色等；同时还应标注导线的走向、屏蔽、捆扎方式、导线的长度；也应标注出信号名称。

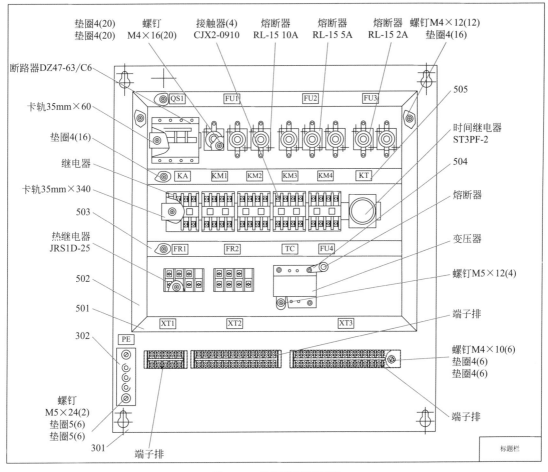

图1-58　单元装配图图例

　　b. 单元接线图和接线表。单元接线图和接线表只表示其内部各项目之间的连接关系，并不表示与外部的连接关系。所选视图一般最能反映各项目的端子和布线情况。为能够更清楚反映出接线和布线情况，可选用多个视图。当项目为层叠时，可移动或翻转后再画出。图1-59是单元接线图图例。

　　c. 互连接线图和互连接线表。互连接线图和互连接线表是表示两个或两个以上单元之间的连接情况的图表。其不包括单元内的接线情况；各单元要画在一个平面内；单元框线使用点画线；连接线可以是单根线也可以是多根线；可使用连续线方式，也可以使用断续线方式表示。

　　d. 端子接线图和接线表。端子接线图和接线表表示设备的端子和外部导线的连接关系。端子接线内容包括端子代号、线号、电缆号等。

　　接线工艺可用文字在图中注明。元件的位置必须与装配图一致，元件之间的连接关系必须与原理图一致。线号、信号和元件文字代号必须与原理图一致。

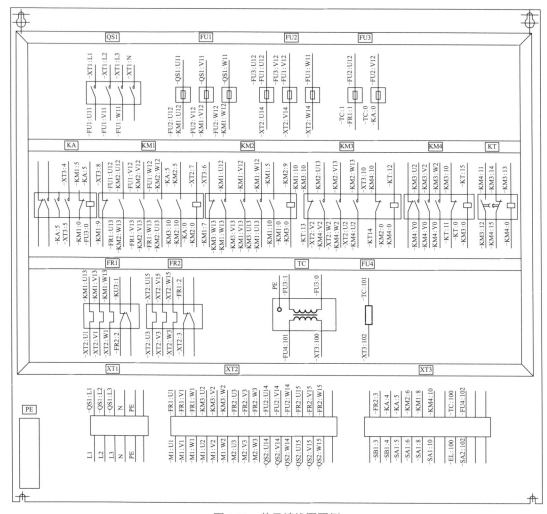

图 1-59　单元接线图图例

▶ 1.3.5　调试技能

维修人员应掌握一般的电气线路调试步骤和常用方法,掌握电子线路的调试步骤和方法。熟悉调试规则和流程。

（1）调试原则与方法

电气线路调试原则:先单元、后整机,先开环、后闭环,先空载、再轻载、后满载。

电子电路调试方法有两种。一种是边安装边调试,就是将复杂的电子电路按照原理框图上的功能分成很多小的独立单元进行安装与调试,然后在单元安装与调试的基础上初步扩大安装和调试的范围,最后完成整机调试。这种方法一般适用于设计一个新的电子电路。另一种方法是在整个电路全部安装、焊接完毕后,实行统一的调试。这种方法适用于已经定型的产品或者是需要相互配合才能运行的电子电路。

电气线路调试方法有:模拟调试和现场调试两种。对于简单电路而言一般是现场调试。对于复杂电路而言,先进行模拟调试后再进行现场调试。所谓模拟调试就是在模拟外部控制信号和负载的平台上进行，此类调试更多局限于线路功能的有无验证，而非精准确认。对于成套设备或生产线而言，调试原则必须遵守先单元调试、后联机调试的原则。

（2）电子线路调试步骤

无论是单元电路调试，还是整机调试都要在通电之前对如下项目进行检查。

①按照接线图检查实际线路连线是否正确，包括错接、少接、多接等。检查电源极性、信号源连线是否正确。

②检查二极管、三极管、集成电路和电解电容的极性安装是否正确。

③使用万用表电阻挡位，检查焊接和接插是否良好，元器件引脚之间有无短路，连接处有无接触不良。

④使用万用表电阻挡位，检查电源线之间是否短路，电源端对地是否存在短路。

若电路经过上述检查，确认无误后，可转入静态检测与调试。

静态检测与调试：如果电路中有集成电路芯片插座，首先不要插入集成电路芯片，接通电源，检查电源电压是否正常，电路中有无冒烟、异常气味，元器件有无发烫等现象。如发现异常情况，立即切断电源，排除故障。这些都通过以后，用万用表检查集成电路插座的电源端，检查该电源端电压是否正确（此项检查很重要，因为一般集成电路芯片只要电源不接错，内部的自带保护电路就可以正常工作，集成电路芯片就不容易损坏）。

如果电源正常，就可以断开电源，将集成电路芯片插入插座，注意芯片的方向以及引脚不要弯折，也不要将引脚位置插错或插到插座外面。然后继续通电，分别测量各关键点直流电压，如静态工作点，数字电路各输入端和输出端的高、低电平值及逻辑关系，放大电路输入、输出端直流电压等是否在正常工作状态下，如不符，则调整电路元器件参数、更换元器件等，使电路最终工作在合适的工作状态；对于放大电路还要用示波器观察是否有自激发生。

动态检测与调试：动态调试是在静态调试的基础上进行的，调试的方法是在电路的输入端加上所需的信号源，并循着信号的注入逐级检测各有关点的波形、参数和性能指标是否满足设计要求，如必要，对电路参数作进一步调整。发现问题，要设法找出原因，排除故障，继续进行。

（3）电气线路调试步骤

①静态检查。

a.检查线路接线是否正确。按照接线图（表）对照实际接线检查接线是否与图一致，端子处有无虚接，元件有无松动。

b.使用万用表电阻挡位检查三相电源线之间有无短接，各相电源与地有无短路，控制回路电源间有无短路。

c.确认外接开关处于有效状态，负载处于安全状态。

②断续操作。接通电源后，确认急停按钮抬起。右手拇指和食指（或无名指）同时放在启动和停止按钮上，按下启动按钮，听到接触吸合声后，立刻按下停止按钮。然后再次启动，3～5s后停止，如此反复3～5次。每一控制回路均如此操作。此操作不宜带电动机。

③连续操作。按照操作说明书的操作步骤，一次启动各个回路，验证控制功能是否实现。

④带载运行。运行前，要再次确认极限保护功能正常。

（4）调试注意事项

① 正确使用测量仪器的接地端，仪器的接地端与电路的接地端子要可靠连接。

② 在信号较弱的输入端，尽可能使用屏蔽线连线，屏蔽线的外屏蔽层要接到公共地线上，在频率较高时要设法消除连接线分布电容的影响，例如用示波器测量时应该使用示波器探头连接，以减少分布电容的影响。

③ 测量电压所用仪器的输入阻抗必须远大于被测处的等效阻抗。

④ 测量仪器的带宽必须大于被测量电路的带宽。

⑤ 正确选择测量点，测量读数时一定要精确。

⑥ 对于多圈电位器，调解时要注意极限位置，当调节到极限位置时，会听到"咔嗒"一声。

⑦ 对于有锁紧功能的电位器，调节前要先松开锁紧螺母，再调节。调节完成后，要锁紧螺母。锁紧后，要再次测量调整值是否有所改变。

第2章

电工工具、仪器、仪表的使用

2.1　电工工具

2.1.1　旋类工具

（1）螺丝刀

是一种旋紧或拧松螺钉的一种工具。按照螺丝刀不同的头型可以分为一字、十字、米字、星形（电脑）、方头、六角头、Y形头部等，其中一字和十字是最常用的，如图2-1所示。

图2-1　常用螺丝刀

① 一字螺丝刀的型号表示为刀头宽度 × 刀杆。例如 2×75mm，则表示刀头宽度为 2mm，杆长为 75mm（非全长）。

② 十字螺丝刀的型号表示为刀头大小 × 刀杆。例如 2#×75mm，则表示刀头为 2 号，金属杆长为 75mm（非全长）。有些厂家以 PH2 来表示 2#。可以以刀杆的粗细来大致估计刀头的大小，不过工业上是以刀头大小来区分的。型号 0#、1#、2#、3# 对应的金属杆粗细大致为 3.0mm、5.0mm、6.0mm、8.0mm。

（2）扳手

用于拧紧或拧松六角螺钉、螺母和螺栓，有活扳手、呆扳手、内六角扳手、套筒扳手之分。

① 活扳手。如图 2-2（a）所示，开口宽度在一定范围内可以调节。活扳手一般是以总的长度作为规格，在使用过程中一般以开口尺寸为准。活扳手常规规格一般有：4in（1in=0.0254m）、6in、8in、10in、12in、15in、18in、24in。

② 呆扳手。其一端或两端固定开口尺寸，如图 2-2（b）所示。

(a) 活扳手　　　　　　　　　　　　(b) 呆扳手

图 2-2　扳手

2.1.2　钳类工具

（1）钢丝钳

带绝缘柄的为电工用钢丝钳，常用规格有 160mm、180mm 和 200mm 三种。钢丝钳用于夹持或弯折薄片形、圆柱形金属零件及切断金属丝，其旁刃口也可用于切断细金属丝，如图 2-3 所示。

图 2-3　钢丝钳

钢丝钳的用途如图 2-4 所示。

  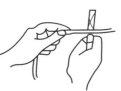 

(a) 拧螺母　　　　　(b) 剪断导线　　　　　(c) 铡切钢丝　　　　　(d) 弯绞钢丝

图 2-4　钢丝钳用途一

还可以做图2-5所示的工作。

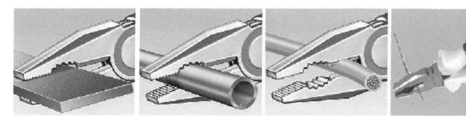

图2-5　钢丝钳用途二

使用钢丝钳时的注意事项：使用时要量力而行，不可以超负荷使用。切忌在切不断的情况下扭动钳子，这样做容易崩牙与损坏。无论钢丝还是铁丝或者铜线，只要钳子能留下咬痕，然后用钳子前口的齿夹紧钢丝，轻轻地上抬或者下压钢丝，就可以掰断钢丝，不但省力，而且对钳子没有损坏，可以有效地延长使用寿命。

在带电作业时不能使用绝缘有损坏的电工钢丝钳，以免发生触电事故。也不能用电工钢丝钳同时剪切相线和零线，或同时剪切两根相线，以免发生短路事故。

（2）尖嘴钳

钳柄上套有额定电压500V的绝缘套管，是电工（尤其是内线电工）、仪表及电讯器材等装配及修理工作常用工具之一，如图2-6所示。可使用带刃口的尖嘴钳剪断细小金属丝；也可使用它夹持较小的螺钉、垫圈、导线等元件；还可以在装接控制线路板时，使用尖嘴钳将单股导线弯成一定圆弧的接线圈，剥塑料绝缘层等。尖嘴钳能在较狭小的工作空间操作，不带刃口者只能夹捏工作，带刃口者能剪切细小零件。

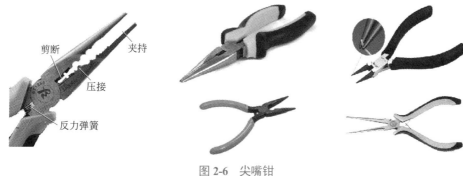

图2-6　尖嘴钳

（3）偏口钳

它是电工常用工具之一，又称斜口钳。偏口钳主要用于剪切导线和元器件多余的引线，还常用来代替一般剪刀剪切绝缘套管、尼龙扎线卡等，如图2-7所示。

斜口钳不宜剪切 $2.5mm^2$ 以上的单股铜线和铁丝。偏口钳以切断导线为主，$2.5mm^2$ 的单股铜线，剪切起来已经很费力，而且容易损坏钳子，所以建议在尺寸选择上，普通电工布线时选择6in、7in切断能力

图2-7　偏口钳

比较强的钳子。线路板安装维修以 5in、6in 为主，使用起来方便灵活，长时间使用不易疲劳。

（4）剥线钳

专供电工剥除电线头部的表面绝缘层用，如图 2-8 所示。它由刀口、压线口和钳柄组成。剥线钳的钳柄上套有额定工作电压 500V 的绝缘套管。

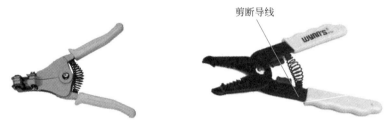

剪断导线

图 2-8　剥线钳

剥线钳的规格有 140mm、160mm、180mm 三种。要根据导线直径，选用剥线钳刀片的孔径。剥线钳的使用方法如图 2-9 所示。

第一步：根据缆线的粗细选择相应的剥线刀口。

第二步：将准备好的电缆放在剥线工具的刀刃中间，选择好要剥线的长度。

第三步：握住剥线工具手柄，将电缆夹住，缓缓用力使电缆外表皮慢慢剥落。

第四步：松开工具手柄，取出电缆线，这时电缆金属整齐露出外面，其余绝缘塑料完好无损。

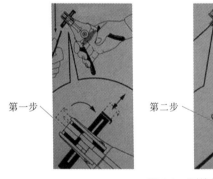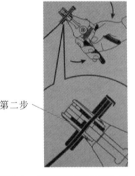

第一步　　　　第二步　　　　第三步

图 2-9　剥线钳的使用方法

（5）压线钳

是用于把软导线与接线片（O 形、U 形、针形）连接在一起的一种工具，还有一种常用的压线钳是压接网线用的。图 2-10 是压线钳的用途。

使用剥线钳，将软导线一端剥去 10mm 绝缘线皮，把剥去线皮的部分拧成麻花状，然后穿入冷压接线片的敷线管中。把冷压接线片的敷线管端放入压线钳中合适的位置，握住钳柄的手向内用力挤压。

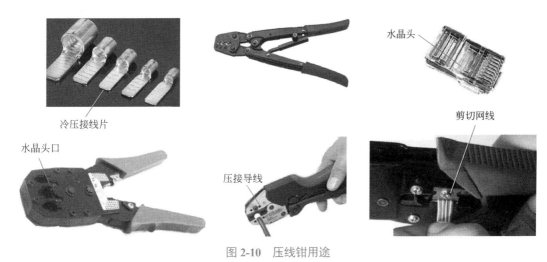

冷压接线片

水晶头口

水晶头

剪切网线

压接导线

图 2-10　压线钳用途

2.1.3　其他类工具

（1）验电器

验电器是检验导线和电气设备是否带电的一种电工常用工具，分为低压验电器和高压验电器两种。

低压验电器又称验电笔、测电笔、试电笔，它是用来检验对地电压在 250V 及以下的低压电气设备的，也是家庭中常用的电工安全工具，主要由工作触点、降压电阻、氖泡、弹簧等部件组成，如图 2-11 所示。

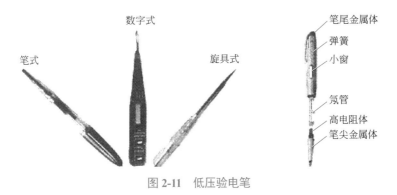

数字式

笔式

旋具式

笔尾金属体
弹簧
小窗
氖管
高电阻体
笔尖金属体

图 2-11　低压验电笔

使用时的安全注意事项如下。

① 在使用前，首先应检查一下验电笔的完好性，四大主要组成部分是否缺少，氖泡是否损坏，然后在有电的地方验证一下，只有确认验电笔完好后，才可进行验电。在使用时，一定要手握笔帽端金属挂钩或尾部螺钉，笔尖金属探头接触带电设备，湿手不要去验电，不要用手接触笔尖金属探头。

② 使用低压验电器时，以手指触及笔尾的金属，使氖管小窗背光朝自己。试电笔的正确

握法与错误握法如图 2-12 所示。

正确握法　　　　　　正确握法　　　　　　错误握法　　　　　　错误握法

图 2-12　试电笔的正确握法与错误握法

当用电笔测试带电体时，电流经带电体、电笔、人体到大地形成通路，只要带电体与大地之间的电位差超过 36V，电笔中的氖管就发光。低压验电笔测电压范围为 60 ～ 500V。下面的描述只是一种经验的判断，具体情况还要根据实际做出判断。

低压验电笔除用来检查低压电气设备和线路外，还可区分相线与零线，交流电与直流电以及电压的高低。通常氖泡发光者为火线，不亮者为零线；但中性点发生位移时要注意，此时，零线同样也会使氖泡发光。对于交流电通过氖泡时，氖泡两极均发光，直流电通过的，仅有一个电极附近发亮。当用来判断电压高低时，氖泡暗红轻微亮时电压低；氖泡发黄红色、亮度强时电压高。

（2）电烙铁

电烙铁是最常用的手工焊接工具。在生产电子产品和维修电子产品时被广泛使用。按其加热方式分内热式和外热式，另外常用的还有恒温电烙铁和吸锡电烙铁。通常使用的电烙铁有 20W、25W、30W、35W、40W、45W、50W。图 2-13 是几种常用电烙铁。

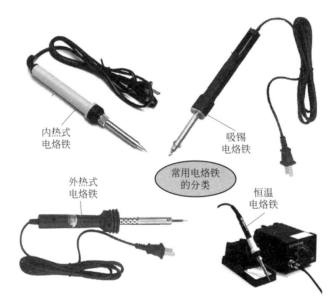

内热式
电烙铁

吸锡
电烙铁

外热式
电烙铁

常用电烙铁
的分类

恒温
电烙铁

图 2-13　几种常用电烙铁

① 内热式电烙铁。内热式电烙铁主要由电源线、手柄、烙铁芯、烙铁头等组成，其结构如图 2-14 所示。它具有发热快、体积小、重量轻、效率高等特点，因而得到普遍应用。内热

式电烙铁升温快，不会产生感应电，但发热丝寿命较短。

常用的内热式电烙铁的规格有 20W、35W、50W 等，20W 烙铁头的温度可达 350℃。电烙铁的功率越大，烙铁头的温度就越高。焊接集成电路、一般小型元器件选用 20W 内热式电烙铁即可。使用的电烙铁功率过大，容易烫坏元件（当温度超过 200℃时，二极管和三极管等半导体元器件就会烧毁）和使印制板上的铜箔线脱落；电烙铁的功率太小，不能使被焊接物充分加热而导致焊点不光滑、不牢固，易产生虚焊。

②外热式电烙铁。外热式电烙铁由电源线、手柄、烙铁芯、烙铁头等组成，其结构如图 2-15 所示。外热式电烙铁寿命相对较长，但容易产生感应电，容易损坏精密的电子元件，所以焊接精密元件时最好将烙铁外壳连接一根地线接地。

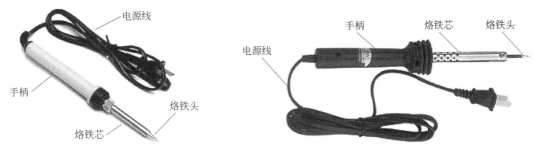

图 2-14　内热式电烙铁结构　　　　　　图 2-15　外热式电烙铁结构

外热式电烙铁的发热丝绕在一根中间有孔的铁管上，里外用云母片绝缘，烙铁头插在中间孔里，热量从外面传到里面的烙铁头。

常用的外热式电烙铁规格有 25W、45W、75W、100W 等，当被焊接物较大时，常使用外热式电烙铁。它的烙铁头可以被加工成各种形状以适应不同焊接面的需要。

③恒温电烙铁。恒温电烙铁主要由调温台、电源线、温控线、烙铁头、控温元件、烙铁架等组成，其结构如图 2-16 所示。它常用于对温度要求比较高的焊接工作中。

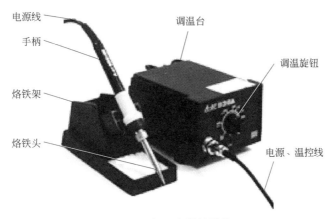

图 2-16　恒温电烙铁结构

恒温电烙铁是用电烙铁内部的磁控开关来控制烙铁的加热电路，使烙铁头保持恒温，属于内热式电烙铁的一种。磁控开关的软磁铁被加热到一定温度时，便失去磁性，使触点断开，切断电源。恒温电烙铁也有用热敏元件来测温以控制加热电路使烙铁头保持恒温的。

④ 吸锡电烙铁。吸锡电烙铁主要由电源线、手柄、吸锡按钮、烙铁芯、吸锡孔等组成，其结构如图 2-17 所示。

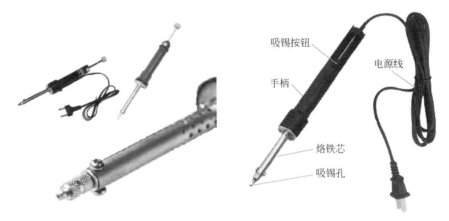

图 2-17　吸锡电烙铁结构

吸锡电烙铁是拆除焊件的专用工具，可将焊接点上的焊锡吸除，使元件的引脚与焊盘分离。操作时，先将烙铁加热，再将烙铁头放到焊点上，待熔化焊接点上的焊锡后，按动吸锡开关，即可将焊点上的焊锡吸掉，有时这个步骤要进行几次才能完成拆焊。

⑤ 选择电烙铁。根据手工焊接工艺和不同的施焊对象的要求，选用不同的电烙铁。主要从电烙铁的种类、功率及烙铁头的形状考虑。

a. 选择电烙铁的类型。表 2-1 为电烙铁的类型选择依据，仅供参考。

表 2-1　电烙铁的类型选择依据

焊接对象及工作性质	烙铁头温度/℃	选用烙铁
一般印制电路板、安装导线	300～400	20W 内热式，25W 外热式，恒温式
集成电路	350～400	20W 内热式，恒温式
焊片、2～8W 电阻、大电解电容等	350～450	35～50W 内热式，50～75W 外热式，恒温式
8W 以上的电阻、φ2mm 以上导线	400～550	100W 内热式，100～150W 外热式
汇流排、金属板等	500～630	300W 外热式
维修调试一般电子产品		20W 内热式，25W 外热式，恒温式

b. 选择电烙铁的功率。电烙铁的功率选择一定要合适，功率过大则容易焊坏电子元器件，功率过小则容易出现虚焊或假焊现象，直接影响焊接质量。

对于小型电子元器件的普通印制电路板和 IC 电路的焊接应选用 20W 内热式电烙铁或 25W 外热式电烙铁。这是因为小功率的电烙铁具有体积小、重量轻、发热快、便于操作、耗电低的优点。

对于大型电子元器件的电路及机壳底板的焊接应选用大功率的电烙铁，如50W以上的内热式电烙铁或75W以上的外热式电烙铁。

c.选择烙铁头。选择正确的烙铁头是非常重要的，选择了合适的烙铁头能使工作更有效率，烙铁头的寿命会更长。

（3）电工刀

电工刀用来剖削电线绝缘皮层、切削木台缺口、削制木材的专用工具。其外形如图2-18所示。使用电工时，应将刀口朝外。剖削电线绝缘皮时，应使刀面与导线成较小的锐角，以免伤了线芯。不得带电使用电工刀，使用后马上将刀身折入刀柄内。

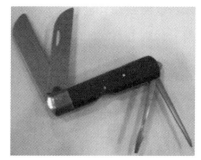

图 2-18 电工刀外形

2.2 指针式万用表

2.2.1 指针式万用表的结构

万用表的种类很多，分类形式也很多。按其读数形式可分为机械指针式万用表和数字式万用表两类。机械指针式万用表是通过指针摆动角度的大小来指示被测量的值，因此也被称为指针式万用表。数字式万用表是采用集成模/数转换技术和液晶显示技术，将被测量的值直接以数字的形式反映出来的一种电子测量仪表。

先看一下指针式万用表中的一种，即MF47型万用表，如图2-19所示。

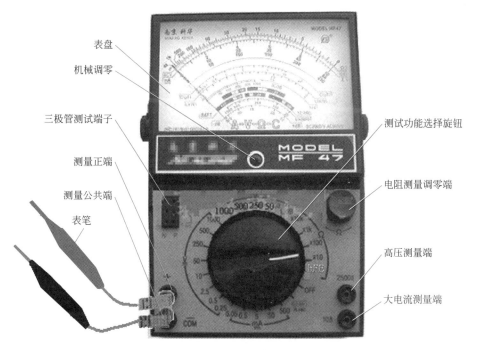

图 2-19 MF47 型万用表

从图 2-19 中我们看到指针式万用表有表盘，表盘上有很多刻度线和不同的符号，这些符号代表着不同的测量量。如：Ω 代表电阻值，～代表交流电量，hFE 代表三极管放大倍数等。除了表盘之外，还有功能选择开关、调零旋钮、接线插孔和红黑表笔。拨动功能选择开关可以选择不同的功能区域，每一功能区域中都会有不同的挡位，可以根据被测量的预估值选择。

使用专业术语描述为：万用表主要由测量机构 (习惯上称为表头)、测量线路、转换开关和刻度盘四部分构成。虽然各种类型的万用表结构布置不完全相同，但是这四部分是必不可少的。

（1）表头

指针式万用表的表头通常是采用灵敏度高、准确度好的磁电系测量机构。它是指针式万用表的核心部件，作用是指示被测电量的数值。指针式万用表性能的好坏，很大程度上取决于表头的质量。

（2）测量线路

测量线路是指针式万用表的中心环节。它实际上包括了多量程电流表、多量程电压表和多量程欧姆表等几种测量线路。正因为有了测量线路，指针式万用表才能满足实际测量中对各种不同电量和不同量程的需要。

（3）转换开关

转换开关如图 2-20 所示。转换开关用来选择不同的量程和被测量的电量。它由固定触点和活动触点两大部分构成。指针式万用表所用的转换开关有多个固定触点和活动触点。指针式万用表包括交流电压挡、欧姆挡、直流电流挡和直流电压挡四大部分。

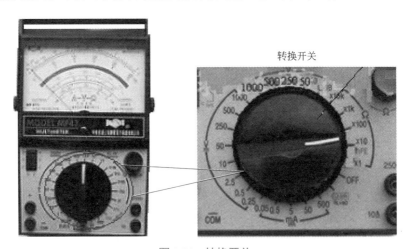

图 2-20 转换开关

（4）刻度盘

刻度盘如图 2-21 所示。指针式万用表是多电量、多量程的测量仪表。在测量不同电量时，为了便于读数，指针式万用表刻度盘上都印有多条刻度线，并附有各种符号加以说明。它们分别在测量不同电量时使用。因此正确理解刻度盘上各符号、字母的意义及每条刻度线的读法，是使用好指针式万用表的前提。

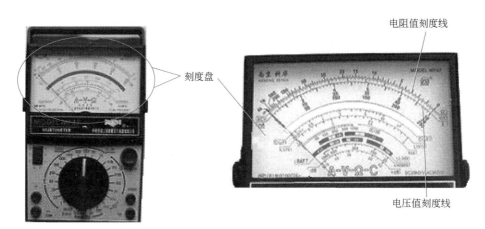

图 2-21 刻度盘

2.2.2 选用万用表要注意的几项指标

不论是购置万用表，还是使用万用表测量电量，必须知道所用万用表的一些信息，如：指针式万用表的准确度、电压灵敏度、工作频率范围和测量范围。因为这些指标代表了万用表的质量，对测量结果会产生影响。

（1）精度（准确度）

指针式万用表的精度也叫准确度。它反映了指针式万用表在测量中基本误差的大小。基本误差是指指针式万用表在规定的正常温度和放置方式，不存在外界电场或磁场的影响的情况下，由于活动部分的摩擦、标尺刻度不准确、结构工艺不完善等原因造成的误差。它是仪表所固有的一种误差。基本误差越小仪表的精度越高。

我们所用的万用表的等级一般在 1.0 ～ 5.0 级之间。根据国家标准仪表的规定，准确度可分为七个等级，即 0.1、0.2、0.5、1.0、1.5、2.5 和 5.0 级。

（2）电压灵敏度

电压灵敏度是电压挡内阻与该挡量程电压的比值，其单位为 Ω/V。国产指针式万用表中，电压灵敏度最高可以达到 100kΩ/V。而一般的指针式万用表电压灵敏度为 20kΩ/V。

在测量电压时，指针式万用表要与被测电路并联，这样会产生分流，从而使测量产生误差。电压灵敏度高时，指针式万用表的内阻比较大，对被测电路的分流小，电压的测量误差较小。同时电压灵敏度愈高，指针式万用表消耗的功率也愈小。

（3）工作频率范围

指针式万用表测量交流电压的电路中，采用了整流二极管元件。而二极管存在极间电容，当被测电压频率很高时，二极管将失去整流作用，从而使测量产生严重的误差。因此指针式万用表测量的交流电压的频率范围受到了限制。一般指针式万用表工作频率范围为 50 ～ 2000Hz。

（4）测量范围

指针式万用表测量种类和测量范围也是指针式万用表的重要性能之一。不同型号的指针式万用表，测量的种类和范围也不相同。

万用表欧姆挡刻度线的特点：刻度线最右边是0Ω，最左边的刻度线为∞，而且为非线性。读数方法：万用表指针所指数值乘以量程挡位，即为被测电阻的阻值。

2.2.3 指针式万用表的使用方法

① 指针式万用表使用前的准备。指针式万用表的结构和型式多种多样，表盘、旋钮的分布也各不相同。使用指针式万用表之前，必须熟悉每个转换开关、旋钮、按键、插座和接线柱的作用，了解表盘上每条刻度的特点及其对应的被测电量。这样可以充分发挥指针式万用表的作用，使测量准确可靠，也可以保证指针式万用表在使用中不被损坏。

② 使用指针式万用表测量前要将其水平放置，指针调零位，如不在零位，应使用一字螺丝刀调整表头下方"机械零位"调整螺钉，将指针调到零位，如图 2-22 所示。

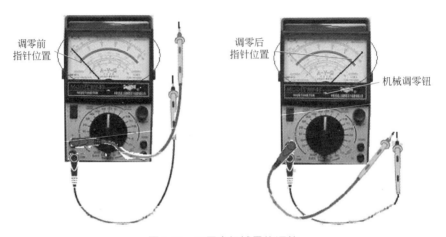

图 2-22　万用表机械零位调整

正确选择指针式万用表上的测量项目及量程开关。选择电阻挡，两表笔短接，进行电气调零，如图 2-23 所示。两表笔短接后，指针应该指在零位置，如不在零位置，就要旋转电气调零钮使之归零。

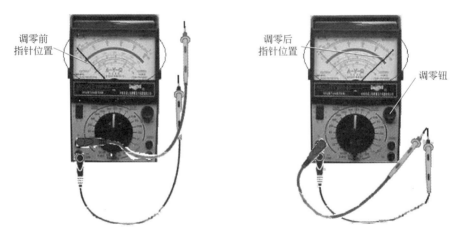

图 2-23　万用表电气零位调整

③ 选择与被测物理量数值相当的挡位。如果不知道被测量值的大小，应选择最大量程。如指针偏转太小，再把量程调小，一般以指针偏转角不小于最大刻度 30% 为合理量程。在指针式万用表表盘上有多条标度线，它们分别在测量不同电量时使用。在选好被测电量种类和量程后，还要在相应的标度线上去读数。如标有 "DC" 或 "—" 的标度线，可用来读取直流量；标有 "AC" 或 "～" 的标度线，可以用来读取交流量等。测量 220V 交流电压选择量程如图 2-24 所示。

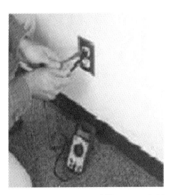

电压：～220V
测量时选择交流250V
挡位，根据所选量程，
确定读数刻度线上的每
一小格所代表的数值，
从而确定最终读数

图 2-24 测量 220V 交流电压选择量程

测量 220V 交流电压时，转换开关应置于交流电压挡，并选择量程 250V 或 500V。在读数时，眼睛应位于指针的正上方。对于有反射镜的指针式万用表，应使指针和镜像中的指针相重合。这样可以减小读数误差，提高读数准确性。在测量电流和电压时，还要根据所选择的量程，来确定刻度线上每一个小格所代表的值，从而确定最终的读数值。

2.2.4 使用指针式万用表时的注意事项

① 测量电阻时，如图 2-25 所示。要将两支表笔并接在电阻的两端，严禁在被测电路带电的情况下测量电阻，或用电阻挡去测量电源的内阻，这相当于接入一个外部电压，将会损坏指针式万用表。

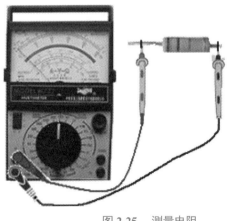

提示！

测量电阻时
不要两只手
同时接触电
阻的两个引线

图 2-25 测量电阻

② 测量电压时，如图 2-26 所示。测量时应将两表笔并联在被测电路的两端，测量直流电压时应注意电压的正、负极性。如果不知道极性，应将量程旋至较大挡位，迅速点测一下，如果指针向左偏转，说明极性接反，应该将红、黑表笔调换（在这种情况下，如果有数字万用表，最好使用数字万用表）。

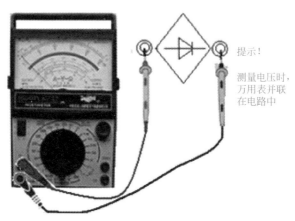

提示！

测量电压时，万用表并联在电路中

图 2-26　测量直流电路中的电压

测量高压时，当被测电压高于几百伏时必须注意安全，要养成单手操作的习惯。事先把一支表笔固定在被测电路的一端，用另一支表笔去碰触测试点。测量 1000V 以上的高压时，应把表笔插牢，避免因表笔接触不良而造成打火，或因表笔脱落而引起意外事故。

测量显像管上的高压时，要使用高压探头，确保安全。高压探头有直流和交流之分，其内部均有电压衰减器，可将被测电压衰减 10 倍或 100 倍，高压探头的顶部均带有弯钩或鳄鱼夹，以便于固定。严禁在测较高电压时，转动量程开关，以免产生电弧，烧坏转换开关的触点。

③ 测量电流时，如图 2-27 所示。测量时万用表要与被测电路串联，切勿将两支表笔跨接在被测电路的两端，以防止万用表损坏。测量直流电流时应注意电流的正、负极性 (极性的判别以及量程的选择同直流电压挡的使用)。若负载电阻比较小，应尽量选择高量程挡，以降低内阻，减小对被测电路的影响。

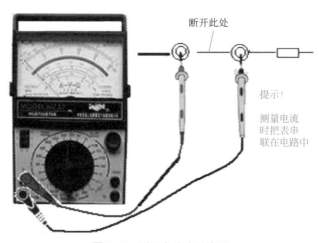

断开此处

提示！

测量电流时把表串联在电路中

图 2-27　测量电路中的电流

▶2.2.5　实际测量操作

（1）测量电阻的操作

测量时首先调零。选择合适的电阻测量挡位，把两表笔相碰，此时表的指针应在零位。若不在零位，则调整操作面板右侧的"电阻测量调零端"旋钮，使指针正确指在零位，如图2-28（a）所示。

为提高测试精度和保证被测对象的安全，必须正确选择合适的量程。一般测电阻时，指针应在指示面板刻度的20%～80%的范围内，这样测量精度才能满足要求。

测量电阻时，手不要同时接触被测电阻两端，否则，人体电阻就会与被测电阻并联，测量值会大大减小，使测量结果不正确。

在测电路上的电阻时，要将电路电源切断，否则不但测量结果不正确，还会使大电流通过微安表头，烧坏万用表。同时还应把被测电阻的一端从电路上焊开，再进行测量，如图2-28（b）所示，否则测得的是电路在该两点的总电阻。

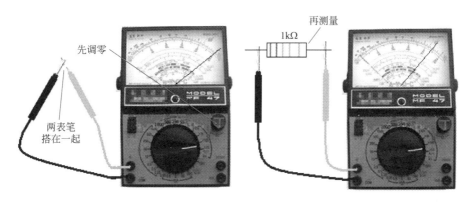

(a) 测量单个电阻的阻值

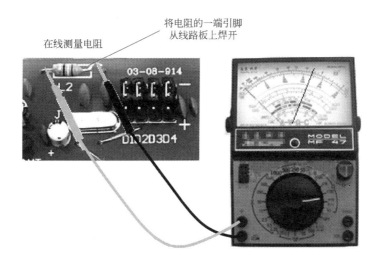

(b) 在线测量电阻的阻值

图 2-28　万用表测量电阻的阻值示意

测量完成后，应注意把量程开关拨在关的挡位或交流电压最大量程挡位，千万不要放在电阻挡位，以防两支表笔万一短路时将内部电池全部耗尽。

（2）测量直流电压的操作

MF47 型万用表测量直流电压的挡位共有 8 个：1000V、500V、250V、50V、10V、3.5V、1V、0.25V。

把万用表并接在被测电路中，在测量直流电压时，应注意被测电压的极性，把红表笔接电压高的一端，黑表笔接电压低的一端。如果不知被测电压极性，则可在电路一端先接好一支表笔，另一支表笔在电路的另一端轻轻地碰一下，如果指针向右摆动，说明接线正确；如果指针向左摆动，说明接线不正确，应将万用表两支表笔位置调换。使用万用表测量直流电压的步骤如图 2-29 所示。

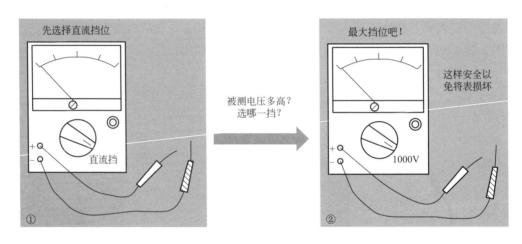

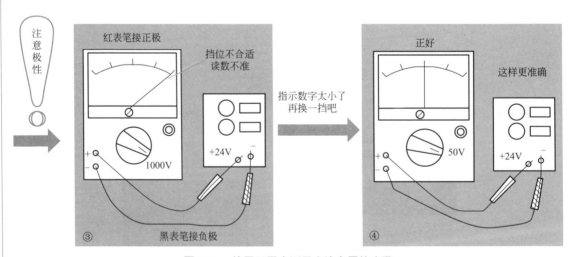

图 2-29　使用万用表测量直流电压的步骤

为减小电压表内阻引入的误差，在满足指针偏转角大于或等于最大刻度的30%的前提下，应尽量选择大量程挡。因为量程越大，分压电阻越大，表内等效内阻越大，则被测电路引入的误差越小。

（3）测量交流电压的操作

MF47 型万用表测量交流电压的挡位共有 5 个：1000V、500V、250V、50V、10V。

在测量交流电压时，不需考虑极性问题，只需把万用表并接在被测电路中即可。值得注意的是，被测交流电压必须是正弦波，其频率应小于或等于万用表的允许值，否则会产生较大误差。在测电压时不要拨动量程开关，以免产生电弧，烧坏转换开关的触点。

在测量高电压时，必须注意安全，最好先把一支表笔固定在被测电路的公共端，然后用另一支表笔去碰触测试点。

2.3 数字式万用表

2.3.1 数字式万用表的组成

① 数字式万用表与指针式万用表相比具有体积小、功能全、显示直观、测量准确度高、灵敏度高、可靠性好及过载能力强等优点。一般数字式万用表的构成如图 2-30 所示。

数字式万用表测量线路主要由电阻、电容、转换开关和表头等部件构成。在测量交流电量的线路中，还使用了整流元件，将交流电变换成为脉动直流电，实现对交流量的测量。

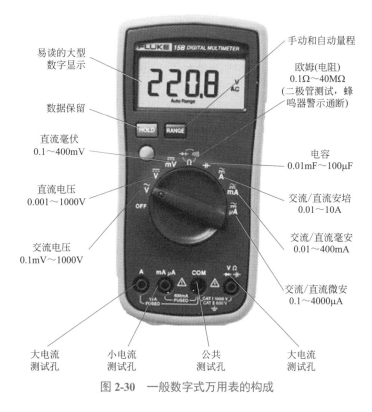

图 2-30　一般数字式万用表的构成

② FLUKE17B 型数字式万用表的端子如图 2-31 所示。

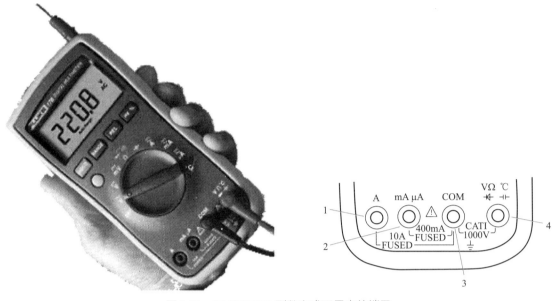

图 2-31　FLUKE17B 型数字式万用表的端子

1—适用于至 10A 的交流和直流电流测量及频率测量的输入端子；2—适用于至 400mA 的交流电

和直流电微安及毫安测量及频率测量的输入端子；3—适用于所有测试的公共端子；

4—适用于电压、电阻、通断、二极管、电容、频率和温度测量的输入端子

2.3.2　选用数字式万用表

　　数字式万用表可测量交直流电压、交直流电流、电阻、二极管、电路通断、三极管、电容、温度和频率。在选择和使用数字万用表时，要注意表 2-2 中的数据。根据实际用途和测量精度要求，以及价格等因素选购万用表。

表 2-2　数字式万用表主要技术指标

测量量	量程	分辨力	准确度 ±(% 读数 + 数字)	备注
直流电压	200mV	0.1mV	±(0.5%+1)	输入阻抗：约为 10MΩ 过载保护：1000V AC(除 200mV 挡为 250V AC 外)
	2V	1mV		
	20V	10mV		
	200V	100mV		
	1000V	1V	±(0.8%+2)	
交流电压	2V	1mV	±(0.8%+2)	输入阻抗：约为 10MΩ 过载保护：1000V AC 频率响应：40Hz ～ 1kHz <500V 40 ～ 400Hz ≥ 500V，≥ 500 Hz
	20V	10mV		
	200V	100mV		
	1000V	1V	±(0.8%+1)	

测量量	量程	分辨力	准确度 ±(% 读数 + 数字)	备注
直流电流	20μA	0.01μA	±(0.8%+1)	过载保护：微安、毫安挡为熔丝 0.5mA、250V，A 量程无熔丝 提示：当大于 10A 时，测量时间要小于 10s，测量间隔大于 15min
	2 mA	1μA		
	20mA	10μA		
	200mA	0.1mA	±(1.5%+1)	
	20A	10mA	±(2%+5)	
交流电流	1μA	1μA	±(1.0%+3)	频率响应：40Hz ～ 1kHz 过载保护：毫安挡为熔丝 0.5mA，A 挡无熔丝 提示：当大于 10A 时，测量时间要小于 10s，测量间隔大于 15min
	0.1mA	0.1mA	±(1.8%+3)	
	10mA	10mA	±(3.0%+5)	
电阻	200Ω	0.1Ω	±(0.8%+3)+ 表笔电阻	过载保护：250V AC
	2 kΩ	1Ω	±(0.8%+1)	
	20kΩ	10Ω		
	2MΩ	1kΩ		
	20MΩ	10kΩ	±(1.0%+2)	
	200MΩ	100 kΩ	±[5%(读数 −10)+10]	
二极管		1 mV	开路电压约为 3V，硅 PN 结正常电压为 500 ～ 800 mV	过载保护：250V AC
电路通断		1Ω	开路电压约为 3V，电路断开电阻设定为：>70Ω，蜂鸣器不发声。电路良好导通电阻值为：≤ 10Ω，蜂鸣器连续发声	
电容	2nF	1pF	±(4.0%+3)	测试频率：约 400Hz 熔丝 0.5mA、250V
	200 nF	0.1 nF		
	100μF	0.1μF	±(5.0%+4)[1]	

①≥ 40μF 测量仅供参考。

从表中可知：数字式万用表具有测量直流电压、交流电压、直流电流、交流电流、电阻值、电容值，判断二极管、电路通断的功能。

测量直流电压共有 5 个量程，最大 1000V，最小 200mV，可以根据被测量的预估值选择对应的挡位。

测量交流电压共有 4 个量程，最大 1000V，最小 2V，可以根据被测量的预估值选择对应的挡位。

测量直流电流共有 5 个量程，最大 20A，最小 20μA，可以根据被测量的预估值选择对应的挡位。

测量电阻值共有 6 个量程，最大 200MΩ，最小 200Ω， 可以根据被测量的预估值选择对应的挡位。

电路通断挡位（蜂鸣），将数字万用表的 200Ω 电阻挡配上蜂鸣器电路，即可检测线路的通断。其优点是操作者不必观察显示值，只需注视被测线路和表笔，凭有无声音及是否发光来判定线路的通断，不仅操作简便，而且能大大缩短检测时间。但必须注意，不同型号的表，使蜂鸣器连续发声的电阻值是不一样的。

▶ 2.3.3 使用数字式万用表前的准备

警告：REL 模式下显示警示符号时，由于危险电压可能存在，请务必当心！

① 使用数字式万用表前的准备。使用之前，应仔细阅读数字式万用表的说明书，熟悉电源开关、功能及量程转换开关、功能键、输入插孔、专用插口、旋钮、仪表附件的作用。使用前的检查项目如图 2-32 所示。

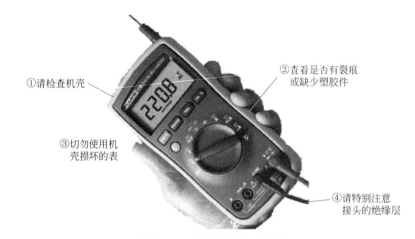

①请检查机壳

②查看是否有裂痕
或缺少塑胶件

③切勿使用机
壳损坏的表

④请特别注意
接头的绝缘层

图 2-32　使用前的检查项目

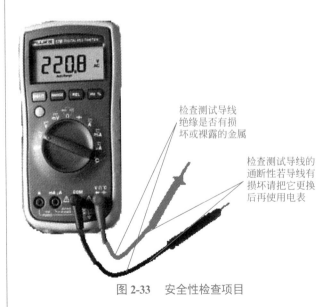

检查测试导线
绝缘是否有损
坏或裸露的金属

检查测试导线的
通断性若导线有
损坏请把它更换
后再使用电表

图 2-33　安全性检查项目

② 确认电池已装好，电量充足之后，才允许进行测量。了解万用表的极限参数，注意出现过载显示、极性显示、低电压指示、其他标志符显示以及声光报警的特征，掌握小数点位置的变化规律。

③ 测量前，需要仔细检查表笔绝缘部分有无裂痕，表笔线的绝缘层是否破损，表笔位置是否插对，以确保操作人员的安全。安全性检查项目如图 2-33 所示。

④ 确认所选测量挡位与被测量相符合，以免损坏仪表。假如事先无法

估计被测电压 (或电流) 的大小，应先拨至最高电压量程挡位试测一次，再根据情况选择合适的量程。

　　⑤ 每一次准备测量时，务必再核对一下测量项目及量程开关是否拨对了位置，输入插孔 (或专用插口) 是否选对。对于自动转换量程式数字万用表，也要注意不得按错功能键，表笔不要插错孔位。操作顺序如图 2-34 所示。

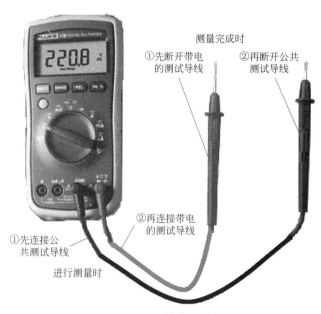

图 2-34　操作顺序

　　⑥ 使用时不要超出极限值，如图 2-35 所示。

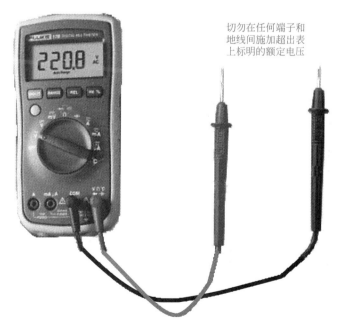

图 2-35　使用时不要超出极限值

在使用数字式万用表测量超出 30V 交流电均值、42V 交流电峰值或 60V 直流电时，请特别留意，该类电压会有电击的危险。测量时，必须用正确的端子、功能和量程。

⑦ 测量电流前，应先检查万用表的熔丝，并关闭电源，再将万用表与电路连接。具体方法如图 2-36 所示。

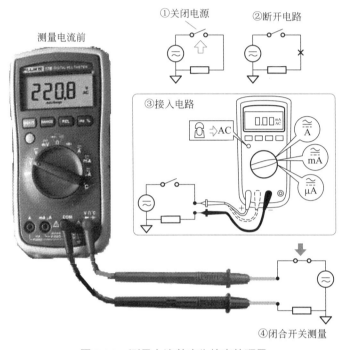

图 2-36　测量电流前应先检查的项目

⑧ 数字式万用表具有自动关机功能，当仪表停止使用或停留在某一挡位的时间超过规定时间时，能自动切断主电源，使仪表进入低功耗的备用状态。此时仪表不能继续测量，必须按动两次电源开关，才可恢复正常。

⑨ 如图 2-37 所示，确认使用条件和环境符合说明书的规定，有故障及时修理。

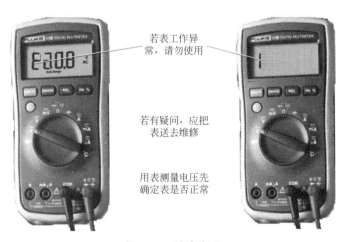

图 2-37　注意事项

认真阅读下面的文字，并牢记执行，会给操作减少一定的危险，带来方便。

a. 切勿在爆炸性的气体、蒸汽或灰尘附近使用本表。

b. 使用测试探针时，手指应保持在保护装置的后面。

c. 测试电阻、通断性、二极管或电容以前，必须先切断电源，并将所有的高压电容器放电。

2.3.4 使用数字式万用表测量电压的操作步骤

第一步：预估被测量电压值的大小，一般电压在380V以下，将红表笔插入电压测量孔，黑表笔插入公共孔（COM）。

第二步：打开数字式万用表的电源开关，此时数字式万用表显示屏上有数字显示。

第三步：选择交流500V以上的挡位，万用表的型号不同，测量挡位也不同，一般有200V、500V（或600V）、1000V等几个挡位。

第四步：现将黑表笔接触被测量元件一端或一条线路，红表笔接触被测量元件另一端或另一条线路，一定要接触牢固，等待几秒钟，万用表显示屏上所显示的数字就是所测量的电压值，如图2-38所示。

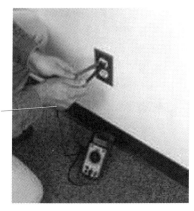

最好单手拿表笔，会更安全一些

这样更安全

图 2-38　测量交流电压

第五步：完成读数后，把表笔从测量点拿开，如果较长时间不再使用万用表，请关闭电源开关。

2.4　选择与使用示波器

示波器是一种综合性的电信号测量仪器，是用来检测和观测电信号的电子仪器。图2-39是示波器的外形图。它可以观测和直接测量信号电压的幅度和周期，因此，一切可以转化为电信号的电学参量和物理量都可转换成等效的信号波形来观测，如电流、电功率、阻抗、温度、位移、压力、磁场等波形，以及它们随时间变化的过程都可用示波器来观测。

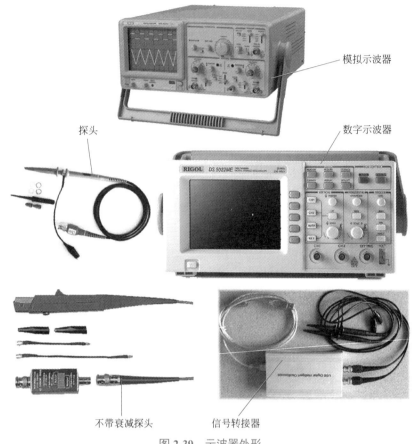

图 2-39　示波器外形

► 2.4.1　示波器的分类

　　示波器的种类有很多，可以根据示波器的测量功能、显示信号的数量和测量范围等来进行分类。

　　① 按测量功能分为模拟示波器和数字示波器两类。模拟示波器是一种实时监测波形的示波器。数字示波器一般都具有存储记忆功能，能存储记忆测量过程中任意时间的瞬时信号波形。它可以捕捉变化信号的任一瞬间进行观测。现在市场上出现了携带方便的手持式数字存储示波器。

　　② 按显示波形数量分为单通道示波器、双通道示波器和多通道示波器。单通道示波器只有一个信号输入端，在屏幕上只能显示一个信号。双通道示波器有两个信号输入端，可以在显示屏上同时显示两个不同信号的波形，可对两个信号的频率、相位、波形等进行比较。显示三种以上信号的示波器为多通道示波器。

　　③ 根据示波器的测量信号的频率范围分为超低频示波器、低频示波器、中频示波器、高频示波器和超高频示波器。低频示波器、中频示波器是最常用的示波器，一般测量频率为 1 ～ 40MHz，常见的类型有 20MHz、30MHz 、40MHz 信号示波器。高频示波器主要是测量高频信号的示波器，常见的频率有 100MHz、150MHz、200MHz、 300MHz 等。超高频示波器

适用于 1000MHz 以上的超高频信号。

2.4.2 选择示波器

正确选择示波器要注意以下几点。

① 类型。与模拟示波器相比，数字示波器功能更强，响应更快而且价格也逐渐降低。这些优势使得模拟示波器很难与先进的数字示波器相匹敌。

② 带宽。测量交流波形的仪器通常都有频率上限，如果波形的频率在此之上则测量精度会变差。所需仪器带宽的数值取决于被测信号的特征以及所希望得到的测量精度。

③ 通道数量。一般来讲，通道数取决于被测对象。目前以双通道示波器最为流行。

④ 采样速率。对于单次信号测量，最关键的性能指标是采样速率，即示波器对于输入信号进行"快速拍照"的速率。高采样速率可以产生高实时带宽以及高的实时分辨率。

⑤ 存储深度。所需要的示波器存储深度取决于要求的总时间测量范围以及要求的时间分辨率。如果想以高分辨率存储长时间段信号，那么需要选择深存储示波器。

⑥ 触发能力。很多通用示波器用户习惯于采用边沿触发。在某些应用场合，如果示波器具有其他触发能力，则它对测量会很有帮助。先进的触发功能可以隔离出所希望观测的事件。

⑦ 分析功能。利用自动测量以及示波器内置的分析能力，可以既容易又省时地完成工作。数字示波器通常具有模拟示波器不可能拥有的顺序测量功能和分析选件功能。算术运算功能包括加、减、乘、除、积分和微分。统计测量（最小、最大和平均）可以定量描述测量的不确定性，这在测量噪声特征以及定时容限时是很有价值的。

⑧ 评价存档能力。大多数数字示波器可以通过 GPIB、RS-232 或者并行口与 PC、打印机或绘图仪相连接。

⑨ 示波器的价格。如果只以价格为依据来购买，最终有可能买不到所需要的性能。

2.4.3 使用示波器时的注意事项

① 使用前详细阅读说明书，严格按照说明书的操作步骤操作。

② 使用前详细检查旋钮、开关和电源线有无问题，如有断裂或损坏，应及时修理。

③ 使用时，亮度旋钮不要开得过亮，暂时不观察波形时，应将扫描线调暗。

④ 被测信号的电压幅度不能超过示波器允许的最大输入电压。一般示波器给定的允许最大电压值为峰 - 峰值，而不是有效值。

⑤ 示波器接入电路时，先接信号公共端，再接信号探测端。

⑥ 测量过程中，不要拨动探头上的衰减开关。

⑦ 测量过程中，由于线路板上的元器件密度大，测量时应该避免探头造成元件间的短路。

⑧ 精确测量时，示波器要提前预热。

2.4.4 使用示波器测量前的调整

各类示波器除频带宽度、输入灵敏度等不完全相同外，在使用方法上基本都是相同的。

在使用示波器之前一定要认真阅读使用说明书。

（1）使用前的检查、调整和校准

示波器初次使用前或久藏复用时，先不要输入信号，应先进行一次能否工作的简单检查和进行扫描电路稳定度、垂直放大电路直流平衡的调整。示波器在进行电压和时间的定量测试时，还必须进行垂直放大电路增益和水平扫描速度的校准。由于各种型号示波器的校准信号的幅度、频率等参数不一样，示波器能否正常工作的检查方法、校准方法略有差异。

（2）示波器各旋钮的设定

以 MOS-620CH 双踪示波器为例。示波器第一次使用时，要对示波器进行校准，使示波器处于初始准备工作状态。把示波器上的按键或旋钮开关置于表 2-3 所列位置。这样接通电源，示波器就能显示出一条水平扫描线。

表 2-3　示波器初次使用前的旋钮位置

序号	部件名称	设定位置
1	电源开关 POWER	初次设定完成后按下此键接通电源
2	轨迹旋转	如果扫描线不水平，调整此电位器
3	聚焦 FOCUS	将此旋钮调整在中间位置
4	亮度 INTEN	将此旋钮调整在中间位置
5	垂直移位 POSITION	将此旋钮调整在中间位置
6	Y 轴灵敏度选择开关 VOLTS/DIV	0.5V/DIV
7	垂直灵敏度微调	顺时针旋至最大到 CAL 位置
8	被测信号输入口	CH1 口空，CH2 接探头
9	Y 轴耦合方式 AC-GND-DC	DC
10	校准信号 CAI	与探头连接到 CH2 通道
11	垂直方式 MODE	CH2
12	触发方式 TRIGGER MODE	AUTO
13	水平移位	将此旋钮调整在中间位置
14	水平扫描速度开关 TIME/DIV	0.5ms/DIV
15	水平扫描微调	顺时针旋至最大到 CAL 位置

按表 2-3 中的序号检查各键旋钮的位置后，再将示波器电源插头插到 220V 交流插座上，然后按下电源开关键，此时电源指示灯应该亮，约 10s 后，扫描线显示在屏幕上。接着调整聚焦旋钮，使扫描线最清晰。如果扫描线不在水平位置，调节轨迹旋转电位器，使扫描线平行于刻度盘上的横线。

（3）使用校准信号波形进行增益检查

示波器的校准信号输出端 CAL 输出有 1kHz、$2V$p-p 的方波信号，可以利用这个信号对垂直轴的增益或衰减量进行校正，也可以对时间轴进行校正。由于校准信号加到 CH1 通道，CH1 的垂直灵敏度开关置于 0.5V/DIV，在示波管上显示方波的幅度为 4 格，每 DIV（格）为 0.5V，幅度则为 2V，表明此时 CH1 垂直灵敏度 0.5V/DIV 挡增益正确。用同样的方法检测 CH2 通道增益。波形如图 2-40 所示。再来观察水平轴，将水平扫描速度开关置于 0.2ms/DIV，方波的周期为 5DIV（格）。信号的周期 T=0.2ms×5（格）=1ms，频率 f=1/T=1000Hz，表明水平扫描速度开关正确。

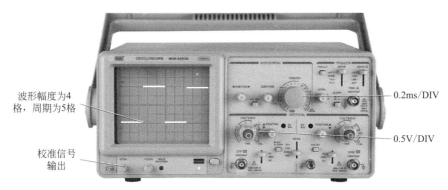

波形幅度为4格，周期为5格

校准信号输出

0.2ms/DIV

0.5V/DIV

图 2-40　示波器自检信号

（4）使用示波器测量信号幅度和频率的操作步骤

①将示波器探头插入通道 CH1 插孔，并将探头上的衰减置于"1"挡；

②将通道选择置于 CH1，耦合方式置于 DC 挡；

③将探头探针插入校准信号源小孔内，此时示波器屏幕出现光迹；

④ 调节垂直灵敏度旋钮和水平扫描速度旋钮，使屏幕显示的波形图稳定，并将垂直微调和水平微调置于校准位置；

⑤ 读出波形图在垂直方向所占格数，乘以垂直衰减旋钮的指示数值，得到校准信号的幅度；

⑥ 读出波形每个周期在水平方向所占格数，乘以水平扫描旋钮的指示数值，得到校准信号的周期（周期的倒数为频率）；

⑦ 一般校准信号的频率为 1kHz，幅度为 2V，用以校准示波器内部扫描振荡器频率，如果不正常，应调节示波器（内部）相应电位器，直至相符为止。

2.4.5　使用示波器测量电压

使用示波器直接观测信号的波形是示波器最基本的用途之一。在电子、电气设备生产及检修过程中，经常需要观察设备中各电路的输入或输出的信号波形，通过对波形形状和幅度的观察，了解电路的工作状态是否正常。

利用示波器所做的任何测量，都可以归结为对电压的测量。示波器既可以测量直流电压和正弦电压，又可以测量脉冲或非正弦电压的幅度。更有用的是它可以测量一个脉冲电压波形各部分的电压幅值，如上冲量或顶部下降量等。这是其他任何电压测量仪器都不能比拟的。

使用直接测量法测量交、直流电压，就是直接从屏幕上量出被测电压波形的高度，然后换算成电压值。定量测试电压时，一般把 Y 轴垂直灵敏度开关的微调旋钮转至"校准"位置上，这样，就可以从"V/DIV"的指示值和被测信号占取的纵轴坐标值直接计算被测电压值。所以，直接测量法又称为标尺法。

① 使用直接测量法测量交流电压。如果只处理、测量交流信号的幅度，将被测信号接入示波器的信号输入端，使 Y 轴输入耦合开关置于"AC"位置，显示出输入波形的交流成分。如交流信号的频率很低时，则应将 Y 轴输入耦合开关置于"DC"位置。

将被测波形移至示波管屏幕的中心位置，用"V/DIV"开关将被测波形控制在屏幕有效工作面积的范围内，按坐标刻度片的分度读取整个波形所占 Y 轴方向的格数 H，则被测电压的峰-峰值 V_{p-p} 可等于"V/DIV"开关指示值与 H 的乘积。如果使用探头测量，应把探头的衰减量计算在内，即把上述计算数值乘以 10。

例如示波器的 Y 轴灵敏度开关"V/DIV"位于 0.5V/DIV 挡级，被测波形占 Y 轴的坐标幅度 H 为 5DIV(格)，则此信号电压的峰-峰值为 0.5×5=2.5(V)。如是经衰减后测量，仍指示上述数值，则被测信号电压的峰-峰值就为 25V。示波器显示的波形如图 2-41 所示。

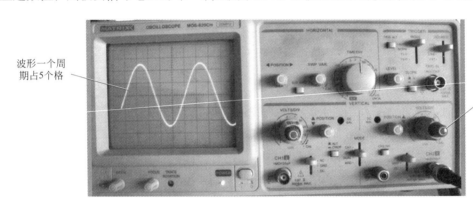

波形一个周期占5个格

0.5V/DIV 挡位

图 2-41　示波器测量交流电压的值

② 使用直接测量法测量直流电压。将被测信号接入示波器的信号输入端，将 Y 轴输入耦合开关置于"地"位置，触发方式开关置于"自动"位置，使屏幕显示水平扫描线，此扫描线便为零电平参考基准线。再将 Y 轴输入耦合开关置于"DC"位置，此时，扫描线在 Y 轴方向产生跳变位移 H，被测电压即为"V/DIV"垂直扫描开关指示值与 H 的乘积。直接测量法简单易行，但误差较大。产生误差的因素有读数误差、视差和示波器的系统误差等。

▶ 2.4.6　使用示波器测量信号相位

利用示波器测量两个正弦电压之间的相位差具有实用意义，用计数器可以测量频率和时间，但不能直接测量正弦电压之间的相位关系。

一般使用双踪法测量信号相位。双踪法是用双踪示波器在荧光屏上直接比较两个被测电压波形来测量其相位关系，如图 2-42 所示。

测量时，将相位超前的信号接入 CH1 通道，另一个信号接入 CH2 通道。选用 CH1 触发。调节"TIME/DIV"开关，使被测波形的一个周期在水平标尺上准确地占满 8DIV，这样，一个周期的相角 360° 被 8 等分，每 1DIV 相当于 45°。读出超前波与滞后波在水平轴的差距 t，然后计算相位差：$\varphi=45°/\text{DIV}\times t(\text{DIV})$。如 $t=0.6\text{DIV}$，则 $\varphi=45°/\text{DIV}\times0.6\text{DIV}=27°$。

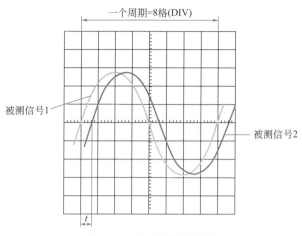

图 2-42　示波器测量相位

▶ 2.4.7　使用示波器测量实例

使用示波器测量 555 定时器构成占空比可调的方波发生器。把示波器与 555 定时器接成图 2-43 所示电路。此电路利用 VD_1、VD_2 将电容器 C_1 的充放电回路分开，再加上电位器调节，便可构成占空比可调的方波发生器。V_{DD} 通过 R_A、VD_2 向电容 C_1 充电，充电时间为：$t_{PH}=0.7R_AC_1$。电容 C_1 通过 VD_1、R_B 及 555 中的三极管放电，放电时间为：$t_{PL}=0.7R_BC_1$。

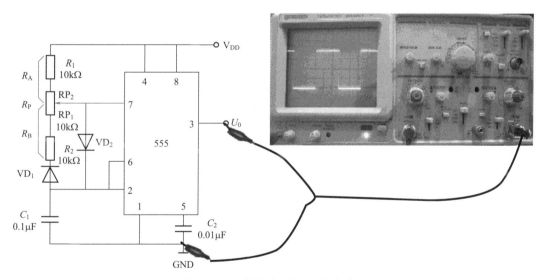

图 2-43　示波器测量电路的输出波形

周期：$T=t_{PH}+t_{PL}=0.7(R_A+R_B)C_1$。输出占空比为：$q=R_A/(R_A+R_B)$。用示波器同时观察 U_0、U_{C_1} 的波形并记录，测试出 U_0 的幅度 U_{0m}、周期 T 和脉宽 t_{PH}、t_{PL}。电路中 $R_A=R_B=R_P=10k\Omega$。

测量操作步骤如下：

①打开示波器，调节亮度和聚焦旋钮，使屏幕上显示一条亮度适中、聚焦良好的水平亮线。

②校准好示波器，然后将耦合方式置于 DC 挡。

③ 将示波器 CH2 信号输入端接到 555 的第 3 脚，将示波器探头的接地夹夹在 555 电路板的接地点。

④ 调节示波器的水平扫描速度旋钮和 Y 轴灵敏度选择旋钮，使示波器出现稳定、显示合适的波形。

2.5 信号发生器

信号发生器又称信号源或振荡器，它是为电子测量提供符合一定技术要求的电信号仪器，信号发生器能够产生不同波形、频率和幅度的信号，用来测试放大器的放大倍数、频率特性及元器件参数等，还可以用来校准仪表及为各种电路提供交流电压。信号发生器可输出多种波形，如三角波、锯齿波、矩形波（含方波）、正弦波。函数信号发生器在电路实验和设备检测中具有十分广泛的用途。常用信号发生器面板如图 2-44 所示。

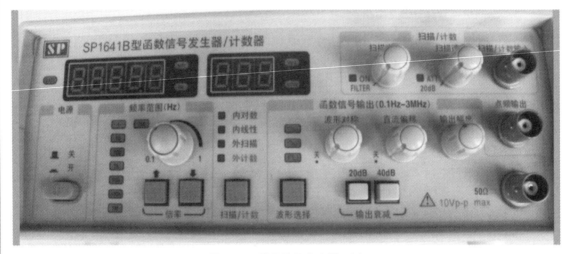

图 2-44　常用信号发生器面板

▶ 2.5.1　选择信号发生器

信号发生器的应用很广泛，信号发生器的种类比较多，不同的信号发生器的性能相差也比较大，因此，使用前要根据应用对象，选择信号发生器的类型。选定信号发生器后，要对信号发生器的按键功能进行了解，掌握基本的操作，能对信号发生器进行维护。选择信号发生器时要注意如下几点。

① 输出波形失真小。正弦信号发生器的非线性失真系数不超过 1% ～ 3%，有时要求低于 0.1%。

② 输出频率稳定并且在一定范围内连续可调。一般信号发生器的频率稳定度为 1% ～ 10%，标准信号发生器应优于 1%。

③ 输出幅度稳定并且在一定范围内连续可调。一般信号发生器的幅度最小可达毫伏级，

最大可达几十伏级，对于低频信号发生器，要求在整个频率范围内输出电压幅度不变，一般要求变化小于1dB。

④ 输出阻抗要低，与负载容易匹配。一般低频信号发生器具有低阻抗和600Ω输出阻抗；高频信号发生器多为50Ω或70Ω输出阻抗。

⑤ 调制特性。对高频信号发生器一般要求有调幅和调频输出。调幅调制频率一般为100Hz和400Hz，调频为10～100kHz。调幅调制特性，调幅度0%～80%，调频频偏不低于75kHz。

⑥ 对于脉冲信号发生器，输出脉冲信号的脉冲宽度应可调节。

▶ 2.5.2 信号发生器的组成

信号发生器种类繁多，但基本组成原理相同，图2-45为信号发生器基本组成框图。由框图可以看出一般的信号发生器由五部分组成：信号产生电路、整形放大电路、输出衰减电路、驱动保护电路、电源部分。

图 2-45 信号发生器基本组成框图

（1）信号产生电路

信号产生电路为信号发生器的核心部分，对于不同的信号发生器，它的原理是不一样的，现在通用的信号发生器从这部分的原理上来讲，可分三种原理。

① 直接应用RC或LC形成振荡电路，组成信号产生电路部分。

② 信号产生原理是对输出信号的频率用合成的方法产生，称为频率合成。频率合成的方法基本上可归纳为两类，即直接合成法和锁相合成法。

③ 信号产生原理称为DDS数字合成信号发生器。数字合成信号发生器是从相位出发，直接采用数字技术产生波形的一种频率合成技术，具有很高的应用价值，它是通用信号发生器的发展方向。

（2）整形放大电路

任何一个信号产生电路产生的波形，都存在着信号幅度小、波形有失真的现象，需要进行再处理才能满足要求，因此根据不同信号产生电路的要求，有着不同的整形放大电路。对于直接应用RC或LC形成的振荡电路而言，由于振动器输出的信号比较小，但波形失真小，因此，它的整形放大电路的主要工作是放大信号。频率合成法及数字合成信号形成的振荡器，其输出信号谐波分量较多，因此它的整形放大电路的工作除了放大信号外，还必须对信号进行滤波处理。

（3）输出衰减、驱动保护、电源部分

输出衰减电路是由一系列电阻按比例串联分压产生的。为了增强信号发生器的带载能力，减少输出阻抗，减小负载对信号发生器的影响，部分信号发生器产品增加了电流放大驱动电路。电源部分是给整个信号发生器电路提供工作电源用的。

2.5.3 函数信号发生器的使用

（1）函数信号发生器控制面板

图 2-46 是 SP1642B 型函数信号发生器控制面板。

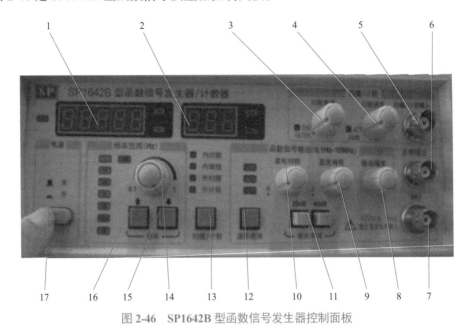

图 2-46　SP1642B 型函数信号发生器控制面板

1—频率显示窗口；2—幅度显示窗口；3—扫描宽度调节旋钮；4—扫描速率调节旋钮；5—扫描 / 计数输入插座；
6—点频输出端；7—函数信号输出端；8—函数信号输出幅度调节旋钮；9—函数输出信号直流电平偏移调节旋钮；
10—输出波形对称性调节旋钮；11—函数发生器输出幅度衰减开关；12—函数输出波形选择按钮；13—扫描 / 计数按钮；
14—频率微调旋钮；15—倍率选择按钮 1；16—倍率选择按钮 2；17—整机电源开关

① 频率显示窗口。显示输出信号的频率或外测信号的频率。

② 幅度显示窗口。显示函数输出信号的幅度。

③ 扫描宽度调节旋钮。调节此电位器可调节扫描输出的频率范围。在外测频时，逆时针旋到底（绿灯亮），使外输入测量信号经过低通开关进入测量系统。

④ 扫描速率调节旋钮。调节此电位器可以改变内扫描的时间长短。在外测频时，逆时针旋到底（绿灯亮），使外输入测量信号经过衰减"20dB"进入测量系统。

⑤ 扫描 / 计数输入插座。当扫描 / 计数键功能选择在外扫描状态或外测频功能时，外扫描控制信号或外测频信号由此输入。

⑥ 点频输出端。输出标准正弦波 100Hz 信号，输出幅度 $2V$p-p。

⑦ 函数信号输出端。输出多种波形受控的函数信号，输出幅度 $20V$p-p（1MΩ 负载），$10V$p-p（50Ω 负载）。

⑧ 函数信号输出幅度调节旋钮。调节范围 20dB。

⑨ 函数输出信号直流电平偏移调节旋钮。调节范围：$-5 \sim +5V$（50Ω 负载），$-10 \sim +10V$

（1MΩ 负载）。当电位器处在关位置时，则为 0 电平。

⑩ 输出波形对称性调节旋钮。调节此旋钮可改变输出信号的对称性。当电位器处在关位置时，则输出对称信号。

⑪ 函数发生器输出幅度衰减开关。20dB、40dB 键均不按下，输出信号不经过衰减，直接输出到插座口。按下 20dB、40dB 键，则可选择 20dB 或 40dB 衰减。20dB、40dB 同时按下时为 60dB 衰减。

⑫ 函数输出波形选择按钮。可选择正弦波、三角波、方波输出。

⑬ 扫描 / 计数按钮。可选择多种扫描方式和外测频方式。

⑭ 频率微调旋钮。调节此旋钮可微调输出信号频率，调节基数范围从大于 0.1 到小于 1。

⑮ 倍率选择按钮 1。每按一次此按钮可递减输出频率的一个频段。

⑯ 倍率选择按钮 2。每按一次此按钮可递增输出频率的一个频段。

⑰ 整机电源开关。按下此按钮，机内电源接通，整机工作。此键释放为关掉整机电源。

（2）信号发生器的操作

信号发生器有许多型号，在使用之前，一定要认真阅读说明书，熟悉面板各功能的用途后再使用。

正弦波、三角波、方波的产生：在 SP1642B 型函数发生器上调出正弦波、三角波、方波的操作步骤。SP1642B 型函数发生器产生的波形有正弦波、三角波、方波。

首先接通电源，按下电源开关，如图 2-47 所示。

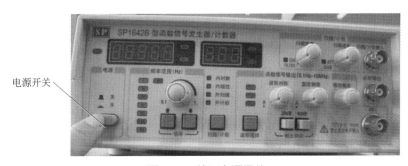

图 2-47 按下电源开关

① 将直流电平偏移调节旋钮、输出波形对称性调节旋钮逆时针旋到极限位置，即在关的位置，如图 2-48 所示。

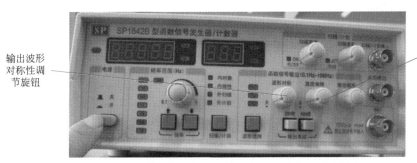

图 2-48 调节电平偏移、波形对称旋钮

② 按下输出波形选择开关按钮，分别选中正弦波、三角波、方波其中的一种，如图 2-49 所示。

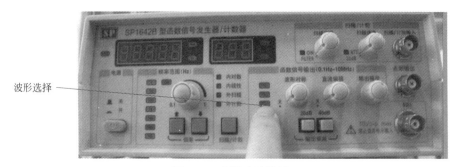

图 2-49　选择波形类型

③ 调输出幅度及频率的方法。若需要一正弦信号幅度为 2V，频率为 120kHz，先调节倍率选择按钮到 1MHz，其操作如图 2-50 所示。

图 2-50　选择频率倍率

④ 再调节频率微调旋钮，使频率显示窗口为 120kHz；调节输出幅度调节旋钮，使幅度显示窗口显示值为 2V。按下 20dB 衰减按钮，波形将被衰减，其操作如图 2-51 所示。三角波、方波的输出方法同上，只是波形选择开关按钮选择三角波或方波。

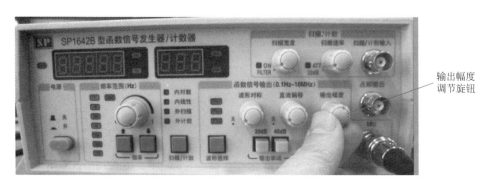

图 2-51　旋转输出幅度旋钮以获得需要的值

⑤ 信号发生器输出幅度为 2V、频率为 120kHz 的正弦波显示如图 2-52 所示。

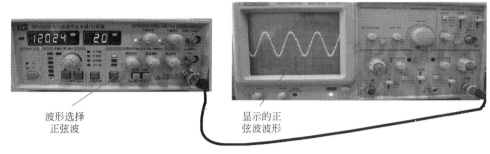

波形选择
正弦波

显示的正
弦波波形

图 2-52　信号发生器正弦波输出

⑥ 信号发生器输出幅度为 2V、频率为 120kHz 的方波显示如图 2-53 所示。

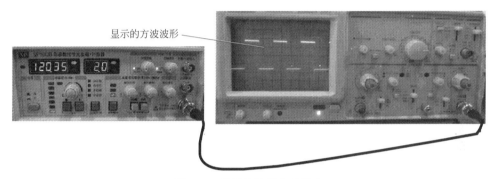

显示的方波波形

图 2-53　信号发生器方波输出

⑦ 信号发生器输出幅度为 2V、频率为 120kHz 的三角波显示如图 2-54 所示。

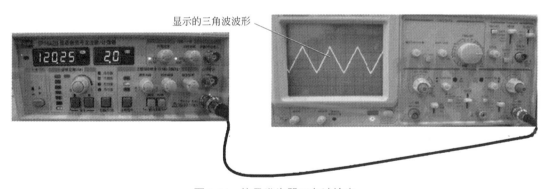

显示的三角波波形

图 2-54　信号发生器三角波输出

（3）音频发生器的调试操作步骤

使用音频发生器测量放大器的最大不失真功率。

① 将信号发生器的电源打开，调节频率范围旋钮，使信号发生器频率输出为 1kHz 的正弦信号，将音频发生器连接到放大器的输入端，同时将该信号输送到示波器的 CH1 端，放大器的输出经过探头输送到示波器的 CH2 端，用示波器同时测量放大器的输入、输出波形，一边观察示波器波形，一边调节电位器 R_p，使输出波形最大且不失真。连接图如图 2-55 所示。

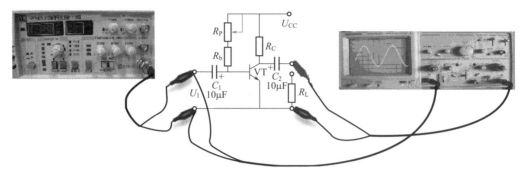

图 2-55　音频发生器的调试

② 调节信号发生器的输出幅度，观察示波器，使波形最大且不能出现波形削顶失真，接入毫伏表，当示波器显示出现变形的临界点时，为放大器最大不失真输出电压值，根据放大器负载 R_L 上测得的放大器输出电压值 U_0，就可以计算出最大不失真功率 P_0。

$$P_0 = \frac{U_0^2}{R_L}$$

（4）调幅发射机的调试中话音放大电路调试操作步骤

图 2-56 为集成运算放大器 μA741 组成的语音放大电路，可以用它来对低频话音进行放大。

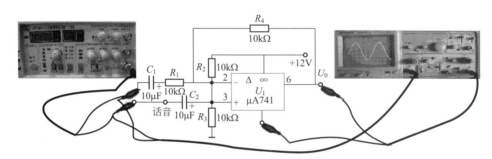

图 2-56　低频话音放大电路

调节输出幅度旋钮使信号发生器输出峰 - 峰值为 0.2V，调节倍率选择按钮到 1kHz，再调节频率微调旋钮使 f=1kHz 的正弦信号，用示波器观察 μA741 的输出波形，其调节旋钮如图 2-57 所示。

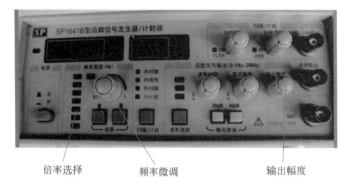

倍率选择　　　　频率微调　　　　输出幅度

图 2-57　信号发生器频率及幅度调节旋钮

2.6 直流稳压电源

在电子电路、自动控制装置中都需要使用电压稳定的直流电源供电。电子设备对电源电路的要求，就是能够提供持续稳定、满足负载要求的电能。能提供稳定的直流电能的电源就是直流稳压电源。直流稳压电源在电源技术中占有十分重要的地位。图2-58是常用的直流稳压电源的外形。

图 2-58　常用的直流稳压电源的外形

▶ 2.6.1　稳压电源的选择

选择直流稳压电源时，应根据实际情况，要求稳压电源的输出功率大于或等于所有用电设备总功率的总和。还应根据用电设备及电路的使用电压、电流的范围，也就是要求稳压电源的电压和电流范围，这是两个最容易确定的指标。选择直流稳压电源的几个因素：

① 首先要了解稳压电源用在什么地方。比如：是部分设备或整个用电系统稳压使用。

② 根据用电要求，确定选择固定输出的稳压电源还是选择输出可调的稳压电源。

③ 根据要求确定稳压电源输出功率、电压及电流的范围。

④ 了解稳压器的原理、特性等。

⑤ 选择的稳压电源过载保护电路要灵敏。直流稳压电源的过载保护电路要灵敏，因为一个电源要供给不同的电路使用，这些电路的电流大小可能是未知的，为了避免对电源的损坏，需设置保护电路的范围。过载保护电路应都具有以下特点：在超出输出范围时，要么输出保

持在最大输出值，要么就自行关闭电源；在用电电路发生短路或过流时，稳压电源要能自动断电。

在选择稳压电源时，固定输出的稳压电源，大多数允许输出电压在 ±10% 的范围内变化；可调输出的稳压电源在它的变化范围内是连续可调的，可根据需要选择电压的数值。几乎所有的直流电源都工作在恒压源模式，也就是说在整个电流变化范围内输出电压可保持不变。

■ 2.6.2 直流稳压电源的性能及技术指标

衡量直流稳压电源的指标有特性指标和质量指标。通常根据电子及电气设备应用场合和要求选择与之相适应的稳压电源。

（1）直流稳压电源基本功能和要求

① 输出电压值。能够在额定输出电压值以下任意设定和正常工作。

② 输出电流的稳流值。能在额定输出电流值以下任意设定和正常工作。

③ 直流稳压电源的稳压与稳流状态。能够自动转换并有相应的状态指示。

④ 对于输出的电压值和电流值要求精确地显示和识别。

⑤ 对于输出电压值和电流值有精准要求的直流稳压电源，一般要用多圈电位器和电压电流微调电位器。

⑥ 要有完善的保护电路。直流稳压电源在输出端发生短路及异常工作状态时不应损坏，在异常情况消除后能立即正常工作。

（2）直流稳压电源的技术指标

直流稳压电源的技术指标可以分为两大类：一类是特性指标，反映直流稳压电源的固有特性，如输入电压、输出电压、输出电流、输出电压调节范围；另一类是质量指标，反映直流稳压电源的优劣，包括稳定度、等效内阻（输出电阻）、纹波电压及温度系数等。

① 直流稳压电源的特性指标。

a. 输出电压范围。符合直流稳压电源工作条件的情况下，能够正常工作的输出电压范围。该指标的上限由最大输入电压和最小输入 - 输出电压差所规定，而其下限由直流稳压电源内部的基准电压值决定。

b. 最大输入 - 输出电压差。该指标表征在保证直流稳压电源正常工作的条件下，所允许的最大输入 - 输出之间的电压差值，其值主要取决于直流稳压电源内部调整晶体管的耐压指标。

c. 最小输入 - 输出电压差。该指标表征在保证直流稳压电源正常工作的条件下，所需的最小输入 - 输出之间的电压差值。

d. 输出负载电流范围。输出负载电流范围又称为输出电流范围，在这一电流范围内，直流稳压电源应能保证符合指标规范所给出的指标。

② 直流稳压电源的质量指标。

a. 电压调整率。电压调整率是表征直流稳压电源稳压性能优劣的重要指标，又称为稳压系数或稳定系数，它表征当输入电压 U_1 变化时直流稳压电源输出电压 U_0 稳定的程度，通常以单位输出电压下的输入和输出电压的相对变化的百分比表示。

b. 电流调整率。电流调整率是反映直流稳压电源负载能力的一项主要指标，又称为电流稳定系数。它表征当输入电压不变时，直流稳压电源对由于负载电流（输出电流）变化而引起的输出电压的波动的抑制能力，在规定的负载电流变化的条件下，通常以单位输出电压下的输出电压变化值的百分比来表示直流稳压电源的电流调整率。

c. 纹波抑制比。纹波抑制比反映了直流稳压电源对输入端引入的市电电压的抑制能力。当直流稳压电源输入和输出条件保持不变时，纹波抑制比常用输入纹波电压峰-峰值与输出纹波电压峰-峰值之比表示，一般用分贝数表示，但是有时也可以用百分数表示，或直接用两者的比值表示。纹波电压是指叠加在输出电压上的交流电压分量，用示波器观测输出电压的波形，纹波电压的峰-峰值一般为毫伏量级。也可用交流毫伏表测量其有效值，但因纹波不是正弦波，所以有一定的误差。

d. 温度稳定性。集成直流稳压电源的温度稳定性是在所规定的直流稳压电源工作温度 T_j 的最大变化范围内（$T_{min} \leqslant T_j \leqslant T_{max}$）直流稳压电源输出电压的相对变化的百分比值。

③ 直流稳压电源的极限指标。

a. 最大输入电压。是保证直流稳压电源安全工作的最大输入电压。

b. 最大输出电流。是保证稳压器安全工作所允许的最大输出电流。

▶ 2.6.3　稳压电源的使用

（1）使用稳压电源应注意的事项

① 稳压电源的开关不能作为电路开关随意开关。

② 开机前应根据需要，将输出电压步进选择开关放在适当的位置。

③ 在加载过程中，不允许转换步进选择开关的挡位，如需改变挡位需将负载去掉后再进行转换。

④ 开机前，检查电源输入、输出端有无短路现象。将面板各种旋钮、步进选择开关调到初始位置。

⑤ 开机时，先将电压调节旋钮旋转到最小位置，再将稳流旋钮旋转到最小位置。接通交流电源，打开直流稳压电源的开关。

⑥ 调压时，旋转稳流旋钮对稳流数值作适当的调节。旋转稳压旋钮根据需要调节电压。

⑦ 关机时，先将全部旋钮旋转到最小位置，再关闭电源开关，最后拆连接导线。

（2）直流稳压电路的维护

电源使用一段时间后，应对指示电路进行核准，可通过外接电压表、电流表与机上指示仪表进行比较进而调整（分别为电压及电流指示校准），进行核准。但应注意由于机箱为钢板结构，故盖上箱盖后会引起读数的少量改变，可先观察一下范围后，在开机调整时留出余量来进行校正即可。日常要注意：

① 应经常检查电源线接线是否松动，内部是否断裂；

② 检查接线柱是否松动，机箱内外螺钉是否牢固；

③ 清洁机箱面板及机箱盖时，严禁使用有机溶剂或去污剂进行除垢，应使用中性皂液用软质抹布进行清洗，然后擦干即可；

④ 仪器应保持垂直安放。

在使用中可能出现故障，其常见故障现象和可能原因如表 2-4 所示。

表 2-4　稳压电源常见故障现象和可能原因

序号	故障现象	检查
1	无输出电压	检查电源开关是否接通，熔丝是否完好，电路有无短路现象
2	输出电压太高	检查调整管是否击穿
3	输出电压不稳	检查一下基准电压是否稳定
4	输出电流不够	检查调整管是否烧毁开路，负载是否太重

2.7　兆欧表、电桥

2.7.1　兆欧表

在工作时，有时会遇到要测量电动机绕组之间的绝缘电阻，或测量变压器绕组之间的绝缘电阻的情况。掌握了使用兆欧表测量绝缘电阻的方法及使用兆欧表时要注意的事项，通过测量结果即可判断出所测量的设备的绝缘状况是否正常。

（1）兆欧表的用途

兆欧表又称摇表。它是专门用来检测电气设备、供电线路绝缘电阻值的一种可携式仪表，如图 2-59 所示。

如果被测线路、设备的电阻值非常大，达到了几兆欧或几十兆欧，那么使用万用表测量就很难准确得到测量数值，此时就要使用兆欧表进行测量。

（2）使用兆欧表应注意的事项

选用兆欧表时，一是要注意额定电压范围，其额定电压一定要与被测电气设备或线路的工作电压相适应，不能用电压过高的摇表测量低电压电气设备的绝缘电阻，以免设备的绝缘受到损坏；二是测量范围，兆欧表的测量范围不要超出被测绝缘电阻的数值过多，以免读数时产生较大的误差。

① 选择量程。测量不同的电器绝缘，要选择不同量程的兆欧表，如图 2-60 所示。

数据铭牌

接线端子

表盘

摇把

图 2-59　兆欧表

测量低压电气设备绝缘电阻时选用0～200MΩ量程表　低压

测量高压电气设备或电缆时选用0～2000MΩ量程表　高压

图 2-60　测量不同的电器绝缘选择不同量程的兆欧表

② 使用前的检查。兆欧表在测量前应先进行检查。将兆欧表平稳放置。先使"L""E"两个端钮开路，摇动手摇发电机的手柄，使发电机的转速达到额定转速，这时指针应指向标尺的"∞"处。然后再将"L"和"E"短接，缓慢摇动手柄，指针应指在"0"位上。如果指针位置不对，应对兆欧表进行检修后才能使用。

③ 正确接线，如图 2-61 所示。兆欧表的接线柱有三个，分别标有 L（线路）、E（接地）和 G（屏蔽）。在进行一般测量时，将被测绝缘电阻接在 L 和 E 之间。接线时，应选用单股导线分别单独连接 L 和 E，不可用双股导线或绞线，因为线间的绝缘电阻会影响测量结果。

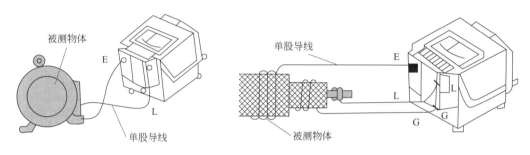

图 2-61　兆欧表测量绝缘电阻的接线

④ 使用兆欧表测量前，要切断被测设备的电源，并对被测设备进行充分的放电，保证被测设备不带电。测量中，发电机的手柄应由慢渐快地摇动，不要忽快忽慢，一般规定 120r/min 左右。当发现指针指零，说明被测绝缘物有短路现象，应立即停止摇动。测量后，用兆欧表测试过的电气设备，也要及时放电，如图 2-62 所示。

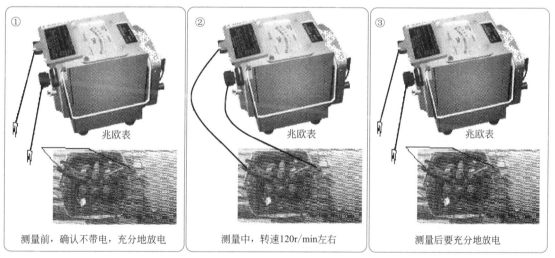

图 2-62　兆欧表测量绝缘电阻时的注意事项

⑤ 测量电解电容器的介质绝缘电阻时，应按电容器耐压的高低选用兆欧表，注意电容器的正极接"L"，负极接"E"，不可反接，否则会使电容器击穿。

⑥ 当兆欧表没有停止转动时或被测设备没有放电之前，不可用手触及被测设备的测量部分，或拆除导线。

⑦禁止在雷电时使用兆欧表测量。

2.7.2 电桥

通过上面的学习可知，兆欧表是测量大阻值的一种仪表。而在实际工作中还有许多小阻值的器件需要测量，学会了使用电桥，就能测量这些阻值了。

（1）电桥的分类

电桥是用来测量电感、电容和阻抗的仪表，其特点是灵敏度和准确度较高。图 2-63 是 QJ23 型直流电阻电桥的外形。

图 2-63   QJ23 型直流电阻电桥的外形

电桥分为单臂电桥、双臂电桥和交流电桥。单臂电桥适用于测量中值电阻 (1 ~ 10MΩ)。双臂电桥适用于测量低值电阻 (1 ~ 10Ω)。交流电桥主要用来测量电感、电容和阻抗等参数，也有能兼测电阻的交流电桥。

（2）电桥使用方法

将被测试电阻器接到 "R_x" 两接线端钮上。具体操作步骤如图 2-64 所示。

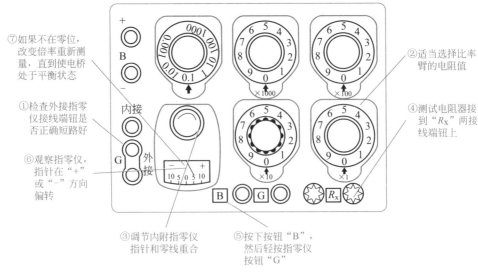

⑦如果不在零位，改变倍率重新测量，直到使电桥处于平衡状态

①检查外接指零仪接线端钮是否正确短路好

⑥观察指零仪，指针在 "+" 或 "-" 方向偏转

②适当选择比率臂的电阻值

④测试电阻器接到 "R_x" 两接线端钮上

③调节内附指零仪指针和零线重合

⑤按下按钮 "B"，然后轻按指零仪按钮 "G"

图 2-64   测量电阻值的步骤

①在测量之前，首先要预估被测电阻 R_x 的阻值。在一般正常情况下，量程变换器放在"×1"上，测量盘拨至1000Ω上，按下按钮"B"，然后轻触指零仪的按钮"G"，这时观察指零仪指针向"+"或"−"方向偏转，如果指针向"+"的一边偏转，说明被测试电阻 R_x 大于1000Ω。

②改变测量倍率，把量程变换器放在"×10"上，再次按动"B"和"G"按钮，如果仍向"+"的一边偏转，说明倍率选择仍然不合适。

③再次选择倍率，把量程变换器放在"×100"上，如果开始时指针向"−"的一边晃动，则可知测试电阻器 R_x 小于1000Ω。

可把量程变换器放在"×0.1"或"×0.01"上，指针就会移到"+"的一方，可得到 R_x 的大约数值，然后根据选定量程的倍率，再次调节测量盘的四个开关，使电桥处于平衡状态。

（3）使用注意事项

使用电桥测量注意事项如下。

①测量电机、变压器时必须先按"B"按钮，再按"G"按钮。断开时先放开"G"按钮，再放开"B"按钮。

②特别注意：测量盘"×1000"读数盘不可放置在"0"位。

③测量完毕后，将"B"按钮和"G"按钮松开。

④外接电源时，电压值应按照使用说明书的规定接入。

⑤使用双臂电桥时，被测电阻的电流端钮应接入双臂电桥的C1、C2端，电位端钮接电桥的P1、P2端。

⑥使用双臂电桥实际测量时，被接入的电阻一般只有2个接线端，要从被测电阻引出4根线，要使被测电阻端钮位于电流端钮的内侧。

⑦接线要尽量短、粗，连接牢固。测量时间尽可能短。

2.8 钳形电流表

钳形电流表是一种不需要断开电路就可以直接测量电流的电工仪表。其外形如图2-65所示。

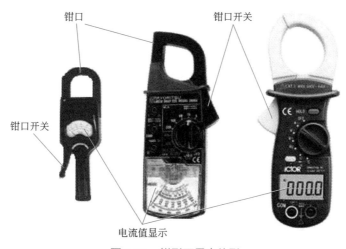

图 2-65 钳形万用表外形

▪ 2.8.1　钳形电流表的使用方法

使用钳形电流表测量电流的操作步骤如图 2-66 所示。

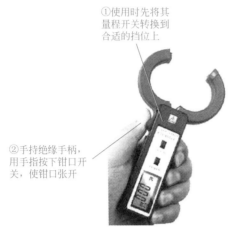

①使用时先将其量程开关转换到合适的挡位上

②手持绝缘手柄，用手指按下钳口开关，使钳口张开

⑤再次用手指压下钳口开关，把被测导线从铁芯中央移出

③将被测导线从张开的钳口处放入铁芯中央，松开钳口开关

④钳形电流表指针偏转(或数字发生变化)，读取数值

图 2-66　使用钳形电流表测量电流的操作步骤

▪ 2.8.2　钳形电流表使用时要注意的事项

使用钳形电流表测量电流是为了安全和准确，在测量时需注意图 2-67 中的事项。

①不能使用小电流挡位测量大电流，如果不清楚被测电流的大小，要从最大电流挡位开始

②被测电路的电压不能超过钳形电流表所规定的使用电压

④被测导线必须放在铁芯的中央位置

③测量过程中不能转换挡位

图 2-67　使用钳形电流表测量电流应该注意的事项

2.9　功率表与电能表

▪ 2.9.1　功率表

功率表是用来测量电路中功率的电工仪表。图 2-68 所示为常用功率表。功率表可分为单相和三相两种。功率表有两组线圈，一组为电流线圈，另一组为电压线圈。

图 2-68　常用功率表

（1）使用功率表要注意的事项

① 正确选择量程。在实际测量工作中，功率因数往往不等于 1，选择功率表时，只考虑功率不超过量程这一个条件是不够的，还要考虑电流量程和电压量程，即电流量程和电压量程要同时大于负载电流和电压值。

② 正确接线。接线时要确保流入两个线圈的电流都从标有 "*" 端的按钮流入。而且从 "+" 极到 "-" 极。测量时如果接线正确，指针反偏，说明负载是输出功率的，此时，可变换电流线圈的接线，或转换极性开关，使指针正偏转。

③ 正确读数。便携式功率表一般为多量程，只有一条标尺线，只指示格数而不指示功率瓦数。读完格数时，要经过计算才能得到功率值。

（2）接线

电流线圈与负载串联相接，电压线圈与负载并联相接。功率表接线原理如图 2-69 所示。图 2-69（a）是正确的接线，图 2-70（b）是不正确的接线。电流、电压线圈均有一端带 "*"，此端称为 "电流端" 或 "电压端"，统称为 "发电机端"。

功率表接线时，标有 "*" 的电流端钮必须接电源，另一端接负载，电流线圈串入电路中；标有 "*" 的电压端钮必须接电源的同极性的端子上，另一端接负载，电压线圈并联在电路中。如果发现指针反转，应把电流端换接，不要把电压端换接。

功率表中电压线圈的不同接法，对测量结果是有影响的。图 2-70（a）所示接法叫电压线圈前接方式，图 2-70（b）所示接法叫电压线圈后接方式。使用电压线圈前接方式，功率表的读数包括表的电流线圈所消耗功率，适合负载电阻远远大于功率表电流线圈的阻值的电路。使用电压线圈后接方式，功率表的读数包括表的电压线圈所消耗功率，适合负载电阻远远大于功率表电压线圈的阻值的电路。

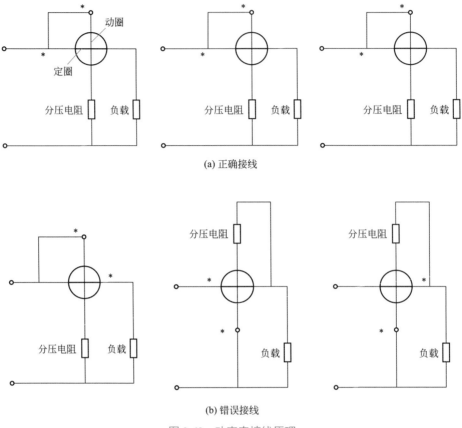

(a) 正确接线

(b) 错误接线

图 2-69　功率表接线原理

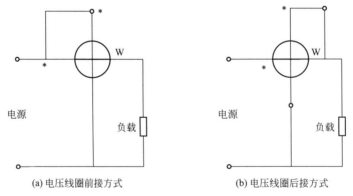

(a) 电压线圈前接方式　　　　　(b) 电压线圈后接方式

图 2-70　功率表中电压线圈的不同接法

在实际测量中，被测功率一般比仪表本身损耗大得多，而功率表电流线圈的损耗比电压线圈的损耗小，因此，常采用线圈前接方式。

（3）功率表的读数方法

利用功率表分格表，查找每一分格所代表的电流、电压数值，再将此数值乘以格数，即

$P=Ca$。式中，P 为功率；C 为分格常数；a 为指针偏转格数。

功率表使用说明书中提供分格常数。例如使用电压量程为300V，电流量程为10A，满刻度为100DIV 的功率表测量电路的功率时，指针偏转个数为80DIV，所测功率为2400W。此数据由下面公式计算得到。

$$C=U_{\mathrm{N}}I_{\mathrm{N}}/a_{\mathrm{m}}=300\times10/100=30(\mathrm{W/DIV})，\quad P=Ca=30\times80=2400(\mathrm{W})$$

（4）接线实例

使用一块单相功率表测量三相对称负载的功率，其接线如图2-71所示。

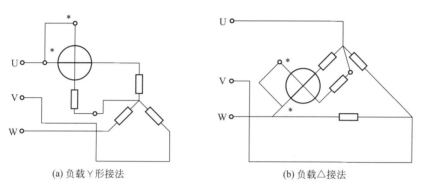

(a) 负载Y形接法　　　　　　　　　(b) 负载△接法

图 2-71　一表法测三相功率

图2-72是使用三表法测量三相四线制不对称负载功率的接线。

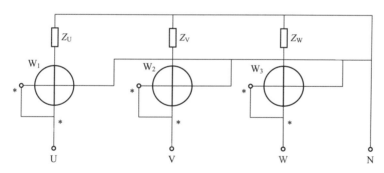

图 2-72　三表法测量三相四线制不对称负载功率

三相功率表分为"二元三相功率表"和"三元三相功率表"两种。"二元三相功率表"适合测量三相三线制或负载完全对称的三相四线制电路的功率，而"三元三相功率表"适合测量一般三相四线制电路的功率。

2.9.2　电能表

① 电能表是测量某一时段内发电机发出的电能或负载所消耗电能的仪表。图2-73是两种电能表的实物图。电能表不仅能反映出功率的大小，还能够反映出电能随时间增长积累的总和。按照电能表测量的电能量不同分为单相电能表和三相电能表。

② 安装电能表。一般将电能表安装在表板上。表板可以是木质的，也可以是塑料或金属的。安装环境要求干燥，无腐蚀气体，无振动。安装距离要求：表的下沿距地面的距离

要大于 1.3m。如果是多表安装，表间中心距离不小于 200mm，表身要与地面垂直。图 2-74 是电能表安装实例。

③ 如何选择电能表。根据要求选择电能表的类型。测量单相用电时，使用单相电能表。测量三相电时，使用三相四线制的电能表，或使用三块单相电能表。考虑测量精度。准确度有 1 级和 2 级之分。另外，就是电能表所能应用的电流范围，一般为 125% 额定电流。

图 2-73　电能表

图 2-74　电能表安装实例

根据负载的电流、电压，选择电能表的量程。电能表的额定电压与负载电压相等，额定电流大于负载电流。

④ 电能表接线时的注意事项。接线之前，要认真阅读使用说明书。严格按照说明书的要求接线。将电流、电压线圈带"*"的一端同时接在电源的统一极性端。相序要正确。图 2-75 是电能表端子接线图。

图 2-75　电能表端子接线图

图 2-76 是带互感器的接线示意图。

⑤ 从电能表上正确读数。没有使用互感器的接线，可以直接从电能表上读取数值。使用电流、电压互感器的接线，要考虑变比系数。

⑥ 测量单相交流电路消耗的电能。将单相电能表的电流线圈串接在负载电路中，电压线圈并接在负载两端（注意"*"端子接法）。

⑦ 测量三相四线制电路所消耗的电能。可使用一块单相电能表测量一相所消耗的电能，

然后乘以 3 即可（适用于三相平衡电路，电压为相电压），如图 2-77 所示。

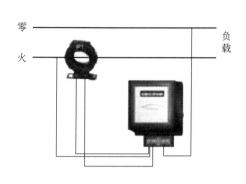
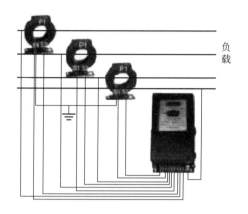

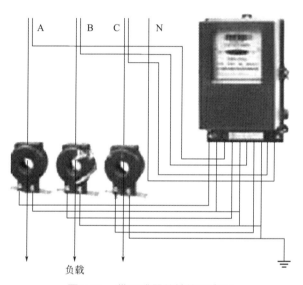

图 2-76　带互感器的接线示意图

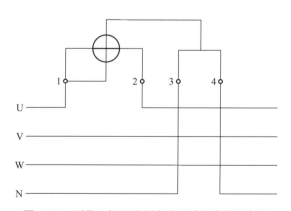

图 2-77　测量三相四线制电路所消耗电能的电路

使用三块单相电能表测量不对称三相四线制电路的电能，如图 2-78 所示。分别测量每一相所消耗的电能，然后相加即可。

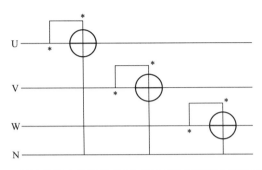

图 2-78   三块单相电能表测量不对称三相四线制电路电能的电路

使用三相四线制电能表直接测量三相四线制电路的电能，如图 2-79 所示。

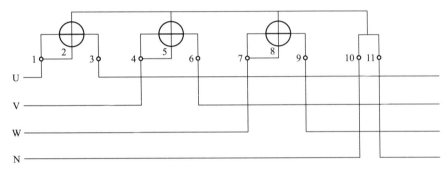

图 2-79   使用三相四线制电能表直接测量三相四线制电路电能的电路

⑧ 测量三相三线制电路所消耗的电能。使用三相三线有功电能表测量三相三线制电路所消耗的电能，如图 2-80 所示。

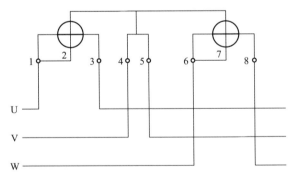

图 2-80   使用三相三线有功电能表测量三相三线制电路所消耗电能的电路

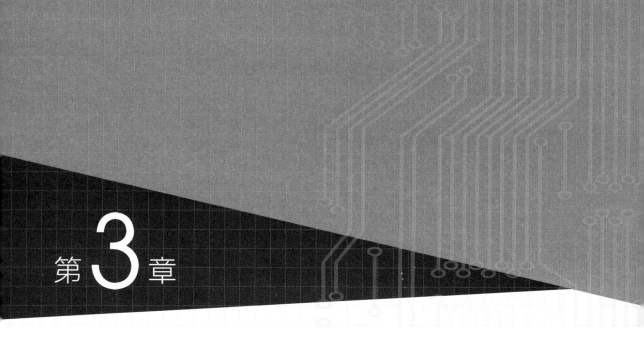

第**3**章

电子元件检测

3.1 电阻器及检测

▶ 3.1.1 电阻器

（1）电阻器外形、图形符号及文字代号

电阻器的种类繁多，形状各异，功率也各有不同。几种常用电阻器的外形、图形符号、文字代号如图 3-1 所示。

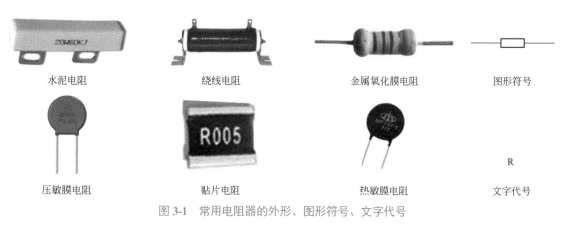

水泥电阻	绕线电阻	金属氧化膜电阻	图形符号
压敏膜电阻	贴片电阻	热敏膜电阻	R 文字代号

图 3-1　常用电阻器的外形、图形符号、文字代号

（2）电阻器的作用

在电路中电阻用来控制电流、分配电压。电阻在电路中可以串联、并联和混联，如图 3-2

所示。

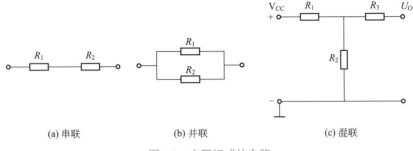

(a) 串联　　　　　　(b) 并联　　　　　　(c) 混联

图 3-2　电阻组成的电路

（3）电阻器在电路图中的标注规则

在电路图中，电阻要标注文字代号，还要标注阻值，其标注规则如下：阻值在 1kΩ 以下的可标注单位，也可不标注。阻值在 1 ～ 100kΩ 之间的，标注单位为 k。阻值在 100kΩ ～ 1MΩ 之间的，可标注单位为 k，也可标注单位为 M。阻值在 1MΩ 以上的，标注单位为 M。电阻器在电路图中的标注形式如图 3-3 所示。

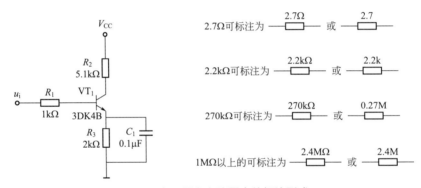

图 3-3　电阻器在电路图中的标注形式

（4）电阻器的分类

分为固定电阻和可调电阻（电位器）。固定电阻器的电阻值是固定不变的，阻值的大小就是它的标称阻值。固定电阻器的文字符号常用字母 "R" 表示。主要有碳质电阻、碳膜电阻、金属膜电阻、线绕电阻、水泥电阻、贴片电阻等。

（5）电阻器的主要参数

标称阻值、误差、额定功率、最高工作电压、静噪声电动势、最高工作温度、温度特性、高频特性等。

选用电阻器时一般重点考虑标称阻值、额定功率、误差。其他几项参数只在有特殊需要时才考虑。

▶ 3.1.2　电阻器的阻值表示法

电阻器的标称阻值是指电阻器表面所标的阻值。电阻值的常用单位为欧姆（Ω）、千欧姆（kΩ）和兆欧姆（MΩ），其相互关系为：$1MΩ=1000kΩ=1000000Ω$。标称阻值的表示方法有直标法、文字符号法、色标法。

（1）直标法

就是把电阻值和误差值直接打印在电阻器上。

（2）文字符号法

在电阻器上直接打印电阻值，如 3K3、103 等，3K3 就是 3.3kΩ，103 就是 10kΩ。

在文字符号标注法中，标志符号规定如下：

① 欧姆——Ω。例如 0.1 欧姆标志为 Ω1；

② 千欧 (10^3 欧姆)——kΩ（k）。例如 1 千欧表示为 1kΩ 或 1k；

③ 兆欧 (10^6 欧姆)——MΩ（M）。例如 2 兆欧表示为 2MΩ 或 2M；

④ 吉欧 (10^9 欧姆)——GΩ（G）。例如 1 吉欧表示为 1GΩ 或 1G；

⑤ 太欧 (10^{12} 欧姆)——TΩ（T）。例如 3.3 太欧可表示为 3T3。

（3）色环法

色环法标记有四环和五环之分。就是用不同的色环表示相应的数字，代表阻值和误差。五色环的含义见表 3-1。

表 3-1 五色环的含义

色环颜色	第一环 第一位数（a）	第二环 第二位数（b）	第三环 第三位数（c）	第四环 10 的几次方（d）	第五环误差 （Δ）
黑	0	0	0	$\times 10^0$	
棕	1	1	1	$\times 10^1$	±1%
红	2	2	2	$\times 10^2$	±2%
橙	3	3	3	$\times 10^3$	±3%
黄	4	4	4	$\times 10^4$	
绿	5	5	5	$\times 10^5$	
蓝	6	6	6	$\times 10^6$	
紫	7	7	7	$\times 10^7$	
灰	8	8	8	$\times 10^8$	
白	9	9	9	$\times 10^9$	
金				$\times 10^{-1}$	±5%
银				$\times 10^{-2}$	±10%
无色					±20%

电阻器色环标记法如图 3-4 所示。四环标记法：前两环是数字，第三环是 10 的几次方，最后一环是误差。五环标记法：前三环是数字，第四环是 10 的几次方，最后一环是误差。四环标记的电阻值为：$ab \times 10^c \pm d\%$。五环标记的电阻值为：$abc \times 10^d \pm \Delta\%$。

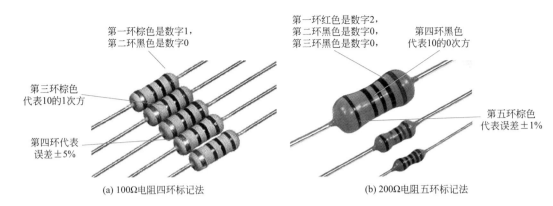

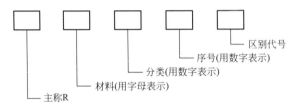

（a）100Ω电阻四环标记法　　　　　　　　（b）200Ω电阻五环标记法

图 3-4　电阻器色环标记法

3.1.3　电阻器的命名

电阻器型号命名方法如图 3-5 所示。

- 区别代号
- 序号(用数字表示)
- 分类(用数字表示)
- 材料(用字母表示)
- 主称R

图 3-5　电阻器型号命名方法

电阻器型号中符号含义如表 3-2 所示。

表 3-2　电阻器型号中符号含义

主称	材料		分类	
	字母	含义	数字	含义
	H	合成碳膜	1	普通
	I	玻璃釉膜	2	普通
	J	金属膜	3	高频
	N	无机实芯	4	高阻
R	C	沉积膜	5	高温
	S	有机实芯	6	—
	T	碳膜	7	精密
	X	线绕	8	高压
	Y	氧化膜	9	特殊
	F	复合膜		—

例如：RJ71 表示该电阻是金属膜精密电阻。

3.1.4 电阻器的选用

选用电阻器时主要考虑类型、功率和误差等。要根据电路的用途选择不同种类的电阻器。

① 选择电阻器功率。一般情况下所选电阻器的额定功率应大于实际消耗功率的两倍左右，以保证电阻器工作时的可靠性。

② 电阻器的误差选择。在一般电路中选用1%即可。在特殊的电路中依据电路要求选取。

③ 电阻器在电路中所能承受的电压值可通过 $U^2=RP$ 计算。其中，P 为电阻器的额定功率，W；R 为电阻器的阻值，Ω；U 为电阻器的极限工作电压，V。

3.1.5 电阻器的检测

电阻器在使用前要进行测量，看其阻值与标称阻值是否相符。误差值是否在电阻器的标称误差之内。用万用表测量电阻器要注意如下几点。

① 测量时手不能同时接触被测电阻的两根引线，以免人体电阻影响测量的准确性。

② 测量在电路上的电阻时，必须将电阻器从电路中断开一端，以防电路中的其他元件对测量结果产生不良影响。

③ 选择量程。测量电阻器的阻值时，应根据电阻值的大小选择合适的量程，否则将无法准确地读出数值。这是指针式万用表的欧姆挡刻度线的非线性关系所致。因为一般欧姆挡的中间段，分度较细而准确，因此测量电阻时，尽可能将表针落到刻度盘的中间段，以提高测量精度。

④ 调零。选择量程挡位后，将两个表笔短接，指针（读数）停在零的位置上（或读数为0），如不为0，则调整校零旋钮（只限于指针式万用表）。

⑤ 等到表针（或显示数字）稳定后再读数。

⑥ 测量完成后，将量程选择旋钮旋至 OFF 位置（或交流电压最高挡位）。

3.2 电位器及检测

可变电阻器主要是指可调电阻器、电位器。可变电阻器的阻值可以在某一个范围内变化。电位器主要用于改变和调节电路中的电压和电流。几种常用电位器的外形、图形符号和文字代号如图 3-6 所示。

图 3-6 几种常用电位器的外形、图形符号和文字代号

⊳ 3.2.1 电位器的检测

电位器的引脚分别为 A、B、C。A、C 之间的阻值为标称值，A 与 B 和 B 与 C 之间的阻值是可变的。如果是带开关的电位器，开关引脚为 K。

首先用万用表测电位器的标称值。根据标称阻值的大小，选择万用表合适的挡位，测 A、C 两端的阻值是否与标称值相符。如阻值为无穷大，表明电阻体与其相连的引脚断开了。然后再测 A、B 两端或 B、C 两端的电阻值，并慢慢地旋转轴。这时表针应平稳地朝一个方向移动，不应有跌落和跳跃现象，如果是数字式万用表，则显示数值逐步增大，表明滑动触点与电阻体接触良好。最后用 R×1 挡测 K 与 K 之间的阻值，转动转轴使电位器的开关接通或断开，阻值应为零或无穷大，否则说明开关坏了。

选择电位器时，主要考虑电位器的标称值、功率、结构形式、调节方式、外形尺寸、安装方式等因素。

⊳ 3.2.2 电位器的命名

电位器型号命名方法如图 3-7 所示。

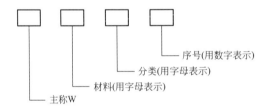

图 3-7　电位器型号命名方法

电位器型号中符号含义如表 3-3 所示。

表 3-3　电位器型号中符号含义

主称	材料		分类	
	字母	含义	字母	含义
	H	合成碳膜	G	高压类
	I	玻璃釉膜	H	组合类
	J	金属膜	B	片式类
	N	无机实芯	W	螺杆预调类
	D	导电塑料	Y	旋转预调类
W	S	有机实芯	J	单旋精密类
	X	线绕	D	多旋精密类
	Y	氧化膜	M	直滑精密类
	F	复合膜	X	旋转低功率
			Z	直滑低功率
			P	旋转功率类
			T	特殊类

例如：WXD2 表示该电位器是线绕多圈电位器。

3.3 电容器

电容器（简称电容）是电子设备中不可缺少的基本元件。电容器是由两个金属极板，中间夹有绝缘材料(绝缘介质)构成的。常用电容器如图 3-8 所示。

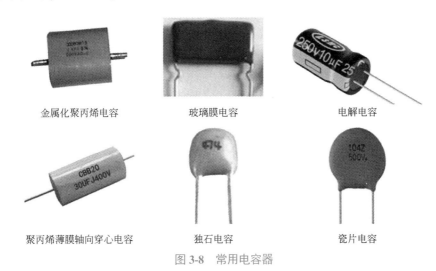

金属化聚丙烯电容　　　　　玻璃膜电容　　　　　电解电容

聚丙烯薄膜轴向穿心电容　　　　独石电容　　　　　瓷片电容

图 3-8　常用电容器

电容器可分为有极性电容器和无极性电容器。由于绝缘材料不同、结构不同还可分为独石电容器、瓷片电容器、电解电容器等多种类型。

电容器具有"隔直通交"的特点，即在电路中隔断直流电、通过交流电的特点。因此电容器常被用于级间耦合、滤波、去耦、旁路及信号调谐(选择电台)等方面。

▶ 3.3.1 电容器的主要参数

（1）标称容量和误差

标在电容器外壳上的电容容量值称为电容器的标称容量。

电容器的电容量是指电容器加上电压后能储存电荷的能力。电容量的单位有：法拉 (F)、微法 (μF)、皮法 (pF)。换算关系是：$1F=10^6μF=10^{12}pF$。电容器的容量误差是指电容容量标称值与实际值之差除以标称值所得的百分数。电容器的误差一般为三级，分别是 ±5%、±10%、±20%。电解电容的误差一般比较大，可能大于 ±20%。

（2）额定直流工作电压(耐压)

电容器的耐压是表示电容器接入电路后，能长期连续可靠地工作，不被击穿时所能承受的最大直流电压。如果电容器用于交流电路中，其最大值不能超过额定的直流工作电压。

（3）绝缘电阻

电容器的绝缘电阻是指电容器两极之间的电阻，或者叫漏电电阻。绝缘电阻的大小取决于电容器介质性能的好坏。使用电容器时应选绝缘电阻大的。

▶ 3.3.2 电容器容值及误差的标示方法

（1）电容器的容值的标示方法

① 用 2～4 位数字和一个字母表示标称容量，其中数字表示有效数值，字母表示数值的量级。字母为 m、μ、n、p。字母 m 表示毫法（10^{-3}F）、μ 表示微法（10^{-6}F）、n 表示纳法（10^{-9}F）、p 表示皮法（10^{-12}F）。字母有时也表示小数点，如：33m、47n、3μ3、3.3μF、R22（0.22μF）。在实际应用中电容常用单位：μF、pF 和 nF。

② 不标单位的直接表示法。这种方法是用 1～4 位数字表示，如 3300、680、7，容量单位为 pF，或用零点零几或零点几表示，如 0.01、0.22，其单位为 μF。

③ 电容量的数码表示法。一般用三位数表示容量的大小。前面两位数字为电容器标称容量的有效数字，第三位数字表示有效数字后面零的个数，它们的单位是 pF，如 102、221、474。

④ 色环法。色环表示法是用不同的颜色表示不同的数字。颜色所代表的数字见表 3-4。

表 3-4 色环的含义

颜色	黑	棕	红	橙	黄	绿	蓝	紫	灰	白
数字	0	1	2	3	4	5	6	7	8	9

具体的方法是：沿着电容器引线方向，第一、二位色环代表电容量的有效数字，第三位色环表示有效数字后面零的个数，其单位为 pF。如遇到电容器色环的宽度为两个或三个色环的宽度时，就表示这种颜色的两个或三个相同的数字。

（2）电容器误差的标示方法

① 直接标记法。就是把误差值直接标注于电容外表面。

② 字母标记法。使用不同的字母表示不同的误差等级。D—±0.5%，F—±1%，G—±2%，J—±5%，K—±10%，M—±20%，N—±30%，P—$^{+100}_{0}$%，S—$^{+50}_{-20}$%，Z—$^{0}_{-20}$%。

▶ 3.3.3 电容器的选用

在一般电路中使用电容器，主要关注电容器的容量、工作电压、误差等主要参数。

（1）电容器工作电压的选择

所选电容器的额定电压应高于电路中的实际工作电压，一般要高出额定电压值 10%～20%，对工作电压稳定性较差的电路，可留有更大的余量，以确保电容器不被损坏和击穿。

（2）电容器容量误差的选择

对于振荡、延时电路，电容器容量误差应尽可能小，一般误差应小于 5%。对用于低频耦合电路的电容器其误差可以大些，一般选 10%～20% 就能满足要求。

（3）电容器的代用

代用原则是所选电容器的容量应该等于或大于被代替电容器的电容值；电容器的耐压不低于原电容器的耐压值；对于旁路电容、耦合电容，可选用比原电容量大的电容器代用。

3.3.4 电容器在电路中的作用

（1）电容器容量在电路图中的标注规则

当电容器的容量大于100pF而又小于1μF时，一般不标注单位，在标注中如果没有小数点，其单位是pF，如果有小数点，其单位是μF。当电容量大于10000pF时，可用μF为单位，当电容量小于10000pF时用pF为单位。

（2）电容器在电路中的作用

① 电容器在整流电路中的滤波作用，如图3-9所示。

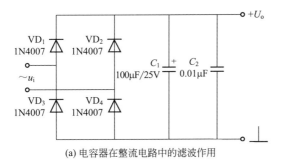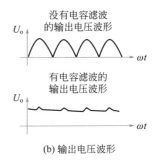

(a) 电容器在整流电路中的滤波作用　　　　(b) 输出电压波形

图 3-9　电容器在整流电路中的滤波作用

② 电容器在电路中的耦合作用，如图3-10所示。

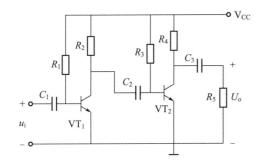

阻容耦合电路

这是一种两级的阻容耦合放大电路，由于电容的通交隔直的作用，前一级的温漂基本上不会传到后一级，这样整个电路输出端的温漂就很小

图 3-10　电容器在电路中的耦合作用

③ 电容器在电路中的振荡作用，如图3-11所示。

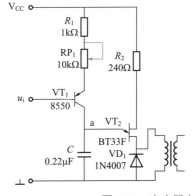

利用电容充放电组成的振荡电路

三极管VT$_1$导通时，电源V$_{CC}$经由电阻R$_1$、电位器RP$_1$、三极管VT$_1$对电容C充电。

当a点的电位达到单结晶体管VT$_2$的峰点电压时，VT$_2$就导通，电容C经VT$_2$和脉冲变压器原边放电。

当a点电位为VT$_2$的谷点电位时，VT$_2$就截止，VT$_1$又继续充电。如此重复形成振荡

图 3-11　电容器在电路中的振荡作用

▶ 3.3.5 电容器的命名

国产电容器的型号一般由四部分组成（不适用于压敏、可变、真空电容器），依次分别代表名称、材料、分类和序号。各国电容器的型号命名都不统一，国产电容器型号命名方法如图 3-12 所示。

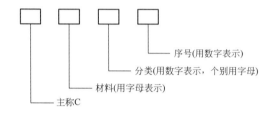

序号(用数字表示)

分类(用数字表示，个别用字母)

材料(用字母表示)

主称C

图 3-12 电容器型号命名方法

电容器型号中材料部分字母含义如表 3-5 所示。

表 3-5 电容器型号中材料部分字母含义

主称	材料			
	字母	含义	字母	含义
C	C	高频瓷	L	涤纶等极性有机薄膜
	T	低频瓷	Q	漆膜
	I	玻璃釉	H	纸膜复合
	O	玻璃膜	D	铝电解
	Y	云母	A	钽电解
	V	云母纸	G	金属电解
	Z	纸介	N	铌电解
	J	金属化纸	E	其他材料电解
			B	聚苯乙烯等非极性有机薄膜

电容器型号中分类部分数字含义如表 3-6 所示。

表 3-6 电容器型号中分类部分数字含义

类别名称 \ 数字	1	2	3	4	5	6	7	8	9
瓷介电容	圆片	管形	叠片	独石	穿心	支柱等		高压	
云母电容	非密封	非密封	密封	密封				高压	
有机电容	非密封	非密封	密封	密封	穿心			高压	特殊
电解电容	箔式	箔式	烧结粉液体	烧结粉固体		无极性			特殊

例如：CJ48 表示该电容器是金属化纸介质密封电容器。

3.4 电感器

3.4.1 电感器的种类及特点

① 电感器的种类很多，而且分类方法也不一样。通常按电感器的形式分，有固定电感器、可变电感器、微调电感器。按磁体的性质分，有空心线圈、铜芯线圈、铁芯线圈和铁氧体线圈。按结构特点分有单层线圈、多层线圈、蜂房线圈。为适应各种用途的需要，电感器线圈做成了各式各样的形状。图 3-13 是几种常用电感器的外形、图形符号及文字代号。

图形符号

L

文字代号

图 3-13　几种常用电感器外形、图形符号及文字代号

② 电感器的特点和用途。各种电感线圈都具有不同的特点和用途。但它们都是用漆包线、纱包线、镀银裸铜线，绕在绝缘骨架上或铁芯上构成的，而且每圈与每圈之间要彼此绝缘。基本作用：滤波、振荡、延迟、陷波等。特点：通直隔交。也就是在电子线路中，电感线圈对交流有限流作用，它与电阻器或电容器能组成高通或低通滤波器、移相电路及谐振电路等；变压器可以进行交流耦合、变压、变流和阻抗变换等。

③ 固定电感器线圈 (色码电感) 电感量的标识。固定电感器线圈是将铜线绕在磁芯上，然后再用环氧树脂或塑料封装起来。固定电感器线圈的电感量可用数字直接标在外壳上，也可用色环表示。但目前我国生产的固定电感器一般不再采用色环标志法，而是直接将电感数值标出。

固定电感器有立式和卧式两种。其电感量一般为 0.1 ～ 3000μH。电感量的允许误差有 ±5%、±10%、±20%，直接标在电感器上。工作频率在 10kHz ～ 200MHz 之间。

▸ 3.4.2　电感器的主要参数

（1）电感量

电感量的单位有亨利，简称亨，用 H 表示；毫亨用 mH 表示；微亨用 μH 表示。它们的换算关系为：$1H = 10^3 mH = 10^6 μH$。

电感量的大小跟线圈的圈数、线圈的直径、线圈内部是否有铁芯、线圈的绕制方式都有直接关系。圈数越多，电感量越大，线圈内有铁芯、磁芯的，比无铁芯、磁芯的电感量大。但与电流大小无关。

（2）感抗 X_L

电感线圈对交流电流阻碍作用的大小称为感抗 X_L，单位是欧姆。它与电感量 L 和交流电频率 f 的关系为 $X_L = 2\pi f L$。

（3）品质因数（Q 值）

品质因数是电感线圈的一个主要参数，它反映了线圈质量的高低，通常也称为 Q 值。Q 为感抗 X_L 与其等效的电阻的比值，即：$Q = X_L/R$。线圈的 Q 值愈高，回路的损耗愈小。Q 值与构成线圈的导线粗细、绕法、单股线还是多股线有关。如果线圈的损耗小，Q 值就高。反之，损耗大则 Q 值就低。线圈的 Q 值通常为几十到几百。采用磁芯线圈，多股粗线圈均可提高线圈的 Q 值。

（4）分布电容

由于线圈每两圈（或每两层）导线可以看成是电容器的两块金属片，导线之间的绝缘材料相当于绝缘介质，这相当于一个很小的电容，这一电容称为线圈的"分布电容"。由于分布电容的存在，将使线圈的 Q 值下降，为此将线圈绕成蜂房式。对天线线圈则采用间绕法，以减小分布电容。

（5）允许误差

电感量实际值与标称之差除以标称值所得的百分数。

（6）标称电流

指线圈允许通过的电流大小，通常用字母 A、B、C、D、E 分别表示，对应的标称电流值为 50mA、150mA、300mA、700mA、1600mA。

▸ 3.4.3　电感器件的检测

欲准确检测电感线圈的电感量和品质因数 Q，一般均需要专门仪器，而且测试方法较为复杂。在实际工作中，一般不进行这种检测，仅进行线圈的通断检查和 Q 值的大小判断。电感器件绕组的通断、绝缘等状况可用万用表的电阻挡进行检测。使用指针式万用表只能大致判断其电感量和好坏。使用数字式万用表测量电感量时，一定要选择合适的量程，否则测量结果将与实际的电感量有很大误差。

① 在线检测。粗略、快速测量线圈是否断路。将万用表置于 ×1 挡或 ×10 挡，用表笔接触电感线圈的两端，表针指示导通，阻值很小，说明正常，否则是断路，如图 3-14 所示。

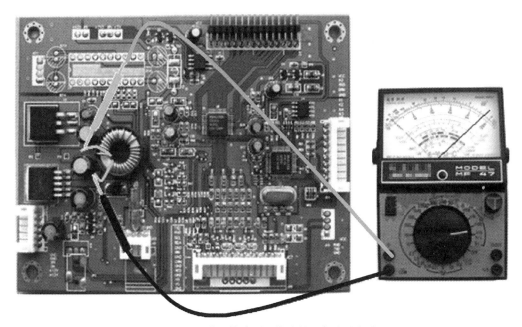

图 3-14　粗略、快速测量线圈是否断路的方法

② 非在线检测。使用指针式万用表和数字式万用表都能测量电感，具有电感测量功能的数字式万用表能更方便地检测电感的电感量和好坏。具体检测方法如图 3-15 和图 3-16 所示。提示：将电感器件从线路板上焊开一脚，或直接取下测线圈两端的阻值，如线圈用线较细或匝数较多，指针应有较明显的摆动。

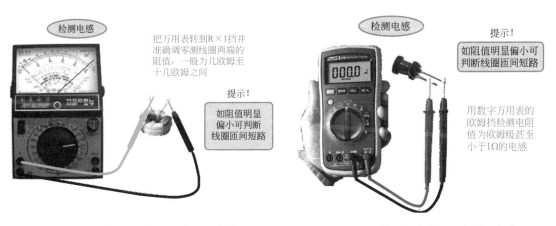

图 3-15　使用指针式万用表测量电感　　　　图 3-16　使用数字式万用表测量电感

③ 判断线圈的质量，即 Q 值的大小。线圈的电感量相同时，其直流电阻越小，Q 值越高；所用导线的直径越大，其 Q 值越大；若采用多股线绕制时，导线的股数越多，Q 值越高；线圈骨架(或铁芯)所用材料的损耗越小，其 Q 值越高。线圈分布电容和漏磁越小，其 Q 值越高。线圈无屏蔽罩，安装位置周围无金属构件时，其 Q 值较高，相反，则 Q 值较低。对有磁芯的位置要适当安排合理；天线线圈与振荡线圈应相互垂直，这就避免了相互耦合的影响。

④ 线圈在使用中，不要随便改变线圈的形状、大小和线圈间的距离，否则会影响线圈原

来的电感量，尤其是频率较高，即圈数较少的线圈。所以，在电视机中采用的高频线圈，一般用高频蜡或其他介质材料进行密封固定。另外，应注意在维修中，不要随意改变或调整原线圈的位置，以免导致失谐故障。

3.5 二极管

晶体二极管是由 PN 结加上引出线和管壳构成的。二极管实物外形、结构示意及符号如图 3-17 所示。

图形符号

DV
文字代号

PN结

图 3-17　二极管实物外形、结构示意及符号

3.5.1 晶体二极管的结构及伏安特性

（1）晶体二极管的结构

晶体二极管按用途分为整流二极管、检波二极管、变容二极管、稳压二极管、开关二极管、发光二极管等。晶体二极管有一个 PN 结，所以具有单向导电特性。利用这个特性可把交流电变成脉动直流电，把所需的低频信号从高频信号中取出来等。二极管按其结构分为电接触型、面接触型和平面接触型三种。

点接触型二极管主要应用于小电流整流和高频时的检波及混频。面接触型二极管主要用于低频电路中。平面型二极管主要用于大功率整流电路，也常用于数字电路中作开关管。

（2）二极管的伏安特性

PN 结具有单向导电性，二极管也具有单向导电性，二极管的性能可用其伏安特性来描述，其伏安特性如图 3-18 所示。在二极管两端加电压 U，然后测出流过二极管的电流 I，电压与电流之间的关系

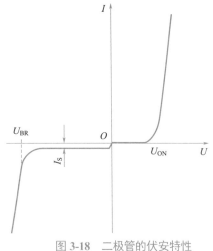

图 3-18　二极管的伏安特性

$I=f(U)$ 即是二极管的伏安特性曲线。

① 正向特性。特性曲线的右半部分称为正向特性，由图 3-18 可见，当加二极管上的正向电压较小时，正向电流小，几乎等于零。只有当二极管两端电压超过某一数值 U_{ON} 时，正向电流才明显增大，将 U_{ON} 称为死区电压。死区电压与二极管的材料有关。一般硅二极管的死区电压为 0.5V 左右，锗二极管的死区电压为 0.1V 左右。当正向电压超过死区电压后，随着电压的升高，正向电流将迅速增大，电流与电压的关系基本上是一条指数曲线。由正向特性曲线可见，流过二极管的电流有较大的变化，二极管两端的电压却基本保持不变。通常在近似分析计算中，将这个电压称为开启电压。开启电压与二极管的材料有关。一般硅二极管的开启电压为 0.7V 左右，锗二极管的开启电压为 0.2V 左右。

② 反向特性。特性曲线的左半部分称为反向特性，由图 3-18 可见，当二极管加反向电压时，反向电流很小，而且反向电流不再随着反向电压而增大，即达到了饱和，这个电流称为反向饱和电流，用符号 I_S 表示。如果反向电压继续升高，当超过 U_{BR} 以后，反向电流急剧增大，这种现象称为击穿，U_{BR} 称为反向击穿电压。击穿后二极管不再具有单向导电性。应当指出，发生反向击穿不意味着二极管损坏。实际上，当反向击穿后，只要注意控制反向电流的数值，不使其过大，即可避免因过热而烧坏二极管。当反向电压降低后，二极管性能仍可能恢复正常。

3.5.2 晶体二极管的主要参数

（1）最大整流电流

最大整流电流是指晶体二极管在正常连续工作时，能通过的最大正向电流值。使用时电路的最大电流不能超过此值，否则二极管就会发热而烧毁。

（2）最高反向工作电压

最高反向工作电压是指二极管正常工作时所能承受的最高反向电压值。它是击穿电压值的一半。使用时，外加反向电压不得超过此值，以保证二极管的安全。

（3）最大反向电流

最大反向电流是指在最高反向工作电压下允许流过的反向电流。这个电流的大小，反映了晶体二极管单向导电性能的好坏。如果反向电流值太大，就会使二极管过热而损坏。因此此值越小，表明二极管的质量越好。

3.5.3 晶体二极管的测试及性能判断

（1）二极管极性判断

使用指针式万用表 R×100 或 R×1k 挡，两表笔各接二极管的一个引脚，具体方法如图 3-19 所示。

（2）二极管好坏的判别

使用万用表测量时，要根据二极管的功率大小，不同的种类，选择不同倍率的欧姆挡。小功率二极管一般用 R×100 或 R×1k 挡，中、大功率二极管一般选用 R×1 或 R×10 挡。具体方法和步骤如图 3-20 所示。

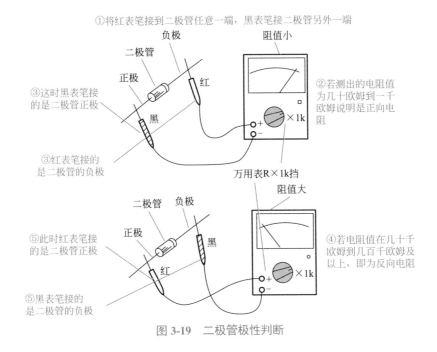

①将红表笔接到二极管任意一端，黑表笔接二极管另外一端

负极

二极管

正极

红

阻值小

③这时黑表笔接的是二极管正极

黑

×1k

②若测出的电阻值为几十欧姆到一千欧姆说明是正向电阻

③红表笔接的是二极管的负极

万用表R×1k挡

二极管 负极

正极

黑

阻值大

⑤此时红表笔接的是二极管正极

红

×1k

④若电阻值在几十千欧姆到几百千欧姆及以上，即为反向电阻

⑤黑表笔接的是二极管的负极

图 3-19 二极管极性判断

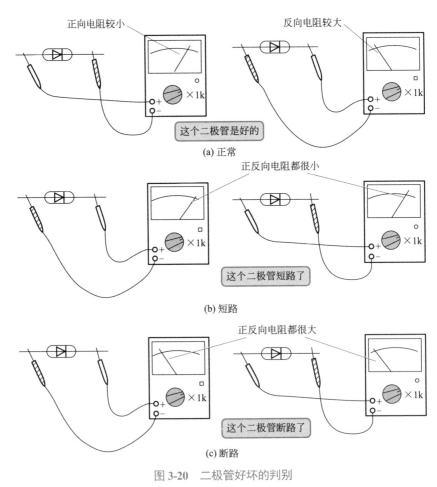

正向电阻较小

×1k

反向电阻较大

×1k

这个二极管是好的

(a) 正常

正反向电阻都很小

×1k

×1k

这个二极管短路了

(b) 短路

正反向电阻都很大

×1k

×1k

这个二极管断路了

(c) 断路

图 3-20 二极管好坏的判别

如果测得的正向电阻为无穷大，即表针不动时，说明二极管内部断路。如果反向阻值近似0Ω时，说明管子内部击穿。如果二极管的正、反向电阻值相差太小，说明其性能变坏或失效。以上三种情况的二极管都不能使用。

▶ 3.5.4　二极管在电路中的应用

（1）二极管门电路

如图 3-21 所示。

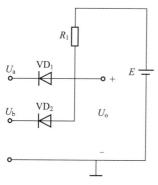

二极管组成的门电路

二极管就像一个开关，当加在两端的正向电压低于导通电压时，二极管就关断，相当于开关断开。
当加在两端的正向电压高于导通电压时，二极管就导通，相当于开关被接通。利用二极管的这个特性，组成了门电路

图 3-21　二极管门电路

（2）二极管整流电路

二极管整流电路利用二极管的单向导电性，将交流电转换成直流电。图 3-22 是由二极管组成的单相半波整流电路和单相桥式整流电路。

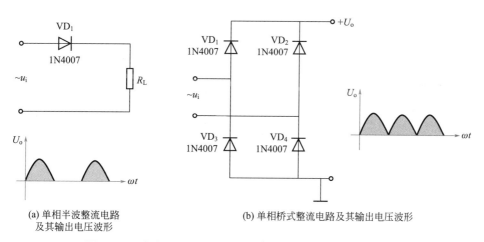

(a) 单相半波整流电路
及其输出电压波形

(b) 单相桥式整流电路及其输出电压波形

图 3-22　二极管组成的单相半波整流电路和单相桥式整流电路

（3）二极管的限幅电路

二极管导通后的管压降一般为 0.7V（理论值），可利用此特点，把电路中的某一点电位限定为一定的数值。图 3-23 就是一种钳位电路。

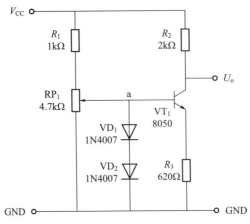

图中当a点的电位达到
1.4V时，二极管VD$_1$、VD$_2$
均导通，且使a点的点位被
限定在1.4V。

因为，一个二极管的管
压降是0.7V，两个二极管串
联，其管压降是1.4V。这样
就将a点的电位变化范围限定
在0～1.4V

图 3-23　二极管组成的一种钳位电路

▶ 3.5.5　二极管的型号命名

二极管的型号命名通常根据国家标准规定，由五部分组成。各部分的含义如下。

第一部分：用数字表示器件电极的数目。

第二部分：用字母表示器件材料和极性。

第三部分：用字母表示器件的类型。

第四部分：用数字表示器件序号。

第五部分：用字母表示规格号。

例如：2AP9 为 N 型锗材料普通二极管，2CW56 为 N 型硅材料稳压二极管。2—二极管，A—N 型锗材料，P—普通型，9—序号；C—N 型硅材料，W—稳压管，56—序号。

二极管型号的各部分含义如表 3-7 所示。

表 3-7　二极管型号的各部分含义

第一部分	第二部分		第三部分		第四部分	第五部分
电极数量	材料与极性				序号	规格号
2 二极管	A	N 型锗材料	P	普通管	用数字表示同一类别产品序号	用字母表示产品规格、档次
			W	稳压管		
			L	整流堆		
	B	P 型锗材料	N	阻尼管		
			Z	整流管		
			U	光电管		
	C	N 型硅材料	K	开关管		
			B 或 C	变容管		
			V	混频检波管		

第一部分	第二部分		第三部分		第四部分	第五部分
电极数量	材料与极性				序号	规格号
2 二极管	D	P 型硅材料	JD	激光管	用数字表示同一类别产品序号	用字母表示产品规格、档次
			S	隧道管		
			CM	磁敏管		
	E	化合物材料	H	恒流管		
			Y	体效应管		
			EF	发光二极管		

选择二极管的依据：

① 根据二极管在电路或设备中的用途，选择二极管的类型，如面接触型、点接触型。

② 根据二极管在电路中的作用，计算或估算主要参数，如最高反向工作电压、反向电流。

③ 根据参数选择二极管型号，如 1N4007、2CZ58。

④ 极限参数应高于计算参数值。

⑤ 替换使用时，要考虑同型号替换。无同型号，可用同类二极管代替，但是极限参数量值必须等于或大于被替换元件相应数值。

3.5.6 其他二极管

（1）发光二极管

它是半导体二极管的一种，可以把电能转化成光能。发光二极管与普通二极管一样是由一个 PN 结组成，也具有单向导电性。当给发光二极管加上正向电压后，产生自发辐射的荧光。常用的是发红光、绿光或黄光的二极管。

发光二极管如图 3-24 所示。

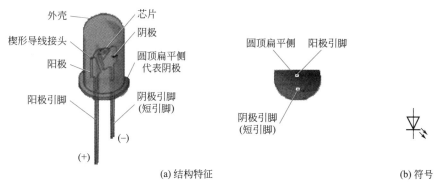

图 3-24　发光二极管结构特征及符号

发光二极管可广泛用作电源指示灯、电平指示器、报警指示器、调谐指示器等。蓝色发光二极管配上红、绿色发光二极管，可构成真正的彩色像素，用于大屏幕彩色智能显示屏。

① 发光二极管的类型。常用的发光二极管种类很多。一般有单色发光二极管、变色发光二极管、闪烁发光二极管、电压型发光二极管、红外发光二极管和激光二极管。各种发光二极管及符号如图 3-25 所示。

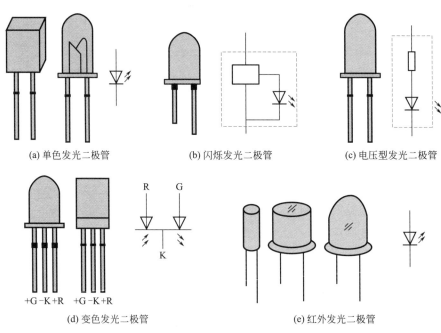

(a) 单色发光二极管　　　　　(b) 闪烁发光二极管　　　　　(c) 电压型发光二极管

(d) 变色发光二极管　　　　　　　　　　　(e) 红外发光二极管

图 3-25　各种发光二极管及符号

② 发光二极管的主要参数。发光二极管属于电流控制型半导体器件，当 PN 结导通时，依靠少数载流子的注入以及随后的复合而辐射发光。其正向伏安特性曲线比较陡，在正向导通之前几乎没有电流，当电压超过开启电压时电流就急剧增大。

发光二极管具有一般二极管的特性曲线，但是发光二极管有较高的正向偏置电压（U_F）和较低的反向击穿电压（U_{BR}），其典型数值为：正向偏置电压（U_F）范围为 1.4～3.6V（I_F=200mA），正向偏置电压与正向电流及管芯材料有关；反向击穿电压（U_{BR}）范围为 -3～-10V。

正向电流（I_F）是发光二极管正常发光时流过的电流。在小电流情况下发光二极管的发光亮度与正向电流 I_F 近似成正比。

反向击穿电压与最大反向电压相似。发光二极管的额定值表明反向电压可使器件反向偏置击穿而导电。

使用时应根据所要求的亮度来选取合适的 I_F 值（通常选 5～10mA，高亮度 LED 可选 1～2mA），这样既保证亮度适中，又不会损坏器件。若电流过大，就会烧毁 LED 的 PN 结，因此在使用时必须接限流电阻。为保证发光二极管工作在安全区，计算出的 I_F，应限制在发光二极管额定值的 80%。

③ 发光二极管的典型应用电路如图 3-26 所示。

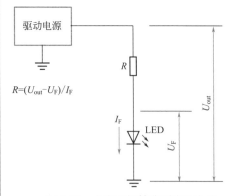

$R=(U_{out}-U_F)/I_F$

图 3-26　发光二极管典型应用电路

在实际应用中发光二极管与电阻串联，电阻是为了限制流过发光二极管的最大电流不超过额定值。限流电阻的最小值可按照下式取值。

$$R=(U_{out}-U_F)/I_F$$

式中，U_{out} 为加在串联的电阻和发光二极管两端的电压；U_F 为发光二极管最小的正向压降；I_F 为发光二极管最小正向电流的额定值。

④ 发光二极管的检测。从外观上可以分辨出发管二极管的极性。发光二极管的两根引线中较长的一根为正极，应接电源正极。有的发光二极管的两根引线一样长，但管壳上有一凸起的小舌，靠近小舌的引线是正极。

使用万用表判断发光二极管的好与坏。一般常用发光二极管正向导通电压大于 1.8 V，使用万用表欧姆挡测量时，由于万用表大多用 1.5V 电池 (R×10k 挡除外)，所以无法使管子导通，测量其正、反向电阻均为很大，难以判断其好坏。一般可采用图 3-27 所示的方法。

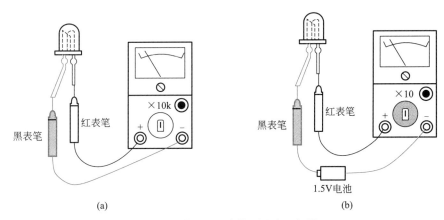

图 3-27　使用万用表检测发光二极管

a. 最简单常用的一种方法如图 3-27（a）所示，用万用表 R×10k 挡 (内装 9V 或 15 V 电池) 测量其正向阻值，用 R×1k 挡测其反向阻值，判断方法与普通二极管相同。不能用高电压电池检测其发光情况，否则会因电流过大而损坏管子。

b. 外接电源法。在万用表外另接一节 1.5V 电池，如图 3-27（b）所示，用 R×10 或 R×100 挡，万用表的负极插口接电池的负极，黑表笔一端接电池的正极，另一端接发光二极管的正极，红表笔接发光二极管的负极，此时二极管发出亮光，说明是好的；若不发光，则表明管子已坏。

用以上方法检测发光二极管好坏的同时，也可判断出正、负极，即测得发光管不亮时，红表笔所接为管子正极，黑表笔或外接电池正极所接为管子负极。

发光二极管的反向击穿电压大于 5V。它的正向伏安特性曲线很陡，使用时必须串联限流电阻以控制通过二极管的电流。限流电阻 R 可用下式计算：$R=(E-U_F)/I_F$。式中，E 为电源电压；U_F 为 LED 的正向压降；I_F 为 LED 的正常工作电流。

⑤ 发光二极管型号。如何区分发光二极管，要从发光二极管的型号入手。常用的国产通俗单色发光二极管有 BT（厂标型号）系列、FG（部标型号）系列和 2EF 系列。常用的进口单色发光二极管有 SLR 系列和 SLC 系列等。表 3-8 是部标型号 (FG) 的表示方法说明。

表3-8 部标型号的表示方法说明

第一部分 主称	第二部分 用数字表示材料	第三部分 用数字表示发光颜色	第四部分 用数字表示的封装形式	第五部分 用数字表示外形
	1—磷化镓	1—红色	1—无色透明	0—圆形
	2—磷砷化镓	2—橙色	2—无色散射	1—方形
	3—砷铝化镓	3—黄色	3—有色透明	2—符号形
FG		4—绿色	4—有色散射透明	3—三角形
		5—蓝色		4—长方形
		6—变色		5—组合形
				6—特殊形

（2）稳压二极管

稳压二极管是一种特殊的二极管，其工作在反向击穿状态。

① 稳压二极管种类及伏安特性。从封装上划分有玻璃壳稳压二极管、塑料壳稳压二极管和金属壳稳压二极管。按照功率划分有小功率稳压二极管和大功率稳压二极管。还可以分为单向击穿稳压二极管和双向击穿稳压二极管。稳压二极管的伏安特性曲线、外形及图形符号如图3-28所示。

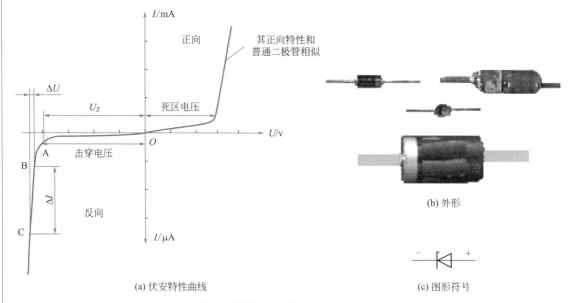

图3-28 稳压二极管的伏安特性曲线、外形及图形符号

由图3-29可以看出，稳压二极管的工作特性曲线在反向击穿区。在反向击穿处二极管电流急剧增加，反向电压相对稳定。也就是说，稳压二极管在反向击穿区时，电流在很大的范围内变化，而电压几乎保持不变。

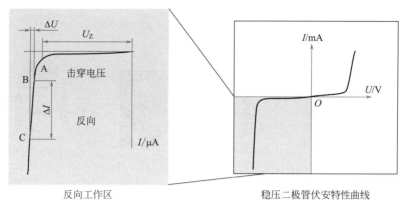

图 3-29　稳压二极管工作特性曲线

② 稳压二极管的主要参数。稳压二极管在一定的电流范围内，反向电压为常量。图 3-30 给出了几个不同的电流值。

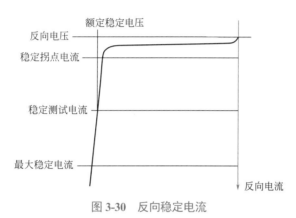

图 3-30　反向稳定电流

a. 稳定拐点电流值——保持电压稳定的最小电流值。

b. 最大稳定电流值——稳压管在稳压区正常工作的最大电流值。

c. 稳定测试电流——稳压管额定稳压值对应的电流值。

d. 反向稳定电流——指当反向电压小于反向击穿电压时，通过二极管的反向电流，也就是当二极管截止时，流过二极管的漏电流。

e. 稳定阻抗——妨碍电流变化。稳定阻抗等于稳定电压变化量与稳定电流变化量之比。

f. 稳定电压——二极管在稳压范围内，其两端的反向电压。不同型号的稳压管的稳定电压值是不一样的。

g. 最大工作电流——是指稳压管长期正常工作时，所允许流过稳压管的最大反向电流。

③ 使用万用表检测稳压管。利用稳压管反相击穿后电阻值变小的原理，使用万用表识别稳压值小于 9V 的稳压管。具体方法如图 3-31 所示。

④ 由稳压管组成的典型电路。使用稳压管时要注意，要控制流过稳压管的电流绝对不能超过最大工作电流，否则就会烧毁稳压管。稳压管一定要和限流电阻配合使用。

a. 并联稳压电路。图 3-32 所示为一简单并联两级稳压电路，稳压管 V_1 并联在输出端，

稳压管 V_1 上的电压即为第一级稳定输出电压。

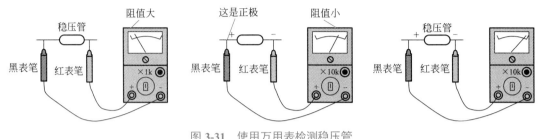

图 3-31　使用万用表检测稳压管

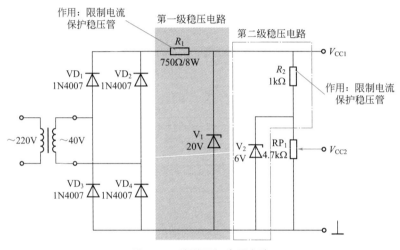

图 3-32　并联两级稳压电路

b. 串联稳压电路。图 3-33 是一种简单的串联稳压电路。它由采样环节、基准电压、放大环节和调整环节四部分组成。

采样环节：由 R_1、R_2、RP 组成的电阻分压器，它将输出电压 U_o 的一部分送到放大环节。电位器 RP 是调节输出电压用的。

基准电压：由稳压管 VD_1 和电阻 R_3 构成的电路中取得，即稳压管的电压 U_z，它是一个稳定性较高的直流电压，作为调整、比较的标准。R_3 是稳压管的限流电阻。

放大环节：是一个由晶体管 VT_2 构成的直流放大电路，基 - 射极电压 U_{BE2} 是采样电压与基准电压之差，即将这个电压差值放大后去控制调整管 VT_1。R_4 是 VT_2 的负载电阻，同时也是调整管 VT_1 的偏置电阻。

调整环节：一般由工作于线性区的功率管 VT_1 组成，它的基极电流受放大环节输出信号控制。只要控制基极 I_{B1} 就可以改变电流集电极 I_{C1} 和集 - 射极电压 U_{CE1}，从而调整输出电压 U_o。

图 3-33 所示串联型稳压电路的工作情况如下：当输出电压 U_o 升高时，采样电压 U_f 就增大，VT_2 的基 - 射极电压 U_{BE2} 增大，其基极电流 I_{B2} 增大，集电极电流 I_{C2} 上升，集 - 射极电压 U_{CE2} 下降。因此，VT_1 的 U_{BE1} 减小，I_{C1} 减小，U_{CE1} 增大，输出电压 U_o 下降，使之保持稳定。当输出电压降低时，调整过程相反。从调整过程看来，图中的串联型稳压电路是一种串联电

压负反馈电路。稳压管在此电路中，提供一个稳定的电压，作为调整、比较的标准电压值。

以上过程可以描述为：

$$U_o\uparrow \to U_f\uparrow \to U_{BE2}\uparrow \to I_{B2}\uparrow \to I_{C2}\uparrow \to U_{CE2}\downarrow \to U_{BE1}\downarrow \to I_{B1}\downarrow \to I_{C1}\downarrow \to U_{CE1}\uparrow \to U_o\downarrow$$

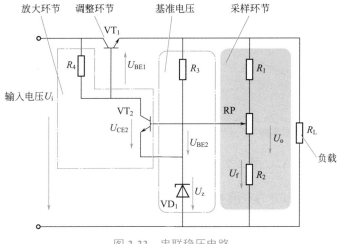

图 3-33　串联稳压电路

3.6　三极管

3.6.1　三极管的结构

晶体三极管是一种半导体器件，具有放大作用和开关作用。它被广泛应用在生产实践和科学实验中。其常见结构有两种类型，即平面型和合金型。它有多种封装形式，其结构及外形如图 3-34 所示。

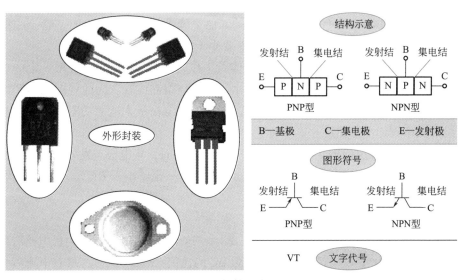

图 3-34　三极管结构及外形

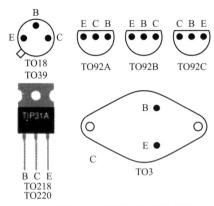

图 3-35　常用三极管的封装

三极管有两个 PN 结,三个电极(发射极、基极、集电极)。按 PN 结的不同构成,有 PNP 和 NPN 两种类型。

晶体三极管按工作频率分有高频三极管和低频三极管、开关管;按功率大小可分为大功率三极管、中功率三极管、小功率三极管。由于三极管的品种多,在每类当中又有若干具体型号,因此在使用时务必分清,不能疏忽,否则将损坏三极管。图 3-35 是常用三极管的封装,通过封装形式可粗略判断出三极管的功率大小。

3.6.2　三极管的主要参数

晶体三极体管的参数可分为直流参数、交流参数、极限参数三大类。

（1）直流参数

① 集电极 - 基极反向电流 I_{cbo}。它是指发射极开路,集电极与基极间加上规定的反向电压时,集电结中的漏电流。此值越小说明晶体管的温度稳定性越好。

② 集电极 - 发射极反向电流 I_{ceo},也称穿透电流。它是指基极开路,集电极与发射极之间加上规定的反向电压时,集电极的漏电流。如果此值过大,说明这个管子不宜使用。

③ 共发射极直流电流放大系数 β。　$\beta = \dfrac{I_C}{I_B}$。

④ 共基极直流电流放大系数 α。　$\alpha = \dfrac{I_C}{I_E}$。

在分立元件电路中,一般选用电流放大系数在 20 ～ 100（α 在 0.95 ～ 0.99）范围内的管子, β 太小,电流放大作用差,β 太大,受温度影响大,电路稳定性差。

（2）极限参数

① 集电极最大允许电流 I_{cM}。当三极管的 β 值下降到最大值的一半时,管子的集电极电流就称为集电极最大允许电流。实际使用时 I_c 要小于 I_{cM}。

② 集电极最大允许耗散功率 P_{cM}。当晶体管工作时,由于集电极要耗散一定的功率而使集电结发热。当温升过高时就会导致参数变化,甚至烧毁晶体管。为此规定晶体管集电极温度升高到不至于将集电结烧毁所消耗的功率,就称为集电极最大耗散功率。在使用时为提高 P_{cM},可给大功率管加上散热片。

③ 集电极 - 发射极反向击穿电压 BV_{ceo}。当基极开路时,集电极与发射极间允许加的最大电压。在实际使用时加到集电极与发射极之间的电压,一定要小于 BV_{ceo},否则将损坏晶体三极管。

（3）交流参数

晶体管的交流电流放大系数 β 也可用 hFE 表示。这个参数是指在共发射极电路有信号输入时,集电极电流的变化量 ΔI_c 与基极电流变化量 ΔI_b 的比值:$\beta = \Delta I_c / \Delta I_b$。三极管电流放大倍数可用不同颜色表示,并可以标记在管子的外壳上。各种颜色所代表的电流放大倍数如表 3-9 所示。

表 3-9　三极管电流放大倍数标记

颜色	棕	红	橙	黄	绿	蓝	紫	灰	白	黑
放大倍数	0～15	15～25	25～40	40～55	55～80	80～120	120～180	180～270	270～400	大于400～

3.6.3　三极管的三种工作状态

（1）截止状态

三极管处于关断状态时，称为工作在截止区。此时，基极-发射极反向偏置，三极管截止。各电极之间的电压值如下：

①集电极-发射极电压（U_{CE}）：0V。

②集电极-基极电压（U_{CB}）：-0.6V。

③基极-发射极电压（U_{BE}）：0.6V。

三极管在截止时，有电流流过集电极-基极，此电流称为漏电流。其值随温度升高而增加。

（2）饱和状态

三极管处于饱和状态时，三极管导通，各电极之间的电压值如下：

①集电极-发射极电压（U_{CE}）：电源电压 V_{cc}。

②集电极-基极电压（U_{CB}）：电源电压 V_{cc}+ 基极-发射极电压（U_{BE}）。

③基极-发射极电压（U_{BE}）：小于0.7V。

（3）放大状态

三极管工作在放大状态，发射结处于正向偏置，集电结处于反向偏置。此时集电极电流 I_C 与基极电流 I_B 成正比关系。

三极管输入输出特性曲线如图 3-36 所示。

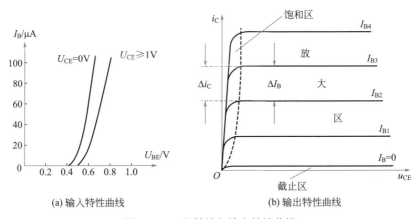

(a) 输入特性曲线　　　　(b) 输出特性曲线

图 3-36　三极管输入输出特性曲线

3.6.4　三极管组成的基本电路

三极管构成的三种基本电路的区别在于三个电极中有一个是输入、输出的公共端。

图 3-37 是三极管的三种基本电路，分别构成了共基极、共发射极和共集电极电路。

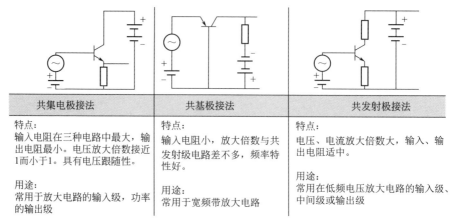

共集电极接法	共基极接法	共发射极接法
特点： 输入电阻在三种电路中最大，输出电阻最小。电压放大倍数接近1而小于1。具有电压跟随性。 用途： 常用于放大电路的输入级，功率的输出级	特点： 输入电阻小，放大倍数与共发射级电路差不多，频率特性好。 用途： 常用于宽频带放大电路	特点： 电压、电流放大倍数大，输入、输出电阻适中。 用途： 常用在低频电压放大电路的输入级、中间级或输出级

图 3-37　三极管的三种基本电路

3.6.5　三极管类型的判别

（1）判断三极管是 NPN 型，还是 PNP 型

先找出基极（B 极）。使用指针式万用表选择电阻挡，用黑表笔接触三极管其中一极，用红表笔依次接触三极管其他两极，如果测出的电阻值一样大或一样小，则可判断黑表笔接的是基极。如果两次测出的电阻值不一样，相差很多，则说明黑笔接的不是基极，应更换其他极重测。若已知黑表笔(电源正端)接的是基极，而当红表笔(电源负端)依次接触三极管另外两极时，测出的电阻值都较小，则表明三极管是 NPN 型；相反则为 PNP 型。方法如图 3-38 所示。

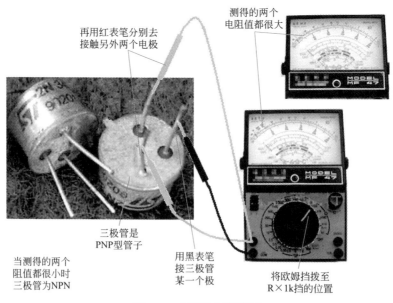

再用红表笔分别去接触另外两个电极

测得的两个电阻值都很大

三极管是 PNP 型管子

用黑表笔接三极管某一个极

当测得的两个阻值都很小时三极管为 NPN

将欧姆挡拨至 R×1k 挡的位置

图 3-38　判断三极管类型

如果使用数字万用表判断三极管的管型时，只需将引脚直接插入相应的 hFE 插口中就可以判断。也可按照图 3-39 所示的方法判断。

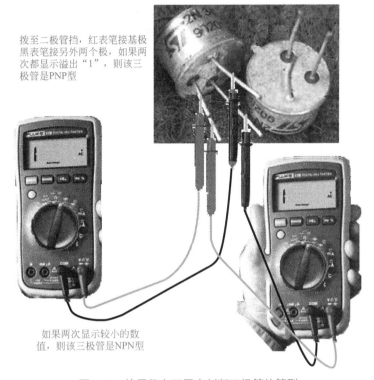

拨至二极管挡，红表笔接基极黑表笔接另外两个极，如果两次都显示溢出"1"，则该三极管是PNP型

如果两次显示较小的数值，则该三极管是NPN型

图 3-39　使用数字万用表判断三极管的管型

（2）三极管引脚的判别

① 判别基极。判别三极管基极的方法如图 3-40 所示。

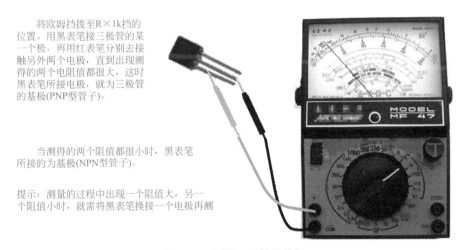

将欧姆挡拨至R×1k挡的位置。用黑表笔接三极管的某一个极，再用红表笔分别去接触另外两个电极，直到出现测得的两个电阻值都很大，这时黑表笔所接电极，就为三极管的基极(PNP型管子)。

当测得的两个阻值都很小时，黑表笔所接的为基极(NPN型管子)。

提示：测量的过程中出现一个阻值大，另一个阻值小时，就需将黑表笔换接一个电极再测

图 3-40　判别三极管的基极

② 判定集电极和发射极。判定集电极和发射极的方法如图 3-41 所示。

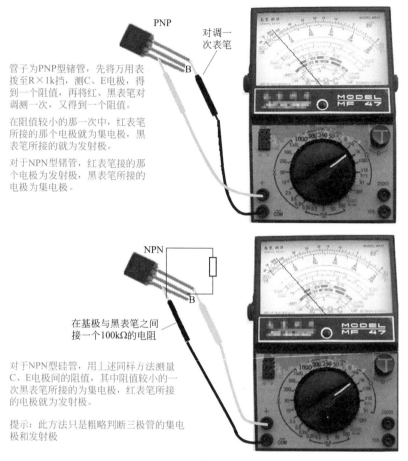

管子为PNP型锗管，先将万用表拨至R×1k挡，测C、E电极，得到一个阻值，再将红、黑表笔对调测一次，又得到一个阻值。

在阻值较小的那一次中，红表笔所接的那个电极就为集电极，黑表笔所接的就是发射极。

对于NPN型锗管，红表笔接的那个电极为发射极，黑表笔所接的电极为集电极。

在基极与黑表笔之间接一个100kΩ的电阻

对于NPN型硅管，用上述同样方法测量C、E电极间的阻值，其中阻值较小的一次黑表笔所接的为集电极，红表笔所接的电极就为发射极。

提示：此方法只是粗略判断三极管的集电极和发射极

图 3-41　判别集电极、发射极

使用数字式万用表可以既方便又准确地判断三极管的类型和引脚极性，尤其是判断三极管的集电极和发射极。具体方法如图 3-42 所示。

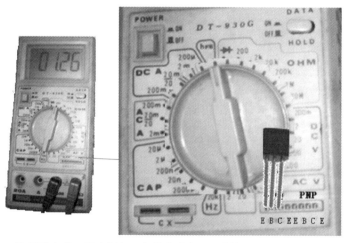

假定被测管是NPN型，需将仪表拨至hFE挡。把基极插入B孔，剩下两个电极分别插入C孔和E孔中。测出的hFE为几十至几百，此时，C孔上插的是集电极，E孔上插的是发射极。倘若测出的hFE值只有几倍至十几倍，证明管子的集电极、发射极插反了，这时C孔插的是发射极，E孔插的是集电极。

图 3-42　使用数字式万用表判断三极管集电极和发射极

注意: 若两次显示值均为零，说明 C-E 极间短路。对于小功率晶体管，若两次测出的 hFE 数值都很小（几至十几），说明被测管的放大能力很差，这种管子不宜使用。对于大功率晶体管，若两次测出的 hFE 值为几至十几，则属正常情况。有些硅晶体管在 C、E 极接反时，hFE=0，也属于正常现象。

（3）三极管电流放大倍数的测量

三极管电流放大系数 β 值的估测，如图 3-43 所示。

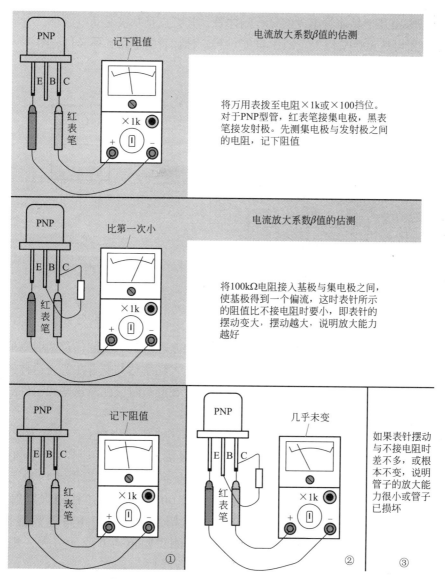

电流放大系数 β 值的估测

将万用表拨至电阻×1k或×100挡位。对于PNP型管，红表笔接集电极，黑表笔接发射极。先测集电极与发射极之间的电阻，记下阻值

电流放大系数 β 值的估测

将100kΩ电阻接入基极与集电极之间，使基极得到一个偏流，这时表针所示的阻值比不接电阻时要小，即表针的摆动变大，摆动越大，说明放大能力越好

如果表针摆动与不接电阻时差不多，或根本不变，说明管子的放大能力很小或管子已损坏

图 3-43　测量集电极与发射极之间的电阻值

第一步：先测量集电极与发射极之间的电阻值。

第二步：然后将 100kΩ 电阻接入基极与集电极之间。

第三步：分析判断。

对于 NPN 型三极管的放大能力的测量与 PNP 管的方法完全一样，只需把红、黑表笔对调就可以了。

3.7 达林顿管

（1）达林顿管的特点

达林顿管是由几个晶体管组成的复合晶体管，其特点是基极驱动电流小，电流放大倍数较大，承受电压可达 1000V 以上。图 3-44 是一种达林顿管的电路和外形封装图。

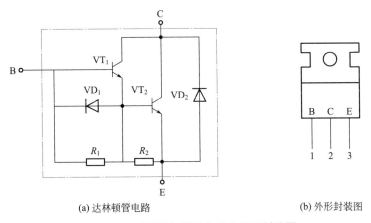

(a) 达林顿管电路　　　　　　　　　　　　(b) 外形封装图

图 3-44　一种达林顿管的电路和外形封装图

（2）达林顿管的检测

无论是小功率还是大功率达林顿管，其检测方法是相同的。先测任意两引脚的阻值，再判别达林顿管集电极 C、发射极 E 和检测放大能力。大功率达林顿管在普通达林顿管的基础上增加了由续流二极管和泄放电阻组成的保护电路，在测量时应注意这些元器件对测量数据的影响。

用万用表 R×1k 或 R×10k 挡，测量达林顿管集电结（集电极 C 与基极 B 之间）的正、反向电阻值。正常时，正向电阻值（NPN 管的基极接黑表笔时）应较小，为 1 ~ 10kΩ，反向电阻值应接近无穷大。若测得集电结的正、反向电阻值均很小或均为无穷大，则说明该管已击穿短路或开路损坏。用万用表 R×100 挡，测量达林顿管发射极 E 与基极 B 之间的正、反向电阻值，正常值均为几百欧姆至几千欧姆（具体数据根据 B、E 极之间两个电阻器的阻值不同而有所差异）。若测得阻值为 0 或无穷大，则说明被测管已损坏。

用万用表 R×1k 或 R×10k 挡，测量达林顿管发射极 E 与集电极 C 之间的正、反向电阻值。正常时，正向电阻值（测 NPN 管时，黑表笔接发射极 E，红表笔接集电极 C；测 PNP 管时，黑表笔接集电极 C，红表笔接发射极 E）应为 5 ～ 15kΩ，反向电阻值应为无穷大，否则是该管的 C、E 极（或二极管）击穿或开路损坏。具体步骤如图 3-45 所示。

　①先测任意两引脚的阻值，如图 3-45（a）所示。

　②再测另外两引脚之间的阻值，如图 3-45（b）所示。

　③测量剩余两引脚的阻值，如图 3-45（c）所示。

　④判别达林顿三极管集电极 C、发射极 E 和检测放大能力，如图 3-45（d）所示。

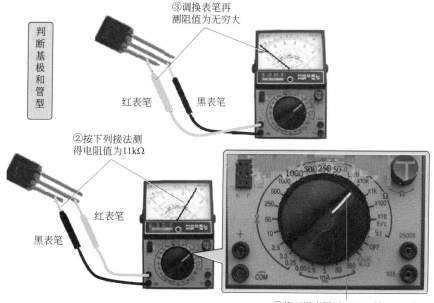

(a) 先测任意两引脚的阻值

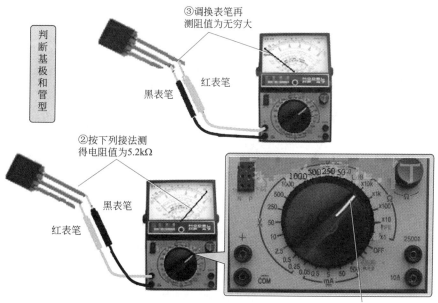

(b) 再测另外两引脚之间的阻值

图 3-45

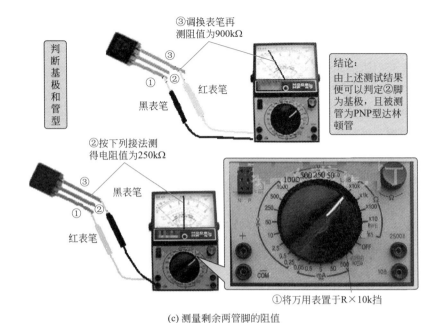

判断基极和管型

③调换表笔再测阻值为900kΩ

红表笔

黑表笔

结论：
由上述测试结果便可以判定②脚为基极，且被测管为PNP型达林顿管

②按下列接法测得电阻值为250kΩ

黑表笔

红表笔

①将万用表置于R×10k挡

(c) 测量剩余两管脚的阻值

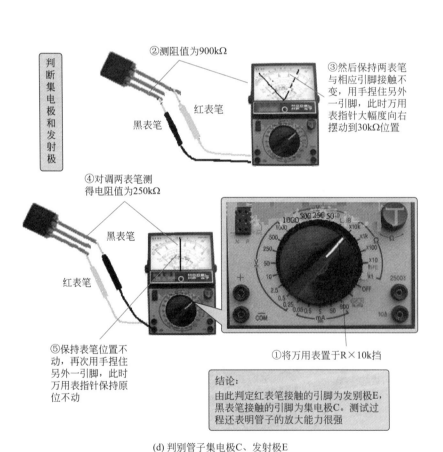

判断集电极和发射极

②测阻值为900kΩ

红表笔

黑表笔

③然后保持两表笔与相应引脚接触不变，用手捏住另外一引脚，此时万用表指针大幅度向右摆动到30kΩ位置

④对调两表笔测得电阻值为250kΩ

黑表笔

红表笔

⑤保持表笔位置不动，再次用手捏住另外一引脚，此时万用表指针保持原位不动

①将万用表置于R×10k挡

结论：
由此判定红表笔接触的引脚为发别极E，黑表笔接触的引脚为集电极C。测试过程还表明管子的放大能力很强

(d) 判别管子集电极C、发射极E

图3-45 判断达林顿管引脚

3.8.1 晶闸管的结构及原理

（1）晶闸管的结构

晶闸管从外形上来分，有螺栓形和平板形两种结构。晶闸管的外形、图形符号见图3-46。额定电流小于200A的晶闸管采用螺栓形，大于200A的采用平板形。对于螺栓形晶闸管，螺栓是晶闸管的阳极A，它与散热器紧密连接。粗辫子线是晶闸管的阴极K，细辫子线是门极G。对于平板形晶闸管，它的两个平面分别是阳极和阴极，而细辫子线则是门极。使用时两个互相绝缘的散热器把晶闸管紧紧地夹在一起。

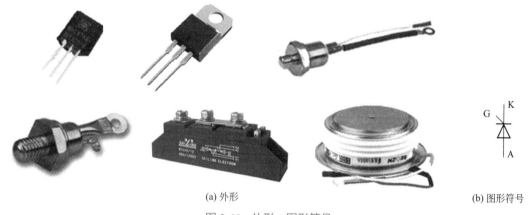

(a) 外形   (b) 图形符号

图 3-46 外形、图形符号

晶闸管内部结构示意及电路如图3-47所示，其内部有一个由硅半导体材料做成的管芯。管芯是一个圆形薄片，它是四层（P、N、P、N）三端 (A、K、G) 器件，它决定晶闸管的性能。

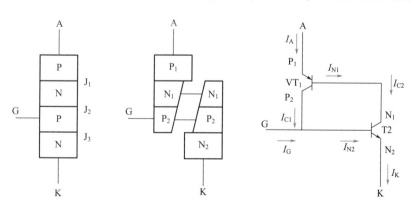

图 3-47 晶闸管内部结构示意及电路

（2）晶闸管的工作原理

为了弄清晶闸管工作的条件，按图3-48做几个实验。

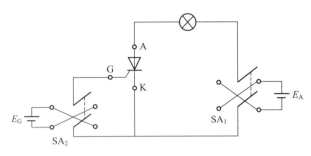

图 3-48　晶闸管工作原理实验电路

主电源 E_A 和门极电源 E_G 通过双掷双刀开关 SA_1 和 SA_2 正向或反向作用于晶闸管的有关电极，主电路的通断由灯泡显示，可得晶闸管通和断的规律如表 3-10 所示。

表 3-10　晶闸管通和断的规律

条件		结果
阳极	门极	
晶闸管承受反向阳极电压	不论门极承受何种电压	关断
晶闸管承受正向阳极电压	门极承受正向电压	导通
晶闸管一旦导通	失去控制作用	保持导通
去掉阳极正向电压或者给阳极加反压		关断
	未加触发电压	正向阻断

上述现象从图 3-47 所示晶闸管内部的四层结构来分析，它有 J_1、J_2 和 J_3 三个 PN 结，P_1 区引出阳极 A，N_2 区引出阴极 K，P_2 区引出门极 G。如果正向电压加到器件上，中间结 J_2 便成反偏，PNPN 结构处于阻断状态，只能通过很小的正向漏电流。当器件上加反向电压时，J_1 和 J_3 结成反偏，PNPN 结构也呈阻断状态，只能通过极小的反向漏电流，与一般二极管的反向特性相似。

晶闸管的工作原理通常是用串级的双晶体管模型来解释的，如图 3-47 所示。如果门极电流 I_G 注入晶体管 VT_2 的基极，即产生集电极电流 I_{C2}，它构成晶体管 VT_1 的基极电流，放大成集电极电流 I_{C1}，又进一步增大 VT_2 的基极电流，如此形成强烈正反馈，最后 VT_1 和 VT_2 进入完全饱和状态，即晶闸管饱和导通。

（3）晶闸管触发导通条件

在阳极（A）和阴极（K）之间施加正向电压，同时在阴极（K）与门极（K）之间施加正向触发电压，且流过阳极和阴极之间的电流大于维持电流。晶闸管一旦导通，门极信号就失去作用。因此，通常使用脉冲信号作为门极触发信号。

晶闸管的截止条件：在阳极（A）和阴极（K）之间施加反向电压。减小流过阳极和阴极之间的电流，使其小于维持电流。

（4）晶闸管误导通情况

①门极误触发。

②阳极电压作用：如正向阳极电压升至相当高的数值，使器件导通。

③du/dt作用：阳极电压高速率上升，将导致晶体管的发射极电流增大，引起导通。

④温度作用：在较高结温下，晶体管的漏电流增大，最后引起晶闸管导通。

⑤光触发：用光直接照射在硅片上，触发晶闸管的电流。

▶ 3.8.2 晶闸管的检测

（1）晶闸管引脚判别

使用指针式万用表检测识别晶闸管引脚的方法如图3-49所示。

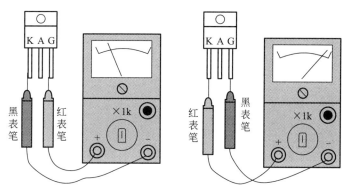

将万用表拨在R×1k挡，将黑表笔接某一引脚，红表笔依次接触另外的引脚，假如有一次阻值很小，约为几百欧，而另一次阻值很大，约为几千欧，则黑表笔接的是控制极G。在阻值小的那次测量中，红表笔接的是阴极K，剩余的一脚为阳极A

图 3-49　检测识别晶闸管的引脚

（2）晶闸管好坏的判断方法

如图3-50所示。

在使用万用表判断晶闸管好坏时有一种情况要注意，如果晶闸管阳极A和阴极K或阳极A和控制极G之间断路，它们之间的阻值也为无穷大，使用上述方法很难判断出来。因此，上述方法仅是粗略判断晶闸管的好坏，在此基础之上还要进行通电检测。

选用器件时，应注意产品合格证上标明的实测数值。应使触发器输送给门极的电流和电压适当大于晶闸管出厂合格证上所列的数值，但不应超过其峰值 I_{FGM} 和 U_{FGM}。门极平均功率和峰值功率也不应超过规定值。

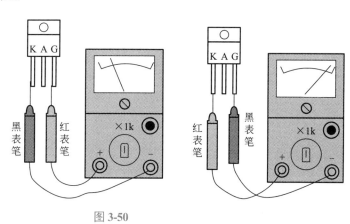

①用万用表R×1k挡检测G-K极间的正、反向电阻，若两者有明显差别，说明PN结是好的

图 3-50

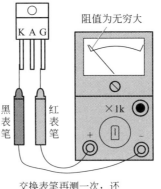

②若其正、反向电阻皆为
无穷大，说明控制极断路；
若正、反向电阻都为零，
说明控制极短路

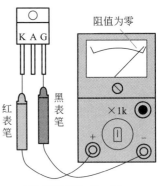

③检测A-G、A-K极间
正、反向电阻都应很
大。如果出现阻值较小
的情况，说明有PN结击
穿短路现象，晶闸管已
损坏

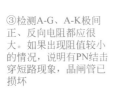

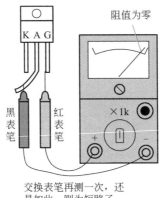

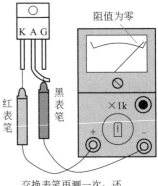

图 3-50 晶闸管好坏的判断

（3）晶闸管型号命名

国产晶闸管的型号命名主要由四部分组成，第一部分用字母"K"表示主称为晶闸管，第二部分用字母表示晶闸管的类别，第三部分用数字表示晶闸管的额定通态电流值，第四部分用数字表示重复峰值电压级数，如图 3-51 所示。

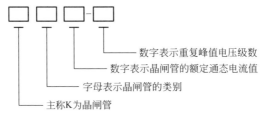

图 3-51 晶闸管型号命名

例如，型号为KP1-2的晶闸管含义： 1A /200V 普通反向阻断型晶闸管。

其中：K—晶闸管； P—普通反向阻断型；1—通态电流 1A；2—重复峰值电压 200V。

又如，KS5-4 晶闸管含义：5A/ 400V 双向晶闸管。

其中：K—晶闸管；S—双向管；5—通态电流 5A； 4—重复峰值电压 400V。

国产晶闸管型号命名含义如表 3-11 所示。

表 3-11　国产晶闸管型号命名含义

第一部分 主称	第二部分 类别		第三部分 额定通态电流		第四部分 重复峰值电压级数	
K	P	普通反向阻断型	1	1A	1	100V
			5	5A	2	200V
			10	10A	3	300V
			20	20A	4	400V
	K	快速反向阻断型	30	30A	5	500V
			50	50A	6	600V
			100	100A	7	700V
			200	200A	8	800V
	S	双向	300	300A	9	900V
			400	400A	10	1000V
			500	500A	12	1200V
					14	1400V

3.9　单结晶体管

3.9.1　单结晶体管的结构

单结晶体管也称为双基极二极管。它有三个电极，第一基极 b_1、第二基极 b_2 和一个发射极 e。其结构、等效电路和图形符号如图 3-52 所示。

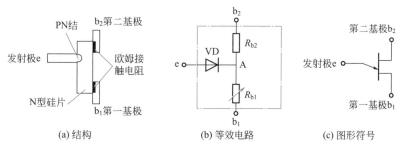

(a) 结构　　　　(b) 等效电路　　　　(c) 图形符号

图 3-52　单结晶体管结构、等效电路和图形符号

3.9.2　单结晶体管的主要参数

单结晶体管的主要参数有分压比 η、基极间的电阻 R_{bb}、峰点电压 U_p、峰点电流 I_p、谷点

电压 U_v、谷点电流 I_p 和耗散功率 P_{B2M}。

（1）分压比 η

当发射极断开，在基极 b_1、b_2 之间加上电压 U_{bb} 时，电流则流过电阻 R_{b2} 和 R_{b1}，则 A 点对 b_1 的电位为：

$$U_A = U_{bb} = \frac{R_{b1}}{R_{b2}} = \eta U_{bb}$$

式中，$\eta = \dfrac{R_{b1}}{R_{b2}}$ 为单结晶体管的分压比，其值一般为 0.3 ～ 0.9。对于触发电路一般选择分压比 η 较大的管子使用，可使输出脉冲幅值大，调节电阻范围宽。

（2）峰点电压 U_p

单结晶体管由截止区进入到负阻区时的发射极 e 对第一基极 b_1 的电压为峰点电压。

（3）谷点电压 U_v

单结晶体管由负阻区进入到饱和区时的发射极 e 对第一基极 b_1 的电压为谷点电压。

峰点电压 U_p 和谷点电压 U_v 均与 U_{bb} 有关，改变 U_{bb}，峰点电压 U_p 和谷点电压 U_v 也随之改变。

3.9.3　使用万用表判断单结晶体管

对单结晶体管进行简易检测，主要就是鉴别管型、区分引脚、检测分压系数及判别其质量的好坏。对于管壳上没有标记的单结晶体管而言，仅凭其外部特征是不能与三极管区分开的。我们可以借助万用表进行判别。

单结晶体管两个基极之间的电阻（$R_{bb}=R_{b1}+R_{b2}$）值为 2 ～ 12kΩ。在实际应用中可使用万用表的欧姆挡判别出三个电极。先判断发射极 e，具体方法是选择机械式万用表欧姆挡 R×1k 的挡位，将红、黑表笔任意接在两个电极上，测出一电阻值，再将红、黑表笔交换测量出另一个阻值，若两次测量的阻值相等，则说明另一个电极是发射极 e。将黑表笔接发射极，红表笔依次接另外两个电极，分别测得两个电阻值，当测得的阻值较小（一般为几千欧左右）的一次，红表笔所接的电极为第二基极 b_2；当测得的阻值较大（一般为几十千欧左右）的一次，红表笔所接的电极为第一基极 b_1。具体方法如图 3-53 所示。

将万用表拨在R×1k挡上，依次检测管子任意两个电极的正、反向电阻值，若某两个电极间的正、反向电阻值相等，且阻值在3～10kΩ范围内，基本上可断定该管为单结晶体管

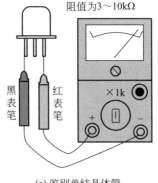
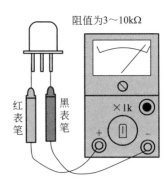

阻值为3～10kΩ　　　　　　阻值为3～10kΩ

黑表笔　红表笔　　　红表笔　黑表笔

×1k　　　　　　×1k

(a) 鉴别单结晶体管

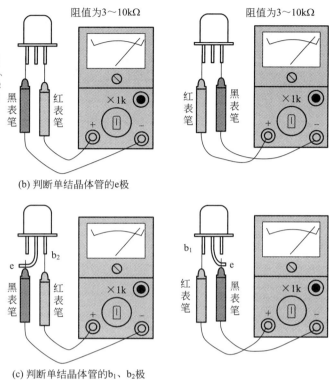

将万用表拨在R×1k挡上，依次检测管子任意两个电极的正、反向电阻值，若某两个电极间的正、反向电阻值相等，且阻值在3～10kΩ范围内，此时，两个表笔接的引脚是b₁和b₂，另一个引脚就是e极

阻值为3～10kΩ

黑表笔 红表笔

×1k

(b) 判断单结晶体管的e极

将万用表的黑表笔接e极，红表笔分别接另外两个引脚，测得两个阻值，其中阻值较大的一次，红表笔所接的引脚是b₁，另一引脚就是b₂

黑表笔 红表笔

×1k

红表笔 黑表笔

×1k

(c) 判断单结晶体管的b₁、b₂极

图 3-53　判别单结晶体管的引脚

单结晶体管的正向电阻为几百欧至几千欧，反向电阻均为无穷大。用此方法不适于e-b间正向电阻值较小的管子。

3.10　其他电子元件

3.10.1　光电耦合器件

图 3-54 是光电耦合器的图形符号及单个封装示意图。光电耦合器件的输入侧和输出侧之间没有电的直接连接，而是通过光来耦合的。输入侧与输出侧之间的绝缘电阻极高，也就是说它们之间是隔离的。输入侧是发光二极管，输出侧是光敏二极管或光敏三极管。当输入侧的电流通过二极管时，它发光照射到光敏二极管或光敏三极管上，使其由截止变为导通。在控制电路中使用光电耦合器件，主要是为了提高系统的抗干扰性能。常用的光电耦合器件有TIL117、TLP521 和 4N25。

两表测量法：用一块指针式万用表的 R×10k 电阻挡（能提供 15V 或 9V、几十微安的电流输出），正向接通 1、2 脚（黑表笔搭 1 脚），用另一块指针式万用表的电阻挡用 R×1k 挡测量 3、4 脚的电阻值，当 1、2 脚表笔接入时，3、4 脚之间呈现 20kΩ 左右的电阻值，脱开 1、2 脚的表笔，3、4 脚间电阻为无穷大。

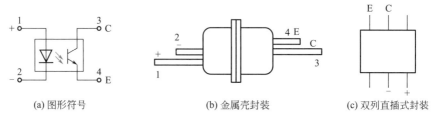

(a) 图形符号   (b) 金属壳封装   (c) 双列直插式封装

图 3-54 　光电耦合器的图形符号及单个封装示意图

可用一个直流电源串入电阻，将输入电流限制在 10mA 以内。输入电路接通时，3、4 脚电阻为通路状态，输入电路开路时，3、4 脚电阻值无穷大。

◆ 3.10.2　场效应管

（1）VMOS 场效应管的结构

VMOS 管是金属 - 氧化物 - 半导体场效应管的简称。图 3-55 是 VMOS 管的结构示意图和符号。

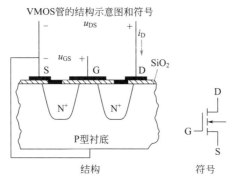

在 P 型半导体衬底上，制作两个高掺杂浓度的 N 型区，形成 VMOS 管的源极 S 和漏极 D。第三个电极叫栅极 G，通常用金属铝或多晶硅制作。栅极和衬底之间被二氧化硅绝缘层隔开

图 3-55 　VMOS 管的结构示意图和符号

（2）场效应管的识别与检测

结型场效应管的极性识别是根据场效应管 PN 结正、反向电阻不一样的特点，使用万用表识别出它的 D（漏）极、S（源）极、G（栅）极。具体方法如图 3-56 所示。

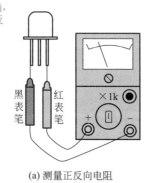
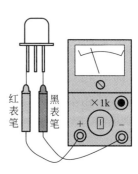

(a) 测量正反向电阻

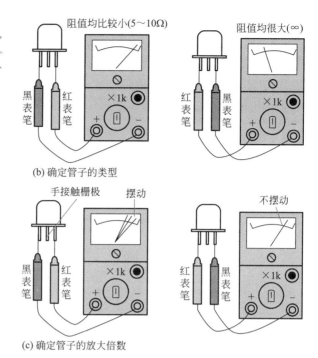

用黑表笔接触假定为栅极的引脚，用红表笔分别接触另外两根引脚。若阻值均比较小(5～10Ω)再将红、黑表笔交换测量一次，则说明原先假设的栅极是正确的，并且属于N沟道管。若场效应管相应电极之间阻值与上述偏离过大，则说明该场效应管性能不好或已损坏

(b) 确定管子的类型

结型场效应管放大倍数的检测：将万用表拨在R×100或R×1k挡，用两支表笔分别接触它的漏极和源极，用手靠近或接触其栅极，此时表针向右(或向左)摆动。摆动幅度越大，则放大倍数越大。如果手捏栅极，表针摆动很小，说明该管的放大能力较弱；若表针不动，说明该管已损坏

(c) 确定管子的放大倍数

图 3-56　使用万用表识别结型场效应管的极性

若某两根引脚的正、反向电阻值相等，且为几千欧，则该两引脚分别为漏极和源极（对结型管而言，漏、源极可互换），剩下的极则为栅极。

若不出现上述情况，可以调换红、黑表笔，重复上述测试，直至判断出栅极为止。此外，每次测量完毕，若再进行测量，表针可能不动，此时将 G-S 极短接一下即可。

（3）VMOS 场效应管的特点及使用时注意事项

① 具有负的电流温度系数和较好的热稳定性。有利于多个器件并联，而使 VMOS 管在大工作电流时更显出它的优越性。VMOS 管还具有比较均匀的温度分布能力，这对于避免器件的热击穿十分有利。

② 具有高的输入阻抗只需要很小的驱动电流。VMOS 管是电压控制型器件，输入阻抗大，其驱动电流在数百纳安 (nA) 数量级时，输出电流可达数十或数百安培。直流放大系数高，能直接用 COMS 或 TTL 等集成逻辑电路来驱动 VMOS 功率晶体管工作。

③ 开关时间短和工作频率高。VMOS 管的开关速度和工作频率比双极型管要高 1～2 个数量级。因为开关的动态损耗非常小，所以开关频率比双极型功率管高得多。

④ 安全工作区域大。由于 VMOS 管的电流温度系数为负值，不存在局部热点和电流集中问题，只要合理设计器件，就可以从根本上避免二次击穿。因此，VMOS 管的安全工作区域比双极型功率管的大。

⑤ 使用时，各参数不能超过管子的最大允许值。

⑥ 存放时，要特别注意对栅极的保护，要用金属线将三个电极短路。因为它的输入阻抗非常高，栅极如果感应有电荷，就很难泄放掉，电荷积累就会使电压升高，特别是极间电容比较小的管子，少量的电荷就足以产生击穿的高压。为了避免这种情况，关键在于不能让栅

极悬空，要在栅源之间一直保持直流通路。

⑦ 焊接时，应把电烙铁的电源断开再去焊接，先焊 S 再焊 G，最后焊 D，以免交流感应将栅极击穿。拆卸时要等待线路板上的电容放完电，再按 D、G、S 的顺序逐个焊开。

⑧ 测量时，不能用手直接接触栅极，也不能像双极型晶体管那样，直接用万用表测量。元件的栅极电压不能超过 ±20V。

▶ 3.10.3　整流桥

（1）整流桥的结构和主要参数

整流桥是一种有四个（或五个）引出端，能够将交流电变成直流电的器件。常用整流桥的外形如图 3-57 所示。小功率的整流桥可直接焊接在电路板上，大功率的整流桥需要使用螺钉紧固。

图 3-57　常用整流桥的外形

整流桥有单相整流桥和三相整流桥之分。单相整流桥由四个二极管接成桥式整流电路，并被封装在塑料或金属壳内。三相整流桥由六个二极管接成桥式整流电路，并被封装在塑料或金属壳内。

选择整流桥的主要参数时，可参考二极管的参数：额定正向整流电流和反向峰值电压。这两个参数一般标注在整流桥的外壳上。如 QL1A100 表示该整流桥的额定正向整流电流值为 1A，反向峰值电压为 100V。如果在整流桥的外壳上标注为 QL2AH，则此整流桥的额定正向整流电流值为 2A，反向峰值电压为 600V。在这种标注中字母"H"表示电压等级。常用字母所代表的电压等级如表 3-12 所示。

表 3-12　整流桥反向峰值电压的字母表示

字母	A	B	C	D	E	F	G	H	I	J	L	M
电压/V	25	50	100	200	300	400	500	600	700	800	900	1000

（2）整流桥的检测

① 引脚识别。由引脚排列识别整流桥的极性。整流桥的引脚极性可根据封装形式进行判断。圆柱形封装的整流桥表面上只标注"+"时，对应该符号的引脚就是"+"输出端。与该引脚对面的引脚是"−"输出端，另外两个引脚就是交流输入端。除此标注以外，该封装的整流桥，"+"输出端的引脚是四根引脚中最长的，如图 3-58 所示。

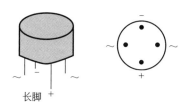

图 3-58　圆柱形封装的整流桥引脚排列

图 3-59 是长方体封装的整流桥引脚排列，输入端和输出端直接标注在表面。长线引脚为"+"输出端。

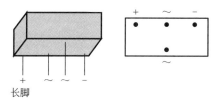

图 3-59　长方体封装的整流桥引脚排列

图 3-60 是扁形长方体封装的整流桥引脚排列。该封装靠近缺角的电极为"+"输出端，远离缺角的电极为"−"输出端，中间两个电极为交流输入端。除此以外，还可以根据引脚的长短判断出"+"输出端，一般来讲引脚线长的为"+"输出端。

图 3-61 是方形封装的整流桥引脚排列。靠近缺角的电极为"+"输出端，与其对角的电极为"−"输出端，另外两个电极为交流输入端。除此以外，还可以根据引脚的长短判断出"+"，一般来讲引脚线长的为"+"输出端。

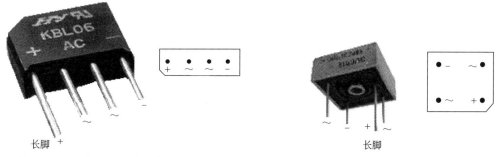

图 3-60　扁形长方体封装的整流桥引脚排列　　　　图 3-61　方形封装的整流桥引脚排列

图 3-62 是方形大功率单相整流桥引脚排列。此类整流桥的极性标记一般在侧面。如有缺角，则靠近缺角的电极为"+"输出端，与其对角（或远离缺角）的电极为"−"输出端，

另外两个电极为交流输入端。

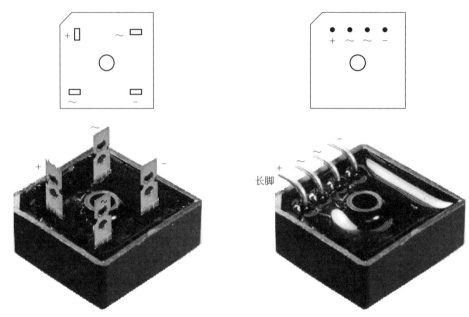

图 3-62　方形大功率单相整流桥引脚排列

图 3-63 是方形大功率三相整流桥引脚排列。三相整流桥的引脚极性一般也在侧面标出。在一排的三个引脚为交流输入端，引脚朝上，靠近左端的引脚为 "+" 输出端。

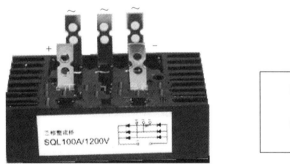
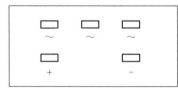

图 3-63　方形大功率三相整流桥引脚排列

② 整流桥的检测。对于已经使用或标记模糊不清的整流桥，仅靠外部标记有时很难判断出极性。更重要的是在日常使用中，要判断整流桥的好坏，这时候就必须借助万用表才能做出准确判断。

使用指针式万用表判断整流桥的极性的方法如图 3-64 所示。将万用表拨至 R×1k 挡位，黑表笔接任一引脚，红表笔分别轮流接其他三个引脚，所测阻值均很大，则黑笔所接引脚为 "+" 极。若三个数值中有两个数值比较接近，约为几千欧，另一个值约十千欧，则黑笔所接引脚为 "-" 极。若所测数值有一个很小，接近零欧，或均为无穷大，则说明整流桥已经损坏了。

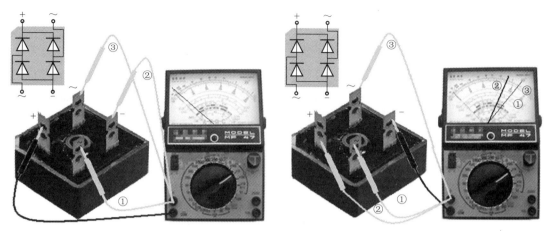

图 3-64　使用指针式万用表判断整流桥的极性

3.10.4　常用三端稳压器的检测

（1）常用三端稳压器

三端集成稳压器是将串联型稳压电源中的调整管、基准电压、取样放大、启动和保护电路等全部集成于一块半导体芯片上，其外部有三个引脚，故称为三端集成稳压器。三端集成稳压器可以分为三端固定输出稳压器和三端可调输出稳压器两大类。常用三端集成稳压器外形图如图 3-65 所示。

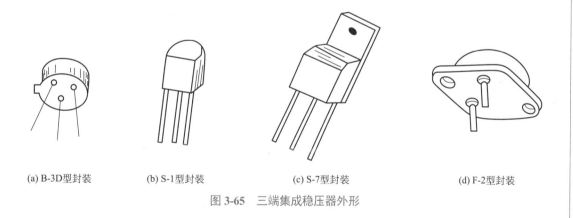

(a) B-3D型封装　　　　(b) S-1型封装　　　　　(c) S-7型封装　　　　　(d) F-2型封装

图 3-65　三端集成稳压器外形

常用三端固定输出稳压器有正电压输出的 CW78XX 系列和负电压输出的 CW79XX 系列，每个系列均有 9 种输出电压等级：5V，6V，8V，9V，10V，12V，15V，18V，24V。稳压器的输出电压是由其型号的后两位数字表示的，如 CW7805、CW7912 分别表示输出为 +5V 和 -12V 的三端固定输出集成稳压器。

可调式三端稳压器通过调节外接电阻能够在很大范围内连续调节其输出电压，如 CW117/CW217/CW317 和 CW137/CW237/CW337 系列可调式三端稳压器的输出电压可分别在 1.25 ～ 37V 和 -1.25 ～ -37V 范围内连续调节。

三端集成稳压器的典型应用电路如图 3-66 所示。

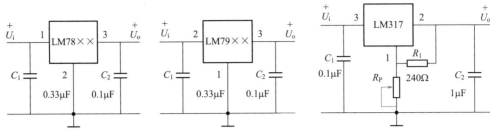

图 3-66 三端集成稳压器典型应用电路

图 3-66 中，U_i 为来自整流滤波电路的电压，U_o 为稳压器输出电压，U_i 与 U_o 之差应不小于 2V，一般应在 5V 左右。C_1 和 C_2 用于改善纹波，C_2 还可以改善稳压电路的瞬态响应。

CW317 可调稳压器的输出电压 U_o 为可调数值。通过调节电位器 R_P 就能得到不同的稳定输出电压。

（2）常用三端稳压器的引脚识别

常用 78×× 系列三端固定集成稳压器有多种封装，不同的封装形式，其引脚的极性也不同，常用 78×× 系列三端固定集成稳压器的外形及引脚极性如图 3-67 所示。78×× 系列三端固定集成稳压器输出正电源。

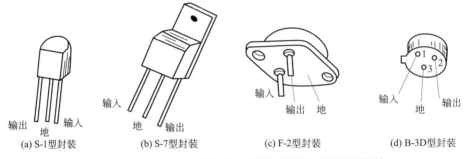

图 3-67 78×× 系列三端固定集成稳压器的外形及引脚极性

常用 79×× 系列三端固定集成稳压器有多种封装，不同的封装形式，其引脚的极性也不同，常用 79×× 系列三端固定集成稳压器的外形及引脚极性如图 3-68 所示。79×× 系列三端固定集成稳压器的外形与 78×× 系列相同，但是引脚极性却与 78×× 系列有很大不同，使用时要千万注意，不能用错。79×× 系列三端固定集成稳压器输出负电源。

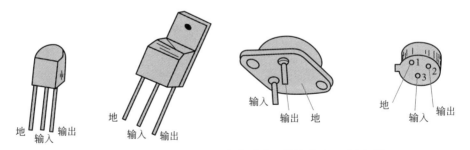

图 3-68 79×× 系列三端固定集成稳压器的外形及引脚极性

三端可调式稳压器有正电压输出和负电压输出两种。它使用方便，只需外接两个电阻，就能得到一定范围内可调的输出电压，而且内部保护齐全。主要参数有：最大输出电压、输出电压、电压调整率、电流调整率、最小负载电流、调整电流、基准电压和工作温度。

（3）常用三端稳压器的检测

使用万用表有两种方法可以测试三端稳压器，可以粗略判断三端稳压器的好坏。

① 电阻法。使用此方法时，测试之前要知道三端稳压器各引脚之间的正确电阻值。然后将实际测量值与之比较，判断三端稳压器的好坏。表 3-13 是 78×× 系列各引脚之间的电阻值，表 3-14 是 79×× 系列各引脚之间的电阻值。检测的具体方法如图 3-69 所示。使用指针式万用表，分别测出三个引脚之间的电阻值，与表 3-13、表 3-14 中的数值比较，确定是否正常。

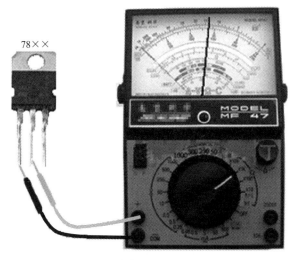

图 3-69　测量三端稳压器各引脚之间的电阻值

注意： 各生产厂家的产品是有差异的，即使是同一厂家的产品，由于生产批号不同也会存在差异。因此，测量得到的各引脚之间的电阻值与表 3-13、表 3-14 中所列数值不一样。

表 3-13　78×× 系列各引脚之间的电阻值

序号	黑表笔所接引脚	红表笔所接引脚	正常值
1	输入	地	15～50kΩ
2	输出	地	5～15kΩ
3	地	输入	3～6kΩ
4	地	输出	3～7kΩ
5	输入	输出	30～50kΩ
6	输出	输入	4.5～5.5kΩ

表 3-14　79×× 系列各引脚之间的电阻值

序号	黑表笔所接引脚	红表笔所接引脚	正常值
1	输入	地	4～5kΩ
2	输出	地	2.5～3.5kΩ
3	地	输入	14.5～16kΩ
4	地	输出	2.5～3.5kΩ
5	输入	输出	4～5kΩ
6	输出	输入	18～22kΩ

② 电压法。此种方法简单实用又直观，就是在电路中，通电以后直接测量三端稳压器的输出电压值，看一看是否在标称值的允许范围内，如果符合要求，则说明稳压器是好的。如果超出标称值的 ±5%，说明稳压器性能不好或已经损坏。

▶ 3.10.5　时基电路

（1）555 时基集成电路

555 时基集成电路在结构上是由模拟电路和数字电路组合而成的，它将模拟功能与逻辑功能兼容为一体能够产生精确的时间延迟和振荡。其最大输出电流达 200mA，带负载能力强。电路形式有 CMOS 型和双极型两种。在一般情况下 CMOS 型可直接替代双极型，但 CMOS 型的驱动电流较双极型的要小，阈值端、触发端和复位端的输入阻抗高达 $10^{10}\Omega$，电源电压适用范围为 2～18V。555 等效功能电路及引脚如图 3-70 所示。

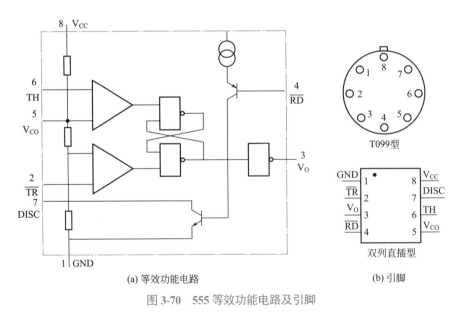

(a) 等效功能电路　　(b) 引脚

图 3-70　555 等效功能电路及引脚

555 时基集成电路的封装外形一般有两种：一种是 8 端圆形 TO-99 型；另一种是 8 端双列直插式封装。

（2）555时基集成电路的端子功能

① V_{CC} 电源引出端，外接正电源。双极型 555 可外接 4.5 ～ 16V，CMOS 型 555 可接 3 ～ 18V。

② GND 电源参考点，通常接地。

③ 触发端（$\overline{TR}$）：当该端的电压低于 $V_{CC}/3$ 时，输出端处于逻辑高电平，该端允许外加电压范围为 0 ～ V_{CC}。

④ 阈值电压端（TH）：当该端的电压低于 $2V_{CC}/3$ 时，输出端处于逻辑低电平，该端允许外加电压范围为 0 ～ V_{CC}。

⑤ 控制电压端（V_{CO}）：若在该端加入外部电压，可以改变产生的脉冲宽度或频率。当不用时，应在该端与地之间接一个 0.01MF 的电容。

⑥ 强制复位端（$\overline{RD}$）：当该端外加电压低于 0.4V，即为逻辑低电平时，定时过程中断。不论 R、S 端处于何种电平，电路均处于复位状态，即输出为"0"。该端允许外加电压范围为 0 ～ V_{CC}。不用时与 V_{CC} 相连。

⑦ 放电端（DISC）：该端与放电管相连。放电管为发射极接地的开关控制器，用作定时电容的放电。

⑧ 输出端（V_{O}）：电路连接负载端，通常该端为低电平，在定时期间为高电平。

（3）由 555 组成的电路

① 由 555 构成的单稳态触发器基本电路。图 3-71 是典型的单稳模式电路，当外加脉冲经电容 C_1、电阻 R_1 组成的微分电路加至 555 的 2 号引脚时，负向脉冲使 555 置位，3 号引脚输出暂稳态脉冲，其宽度为 1.1RC。

② 由 555 构成的无稳态多谐振荡器基本电路。图 3-72 是无稳态多谐振荡器基本电路。其振荡频率是：$f=1.414/[(R_1+2R_2)C]$。其中电容 C_1 为抗干扰滤波电容。

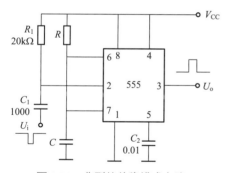

图 3-71　典型的单稳模式电路

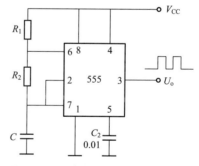

图 3-72　无稳态多谐振荡器基本电路

③ 由 555 构成的占空比可调方波发生器。图 3-73 是 555 构成的占空比可调方波发生器。当电路加上电源电压时，电路就振荡。

刚通电时，电容 C_1 上的电压不能突变，555 的 2 号引脚的电平为低电位，555 处于复位状态，3 号引脚输出为高电平。电容 C_1 经由电阻 R_A、VD_1 被充电，充电时间为：$0.693R_AC_1$。当 C_1 上的电压达到 $2V_{CC}/3$ 时，555 被复位，3 号引脚输出为低电平，此时，通过二极管 VD_2、R_B 和 555 的内部放电，放电时间：$0.693R_BC_1$。其占空比为：$R_A/(R_A+R_B)$。调解电位器 R_{W1} 至上端，占空比约为 8.3%，调解电位器 R_{W1} 至下端，占空比约为 91.7%。

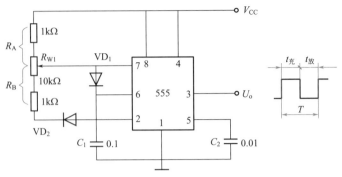

图 3-73 占空比可调方波发生器

3.10.6 运算放大器

（1）运算放大器的参数及符号

运算放大器是一个具有高增益、高输入阻抗、低输出阻抗和一个差分输入的直流放大器。运算放大器的封装及图形符号如图 3-74 所示。

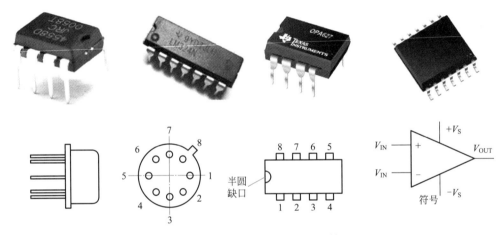

图 3-74 运算放大器的封装及图形符号

它有 2 个电源输入端，用 $+V_S$ 和 $-V_S$ 表示，2 个输入端 V_{IN}，用"+"和"−"表示，1 个输出端 V_{OUT}。"+"输入端 V_{IN} 称为同相端，"−"输入端 V_{IN} 称为反相端。当信号从同相端输入时，输出端的输出信号与输入端的信号极性相同，而输入信号如果是从反相端输入的，则输出端的输出信号与输入端的信号极性相反。即正（或负）信号从同相端输入时，输出的信号仍然为正（或负）；正（或负）信号从反相端输入时，输出的信号则为负（或正）。LM324 工作电压范围宽，可用正电源 3 ～ 30V，或正负双电 ±1.5 ～ ±15V 工作。它的输入电压可低到地电位，而输出电压范围为 0V 到电源电压。LM324 引脚排列如图 3-75 所示。由于 LM324 运放电路具有电源电压范围宽、静态功耗小、可单电源使用、价格低廉等特点，因此被广泛地应用在各种电路中。

（2）使用集成运放电路的注意要点

集成运放有两个电源接线端 $+V_{CC}$ 和 $-V_{EE}$，但有不同的电源供给方式。对于不同的电源供给方式，对输入信号的要求是不同的。

① 对称双电源供电方式。运算放大器多采用这种方式供电。相对于公共端（地）的正电源（+E）与负电源（-E）分别接于运放的 $+V_{CC}$ 和 $-V_{EE}$ 引脚上。在这种方式下，可把信号源直接接到运放的输入脚上，而输出电压的振幅可达正负对称电源电压。

② 单电源供电方式。单电源供电是将运放的 $-V_{EE}$ 引脚连接到地上。此时为了保证运放内部单元电路具有合适的静态工作点，在运放输入端一定要加入一直流电位，此时运放的输出是在某一直流电位的基础上随输入信号变化。

③ 集成运放的调零问题。由于集成运放的输入失调电压和输入失调电流的影响，当运算放大器组成的线性电路输入信号为零时，输出往往不等于零。为了提高电路的运算精度，要求对失调电压和失调电流造成的误差进行补偿，这就是运算放大器的调零。常用的调零方法有内部调零和外部调零，而对于没有内部调零端子的集成运放，要采用外部调零方法。

（3）模拟运算放大器的封装形式与引脚识别

LM324 为四运放集成电路，如图 3-75 所示。采用 14 脚双列直插塑料封装。内部有四个运算放大器，除电源共用外，四组运放相互独立。每一组运算放大器有 2 个电源输入端，用 $+V_S$ 和 $-V_S$ 表示，2 个输入端 V_{IN}，用 "+" 和 "-" 表示，1 个输出端 V_{OUT}。"+" 输入端 V_{IN} 称为同相端，"-" 输入端 V_{IN} 称为反相端。

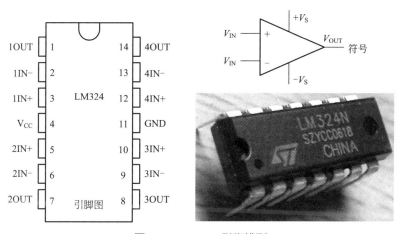

图 3-75　LM324 引脚排列

① 使用万用表测量 LM324 引脚间的电阻值。用万用表电阻挡分别测出 LM324 的各运放引脚的电阻值，不仅可以判断运放的好坏，而且还可以检查内部各运放参数的一致性。表 3-15 是实测的 LM324 一组运放各引脚间的正常电阻值。检测时可参考此数值，对 LM324 的好坏及性能进行判断。

表 3-15　LM324 一组运放各引脚间的正常电阻值

序号	黑表笔	红表笔	正常阻值
1	地	正电源输入端	$4.5 \sim 6.5\mathrm{k}\Omega$
2	正电源输入端	地	$16 \sim 17.5\mathrm{k}\Omega$

续表

序号	黑表笔	红表笔	正常阻值
3	输出端	正电源输入端	21kΩ
4	输出端	地	59～65kΩ
5	正电源输入端	同相输入端	51kΩ
6	正电源输入端	反相输入端	56kΩ

② 估测放大能力。方法如图 3-76 所示。

将LM324接上±15V电源，万用表置于直流50V电压挡。首先，使集成运放LM324输入端开路，运放处于截止状态，这时输出端1脚对负电源11脚的电压为20～25V

然后手持金属小起子，依次触碰同相输入端3脚和反向输入端2脚，万用表指针应有较大摆动，说明被测运放的增益很高；若指针摆动很小，说明其放大能力较差；若指针根本就不摆动，则说明被测运放已经损坏

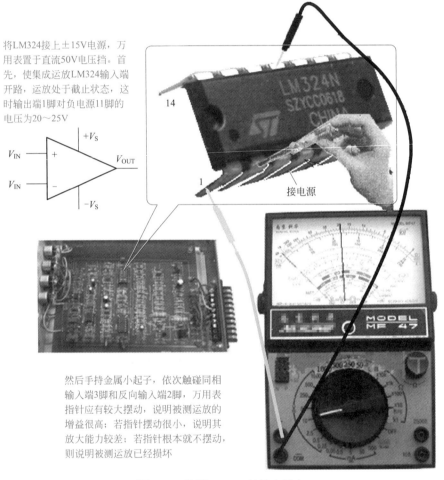

图 3-76　检测 LM324 的放大能力

▶ 3.10.7　使用万用表判断 LED 数码管

数码管是一种半导体发光器件，其基本单元是发光二极管，如图 3-77 所示。

（1）七段数码管

LED 七段数码显示器是用发光二极管显示字形的显示器。一般常用的是七段数码显

示器。它由七段组成，每一段是一个发光二极管，排成一个"日"字形，如图 3-78 所示。通过控制某几段发光二极管的发光而显示一个数字或字母，如数字 0～9，字母 A、B、C、D、E、F 等。

图 3-77　LED 数码管

图 3-78　LED 七段数码显示器的结构、外形

通常七段 LED 显示器有八个发光二极管，其中七个构成数字、字母的笔画，另一个发光二极管表示小数点。

七段 LED 显示器主要参数有：

① U_F——正向工作电压（正向压降），V。

② I_R——反向漏电流，μA。

③ I_{FM}——极限电流，mA。

④ I_V——发光强度（法向），mcd。

⑤ λ_P——发光峰值波长，μm。

在实际应用系统中，可以组成多位 LED 七段显示器，如图 3-79 所示。

图 3-79　多位 LED 七段显示器

　　另外，有的 LED 显示器发光二极管排成点阵结构，由许多 LED 器件按照点阵排列组装，以构成 LED 大屏幕显示器，如图 3-80 所示。这种结构的器件，每一个发光二极管发光时代表一个点，一个字符或数字由多个发光二极管组成，所显示的字符或数字逼真。

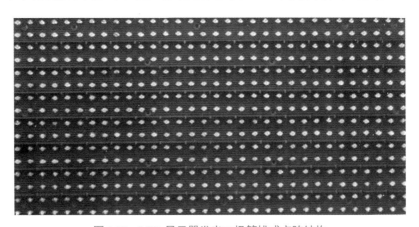

图 3-80　LED 显示器发光二极管排成点阵结构

　　LED 大屏幕显示器一般由基本显示器件组成。这种基本显示器件称为 LED 阵块，是由少量的 LED 发光二极管组成的小点阵显示器。

　　（2）LED 七段数码显示器的种类

　　LED 七段数码显示器按照与驱动电路不同的连接方式分为两种，一种是共阳极 LED 七段数码显示器，另一种是共阴极 LED 七段数码显示器。共阳极 LED 七段数码显示器与驱动电路的连接如图 3-81 所示。

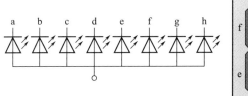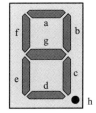

图 3-81　共阳极 LED 七段数码显示器与驱动电路的连接

由图 3-81 可以看到，共阳极 LED 七段数码显示器，是把所有发光二极管的阳极连接在一起，使用时将连在一起的那一端接高电平，当某个发光二极管的阴极接低电平时，相应的发光二极管就发光。共阴极 LED 七段数码显示器与驱动电路的连接如图 3-82 所示。

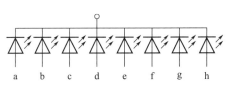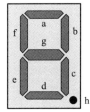

图 3-82　共阴极 LED 七段数码显示器与驱动电路的连接

共阴极 LED 七段数码显示器，是把所有发光二极管的阴极连接在一起，使用时将连在一起的那一端接低电平，当某个发光二极管的阳极接高电平时，相应的发光二极管就发光。

（3）数码管的驱动方式

① 直流驱动。是指每个数码管的每一个段码都由一个单片机的 I/O 端口进行驱动，或者使用如 BCD 码二 - 十进制译码器译码进行驱动。优点是编程简单，显示亮度高，缺点是占用 I/O 端口多。

② 动态显示驱动。是将所有数码管通过分时轮流控制各个数码管的 COM 端，使各个数码管轮流受控显示。将所有数码管的 8 个显示笔画的同名端连在一起，另外为每个数码管的公共极 COM 增加位选通控制电路，位选通由各自独立的 I/O 线控制，当单片机输出字形码时，所有数码管都接收到相同的字形码，但究竟是哪个数码管会显示出字形，取决于单片机对位选通 COM 端电路的控制，所以我们只要将需要显示的数码管的选通控制打开，该位就显示出字形，没有选通的数码管就不会亮。

（4）七段数码管的检测

① 外观目视检测。LED 数码管外观要求颜色均匀、无局部变化及气泡，显示时不能有断笔 (段不亮)、连笔（某些段连在一起）等。

② 干电池检测法。检测数码管的好坏的方法如图 3-83 所示。

LED 数码管每段工作电流在 5 ～ 10mA 之间，若电流过大会损坏数码管，因此必须加限流电阻，数码管每段压降约 2V。

③ 万用表检测法。

a. 利用万用表的 hFE 插口检测。利用万用表的 hFE 插口能够方便地检查数码管的好坏。具体方法如图 3-84 所示。

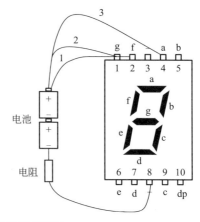

将3V电池负极引出线经限流电阻R固定接在LED数码管的公共阴极端上，电池正极引出线依次移动接触各段的正极端，此引线接触到某一段电极端，该段就应显示出来

若检查共阳极数码管，只需将电池正、负极引出线对调一下，方法与共阴极数码管相同

图 3-83　干电池检测法

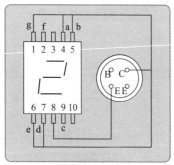

例如检测LTS547R型共阴极数码管时，按图所示电路将4、5、1、6、7脚短接后再与C孔引出线接通，则显示数字"2"。若a～g段全部接C孔引线，就显示全亮线段，构成数字"8"。

万用表hFE
插口NPN

利用万用表的hFE插口
选择NPN挡时hFE插口的
C孔带正电，E孔带负电

从E孔插入一根单股细导线，导线引出端接3、8脚，再从C孔引出一根导线，依次接触各段电极，可分别显示所对应的段，如果某段不亮，则说明该段已坏

图 3-84　万用表检测法

　　检测数码管时，若发光暗淡，说明器件已老化，发光率太低；如果显示的笔段残缺不全，说明数码管已局部损坏。

　　b. 检测 LED 七段数码显示器是共阳极还是共阴极。检测方法如图 3-85 所示。

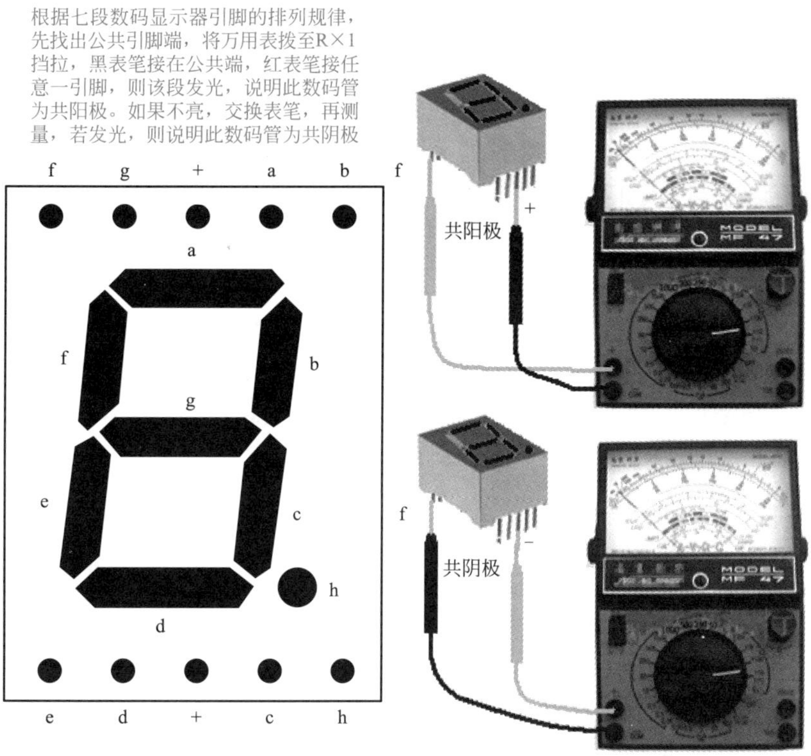

根据七段数码显示器引脚的排列规律，先找出公共引脚端，将万用表拨至R×1挡拉，黑表笔接在公共端，红表笔接任意一引脚，则该段发光，说明此数码管为共阳极。如果不亮，交换表笔，再测量，若发光，则说明此数码管为共阴极

图 3-85　检测 LED 七段数码显示器的极性

（5）注意事项

需要使其具有恒定的工作电流。采用恒流驱动电路后可防止短时间的电流过载对发光管造成永久性损坏，以此避免电流故障所引起的七段数码管的大面积损坏。超大规模集成电路还具有热保护功能，当任何一片的温度超过一定值时可自动关断，并且可在控制室内看到故障显示。

3.10.8　使用万用表判断 LCD 显示器

以被广泛应用的三位半静态液晶显示器为例说明 LCD 显示器的引脚识别的几种方法。图 3-86 是静态液晶显示器的示意图。LCD 液晶显示器类型很多，根据不同的驱动方式，它可分为简单矩阵型和有源矩阵型两种。简单矩阵型液晶显示器 SM-LCD 为无源矩阵型液晶显示器。有源矩阵型液晶显示器 AM-LCD 有采用三端器件的（三极管式），也有采用二端器件的（二极管式）。液晶显示器属于被动发光型显示器件，它本身不发光，只能反射或透射外界光线，需另用电源。因此环境亮度愈高，显示愈清晰。

（1）LCD 主要有以下几个重要指标

① LCD 的点距。和 CRT 一样越小显示效果越细腻，现在的 LCD 显示器的点距一般在 0.297 ～ 0.32mm 之间。亮度和对比度指标是参考液晶显示器的重要指标，液晶显示器的显示功能主要是有一个背光的光源，这个光源的亮度决定整台 LCD 的画面亮度及色彩的饱和度。理论上来说，液晶显示器的亮度是越高越好，在术语中 LCD 的亮度被称为流明。目前市场上

的 15 寸 LCD 的亮度大多标称在 200 ～ 250cd/m^2。通常情况下 200cd/m^2 才能表现出比较好的画面。

② 对比度。也就是黑与白两种色彩不同层次的对比测量度。对比度 120 ∶ 1 时就可以显示生动、丰富的色彩（因为人眼可分辨的对比度在 100 ∶ 1 左右），对比率高达 300 ∶ 1 时便可以支持各阶度的颜色。目前大多数 LCD 显示器的对比度都在 250 ∶ 1 ～ 350 ∶ 1 之间。目前还没有一套公正的标准值来衡量亮度与对比的反差值，所以购买 LCD 全靠各人的主观评判。

③ 反应时间。LCD 还有一项非常重要的指标，那就是反应时间，测量反应速度的时间单位是毫秒（ms），指的是像素由亮转暗并由暗转亮所需的时间。这个数值越小越好，数值越小，说明反应速度越快。需要指出的是，LCD 显示器属于面阵像素显示，只要刷新频率超过 60Hz，就不存在 CRT 显示器线扫描所带来的闪烁现象。因此，相比之下，用户更应注意响应时间这个指标。

图 3-86　静态液晶显示器的示意图

LCD 的优势在于零辐射和无闪烁，即使长时间面对 LCD 也不容易产生眼睛累的不良后果，对于保护眼睛有非常大的好处。

④ 屏幕尺寸。在 CRT 显示器产品上，我们常常所提到的尺寸，通常是指显像管的对角线尺寸，并不是屏幕上实际显示图像的尺寸。一般来说，传统 CRT 显示器图像的可视范围要小于其显像管所标明的尺寸：14 英寸显示器的可视范围通常是 13.2 英寸，15 英寸显示器的可视范围为 13.7 英寸，而 17 英寸显示器的可视范围约为 15.7 英寸。

⑤ 分辨率。LCD 显示器和 CRT 显示器都能使用多种显示分辨率。但是，LCD 显示器只有在其最大分辨率下，才能显现最佳影像。LCD 显示器在分辨率较小的模式时，清晰度会受到一定的影响。

（2）LCD 显示器的引脚识别和性能检测

具体方法有加电显示法、感应电位检测法和数字表检测法。

① 加电显示法。加电显示法如图 3-87 所示。

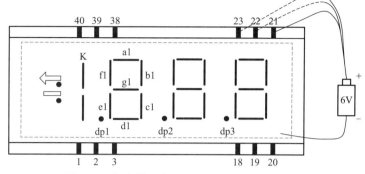

取两根导线,一组电池,一根导线接电池的负极另一端接触显示屏;另一根导线接电池的正极另一端分别接触各引脚。这时与各被接触引脚有关系的笔段、位便在屏幕上显示出来。如果遇到不显示的引脚,则该脚必为公共脚(COM端),一般LCD显示屏的公共脚有1~3个

图 3-87　加电显示法

② 感应电位法。感应电位法如图 3-88 所示。

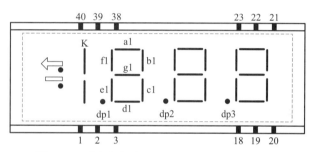

取一段0.5m长的软导线,靠近工作灯的50Hz交流电源,一只手接触显示器的公共端,导线一端悬空,另一端的金属部分依次接触显示器的引脚,依次显示出相应段,说明显示器是好的

图 3-88　感应电位法

③ 使用万用表检测 LCD 显示器。利用数字万用表能迅速检查液晶显示器的质量好坏。具体方法如图 3-89 所示。

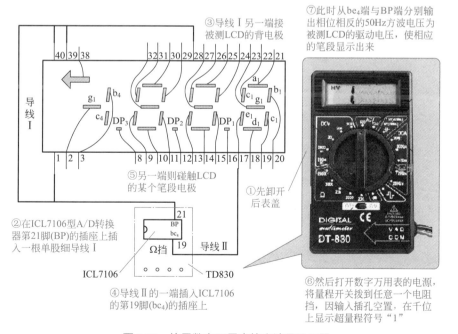

③导线Ⅰ另一端接被测LCD的背电极

⑦此时从be₄端与BP端分别输出相位相反的50Hz方波电压为被测LCD的驱动电压,使相应的笔段显示出来

⑤另一端则碰触LCD的某个笔段电极

①先卸开后表盖

②在ICL7106型A/D转换器第21脚(BP)的插座上插入一根单股细导线Ⅰ

④导线Ⅱ的一端插入ICL7106的第19脚(bc₄)的插座上

⑥然后打开数字万用表的电源,将量程开关拨到任意一个电阻挡,因输入插孔空置,在千位上显示超量程符号"1"

图 3-89　使用数字万用表检查液晶显示器

（3）使用LCD显示器的注意事项

① 工作电压和驱动方式。LCD 显示器工作电压与选用电路相一致，驱动方式与驱动电路相一致。

② 防止施加直流电压。因为长时间施加过大的直流电压，会发生电解和电极老化，会降低寿命。驱动电压中的直流分量一般小于 100 mV，越小越好。

③ 使用时应避免阳光直射 LCD，因为阳光中的紫外线会使液晶发生化学反应。

④ 因为液晶在一定温度范围内呈液晶态，如果温度超过规定范围，液晶态会消失，温度恢复后，它并不能恢复正常取向状态。所以 LCD 必须在许可温度范围内保存和使用。

⑤ 防止压力。如果在 LCD 上施加压力，会使玻璃变形，造成其间定向排列的液晶层混乱，所以在装配、使用时必须防止随便施加压力。

⑥ 此外还应注意 LCD 显示器的清洁处理，防止玻璃破裂、防潮等。

⑦ 安装注意事项。安装前揭掉保护膜。偏振片的表面有一层保护膜，装配前应揭去，以便显示更加清晰明亮。

⑧ 保证接触良好。对于大中型 LCD，要适当增加固定螺钉数量，选用较厚的印制板，以防印制板弯曲造成接触不良。

⑨ 接线采用压接工艺。LCD 显示器外引线为透明电层，一般使用专门的导电橡胶直接和印制板连接，而不使用焊接工艺。使用时，将导电橡胶夹在 LCD 显示器引线部位与印制板之间，尽量使显示器引线与印制板引线上、下对齐，然后用螺钉将印制板紧固即可。

第4章

电气元件检测

图 4-1 是一个电气控制线路的示意图，图中的各个元器件是本章要介绍的主要内容。

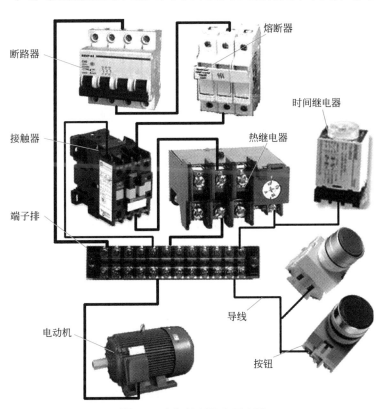

断路器

熔断器

接触器

时间继电器

热继电器

端子排

电动机

导线

按钮

图 4-1　电气控制线路示意图

选择电路中的主要元器件时，首先要知道负载类型和负载转矩，然后将负载转矩折算为电动机功率，知道了电动机功率，也就知道了电动机电流，就有了断路器、接触器和导线的选型依据。

三相异步电机功率公式：$P=\sqrt{3}\ UI\cos\varphi$。式中，$P$ 为电机输入有功功率；U 为电机电源输入的线电压；I 为电机电源输入的线电流；$\cos\varphi$ 为电机的功率因数；φ 为相电压与相电流的相位差角。

这个公式适用于三相对称负载的电路，只有三相异步电机应用在三相对称负载中，此公式才成立。

控制一台 7.5kW、4 极、额定电流约为 15A 的三相异步电机运行，元件选择如下。

① 断路器的选择。一般选用其额定电流的 1.5 ～ 2.5 倍，电机的额定电流乘以 2.5 倍，整定电流是电机的 1.5 倍就可以了，这样保证频繁启动，也保证短路动作灵敏。断路器有两个系列，一个是动力保护型——D 型，一个是照明保护型——C 型。断路器在选型时，注意 C 型选取系数是 1.5 ～ 2 倍，D 型选取系数是 1.25 ～ 1.5 倍。

② 接触器的选择。接触器的额定功率根据电机功率选择，一般为电机功率的 1.5 ～ 2.5 倍，还要注意辅助触点的匹配，辅助触点应够用。交流接触器主触点电流应为电机电流的 2.5 倍，这样可以保证其长期频繁工作。

接触器选型要分清是直接启动还是降压启动，还要看是重负载启动还是轻负载启动；对于直接启动或者重负载启动，考虑到启动过程的冲击电流以及产品的质量的可靠性，一般选择是电动机额定电流的 2 ～ 2.5 倍即可，对于降压启动，如星三角起动器，它的主接触器选择为电动机额定电流即可，接星形的接触器相对可以小一级配置。

③ 电线的选择。可以根据导线的安全载流量查表求得，也可以根据经验进行估算选型，同时也要考虑铜线的最小安装线径及机械强度问题。一般根据电动机额定电流选择导线，即 $1kW/mm^2$，这个导线是铝芯线，折合铜芯线要降一级选择。

根据电机的额定电流 15A，选择合适载流量的电线，如果电机频繁启动，选相对粗一点的线，反之可以相对细一点。

如：15kW 电动机控制线路元件选择。15kW 电动机它的估算电流是 15×2=30(A) 左右。断路器选型是 D 型电流是 30×(1.25 ～ 1.5)，选择电流 50A 的为宜，C 型选择 63A 的。接触器直接启动选择 65A 的，星三角降压启动，主接触器选择 32A 的，接触器选择 25A 的即可。直接启动选用导线 $10mm^2$，星三角降压启动选用导线 $4mm^2$ 即可，以上导线选择是铜芯线。

4.1 低压断路器与熔断器

▶ 4.1.1 低压断路器

（1）低压断路器的作用

低压断路器是具有灭弧装置和足够的断流能力的电气元件，用于切合空载或有载的线路或其他电气设备以及切断短路电流。图 4-2 是断路器的外形及符号。

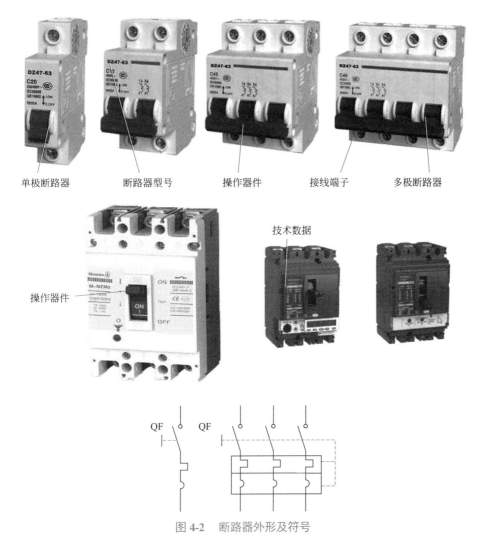

图 4-2　断路器外形及符号

（2）断路器外壳上字符和数字的含义

在断路器外壳上有很多字符和数字，这些字符和数字的含义如图 4-3 所示。

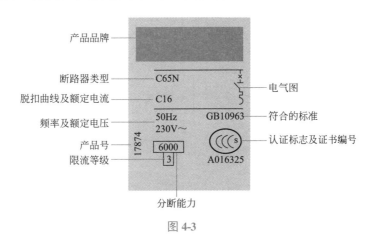

图 4-3

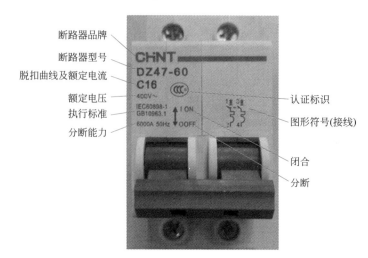

图 4-3　断路器外壳上字符和数字的含义

图 4-4 是单极断路器系列产品的主要数据和外形尺寸。

极数	宽度/mm	额定电流/A	产品型号	
1P+N	18	6	RMC1B–32C	6
		10	RMC1B–32C	10
		16	RMC1B–32C	16
		20	RMC1B–32C	20
		25	RMC1B–32C	25
		32	RMC1B–32C	32

(a) 主要数据

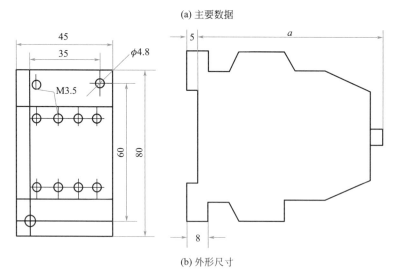

(b) 外形尺寸

图 4-4　单极断路器系列产品的主要数据和外形尺寸

小型断路器（C 型）适用于照明配电系统，小型断路器（D 型）适用于电动机配电系统。小型断路器 DZ10-100/330（I_e=60A）型号的含义：

DZ—自动；

10—设计序号；

100—壳架等级；

3—极数；

3—复式（0—无脱扣器；1—热脱扣器式；2—电磁脱扣式；3—复式）；

0—无辅助触点（0—无辅助触点；2—有辅助触点）；

I_e=60A—过电流调节额定电流。

C65N-C20A/2P+VE 断路器型号的含义如下：

C65N—产品系列号；

C—脱扣曲线为 C 形；

20A—额定电流为 20A；

2P—两极；

+VE—漏电附件。

型号 C65N-C20A/2P+VE 表示：小型断路器 C65N-C20A/2P 与漏电附件 VigiELE 拼接使用的漏电断路器。

注意：　在维修中如果需要更换小型断路器，一定要注意额定电流和额定电压值。同时还要注意小型断路器的类型是 D 型还是 C 型。

（3）断路器的选择

选择断路器时主要考虑如图 4-5 所示的因素。

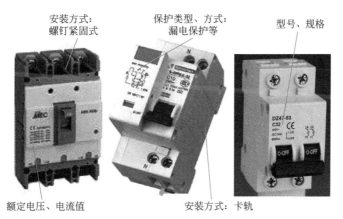

图 4-5　选择断路器时主要考虑的因素

（4）使用万用表检测断路器触点的通断

在安装使用断路器之前，要判断一下断路器的好坏。除根据闭合断路器时的手感判断外，更准确的方法是使用万用表判断断路器的触点闭合情况。具体方法和步骤如图 4-6 所示。

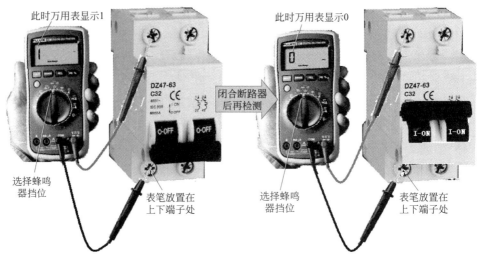

图 4-6　检测断路器触点的通断

▶ 4.1.2　熔断器

熔断器是电路中的保护元件。熔断器在低压配电网络中主要作为短路保护之用。它串联在线路中，当通过熔断器的电流大于规定值时，以本身产生的热量使熔体熔化而自动分断电路，起到保护的作用。当连接在电路中的设备发生过载或短路时，它能自身熔化断开电路，避免由于过电流的热效应引起电网和用电设备的损坏，并阻止事故蔓延。

① 常用的熔断器。常用的熔断器有普通玻璃管熔丝、快速熔断元件、延迟型熔丝、熔断电阻和温度熔丝等，其外形和图形符号及文字代号如图 4-7 所示。

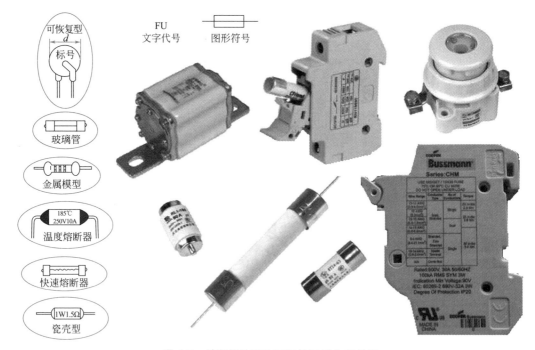

图 4-7　熔断器外形和图形符号及文字代号

普通玻璃管熔丝的规格如表 4-1 所示。这种熔丝通常需与相应的熔丝座配套使用，因价格低廉、使用方便，应用极为广泛。

表 4-1　普通玻璃管熔丝的规格

额定电流 /A						长度尺寸 /mm		
0.5	1	2	3	5	8	18	20	22
0.75	1.5	2.5	4	6	10			

熔断器主要由熔体和安装熔体的熔管 (或熔座) 组成。一般首先选择熔体的规格，再根据熔体的规格去确定熔断器的规格。不同的负载，选用熔断器是有所区别的。

② 熔断器的两个重要数据。熔断器的额定电压必须大于或等于线路的工作电压；额定电流必须大于或等于所装熔体线路的额定电流。

③ 熔体额定电流的选择：对电炉、照明等电阻性负载的短路保护，熔体的额定电流应稍大于负载的额定电流。对于电机负载的短路保护所用熔断器的选择如下：

a. 一台电动机的短路保护：熔断器熔体的额定电流应等于 1.5 ～ 2.5 倍电动机的额定电流。

b. 多台电动机的短路保护：熔体的额定电流应大于或等于其中最大容量的一台电动机的额定电流的 1.5 ～ 2.5 倍，加上其余电动机额定电流的总和。

注意：　在电动机容量较大，而实际负载较小时，熔体额定电流可适当选小些，小到以启动时熔体不熔断为准。

④ 熔断器的质量检查。可用万用表电阻挡测量，电阻值为 "0Ω" 即为正常；若不通或电阻值较大或忽大忽小，表明元件已坏，不能使用。

⑤ 熔断器在线路中的安装位置。不同类型的熔断器安装方式不同。如：螺旋式熔断器应将其接线端子上下放置，同时要注意进线端子（电源进线）和出线端子（设备接线端）不要倒置；瓷插式熔断器应垂直安装。

⑥ 电源的中性线上不能安装熔断器。熔断器应安装在各相 (火) 线上，三相四线制电源的中性线上不能安装熔断器。如果在中性线上安装了熔断器，当熔体烧断时负载中性点和电源中性点之间的通路就被切断。此时，对采用接零保护线路系统而言，线路上所有设备和装置的金属外壳均有带电的危险。另外，如果用电设备或装置有一相发生对中性线或外壳短路时，则其余两相的相电压就会升高，可能烧毁用电设备。

⑦ 安装多级熔断器时，各级熔体应相互匹配，应做到下一级熔体额定值小于上一级熔体额定值。

4.2 接触器（继电器）与热继电器

▶ 4.2.1 接触器（继电器）

　　接触器（继电器）是用较小电流来控制较大电流或高压的一种自动开关，在电路中起着自动控制或安全保护等作用。接触器触点的容量较大。继电器有直流继电器和交流继电器之分。接触器与继电器的外形及图形符号如图4-8所示。

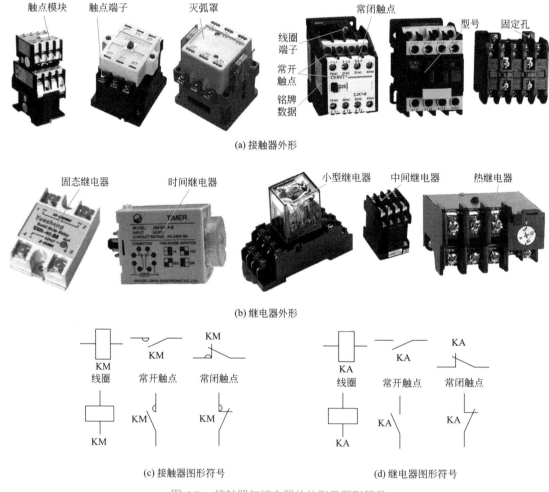

(a) 接触器外形

(b) 继电器外形

(c) 接触器图形符号　　　　　　　　　　(d) 继电器图形符号

图 4-8　接触器与继电器的外形及图形符号

（1）常用继电器/接触器工作原理

　　继电器在机床控制线路中，常用来控制各种电磁线圈，起到触点的容量或数量的放大作用。JZ7系列继电器适用于交流电压500V、电流5A及以下的控制电路。

　　交流继电器由电磁系统（线圈、动铁芯和静铁芯）、触点系统、反作用弹簧及复位弹簧等组成。JZ7交流继电器的外形和结构如图4-9所示。

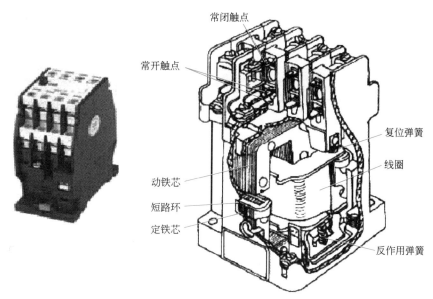

图 4-9 JZ7 交流继电器的外形和结构

触点系统：它包括数对主触点和数对辅助触点，一般是桥式双断点。触点有常开和常闭之分。常开触点在线圈通电的情况下，可以在额定条件下切换电源。辅助常开触点用于控制回路。

反作用弹簧及复位弹簧：当线圈得电后，接触器吸合时弹簧被压缩；当线圈失电后，利用弹簧的储能使接触器恢复正常。

接触器（继电器）的工作原理：线圈得电后，铁芯产生电磁力，动静铁芯相互吸合，动铁芯带动常开触点吸合、常闭触点断开；断电后，铁芯失掉磁力，动铁芯在弹簧力的作用下返回原位，使得继电器的常开触点恢复到断开位置，常闭触点恢复到闭合位置。图 4-10 是接触器结构。

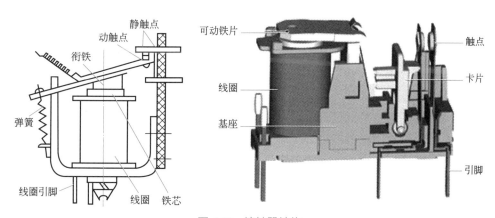

图 4-10 接触器结构

（2）接触器的识别

在接触器外壳上有数据铭牌或标识字符，数据铭牌或标识字符给出了简要的一些数据和触点信息。具体信息如图 4-11 所示。

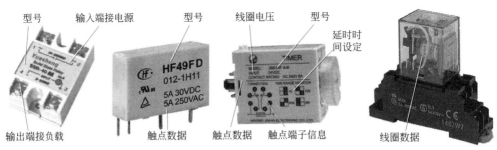

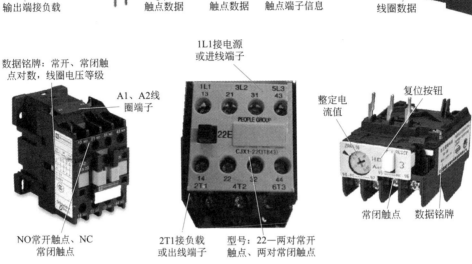

图 4-11 接触器外壳信息

通过这些信息，我们可以初步辨识：

① 接触器的类型。如是直流接触器还是交流接触器。

② 线圈的电压等级。如交流（AC）～ 380V、～ 220V、～ 127V、～ 110V。直流 24V、12V、9V、6V 等，线圈的端子是在接触器的同一侧还是在两侧。

③ 触点信息。看到有几组常开触点、几组常闭触点，触点允许的最大电流值。

④ 接线。也能够知道哪一个端子接电源（或进线端），哪一个端子接负载（出线端）。

⑤ 可调整数据的范围。

⑥ 外形尺寸，安装形式。

⑦ 接触器的型号，生产厂商。

这些信息对我们使用接触器是必不可少的。要想得到更详细的数据，可查看元件生产厂家提供的技术数据手册（样本）。每个生产厂商在技术数据手册（样本）给出的技术数据是不同的。

（3）继电器的型号命名

一般国产继电器的型号命名由四部分组成，各部分含义如表 4-2 所示。

表 4-2 一般国产继电器的型号命名

第一部分	第二部分	第三部分	第四部分
用字母表示继电器的主称类型	用字母表示继电器的形状特征	数字表示产品序号	用字母表示防护特征

第一部分	第二部分	第三部分	第四部分
JR—热继电器	W—微型		F—封闭式
JZ—中功率继电器	X—小型		M—密封式
JC—磁电式继电器	C—超小型	用数字表示产品序号	
JT—特种继电器			
JM—脉冲继电器			
JS—时间继电器			
JAG—干簧式继电器			

例如：JRX-13F（封闭式小功率小型继电器）。JR—小功率继电器；X—小型；13—序号；F—封闭式。

JZC1-44 是一种继电器的型号，其型号的信息如下：

这是一种接触器式的交流继电器，有 4 对常闭触点，4 对常开触点。表 4-3 是 JZC1 系列继电器触点信息。

表 4-3　JZC1 系列继电器触点信息

型号	JZC1-40	JZC1-31	JZC1-22	JZC1-80	JZC1-71	JZC1-62	JZC1-53	JZC1-44
常开触点对数	4	3	2	8	7	6	5	4
常闭触点对数	0	1	2	0	1	2	3	4
结构			单层			双层		
外形尺寸、安装尺寸								

表 4-4 是 JZ7 继电器的型号信息。在表中给出了继电器触点的额定电压，触点对数及操作频率等数据。

表 4-4 JZ7 继电器的型号信息

基本型号	触点额定电压 /V		触点额定发热电流 /A	触点对数		额定操作频率/（次 /h）	通电率 /%
	交流（AC）	直流（DC）		常闭	常开		
JZ7-44				4	4		
JZ7-62	380	220	5	6	2	1200	40
JZ7-80				8	0		

（4）使用万用表检测继电器 / 接触器

① 检测继电器或接触器的触点。此种测量方法只能粗略判断接触器或继电器的闭合和断开情况，要想准确判断其是否正常，应在通电的情况下进行检测。具体检测方法如图 4-12 所示。

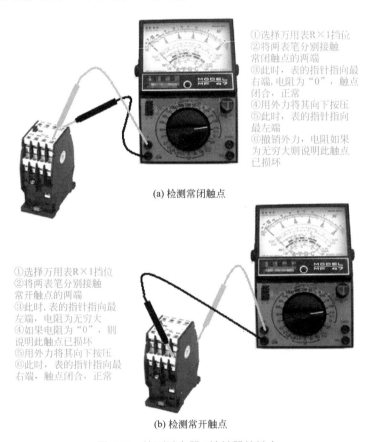

①选择万用表R×1挡位
②将两表笔分别接触常闭触点的两端
③此时，表的指针指向最右端，电阻为"0"，触点闭合，正常
④用外力将其向下按压
⑤此时，表的指针指向最左端
⑥撤销外力，电阻如果为无穷大则说明此触点已损坏

(a) 检测常闭触点

①选择万用表R×1挡位
②将两表笔分别接触常开触点的两端
③此时，表的指针指向最左端，电阻为无穷大
④如果电阻为"0"，则说明此触点已损坏
⑤用外力将其向下按压
⑥此时，表的指针指向最右端，触点闭合，正常

(b) 检测常开触点

图 4-12 检测继电器 / 接触器的触点

② 使用万用表检测继电器 / 接触器的线圈。检测继电器线圈的通断，具体方法如图 4-13 所示。

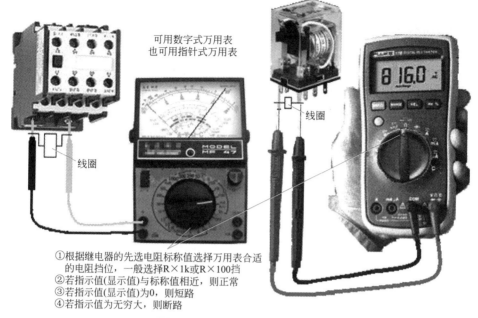

可用数字式万用表
也可用指针式万用表

线圈

线圈

①根据继电器的先选电阻标称值选择万用表合适
的电阻挡位，一般选择R×1k或R×100挡
②若指示值(显示值)与标称值相近，则正常
③若指示值(显示值)为0，则短路
④若指示值为无穷大，则断路

图 4-13　检测继电器线圈的通断

③ 检测固态继电器。固态继电器 (简称 SSR) 是一种高性能的新型继电器，具有控制灵活、无可动接触部件、寿命长、工作可靠、防爆耐震及无声运行的特点，常用于通断电气设备中的电源。

交流固态继电器的外壳上，输入端标有 "+" "-"，而输出端则不分正、负。直流固态继电器，一般在输入端和输出端标注有 "+" "-"，并标注有 "DC 输入" "DC 输出"。

a. 输入、输出引脚的判别。具体方法如图 4-14 所示。

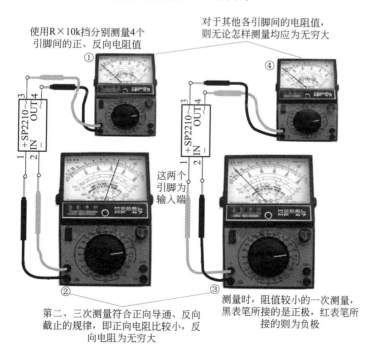

使用R×10k挡分别测量4个
引脚间的正、反向电阻值

对于其他各引脚间的电阻值，
则无论怎样测量均应为无穷大

这两个
引脚为
输入端

第二、三次测量符合正向导通、反向
截止的规律，即正向电阻比较小，反
向电阻为无穷大

测量时，阻值较小的一次测量，
黑表笔所接的是正极，红表笔所
接的则为负极

图 4-14　输入、输出引脚的判别

b. 检测输入电流。以检测 SP2210 型 AC-SSR 固态继电器为例，具体方法如图 4-15 所示。该继电器额定输入电流为 10 ～ 20mA，负载电流 2A。

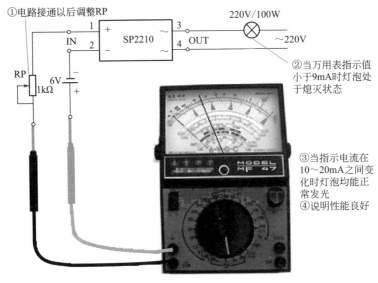

图 4-15　检测输入电流

注意：　　有些固态继电器的输出端带有保护二极管，测试时，可先找出输入端的两个引脚，然后采用测量其余 3 个引脚间正、反向电阻值的方法，将公共地、正输出端和负输出端加以区别。

（5）选择接触器的类型

应根据负荷的类型和工作参数合理选用交流接触器。

① 负荷种类。交流接触器按负荷种类一般分为一类、二类、三类和四类，分别记为 AC-1 、AC-2 、AC-3 和 AC-4 。一类交流接触器对应的控制对象是无感或微感负荷，如白炽灯、电阻炉等；二类交流接触器用于绕线式异步电动机的启动和停止；三类交流接触器的典型用途是在笼型异步电动机的运转和运行中进行分断；四类交流接触器用于笼型异步电动机的启动、反接制动、反转和点动。

② 选择接触器的额定参数。根据被控对象和工作参数如电压、电流、功率、频率及工作制等确定接触器的额定参数。

a. 接触器的线圈电压。常按实际电网电压选取。一般应低一些为好，这样对接触器的绝缘要求可以降低，使用时也较安全。

b. 电动机的操作频率不高。如压缩机、水泵、风机、空调、冲床等，接触器额定电流大于负荷额定电流即可。

③ 针对不同负载和工作状态选择接触器。

a. 对重任务型电机。如机床主电机、升降设备、绞盘、破碎机等，其平均操作频率超过 100 次 /min，运行于启动、点动、正反向制动、反接制动等状态。选用时，接触器额定电流大于电机额定电流。为了保证电寿命，可使接触器降容使用。

b. 对特重任务电机。如印刷机、镗床等，操作频率很高，可达 600～12000 次/h，经常运行于启动、反接制动、反向等状态，接触器大致可按电寿命及启动电流选用。

c. 交流回路中的电容器投入电网时会产生冲击电流，选择接触器时应予以考虑。一般地，接触器的额定电流可按电容器的额定电流的 1.5 倍选取。

d. 用接触器对变压器进行控制时，应考虑浪涌电流的大小。例如交流电弧焊机、电阻焊机等，一般可按变压器额定电流的 2 倍选取接触器。

e. 对于电热设备，如电阻炉、电热器等，负荷的冷态电阻较小，因此启动电流相应要大一些。选用接触器时可不用考虑启动电流，直接按负荷额定电流选取。

f. 由于气体放电灯启动电流大、启动时间长，对于照明设备的控制，可按额定电流 1.1～1.4 倍选取交流接触器。

④ 接触器的额定电流选择。接触器额定电流是指接触器在长期工作下的最大允许电流，持续时间 ≤ 8h，且安装于敞开的控制板上，如果冷却条件较差，选用接触器时，接触器的额定电流按负荷额定电流的 110%～120% 选取。对于长时间工作的电机，由于其氧化膜没有机会得到清除，使接触电阻增大，导致触点发热超过允许温升。实际选用时，可将接触器的额定电流减小 30% 使用。

4.2.2 热继电器

热继电器是利用流过继电器的电流所产生的热效应而反时限动作的继电器。所谓反时限动作，是指继电器的延时动作时间随电流的增加而缩短。热继电器主要用于电动机的过载保护、断相保护、电流不平衡运行的保护及其他电气设备发热状态的控制。图 4-16 是热继电器的外形及图形符号。热继电器有单极、两极和三极之分。三极热继电器有带断相保护装置和不带断相保护装置两种。当过载后，有的热继电器可以自动复位，有的必须手动复位。有的热继电器是独立安装的，有的与其他继电器插装在一起。

（1）热继电器型号

热继电器的型号的具体含义如下。

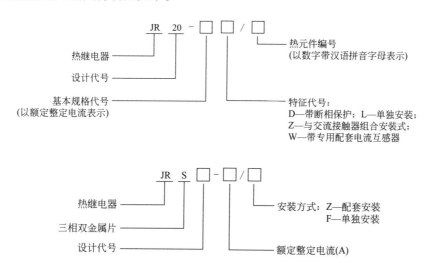

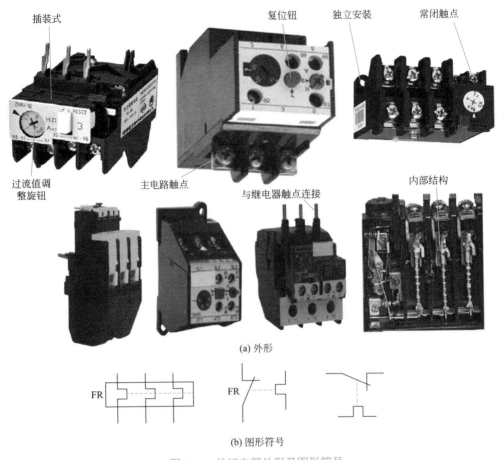

插装式

复位钮 独立安装 常闭触点

过流值调整旋钮

主电路触点

与继电器触点连接

内部结构

(a) 外形

FR

FR

(b) 图形符号

图 4-16 热继电器外形及图形符号

（2）热继电器的选择

选择热继电器时，应考虑以下几个因素。

① 热继电器的额定电流为 0.95 ～ 1.05 倍的电动机额定电流。

② 热继电器的整定电流。一般只要选择热继电器的整定电流等于或略大于电动机的额定电流即可。

③ 对于电动机回路，热继电器的整定电流应等于电动机的额定电流。

④ 在结构形式上，一般都选用三相结构。

4.3 时间继电器的识别与检测

时间继电器是指当加入（或去掉）输入的动作信号后，其输出电路需经过规定的准确时间才产生跳跃式变化（或触点动作）的一种继电器，是一种使用在较低的电压或较小电流的电路上，用来接通或切断较高电压、较大电流的电路的电气元件。同时，时间继电器也是一种利用电磁原理或机械原理实现延时控制的控制电器。图 4-17 是常用的几种时间继电器的外形及图形符号。

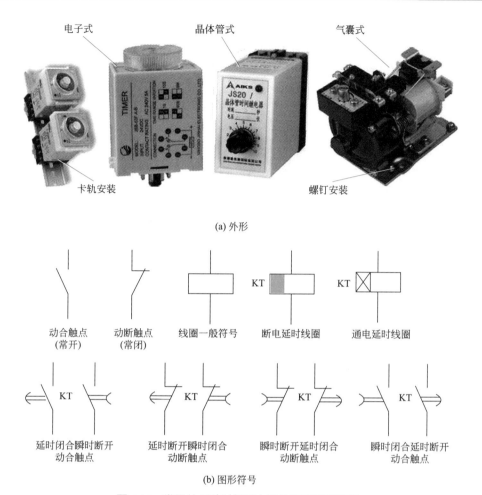

(a) 外形

动合触点　　动断触点　　线圈一般符号　　断电延时线圈　　通电延时线圈
（常开）　　　（常闭）

延时闭合瞬时断开　延时断开瞬时闭合　瞬时断开延时闭合　瞬时闭合延时断开
动合触点　　　　　动断触点　　　　　动断触点　　　　　动合触点

(b) 图形符号

图 4-17　常用的几种时间继电器外形及图形符号

时间继电器是电气控制系统中一个非常重要的元器件。它由电磁系统、延时机构和触点三部分组成。一般根据其控制触点方式分为延时断开型和延时接通型，根据其动作原理分为通电延时型和断电延时型。从动作的原理上有电子式、机械式等。电子式的是采用电容充放电再配合电子元件的原理来实现延时动作。时间继电器的用途就是配合工艺要求，执行延时指令。

时间继电器的识别与检测：

① 通过外形可辨识时间继电器的类型，如图 4-18 所示。

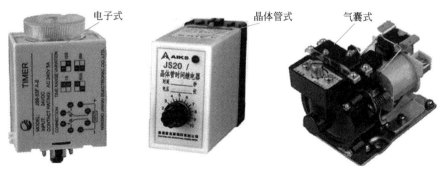

图 4-18　通过外形辨识时间继电器的类型

② 通过时间继电器外壳上的数据或铭牌识别时间继电器。时间继电器外壳上都有一些数字或符号，这些数字和符号提供了时间继电器的型号、延时范围、延时触点对数、线圈电压等主要信息，如图 4-19 所示。

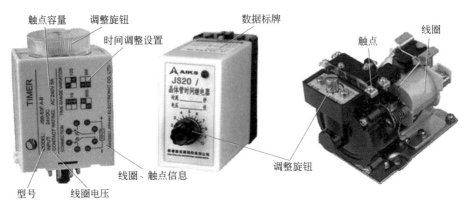

图 4-19 时间继电器外壳上的数据

当需要更详细的技术数据时，就要查阅生产厂商提供的样本，或通过生产厂商的官网搜集相关信息。

③ 使用万用表判别时间继电器的线圈及触点。检测线圈的好坏、判别触点是常开还是常闭的方法与检测继电器的方法相同。

4.4　开关

▶ 4.4.1　手动开关

（1）手动开关的种类

常用的有拨动开关、按钮开关、船形开关、滑动开关、旋转开关、微动开关等。虽然结构不同，但就其在电路中起的作用基本上是一样的。按钮开关有自锁型和非自锁型两种。自锁型就是按一下开关闭合（或断开），再按一下就断开（或闭合），如急停按钮。而非自锁型按钮要使其保持闭合（或断开）状态，就必须用外力使其保持在按下位置。

因为开关属于操作器件类，操作频率比较高，属于易损件。常常由于开关的损坏，使设备发生停机故障。在日常的维修工作中，开关是维修工程师关注度比较高的元器件。对于开关类器件的检测方法很简单，一般使用万用表检测其通断，以此判断是否正常。开关有两大类：一类额定电流小，如拨动开关，广泛应用在电子电路；另一类额定电流大，一般应用在继电控制电路中。这种开关包括两种不同类型的开关：按钮开关及选择开关。

（2）按钮开关的检测

检测按钮开关，先靠目测检查开关的外观是否有破损，接线端子是否松动，按下和抬起开关时，是否有卡住现象。

使用时，要先测量判断常开和常闭触点，如果与导线是焊接方式，在焊接时一定要选择合适功率的电烙铁，焊接时间不要过长，以免损坏开关。

　　检测按钮开关的通断：检测常闭触点的方法如图4-20所示。检测常开触点的方法如图4-21所示。

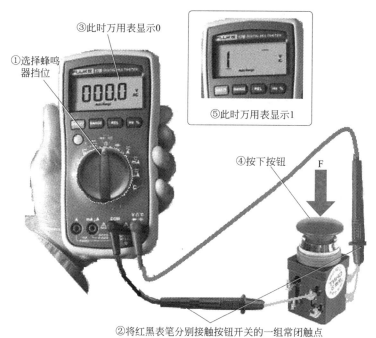

图 4-20　检测按钮开关的常闭触点的方法

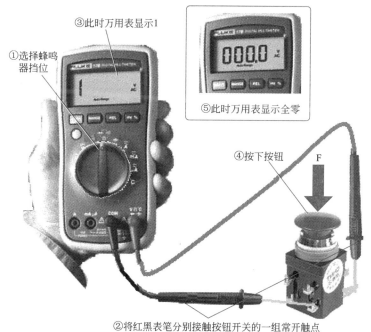

图 4-21　检测按钮开关常开触点的方法

（3）旋转式开关的检测

图 4-22 所示为一波段开关。它共有 12 个触片，其中有一个公共触片，十个静触片，一个动触片。

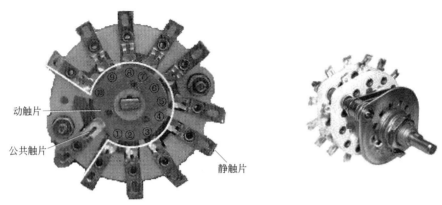

图 4-22　波段开关

判断旋转式开关是否正常，可对公共触片和静触片的阻值进行检测，具体的检测方法如图 4-23 所示。

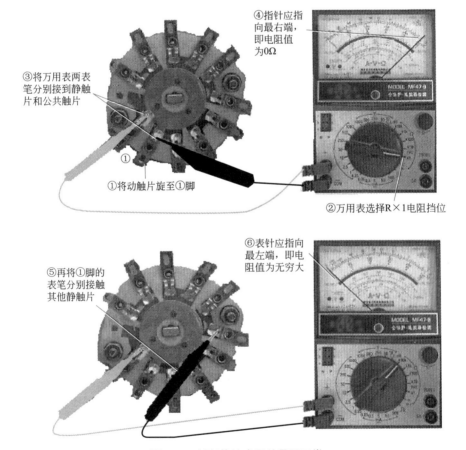

图 4-23　判断旋转式开关是否正常

▶ 4.4.2　行程开关

（1）微动开关的检测

检测微动开关时可以检测其引脚间的阻值变化，以此来判断开关的好坏。为了能够清楚地观测到开关通断的变化，在这里使用指针式万用表进行检测。

在检测微动开关常开触点两引线端的电阻值时，按动键钮，观察万用表的读数，若指针所指的数值很小或接近于 0 ，表明微动开关为导通状态，且这个微动开关是正常的；若按动微动开关的键钮时，万用表的指针没有发生变化，则说明微动开关已损坏，具体操作如图 4-24 所示。

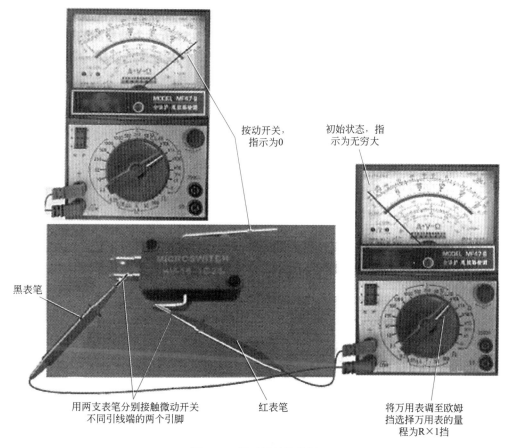

按动开关，指示为0

初始状态，指示为无穷大

黑表笔

红表笔

用两支表笔分别接触微动开关不同引线端的两个引脚

将万用表调至欧姆挡选择万用表的量程为R×1挡

图 4-24　微动开关的检测

（2）接近开关的检测

接近开关被广泛应用在自动控制设备中。当有特定的物体接近开关并到达规定的距离时，开关就动作。该类开关是一种有源器件，使用万用表检测时，必须给接近开关接通规定的电源（交流或直流）。检测方法如图 4-25 所示。

（3）光电开关的检测

① 确定输入端。利用二极管的单向导电特性，可以很容易地将光电开关的输入端（发射管）和输出端（接收管）区分开。具体方法如图 4-26 所示。

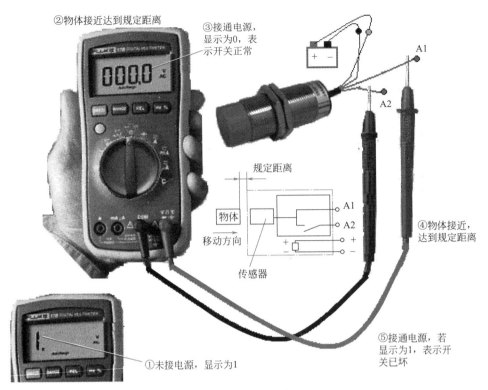

②物体接近达到规定距离

③接通电源，显示为0，表示开关正常

A1

A2

规定距离

物体 移动方向

传感器

A1

A2

+

−

④物体接近，达到规定距离

⑤接通电源，若显示为1，表示开关已坏

①未接电源，显示为1

图 4-25　接近开关的检测

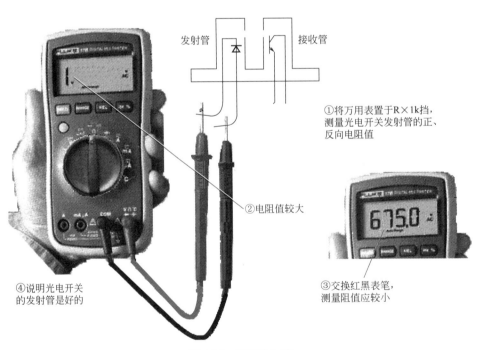

发射管　　接收管

①将万用表置于R×1k挡，测量光电开关发射管的正、反向电阻值

②电阻值较大

③交换红黑表笔，测量阻值应较小

④说明光电开关的发射管是好的

图 4-26　确定输入端

②检测接收管。正常时，用万用表 R×1k 挡测量，光电开关接收管的穿透电阻值多为无穷大。具体方法如图 4-27 所示。

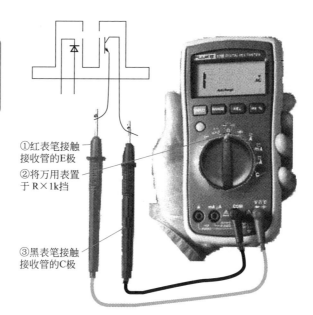

正常时，用万用表R×1k挡测量，光电开关接收管的穿透电阻值多为无穷大

④此时所测得的电阻值为接收管的穿透电阻，此值越大，说明接收管的穿透电流越小，管子的稳定性能越好

①红表笔接触接收管的E极

②将万用表置于R×1k挡

③黑表笔接触接收管的C极

图 4-27　检测接收管

③ 检测发射管与接收管之间的绝缘阻值。具体方法如图 4-28 所示。

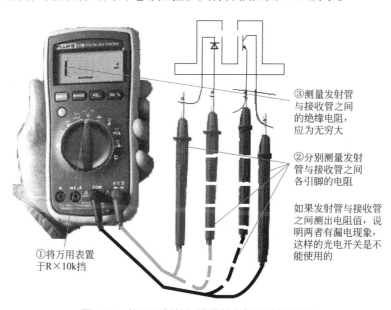

③测量发射管与接收管之间的绝缘电阻，应为无穷大

②分别测量发射管与接收管之间各引脚的电阻

如果发射管与接收管之间测出电阻值，说明两者有漏电现象，这样的光电开关是不能使用的

①将万用表置于R×10k挡

图 4-28　检测发射管与接收管之间的绝缘阻值

④ 检测灵敏度。测试时采用两块万用表，测试电路如图 4-29 所示。

第一步：第 1 块万用表置于 R×10 挡，红表笔接发射管负极，黑表笔接发射管正极。

第二步：第 2 块万用表置于 R×10k 挡，红表笔接接收管 E 极，黑表笔接接收管 C 极。

第三步：将一黑纸片插在光电开关的发射窗与接收窗中间，用来遮挡发射管发出的红外线。

第四步：测试时，上、下移动黑纸片，观察第 2 块万用表的指针应随着黑纸片的上、下移动有明显的摆动，摆动的幅度越大，说明光电开关的灵敏度越高。

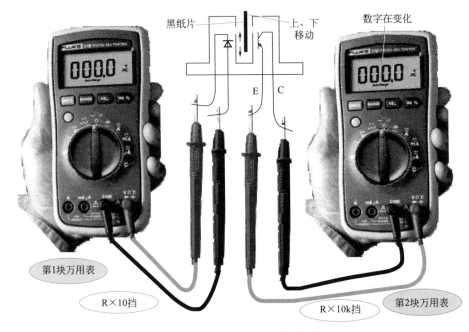

图 4-29　检测光电开关的灵敏度

（4）霍尔传感器的检测

利用霍尔效应制成的半导体元件叫霍尔元件。所谓霍尔效应是指当半导体上通过电流，并且电流的方向与外界磁场方向相垂直时，在垂直于电流和磁场的方向上产生霍尔电动势的现象。

① 测量输入电阻和输出电阻。具体方法如图 4-30 所示。

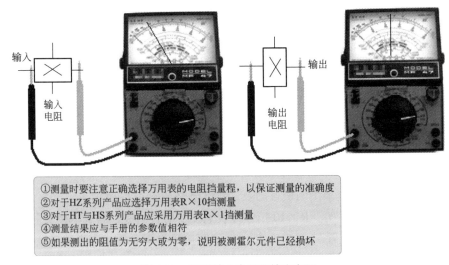

①测量时要注意正确选择万用表的电阻挡量程，以保证测量的准确度
②对于HZ系列产品应选择万用表R×10挡测量
③对于HT与HS系列产品应采用万用表R×1挡测量
④测量结果应与手册的参数值相符
⑤如果测出的阻值为无穷大或为零，说明被测霍尔元件已经损坏

图 4-30　测量输入电阻和输出电阻

② 检测灵敏度。具体方法如图 4-31 所示。测试时不要将霍尔元件的输入、输出引线接反，

否则，测量结果不正确。

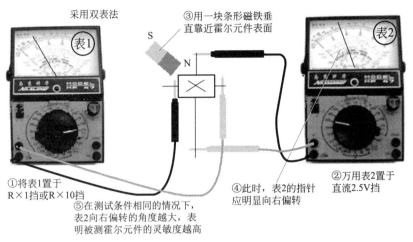

图 4-31　检测霍尔元件的灵敏度

4.5　变压器

▶ 4.5.1　变压器的结构及工作原理

　　变压器是利用电磁感应原理来升高或降低交流电路电压的电器。它除了能把某一等级的电压变换成同频率另一等级的电压之外，还能变换电流、变换阻抗、改变相位等。常用单相和三相变压器外形如图 4-32 所示。

图 4-32　常用单相和三相变压器外形

（1）变压器的结构
　　变压器的种类很多，在此只介绍小型变压器。变压器的基本结构由铁芯及套在铁芯柱上的线圈（也称绕组）组成。绕组是电路通道，铁芯是磁路通道。绕组有一次侧（高压侧）和二次侧（低压侧）之分。一次侧（高压侧）绕组也叫原边绕组，二次侧（低压侧）绕组又叫副边绕组。一般而言，一次侧（高压侧）绕组接电源，二次侧绕组接负载。当一次绕组接通交流电源时，一次绕组中便有交变电流通过，由于二次绕组未接负载，因而这个电流称为空载电流或励磁电流。励磁电流在铁芯中产生交变的磁通，同时穿过一次绕组和二次绕组，这个磁通叫主磁通。根据电磁感应定律，在一、二次绕组中产生的感应电动势 E_1、E_2 分别为：

$$E_1 = 4.44 f \Phi_m N_1 \times 10^{-8}, \quad E_2 = 4.44 f \Phi_m N_2 \times 10^{-8}, \quad E_1/E_2 = N_1/N_2 = K。$$

式中，f 为频率，Hz；N_1、N_2 为绕组匝数；K 为变压器的电压比。显然，$K>1$ 时，变压器为降压变压器；$K<1$ 时，变压器为升压变压器，这就是变压器能够变换电压的原理。

（2）变压器的主要参数

① 功率容量。变压器的功率包括输入功率和输出功率。输入功率与变压器的效率有关。功率是确定变压器铁芯的主要依据。在纯电阻负载时，变压器的输出功率 P_2 等于次级负载电压 U_2 和负载电流 I_2 的乘积。即 $P_2 = U_2 I_2$。输入功率 $P_1 = P_2/\eta$。式中，η 为变压器效率。

② 功率因数。变压器的输入功率 P_1 与其伏安容量 VA_1 之比称为功率因数 $\cos\varphi$，即：

$$\cos\varphi = \frac{P_1}{VA_1} = \frac{1}{\sqrt{1 + \left(\dfrac{I_\varphi}{I_1}\right)^2}}。$$ 其中，I_φ 为铁芯磁化电流，VA_1 为初级伏安值；I_1 为初级电流。

③ 效率。变压器输出功率 P_2 与输入功率 P_1 的比值称为效率。即：$\eta = P_2/P_1$。使用变压器时，必须保证在铭牌规定条件及额定数据下运行，如果条件不符或超出额定数据，必将缩短变压器使用年限，甚至损坏变压器。铭牌上标出的技术数据主要有型号、额定容量、相数、频率、额定电压、额定电流、阻抗电压、使用条件、冷却方式、温升及连接组标号等。

变压器空载：变压器一次侧接入额定电压，二次

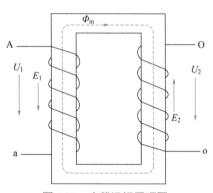

图 4-33　空载运行原理图

侧开路，就是空载运行。理想变压器空载运行原理图如图 4-33 所示。在图中只要有一个量的方向确定了，其他量的方向也就确定了。这是分析运行的依据。实际变压器会有空载损耗，也就是变压器的铁芯会损耗掉一部分输入功率。

▶ 4.5.2　变压器的检测

（1）电源变压器的绝缘性测试

用万用表 R×10k 挡分别测量铁芯与原边绕组，原边绕组与各副边绕组，铁芯与各副边绕组，静电屏蔽层与原边绕组、副边绕组，副边绕组间的电阻值，万用表指针均应指在无穷大位置不动。否则，说明变压器绝缘性能不良。具体检测方法如图 4-34 所示。

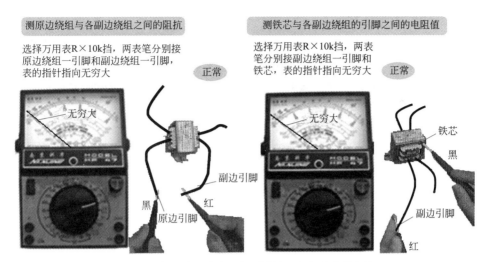

测原边绕组与各副边绕组之间的阻抗

选择万用表R×10k挡，两表笔分别接原边绕组一引脚和副边绕组一引脚，表的指针指向无穷大　正常

测铁芯与各副边绕组的引脚之间的电阻值

选择万用表R×10k挡，两表笔分别接副边绕组一引脚和铁芯，表的指针指向无穷大　正常

图 4-34　变压器原边绕组与副边绕组之间绝缘的判断

（2）检测判别各绕组的同名端

判别各绕组同名端的一种方法如图 4-35 所示。

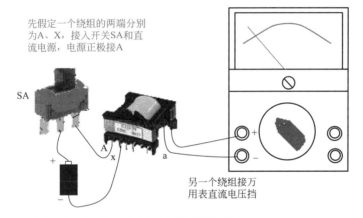

先假定一个绕组的两端分别为A、X，接入开关SA和直流电源，电源正极接A

另一个绕组接万用表直流电压挡

合上开关SA的瞬间，观察直流电压表指针的摆动。
如指针向正向摆动，则万用表正极所接的一端与A为同名端，记为a。反之，则为异名端，记为x

图 4-35　判别各绕组的同名端的一种方法

判断同名端还有其他的方法。

① 交流测定法。先假定两个绕组的始、末端分别为 A、a，X、x。用导线将 X 和 x 短接，在 A 与 X 之间施加一个较低的交流电压（36～220V），用交流电压表分别测量 A 与 X、a 与 x、A 与 a 之间的电压 U_{AX}、U_{ax}、U_{Aa}。如果 $U_{Aa}=U_{AX}-U_{ax}$，则 A 与 a 为同名端。如果 $U_{Aa}=U_{AX}+U_{ax}$，则 A 与 a 为异名端。

② 剩磁测定法。此法用于判别三相异步电动机的同名端。先判别出每个绕组的两端，再假定三个绕组的始端分别为 D_1、D_2、D_3，末端分别为 D_4、D_5、D_6。其中 D_1 与 D_4、D_2 与

D_5、D_3 与 D_6 为同一绕组的两端。

将 D_1、D_2、D_3 连成一点，D_4、D_5、D_6 连成另一点，接入直流电流表。转动电动机转子，观察电流表指针状态。如指针不动，则连成一点的三个端子为同名端。如指针摆动，须对调一个绕组的两端后，再按上述方法判别。如指针仍摆动，应将该绕组的两端恢复，对调另一绕组的两端，再测。直至判明同名端。

（3）空载电流的检测

将次级所有绕组全部开路，把万用表置于交流电流挡 500mA，串入初级绕组。当初级绕组的插头插入 220V 交流市电时，万用表所指示的便是空载电流值。此值不应大于变压器满载电流的 10% ~ 20%。一般常见电子设备电源变压器的正常空载电流应在 100mA 左右。如果超出太多，则说明变压器有短路性故障。

（4）空载电压的检测

将电源变压器的初级接 220V 市电，用万用表交流电压挡依次测出各绕组的空载电压值，应符合要求值，允许误差范围一般为：高压绕组 ≤ ±10%，低压绕组 ≤ ±5%，带中心抽头的两组对称绕组的电压差应 ≤ ±2%。

4.6 直流电机

一台直流电机原则上既可以作为电动机运行，也可以作为发电机运行，这种原理在电机理论中称为可逆原理。当原电机驱动电枢绕组在主磁极 N、S 之间旋转时，电枢绕组上感生出电动势，经电刷、换向器装置整流为直流后，引向外部负载（或电网），对外供电，此时电机作为直流发电机运行。如用外部直流电源，经电刷换向器装置将直流电流引向电枢绕组，则此电流与主磁极产生的磁场互相作用，产生转矩，驱动转子使连接于其上的机械负载工作，此时电机作为直流电动机运行。图 4-36 是几种直流电机的外形。

图 4-36　几种直流电机的外形

4.6.1 国产直流电机型号

国产电机型号一般采用大写的英文字母和阿拉伯数字表示，其格式为：

第一部分用大写的字母表示产品代号；

第二部分用阿拉伯数字表示设计序号；

第三部分用阿拉伯数字表示机座代号；

第四部分用阿拉伯数字表示电枢铁芯长度代号。

以 Z2-92 为例：Z 表示一般用途直流电动机；2 表示设计序号，第二次改型设计；9 表示机座代号；2 表示电枢铁芯长度符号。

第一部分字符含义如下：

Z 系列：一般用途直流电动机（如 Z2、Z3、Z4 等系列）。

ZY 系列：永磁直流电机。

ZJ 系列：精密机床用直流电机。

ZT 系列：广调速直流电动机。

ZQ 系列：直流牵引电动机。

ZH 系列：船用直流电动机。

ZA 系列：防爆安全型直流电动机。

ZKJ 系列：挖掘机用直流电动机。

ZZJ 系列：冶金起重机用直流电动机。

4.6.2 直流电动机结构

由图 4-37 可以看到，直流电机的结构由定子和转子两大部分组成。直流电机运行时静止不动的部分称为定子，定子的主要作用是产生磁场，由机座、主磁极、换向极、端盖、轴承和电刷装置等组成。运行时转动的部分称为转子，其主要作用是产生电磁转矩和感应电动势，是直流电机进行能量转换的枢纽，所以通常又称为电枢，由转轴、电枢铁芯、电枢绕组、换向器和风扇等组成。

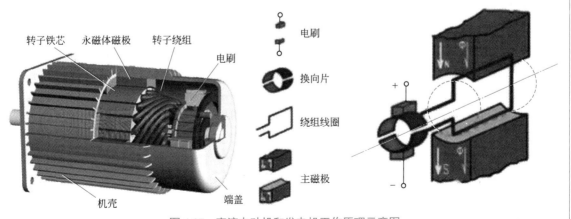

图 4-37　直流电动机和发电机工作原理示意图

（1）主磁极

主磁极的作用是产生气隙磁场。主磁极由主磁极铁芯和励磁绕组两部分组成。铁芯一般用 0.5～1.5mm 厚的硅钢板冲片叠压铆紧而成，分为极身和极靴两部分，上面套励磁绕组的部分称为极身，下面扩宽的部分称为极靴，极靴宽于极身，既可以调整气隙中磁场的分布，又便于固定励磁绕组。励磁绕组用绝缘铜线绕制而成，套在主磁极铁芯上。整个主磁极用螺钉固定在机座上。

（2）换向极

换向极的作用是改善换向，减小电机运行时电刷与换向器之间可能产生的换向火花，一般装在两个相邻主磁极之间，由换向极铁芯和换向极绕组组成。换向极绕组用绝缘导线绕制而成，套在换向极铁芯上，换向极的数目与主磁极相等。

（3）机座

电机定子的外壳称为机座，机座的作用有两个：一是用来固定主磁极、换向极和端盖，并起整个电机的支撑和固定作用；二是机座本身也是磁路的一部分，借以构成磁极之间磁的通路，磁通通过的部分称为磁轭。为保证机座具有足够的机械强度和良好的导磁性能，一般为铸钢件或由钢板焊接而成。

（4）电刷装置

电刷装置是用来引入或引出直流电压和直流电流的。电刷装置由电刷、刷握、刷杆和刷杆座等组成。电刷放在刷握内，用弹簧压紧，使电刷与换向器之间有良好的滑动接触，刷握固定在刷杆上，刷杆装在圆环形的刷杆座上，相互之间必须绝缘。刷杆座装在端盖或轴承内盖上，圆周位置可以调整，调好以后加以固定。

（5）转子电枢

① 电枢铁芯。电枢铁芯是主磁路的主要部分，同时用以嵌放电枢绕组。一般电枢铁芯采用由 0.5mm 厚的硅钢片冲制而成的冲片叠压而成，以降低电机运行时电枢铁芯中产生的涡流损耗和磁滞损耗。叠成的铁芯固定在转轴或转子支架上。铁芯的外圆开有电枢槽，槽内嵌放电枢绕组。

② 电枢绕组。电枢绕组的作用是产生电磁转矩和感应电动势，是直流电机进行能量变换的关键部件，所以叫电枢。它是由许多线圈按一定规律连接而成的，线圈采用高强度漆包线或玻璃丝包扁铜线绕成，不同线圈的线圈边分上下两层嵌放在电枢槽中，线圈与铁芯之间以及上、下两层线圈边之间都必须妥善绝缘。为防止离心力将线圈边甩出槽外，槽口用槽楔固定。线圈伸出槽外的端接部分用热固性无纬玻璃带进行绑扎。

③ 换向器。在直流电动机中，换向器配以电刷，能将外加直流电源转换为电枢线圈中的交变电流，使电磁转矩的方向恒定不变；在直流发电机中，换向器配以电刷，能将电枢线圈中感应产生的交变电动势转换为正、负电刷上引出的直流电动势。换向器是由许多换向片组成的圆柱体，换向片之间用云母片绝缘，换向片的下部做成鸽体尾形，两端用钢制 V 形套筒和 V 形云母环固定，再用螺母锁紧。

（6）电机铭牌信息

电机铭牌信息主要有名称、型号、额定功率、额定电压、额定电流、额定转速、励磁方式、工作制、防护等级、绝缘等级、冷却方式、重量、出厂编号、出厂日期、生产厂及名称。图 4-38

是不同生产厂家生产的电机的铭牌信息。

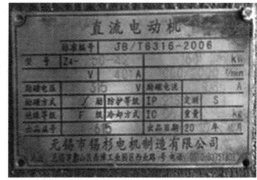

图 4-38　直流电机铭牌信息

▶ 4.6.3　直流电机检修步骤

直流电机检修项目内容及步骤如表 4-5 所示。

表 4-5　直流电机检修项目内容及步骤

项目	内容	检查处理
准备	查阅上次检修记录，了解设备的运行情况。准备好大修用的工具、材料、备品、记录本。检修中认真做好记录，中间停止工作时要将检修设备盖好，认真清理工具	
拆解	①依次分解机座、端盖、护板、炭刷装置和引线 ②测量电枢与磁极空气间隙，电枢与主磁极的相对位置，并做好记录 ③解体前应将刷架、刷握、端盖、电缆头等分别做好标记，拆下的刷架、刷握、螺栓等小零部件应妥善保存 ④引线电缆分解开后应抽出放在适当位置并做好保护措施，以防压、碰伤 ⑤抽转子。在抽转子过程中不得碰伤电枢绕组、换向器、风扇、磁极、铁芯和线圈。转子表面可用木质薄片或 0.5 ~ 1mm 绝缘板条衬垫 ⑥转子抽出后应平稳地放在专用支架上，换向器应用白布或橡皮包扎起来以防损伤	①拆解之前要做标记 ②拆解下的零件应保存
定子	①清洁。机壳内壁、磁场线圈、引线等应清扫干净。清扫各磁极线圈，如有油垢，可用 3 ~ 5mm 橡皮板条刮去，然后擦拭干净 ②检查接触情况。磁场线圈绝缘良好，无过热、损伤，漆膜光滑完整；磁极和机壳磁轭的固定应良好，磁极铁芯应无锈蚀、松动现象；磁极线圈应固定可靠；各线圈间的连接线应紧固，接触良好，无松动、开焊、过热等现象；接线端子、连线电缆头应无过热变色、绝缘损坏等 ③检测绝缘电阻。检测励磁机的励磁回路所连接的设备（不包括励磁机电枢）的绝缘电阻	①目测检查 ②针对检查结果，若有松动应加固，必要时应进行重焊并包扎绝缘处理。根据情况将局部或全部喷覆盖漆 ③用干燥的压缩空气进行吹灰，然后用干净的白布擦净各部件 ④摇表检测。大修时用 2500V 兆欧表、小修时用 1000V 兆欧表测量绝缘电阻，应不低于 0.5MΩ，否则应查明原因，进行处理

续表

项目	内容	检查处理
转子	①清洁 ②检查接触情况。检查转子铁芯应紧固，无松动、变形、烧伤、锈蚀和过热现象，所有径向通风孔和轴向通风槽应畅通、无油污；检查槽楔应紧固完整并低于铁芯表面，槽楔应无松动、碰伤、断裂、过热、变色等；检查端部绑线应紧固、整齐，无松动、移位、断裂等现象；检查转子绕组表面及槽口绝缘应完整光滑、坚固，无碰伤、破裂、过热及变色等现象；检查转子绕组与换向器升高片的焊接应牢固、可靠，无开焊、甩锡、空洞、松动和过热现象；片间绝缘牢固、齐全；检查风扇、套环均应牢固、可靠；风叶、叶轮完整，无裂纹、变形，铆钉齐全，螺钉紧固并锁住；配重块完整、牢固，无松动、移位现象 ③测试绝缘电阻	①目测检查 ②用干燥的压缩空气彻底吹扫灰尘，用布和清洗剂擦净油污 ③根据检查结果，如有松动之处，要加固；根据情况进行局部或全部喷覆盖漆 ④用 1000V 兆欧表测量转子绕组的绝缘电阻，应不低于 0.5MΩ
换向器	①换向器在长期无火花运行时，在其表面上产生有一层暗褐色光泽的坚硬氧化膜，它可保护换向器表面，并具有良好的换向性能 ②检查换向器表面发现不平、粗糙或有灼痕时；若换向器表面过于不平，或表面不平度超过 1mm 时 ③研磨或车削后的换向器表面，若云母片有突出换向器外圆或平齐时，必须将云母片下刻 1～1.5mm，研刻云母片应使用专用研刻工具进行	①在任何情况下，不允许用金刚砂纸或其他粗砂纸研磨换向器 ②可用金相砂纸研磨。研磨达不到要求，应进行车圆。车削速度应控制在线速度 150～180m/min，进刀量不得大于 0.05mm，不圆度不大于 0.06mm，车削换向器时不得有轴向位移和使用润滑液 ③研刻工具可自制（用钢锯条及夹紧装置），宽度不得超过云母片厚度。云母片研刻后，应将槽修成 U 形，换向器片的边缘应用刮刀修成 0.5 mm×45° 倒角 刮研过程中用力要均匀，避免工具跳出槽外，划伤换向器表面，或撞击、损伤换向器根部，修刮结束后，用金相砂纸研磨换向器片边缘毛刺，工作结束后用压缩空气将换向器和电枢绕组吹干净 注意：研磨、车削换向器或刻槽时，必须采取措施，防止铜屑侵入电枢绕组内部，造成绝缘性能降低或绝缘损坏
刷握刷架	①清扫、检查刷架与刷握应清洁，无碳粉等脏物，刷架、刷握等应齐全、牢固，无损伤、变形等，刷握无破裂、烧伤、变形，内壁清洁光滑 ②检查调整刷握下边缘与换向器表面的距离，一般应在 2～3mm 范围内，刷握在整流子圆周上均布，各炭刷组之间误差应不超过 1.5% ③检查炭刷簧弹性应良好，若因受热疲劳、变形等造成弹性不足时，应更换新簧 ④检查汇流排与磁场线圈等的连接，应接触良好、位置正确，刷握固定螺钉齐全、紧固并锁住	①目测检查 ②更换元件 ③紧固
炭刷	①检查炭刷的长度最短不准低于刷握 5mm，无缺损受热，炭刷接触面应光滑如镜，无烧伤、脏物附着、硬粒等 ②检查炭刷在刷握内应能自由滑动，炭刷与刷握的间隙为 0.1～0.2mm，炭刷与换向器表面应接触良好，加在炭刷上的压力为 0.015～0.025MPa ③检查炭刷引线铜辫应长度适宜，无过热、变色、断股等现象，接线鼻子完整，接触良好，无松动、开焊现象	①当炭刷需要更换时，所用新炭刷的型号、规格必须与原炭刷相同，禁止在同一换向器上使用不同型号的炭刷 ②新炭刷的研磨，必须用砂纸在专用模具上进行，研磨后应保证炭刷与换向器的接触面达 75% 以上，禁止使用粗砂纸或金刚砂纸研磨炭刷，避免砂粒嵌入炭刷，擦伤换向器，在运行中产生火花 ③炭刷一次更换数量不准超过所用炭刷总数的 1/3 ④由试验人员进行检修中的规定试验项目

项目	内容	检查处理
组装	①检查直流电机各标准项目的检修均已结束，已发现的缺陷均已处理完毕，需进行的试验项目做完均合格，各部件清洁干净，经三级验收后，方可进行组装工作 ②各连线、引线应按原接线正确恢复，接触面应平整、光洁、接触良好	①直流电机的组装按分解时的逆顺序进行 ②在安装过程中注意不准碰伤磁极、电枢绕组及换向器、刷架、刷握等 ③各部件的安装按所做标记恢复，保证相对位置正确无误 ④安装端盖，测量定、转子空气间隙与上次大修及解体前比较应基本相符，径向误差不得大于 5% ⑤刷架、刷握装配位置应正确，各部固定螺钉应紧固，刷握各组距换向器表面的距离为 2～3mm，各组炭刷应与换向片平行，其不平度不准大于 0.5mm
项目的试验	功能	由高压试验人员进行规定项目的试验

4.7 交流电机

4.7.1 交流电机的分类

交流电机是在交流电路中将机械能转换为电能（交流发电机）或将电能转换为机械能（交流电动机）的旋转电机。

（1）交流电机的分类

交流电机可分为同步电机和异步电机两大类。同步电机一般用作发电机，也可用作电动机。异步电机主要作为电动机使用。交流电动机还可以根据电动机使用的电源类型分为交流单相电动机和交流三相电动机。

（2）交流三相异步电动机的组成

交流三相异步电动机由定子和转子两大部分组成。图 4-39 是交流三相异步电动机的组成示意图。由图中可以看到交流三相异步电动机主要组成部件有：前后端盖、定子（定子铁芯、定子绕组、机壳、接线盒）、转子（转子轴、转子绕组）、风扇、风扇罩、轴承、轴承端盖。

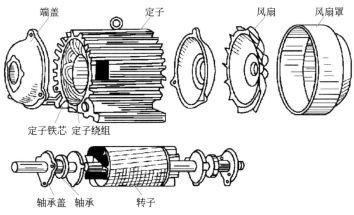

图 4-39 交流三相异步电动机的组成示意图

① 定子。交流三相异步电动机的定子和硅钢片如图 4-40 所示。定子由定子铁芯、定子绕组和机座组成。定子铁芯由表面涂有 0.5mm 厚的绝缘漆，内表面冲有槽的硅钢片叠压而成。硅钢片的槽用于嵌装绕组。定子铁芯是磁路的一部分。

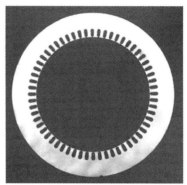

图 4-40　交流三相异步电动机的定子和硅钢片

交流三相异步电动机的定子绕组由三组彼此独立的绕组组成，称为三相绕组，每相绕组由若干线圈按照一定规律连接组成。图 4-41 是定子绕组示意图。

图 4-41　定子绕组示意图

绕组中的线圈使用铜质漆包线，所有的漆包线都必须按照一定的规律嵌入定子铁芯的槽中。通入三相交流电，定子绕组产生旋转磁场。三相绕组有六个出线端，引至接线中的接线柱上。接线如表 4-6 所示。

表 4-6　三相绕组六个出线端

相别	首端	末端
第一相 U（或 A）	U_1	U_2
第二相 V（或 B）	V_1	V_2
第三相 W（或 C）	W_1	W_2

机座是电动机机械结构的组成部分，主要作用是固定、支撑定子铁芯和固定端盖。电动机通过机座安装在基础上。

在中小型交流三相异步电动机中，端盖兼有轴承座的作用，则机座还要支撑电动机的转子部分，故机座要有足够的机械强度和刚度。中小型交流三相异步电动机一般采用铸铁机座，而大容量的异步电动机采用钢板焊接机座。铸铁机座如图4-42所示。

② 转子。转子是电动机转动的部分，由它拖动机械负载旋转。它由转子铁芯、转子绕组和转轴组成。图4-43是转子的组成示意图。

转子铁芯由表面涂有0.5mm厚的绝缘漆，外表面冲有槽的硅钢片叠压而成。硅钢片的槽用于嵌装转子绕组。

图4-42　铸铁机座

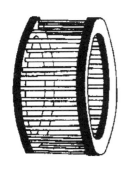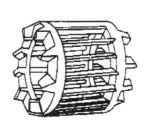

图4-43　转子的组成示意图

转子绕组产生感应电动势、流过电流并产生电磁转矩。按其结构形式可分为笼型转子和绕线转子。笼型转子：在转子铁芯的每个槽内插入一根导体，在铁芯的两端分别用两个导电端环把所有的导条连接起来，形成一个自行闭合的短路绕组。图4-44是笼型转子示意图。对于中小型交流三相异步电动机，笼型转子绕组一般采用铸铝，将导条、端环和风叶一次性浇铸成型。大型交流三相异步电动机则采用铜条笼型转子。

图4-44　笼型转子示意图

绕线转子：转子绕组与定子绕组一样，是对称三相绕组。连接成Y形后，其三根引出线分别接到轴上的三个集电环，再经电刷引出而与外部电路接通。图4-45是绕线转子示意图。

可以在转子回路中串入外接的附加电阻或其他控制装置，以改善三相异步电动机的启动性能及调速性能。

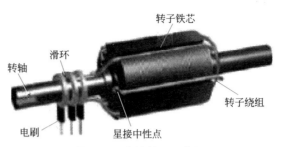

图 4-45　绕线转子示意图

4.7.2　交流三相异步电动机的接线及铭牌

（1）交流三相异步电动机的接线

其内部接线一般用星形接法（Y）和三角形接法（△），如图 4-46 所示。星形接法（Y）就是把三相绕组的末端（U_2、V_2、W_2）连接在一起，三相绕组的首端（U_1、V_1、W_1）分别接三相交流电源。三角形接法（△）就是第一相绕组的首端（U_1）与第三相绕组的末端（W_2）连接在一起（U_1-W_2）；第二相绕组的首端（V_1）与第一相绕组的末端（U_2）连接在一起（V_1-U_2）；第三相绕组的首端（W_1）与第二相绕组的末端（V_2）连接在一起（W_1-V_2）。

目前，Y 系列交流三相异步电动机功率在 3kW 以下的，使用 Y 接法，3kW 以上的使用△接法。

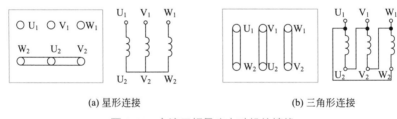

(a) 星形连接　　　　　　　　　　　(b) 三角形连接

图 4-46　交流三相异步电动机的接线

在交流三相异步电动机的出线盒中一般有六个接线端子（U_1、U_2、V_1、V_2、W_1、W_2）。当电动机铭牌上为 Y 接法时，将 U_2、V_2、W_2 连接在一起；为△接法时，将 U_1-W_2、V_1-U_2、W_1-V_2 连接在一起。

在 J、JO 系列电机铭牌中常标有 220V/380V、△/Y 接法。这就是说如果电源电压是交流三相 220V 时，就采用△接法；如果电源电压是 380V 时，电机的解法应该是 Y 接法。

（2）交流三相异步电动机的铭牌

①铭牌示例如图 4-47 所示。

三相异步电动机					
型　号	Y132M–4	功率	7.5kW	频率	50Hz
电　压	380V	电流	15.4A	接法	△
转　速	1440r/min	绝缘等级	B	工作方式	连续
年　月　日		编号		××电机厂	

图 4-47　铭牌示例

② 型号：铭牌中的项目说明。

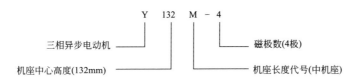

功率：电动机在铭牌规定条件下，正常工作时，转轴上输出的机械功率，称为额定功率或容量。

电压：电动机的额定线电压。

电流：电动机在额定状态下运行时的线电流。

频率：电动机所接交流电源的频率。

转速：额定转速。

（3）交流三相异步电动机电源线的连接

交流三相异步电动机电源线一般有两种连接方式：一种是将电动机的四根电源线穿入阻燃性的塑料管中，从电源开关处引至电动机接线盒中的接线端子；另一种是采用钢管预埋法。

4.7.3 检修电机步骤

（1）准备工作

检修电机时应准备好常用工具、常用量具、卡簧钳、吹风机、兆欧表、钳形电流表、双臂电桥、单臂电桥、红外测温仪、振动表、喷灯。

（2）电机拆卸

把电机从设备现场拆下。

① 解开电机定子电缆头。做好标记，并将电机电缆头三相短路接地。

② 拆解联轴器（可请机械维修人员帮助完成）。

③ 解除地脚螺栓，收好。

④ 将电机脱离机座，运至检修场地。

（3）修前测试记录

① 测量并记录电机定子三相绕组直流电阻值。

② 测量并记录电机三相绕组相间、相对地绝缘电阻。

（4）拆解电机及部件除尘

① 用专用工具拆下联轴器，视情况可采用加热方法。

② 拆下电机风扇罩，清扫通风孔及内部积灰。用卡簧钳取下风叶卡簧，视情况可采用不同方法取下风扇叶。清扫风扇叶积灰，检查风扇叶有无变形，配重有无松脱。

③ 清除电机本体及通风槽等处灰尘和积灰。

④ 做好端盖及油盖的原装配位置标记。

⑤ 拆卸前、后轴承室外油盖。用汽油或煤油清洗干净，检查有无损伤。

⑥拆卸前、后端盖。用汽油或煤油清洗干净，检查有无磨损。

⑦将转子缓慢、水平地移出定子膛。在转子抽出过程中，要始终注意避免定、转子间相互摩擦、碰撞。转子抽出后，应妥善放置在枕木上，以备检修。

（5）电机定子检修

①用吹风机或干燥的压缩空气吹扫定子膛。

②检查绕组线圈端部是否清洁。如有油污，应用无损绝缘的清洗剂清洗，必要时喷涂绝缘保护剂。检查线圈绑线有无松脱，如有应加固绑扎。线圈表面绝缘漆应光滑、无脱落。如有绝缘损伤，应用干净的毛刷补漆。

③检查定子铁芯是否有锈蚀现象，若有，应做除锈、喷漆处理。检查定子线槽槽楔，如有松动应重新更换。检查定子引出线是否有老化、过热、损伤，如有，应视情况做更换或重新包扎绝缘。检查接线板应无过热、清洁、绝缘良好。接线柱无损伤，平垫、弹簧垫、螺母应齐全。接线盒密封垫应完好、无变形，密封良好。

（6）转子检修

①检修前应用吹风机或干燥的压缩空气吹扫转子，并清洁附着的油污。

②转子铁芯应无过热、变色、磨损及烧伤、锈蚀现象。转子铁芯应叠压良好，检查笼条和短路环有无断裂、裂纹，有无烧熔现象。检查转子铁芯与轴的配合情况，应无松动、移位现象。测量主轴各部分配合尺寸和纵向两轴肩的间距应符合标准。

（7）电机轴承检查与更换

①将轴承用汽油或煤油清洗干净，使之无油污、杂质。

②检查轴承外套应无松动，外表面应无磨损、锈蚀，滚道无麻点。如有应更换轴承。

③检查轴承保持架有无松动、下沉、磨损现象，如有应更换。用手转动，听保持架是否有异音，转动是否灵活。

④用压铅丝法测量轴承间隙，根据轴承大小选用适当粗细的铅丝，放于滚道与滚珠之间，转动轴承使滚珠压过后取出，用千分尺测量，可取铅丝分别放置于内滚道和外滚道的多次测量值的平均值作为此轴承的间隙。轴承间隙应不超标。

⑤待装新轴承应重复以上检查，以确定是否合格。

⑥拆卸轴承时，应注意先把轴承挡圈或定位销拆除，尽量采用热拉拔方式。

⑦轴承装配时应检查轴承档装配尺寸，应符合标准。

⑧轴承装配应加热装配，并注意控制加热温度在110℃左右。

⑨应依据规范和轴承特性，确定轴承装配方向，并将加热好的轴承迅速套至轴承档，顶紧轴肩。轴承应自然冷却，禁止强制冷却。

⑩轴承冷却后，装配轴承油档及定位卡簧。

（8）电机回装

①电机回装前，应请质检人员验收检查，确定合格后，方可回装。

②电机回装前应用吹风机或干燥的压缩空气再次吹扫定子及转子，并检查确定定子膛内无异物。

③调整好定、转子间隙，缓慢将转子穿入定子膛，应防止转子晃动，碰撞定子。

④转子回装后，用汽油或煤油将轴承清洗干净，并用手转动，甩干洗油，以备加润滑脂。

⑤ 轴承加润滑脂时，必须将润滑脂从轴承的一端挤向另一端，直至挤出另一端为止，并用手刮去挤出的油脂，同时在内油盖内加适量油脂，用洁净的布擦净轴承外套油脂即可。

⑥ 分别装配前后轴承油档，上紧定位螺钉。

⑦ 装配电机端盖。装配电机端盖时应先一端后一端。装配时可均匀用铜棒敲打端盖，待端盖基本到位时，装配外油盖，并用外油盖螺钉均匀地将端盖带到位。

⑧ 当端盖进入定子止口时，应将转子一端适量抬起，并均匀紧固端盖螺钉，使端盖正确嵌入定子止口。

⑨ 装配另一端端盖时，顺序相反，应将端盖先行安装到位，然后均匀紧固油盖螺钉。

⑩ 对有加油嘴的电机，装配油盖前，应先用加油枪对油盖注油，直至打通油管并将旧油全部挤出为止。

⑪ 用手盘动转轴，确定组装后的电机转动灵活，无卡涩，无异音。

⑫ 根据风扇叶材质，选择热或冷装电机风扇，并上好风扇定位销或卡簧。

⑬ 安装电机风扇罩。电机风扇罩螺钉必须平垫、弹簧垫齐全，防止运行时振动脱落。

⑭ 电机回装完毕后，应测量电机三相绕组直流电阻，确认合格。测量三相绕组相间、相对地绝缘电阻，并确认合格。

⑮ 装配联轴器。视联轴器材质不同，热装配联轴器，温度控制在250℃左右。装配前应在轴上涂抹少量油脂。

（9）电机就位

① 将电机运至安装场地，并安装在机座上，拧紧电机地脚螺钉。

② 依据拆卸电机时所做的标记，接好电机线和接地线。

③ 清理检修现场。

（10）试运、验收

① 检查电机接线完好，电机本体及电机地脚螺钉已拧紧。

② 送电前应先测量电缆及电机绝缘，确认试运人员到场，试运现场无其他无关人员工作，方可送电运行。

③ 电机空载试运应在30min以上，试运中如有异常情况，应及时停运，查明原因。

④ 测量电机空载电流，应平衡或与过去无明显变化。电机双幅振动，应不超标准。电机本体和轴承室温升，应不超标准。

⑤ 电机空载试运合格后，连接联轴器。

⑥ 带载运行。

⑦ 填写检修报告。

4.8 步进电动机

步进电动机也称为脉冲电动机，是一种能把电脉冲信号转换成相应的角位移或直线位移的机电执行元件。步进电动机的工作方式和一般电动机的不同，它输入的信号既不是正弦波也不是恒定的直流电，它是采用脉冲控制方式工作的。当输入一个脉冲时，步进电动机就旋转一定的角度前进一步，脉冲一个接一个输入，步进电动机就一步一步转动。

▶ 4.8.1 步进电动机的工作原理

图 4-48 是步进电动机、驱动器及驱动部件实物图。

图 4-48　步进电动机、驱动器及驱动部件实物图

图 4-49 所示为三相反应式步进电动机的工作原理。它的定子有 6 个极，每极都绕有控制绕组，每两个相对的极组成一相。转子是 4 个均匀分布的齿，上面没有绕组。步进电动机的工作原理与电磁铁相似。定子绕组依次通电，转子被吸引一步一步前进，每步转过的角度称为步距角。

图 4-49　三相反应式步进电动机的工作原理

当 A 相通电时，B 相和 C 相都不通电。由于磁通总是沿着磁阻最小的路径通过，使转子的 1、3 齿与定子 A 相的两个磁极齿对齐。此时，因转子只受到径向力而无切向力，故转矩为零，转子被自锁在该位置上；然后 A 相断电，B 相通电，转子受电磁力的作用，逆时针旋转 30°，使 2、4 两齿与 B 相（磁极）齿对齐；再使 B 相断电，C 相通电，转子再转 30°，使 1、3 齿与 C 相磁极齿对齐；A 相再次通电时，C 相断电，2、4 两齿与 A 相对齐，转子又

转过 30°。依此类推。从一相通电换接到另一相通电，叫作一拍，每拍转子转过一定的角度叫步距角。按 A-B-C-A 的顺序通电时，电动机的转子便会按此顺序一步一步地旋转。反之，若按 A-C-B-A 的顺序通电，则电动机就反向转动。

工作方式有单 m 拍，双 m 拍、三 m 拍及 $2 \times m$ 拍等，m 是电动机的相数。所谓单 m 拍是指每拍只有一相通电，循环拍数为 m；双 m 拍是指每拍同时有两相通电，循环拍数为 m；三 m 拍是每拍有三相通电，循环拍数为 m；$2 \times m$ 拍是各拍既有单相通电，也有两相或三相通电，通常为 1-2 相通电或 2-3 相通电，循环拍数为 $2 \times m$，如表 4-7 所示一般电机的相数越多，工作方式越多。若按和表 3-1 中相反的顺序通电，则电机反转。

表 4-7　反应式步进电动机的工作方式

相数	循环拍数	通 电 规 律
三 相	单三拍	A-B-C-A
	双三拍	AB-BC-CA-AB
	六拍	A-AB-B-BC-C-CA-A
四 相	单四拍	A-B-C-D-A
	双四拍	AB-BC-CD-DA-AB
	八拍	A-AB-B-BC-C-CD-D-DA-A
		AB-ABC-BC-BCD-CD-CDA-DA-DAB-AB
五 相	单五拍	A-B-C-D-E-A
	双五拍	AB-BC-CD-DE-EA-AB
	十拍	A-AB-B-BC-C-CD-D-DE-E-EA-A
		AB-ABC-BC-BCD-CD-CDE-DE-DEA-EA-EAB-AB
六 相	单六拍	A-B-C-D-E-F-A
	双六拍	AB-BC-CD-DE-EF-FA-AB
	三六拍	ABC-BCD-CDE-DEF-EFA-ABC
	十二拍	AB-ABC-BC-BCD-CD-CDE-DE-DEF-EF-EFA-FA-FAB-AB

步进电动机的三相单三拍是指三相绕组依次通电的运行方式。这里的单相是指每次只有一相绕组通电，三拍是指经过三次换接绕组的通电状态为一个循环，即 A、B、C 三拍。

此种运行方式的缺点是运行稳定性较差，而且容易造成失步。因为每次只有一相控制绕组通电吸引转子，容易使转子在平衡位置附近产生振荡，另外，在切换时一相控制绕组断电而另一相控制绕组开始通电，因而实际上很少采用此种通电方式。

三相反应式步进电动机三相双三拍方式运行，即每次有两个绕组同时通电，通电方式为 AB-BC-CA-AB 的顺序。这种通电方式的特点是工作稳定，不易失步。转子受到的感应力矩大，静态误差小，定位精度高。另外，转换时始终有一相的控制绕组通电。

三相六拍通电方式，即其通电顺序为 A-AB-B-BC-C-CA-A。这种通电方式是单、双相轮流通电。它具有双三拍的特点，且通电状态增加一倍，而使步距角减少一半。三相六拍的步距角为 15°。

步进电动机从一种通电状态转换到另一种通电状态时，步进电动机转子转过的角度叫步距角。一般用 θ_S 表示。

$$\theta_S = \frac{\theta_t}{N} = \frac{360°}{NZ_R} = \frac{360°}{mKZ_R} \tag{4-1}$$

式中　N——运行拍数；

　　　m——定子绕组数；

　　　K——与通电方式有关的系数，$K=N/m$；

　　　Z_R——转子的齿数。

当步进电动机的转子的齿数 Z_R 为 4，定子绕组数 m 为 3 时，在单三拍运行时 $K=1$，由式 (4-1) 可知步距角 $\theta_S = \frac{360°}{3 \times 1 \times 4} = 30°$。同样，在双三拍运行时 $K=1$，由式 (4-1) 可知步距角 $\theta_S = \frac{360°}{3 \times 1 \times 4} = 30°$。在三相六拍运行时 $K=2$，由式 (4-1) 可知步距角 $\theta_S = \frac{360°}{3 \times 2 \times 4} = 15°$。

步进电动机的步距角越小，其位置控制精度越高。由式 (4-1) 可知增加相数或增加转子齿数，可以减小步距角。

步进电动机的转速为

$$n = \frac{60f}{NZ_R} \tag{4-2}$$

式中　f——控制脉冲的频率，Hz；

　　　n——步进电动机的转速，r/min。

由式（4-2）可知，当步进电动机的转子齿数和拍数一定时，电动机的转速与控制脉冲的频率成正比。因此，通常调节控制脉冲频率的高低，来改变步进电动机的转速。

此外，当控制脉冲停止输入而最后一个脉冲控制的绕组继续通入直流电时，转子由于受到径向磁拉力的作用而固定在某个位置上，即停在最后一个脉冲控制的转子角位移的终点位置上。步进电动机的这种自锁能力，可使转子正确定位。

由式（4-1）可知，循环拍数越多，步距角越小，定位精度越高。另外，通电循环拍数和每拍通电相数对步进电动机的矩频特性、稳定性等都有很大的影响。步进电动机的相数也对步进电动机的运行性能有很大影响。为提高步进电动机的输出转矩、工作频率和稳定性，可选用多相步进电动机，并采用 $2 \times m$ 拍工作方式。但双 m 拍和 $2 \times m$ 拍工作方式的功耗都比单 m 拍的大。

⯈ 4.8.2　步进电动机驱动线路

步进电动机是执行动作设备，当脉冲按一定顺序输入步进电动机的各个相时，步进电动机就能实现不同的运动状态，从而可带动固定在其上的其他设备做相应运动。由于步进电动机采用脉冲方式工作，且各相需按一定规律分配脉冲，因此，在步进电动机控制系统中，需要脉冲分配逻辑和脉冲产生逻辑。而脉冲的多少需要根据控制对象的运行轨迹计算得到，因此还需要插补运算器。步进电动机由于工作在开关状态，因此其驱动电源所用的大功率器件是开关元件，常采用功率晶体管和达林顿复合管。

（1）单电压驱动电路

单电压驱动电路的基本形式如图4-50所示。U_{cp}是步进
电动机的控制脉冲信号，控制着功率开关晶体管的通断。W
是步进电动机的一相绕组。VD是续流二极管。由于电动机的
绕组是感性负载，属储能元件，为了使绕组中的电流在关断
时能迅速消失，在电动机的各种驱动电源中必须有能量泄放
回路。R_d用于减小泄放回路的时间常数 $\tau[\tau=L/(R_G+R_d)]$，L为绕

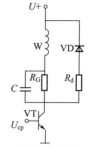

图4-50　晶体管单电压驱动电路

组的电感量。R_G的一个作用是限制绕组电流；另一个作用是减小绕组回路的时间常数，使绕组
中的电流能够快速地建立起来，提高电动机的工作频率。电容C用于提高绕组脉冲电流的前沿。

（2）SH系列步进电动机驱动器

图4-51是SH系列步进电动机驱动器接线图。

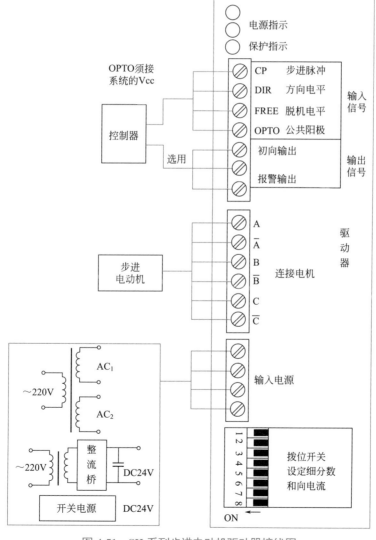

图4-51　SH系列步进电动机驱动器接线图

在驱动器的面板上有电源指示灯 (绿色) 和保护指示灯 (红色)。当任一保护发生时，保护指示灯变亮。不同型号的驱动器对电源有不同的要求。对于微型和小型结构的驱动器，由一组直流供电；对于中型和大型结构的驱动器采用两组交流供电，其中 AC16V/0.6A 为驱动器控制用电源，是固定的，另一组为驱动器驱动电源，可以根据实际情况在所要求的范围内选取，这两组交流通常由一变压器的两个独立绕组提供，切勿使用中心抽头方式。需要特别注意的是：如果使用两台 (或两台以上) 驱动器则变压器绕组不能共用，即每一个绕组只能提供给一台驱动器。

驱动器是把计算机控制系统提供的弱电信号放大为步进电动机能够接受的强电流信号，控制系统提供给驱动器的信号主要有以下三路：步进脉冲信号 CP、方向电平信号 DIR 和脱机信号 FREE。

步进脉冲信号 CP 是最重要的一路信号，因为步进电动机驱动器的原理就是要把控制系统发出的脉冲信号转化为步进电动机的角位移，或者说驱动器每接受一个脉冲信号 CP，就驱动步进电动机旋转一步距角，CP 的频率和步进电动机的转速成正比，CP 的脉冲个数决定了步进电动机旋转的角度。这样，控制系统通过脉冲信号 CP 就可以达到电动机调速和定位的目的。

方向电平信号 DIR 决定电动机的旋转方向。比如说，此信号为高电平时电动机为顺时针旋转，此信号为低电平时电动机则为逆时针旋转。此种换向方式，我们称为单脉冲方式。

脱机信号 FREE 为选用信号，并不是必须要用的，只在一些特殊情况下使用，此端为低电平有效，这时电动机处于无力矩状态，此端为高电平或悬空不接时，此功能无效，电动机可正常运行，此功能若用户不采用，只需将此端悬空即可。

OPTO 是三路信号的公共端，三路信号在驱动器内接成共阳方式，所以 OPTO 必须接外部的电源 Vcc，如果 Vcc 是 +5V 则可以直接连接，如果不是则要串接电阻。

驱动器与电动机一般可以直接相连，但有些步进电动机的出线方式不同，其连接方式也不同。对于三相反应式驱动器，尽管提供了不细分状态，但尽量不使用在此状态，而应使用在细分状态。电动机每相的最大电流，一般选择为配套电动机的额定电流，可根据面板上的提示通过拨位开关设定。通过拨位开关设定电动机的相电流，一般设定为和电动机额定相电流相等，如果能够拖动负载，可以设定为小于电动机额定相电流，但不能设定为大于电动机额定相电流。

驱动器都设有过压、过流、过温等多种保护措施，一旦发生报警驱动器就进入脱机状态使电动机失电，如果要和控制系统联动，则要使用"报警输出信号"。此信号使用继电器的常开触点，报警时此触点闭合。

第5章

电子线路分析与维修

5.1 电子电路分析与维修基础

要想学好电子线路分析和维修，不仅要掌握电路工作原理，能够看懂电路图，还要掌握故障分析理论和检查方法，面对各种故障现象能够做到心中有数，也要具备动手操作的能力，从解决问题中总结经验和方法。

电路分析或修理过程中的问题特别多，有的知识在书上一看就懂，实际中一用就错，说明基础知识掌握得不好。从事电子线路维修的人员要具备：

① 能识图。熟悉常用元件符号、文字代号，懂得绘图规则。

② 能识别基础元件。元器件是组成电子电路的小单位，是分析电路工作原理的基础，也是修理检测、更换的对象，从了解、掌握元器件的外形特征、结构、工作原理、主要特性、检测方法入门，再进入电路工作原理的学习。

③ 基础电路知识。除了对元器件有所了解外，还要知道这些元器件组成的基本电路的特点和性能。如 RC 充放电电路、二极管整流电路、三极管组成的放大电路和开关电路、基本数字电路（如比例放大器、比较器、PI 调节器）等。

④ 基本技能。如安装技能、测量技能、焊接技能等。了解工具、仪器的性能、结构和使用方法、注意事项。

⑤ 基本方法。对电路工作原理有一定的整体了解之后，再去分析单元电路。分析单元电路从元器件入手。从动手操作上讲，应先从简单的开始，循序渐进，逐步深入。从解决一个小问题入手，先分析电源电路工作原理，再试着检测，然后学着修理电源电路故障。要在过程中找出适合自己的方法。

⯈ 5.1.1　电子电路分析

分析电路工作原理的过程中，可以多画几次电路图，以加深对电路工作原理的理解。看过的电路图能够快速而准确地进行分析，并能用自己的语言讲出电路的工作原理，能够在不看图的情况下画出学过的电路图，说明电路工作原理的学习已经收到良好的效果。

了解电路图种类和掌握各种电路图的基本分析方法，是分析电子电路工作原理的基本要求。电子电路图主要有：方框图（包括整机电路方框图、系统方框图等）、单元电路图、等效电路图、集成电路应用电路图、整机电路图和印制电路板图。

对于分成几张图纸的整机电路图，可以一张一张地进行识图，如果需要进行整个信号传输系统的分析，则要将各图纸连起来进行分析。

（1）对整机电路图的分析

由于在整机电路图中的单元电路较多，相互连接关系复杂，而且电路的画法受其他电路的影响而与单个画出的单元电路不一定相同，因此识图的难度较大。开始分析整机电路图时，可先找到学过的一种功能的单元电路，分别在几张整机电路图中去找到这一功能的单元电路，进行详细分析。对于有集成电路的单元电路分析起来有困难时，可以查找这一型号集成电路的识图资料，以帮助分析。了解整机电路图中英文标注有利于电路的分析。

（2）利用方框图分析电路

在分析一个具体电路的工作原理之前，或者在分析集成电路的应用电路之前，先分析该电路的方框图是必要的，它有助于分析具体电路的工作原理。

① 方框图所表达的信息。方框图是一张重要的电路图，特别是在分析集成电路应用电路图、复杂的系统电路，了解整机电路组成情况时，没有方框图将给识图带来诸多不便和困难。方框图只是粗略表达了复杂电路的组成情况，一般是给出这一复杂电路的主要单元电路的位置、名称，以及各单元电路之间的连接关系，如前级和后级关系等信息。方框图中往往会标出信号传输的方向（用箭头表示），这一点对分析电路是非常有用的，尤其是集成电路内电路方框图，它可以帮助了解某引脚是输入引脚还是输出引脚，从而在分析电路时了解信号在各单元电路之间的传输次序。根据方框图中所标出的电路名称，还可以知道信号在这一单元电路中的处理过程，为分析具体电路提供了指导性的信息。

② 方框图的种类。主要有整机电路方框图、系统电路方框图和集成电路内电路方框图。

a.整机电路方框图。整机电路方框图是表达整机电路图的方框图。整机电路方框图提供了整机电路的组成和各部分单元电路之间的相互关系，还提供了信号在整机各单元电路之间的传输途径等。整机电路方框图不仅是分析整机电路工作原理的主要资料，更是故障检修中逻辑推理、建立正确检修思路的依据。

b.系统电路方框图。系统电路方框图就是用方框图形式来表示系统电路的组成等情况，它是整机电路方框图下一级的方框图，往往系统方框图比整机电路方框图更加详细。

c.集成电路内电路方框图。从集成电路的内电路方框图中可以了解到集成电路的组成、有关引脚作用等信息，这对分析该集成电路的应用电路是十分有用的。一般情况下集成电路的引脚比较多，内电路功能比较复杂，所以在进行电路分析时，能有集成电路的内电路方框图是很有帮助的。

③ 利用方框图分析电路。从方框图中可以了解整机电路图中的信号传输过程。主要是看图中箭头的方向，箭头所在的通路表示了信号的传输通路，箭头方向指示了信号的传输方向。在方框图中，可以看出各部分电路之间的相互关系 (相互之间是如何连接的)，特别是控制电路系统，可以看出控制信号的传输过程、控制信号的来路和控制的对象。在没有集成电路的引脚作用资料时，分析集成电路应用电路的过程中，可以借助于集成电路的内电路方框图来了解、推理引脚的具体作用。特别是可以明确地了解哪些引脚是输入引脚，哪些是输出引脚，哪些是电源引脚，而这三种引脚对分析电路是非常重要的。当引脚引线的箭头指向集成电路外部时，这是输出引脚，箭头指向内部时都是输入引脚。另外，在有些集成电路内电路方框图中，有的引脚上箭头是双向的，这种情况在数字集成电路中常见，这表示信号既能够从该引脚输入，也能从该引脚输出。

（3）利用单元电路图分析电路原理

单元电路图对深入理解电路的工作原理和记忆电路的结构、组成很有帮助。

① 电源电路图的信息。单元电路是指某一级控制器电路，或某一级放大器电路，或某一个振荡器电路、变频器电路等，它是能够完成某一电路功能的小电路单位。从广义上讲，一个集成电路的应用电路也是一个单元电路。学习整机电子电路工作原理的过程中，单元电路图是首先遇到的具有完整功能的电路图。单元电路图主要用来讲述电路的工作原理，能够完整地表达某一级电路的结构和工作原理，图中标注有电路中各元器件的参数。单元电路图中对电源、输入端和输出端已经进行了简化。

a. 电源表示方法。电路图中，用 $+V$ 表示直流工作电压，其中正号表示采用正极性直流电压给电路供电，地端接电源的负极；用 $-V$ 表示直流工作电压，其中负号表示采用负极性直流电压给电路供电，地端接电源的正极。

b. 输入和输出信号表示方法。U_i 表示输入信号，是这一单元电路所要放大或处理的信号；U_o 表示输出信号，是经过这一单元电路放大或处理后的信号。

② 分析单元电路。各种单元电路的具体分析方法有所不同。有源电路就是需要直流电压才能工作的电路，例如放大器电路。对有源电路首先分析直流电压供给电路，此时将电路图中的所有电容器看成开路 (因为电容器具有隔直特性)，将所有电感器看成短路 (电感器具有通直的特性)。

在整机电路的直流电路分析中，电路分析的方向一般是先从右向左，因为电源电路通常画在整机电路图的右侧下方。对具体单元电路的直流电路进行分析时，再从上向下分析，因为直流电压供给电路通常画在电路图的上方。

对电路中元器件作用的分析非常关键，能不能看懂电路的工作其实就是能不能搞懂电路中各元器件的作用。弄懂电路中各元器件在单元电路中起什么作用很重要。一般电子电路主要从直流电路和交流电路两个角度去分析。

知道了元件在电路中的作用后，还要清楚信号传输路径和过程，即分析清楚信号在该单元电路中如何从输入端传输到输出端，信号在这一传输过程中受到了怎样的处理 (如放大、衰减、控制等)。

（4）利用等效电路图分析电路

等效电路的特点是电路简单，是一种常见、易于理解的电路。等效电路图在整机电路图中见不到，它出现在电路原理分析的图书中，是一种为了方便电路工作原理分析而采用的电路图。

等效电路图是一种为便于对电路工作原理的理解而简化的电路图，它的电路形式与原电路有所不同，但电路所起的作用与原电路是一样的 (等效的)。

等效电路图主要有：①直流等效电路图。这一等效电路图只画出原电路中与直流相关的电路，省去了交流电路，这在分析直流电路时才用到。画直流等效电路时，要将原电路中的电容看成开路，而将线圈看成通路。②交流等效电路图。这一等效电路图只画出原电路中与交流信号相关的电路，省去了直流电路，这在分析交流电路时才用到。画交流等效电路时，要将原电路中的耦合电容看成通路，将线圈看成开路。③元器件等效电路图。对于一些新型、特殊元器件，为了说明它的特性和工作原理，需画出这种等效电路。

分析电路时，用等效电路去直接代替原电路中的电路或元器件，用等效电路的特性去理解原电路工作原理。三种等效电路有所不同，电路分析时要搞清楚使用的是哪种等效电路。分析复杂电路的工作原理时，通过画出直流或交流等效电路后进行电路分析比较方便。不是所有的电路都需要通过等效电路图去理解。

（5）利用集成电路应用电路图分析电路

在电子设备中，集成电路的应用愈来愈广泛，对集成电路应用电路的识图是电路分析中的一个重点。

集成电路应用电路图表达了集成电路各引脚外电路结构、元器件参数等，从而表示了某一集成电路的完整工作情况。有些集成电路应用电路图中画出了集成电路的内电路方框图，这对分析集成电路应用电路是相当方便的。

集成电路应用电路有典型应用电路和实用电路两种，前者在集成电路手册中可以查到，后者出现在实用电路中，这两种应用电路相差不大。根据这一特点，在没有实际应用电路时，可以用典型应用电路图作为参考电路，这一方法在修理中常被采用。

一般情况下，集成电路应用电路表达了一个完整的单元电路，或一个电路系统，但有些情况下，一个完整的电路系统要用到两个或更多的集成电路。对分析电路而言，大致了解集成电路内部电路和详细了解各引脚作用就够了。了解各引脚作用是分析电路的关键。要了解各引脚的作用，可以查阅有关集成电路应用手册。知道了各引脚的作用之后，分析各引脚外电路工作原理和元器件的作用就方便了。了解集成电路各引脚作用有三种方法：一是查阅有关资料；二是根据集成电路的内电路方框图分析，三是根据集成电路的应用电路中各引脚外电路的特征进行分析。

电路分析步骤：

①分析直流电源电路。这一步主要是进行电源和接地引脚外电路的分析。当电源有多个引脚时，要分清这几个电源引脚之间的关系，例如是否是前级电路、后级电路的电源引脚，对多个接地引脚也要分清。

②分析信号传输。这一步主要分析信号输入引脚和输出引脚外电路。当集成电路有多个

输入、输出引脚时，要清楚是前级电路还是后级电路的引脚；对于双声道电路，还要分清左、右声道的输入和输出引脚。

③ 分析其他引脚外电路。例如找出负反馈引脚、消振引脚等。这一步的分析是困难的，对初学者而言，要借助于引脚作用资料或内电路方框图。

④ 掌握引脚外电路规律。有了一定的识图能力后，要学会总结各种功能集成电路的引脚外电路规律，并要掌握这种规律，这对提高分析速度是有用的。例如，输入引脚外电路一般是通过一个耦合电容或一个耦合电路与前级电路的输出端相连；而输出引脚外电路一般是通过一个耦合电路与后级电路的输入端相连。

⑤ 分析信号放大、处理过程。分析集成电路内电路的信号放大、处理过程时，最好是查阅该集成电路的内电路方框图。分析内电路方框图时，可以通过信号传输线路中的箭头指示，了解信号经过了哪些电路的放大或处理后，信号是从哪个引脚输出的。

整机电路中的各种功能单元电路繁多，许多单元电路的工作原理十分复杂，若在整机电路中直接进行分析就显得比较困难；而在对单元电路图分析之后，再去分析整机电路就显得比较简单，所以单元电路图的识图也是为整机电路分析服务的。

5.1.2 维修时分析电子电路原理

（1）从检修角度分析电路原理

分析电路原理是检修的一个重要环节。检修过程中的看图与学习电路工作原理时的看图有很大的不同，它是紧紧围绕着修理进行的电路故障分析。检修过程中的看图主要是依托整机电路图建立检修思路。首先是根据故障现象在整机电路图中建立检修思路，判断故障可能发生在哪部分电路中，以确定下一步的检修步骤（是测量电压还是电流，以及在电路中的哪一点测量）。

其次是获取测量电路中关键测试点的修理数据。查阅整机电路图中某一点的直流电压数据和测量检修数据。根据测量得到的有关数据，在整机电路图的某一个局部单元电路中对相关元器件进行故障分析，以判断是哪个元器件出现了开路或短路、性能变劣故障，导致了所测得的数据发生异常。

再有就是分析信号传输过程。查阅所要检修的某一部分电路的图纸，了解这部分电路的工作，如信号是从哪里来，送到哪里去。

在检修过程中看图的基础是十分清楚电路的工作原理，不能做到这一点，就无法在检修过程中正确地看图。

检修时主要是根据故障现象和所测得的数据决定分析哪部分电路。检修过程中的看图是针对性很强的电路分析，是带着问题对局部电路的深入分析，看图的范围不广，但要有一定深度，还要会联系故障的实际情况。

测量电路中的直流电压时，主要是分析直流电压供给电路；在使用干扰检查法时，主要是进行信号传输通路的看图；在进行电路故障分析时，主要是对某一个单元电路进行工作原理的分析。修理过程中的看图无须对整机电路图中的各部分电路进行全面、系统的分析。

电路故障分析就是分析当电路中元器件出现开路、短路、性能变劣后，对整个电路的工作会造成什么样的不良影响，使输出信号出现什么故障现象，例如出现无输出信号、输出信号小、信号失真、出现噪声等故障。在搞懂电路工作原理之后，对元器件的故障分析才会变得比较简单，否则电路故障分析寸步难行。

在排除故障时，印制电路板图与修理密切相关，对修理的重要性仅次于整机电气原理图，利用电路板图分析故障线路是一种常见的分析方法。

（2）利用电路板或电路板印刷图分析电路

印制电路板图直标方式是采取在电路板上直接标注元器件编号的方式。如在电路板某电阻附近标有 R_7，这个 R_7 是该电阻在电气原理图中的编号，用同样的方法将各种元器件的电路编号直接标注在电路板上。传统的、过去大量使用的是印制电路板图纸。用一张图纸（称为印制电路板图）画出各元器件的分布和它们之间的连接情况。

对于图纸表示方式来说，由于印制电路板图可以拿在手中，在印制电路板图中找出某个所要找的元器件相当方便，但是在图上找到元器件后，还要用印制电路板图到电路板上对照后才能找到元器件实物，有两次寻找、对照过程，比较麻烦。

对于直标方式来说，在电路板上找到了某元器件编号，便找到了该元器件，所以只有一次寻找过程。另外，这份"图纸"永远不会丢失。不过，当电路板较大、有数块电路板或电路板在机壳底部时，寻找就比较困难。

（3）利用印制电路板图分析电路时的注意事项

通过印制电路板图可以方便地在实际电路板上找到电气原理图中某个元器件的具体位置。印制电路板图表示了电气原理图中各元器件在电路板上的分布状况和具体的位置，给出了各元器件引脚之间连线（铜箔线路）的走向。

印制电路板上的元器件排列、分布不像电气原理图那么有规律，这给印制电路板图的识图带来了诸多不便。由于印制电路板图比较"乱"，分析时要注意以下几点：

① 根据一些元器件的外形特征，可以比较方便地找到这些元器件。例如，集成电路、功率放大管、开关件、变压器等。

② 对于集成电路而言，根据集成电路上的型号，可以找到某个具体的集成电路。尽管元器件的分布、排列没有规律可言，但是同一个单元电路中的元器件相对而言是集中在一起的。

③ 一些单元电路比较有特征，根据这些特征可以方便地找到它们。如整流电路中的二极管比较多，功率放大管上有散热片，滤波电容的容量大、体积大等。

④ 找地线时，电路板上的大面积铜箔线路是地线，一块电路板上的地线处处相连。另外，有些元器件的金属外壳接地。找地线时，上述任何一处都可以作为地线使用。在有些机器的各块电路板之间，它们的地线也是相连接的，但是当每块之间的接插件没有接通时，各块电路板之间的地线是不通的，这一点在检修时要注意。

⑤ 在观察电路板上元器件与铜箔线路的连接情况、观察铜箔线路走向时，可以用灯照着。将灯放置在有铜箔线路的一面，在装有元器件的一面可以清晰、方便地观察到铜箔线路与各元器件的连接情况，这样可以省去电路板的翻转。因为不断翻转电路板不但麻烦，而且容易折断电路板上的引线。

（4）分析整机电路图

整机电路图具有下列一些功能：①表明电路结构。整机电路图表明了整个机器的电路结构、各单元电路的具体形式和它们之间的连接方式，从而表达了整机电路的工作原理。②给出元器件参数。整机电路图给出了电路中所有元器件的具体参数，如型号、标称值和其他一些重要数据，为检测和更换元器件提供了依据。③提供测试电压值。许多整机电路图中还给出了有关测试点的直流工作电压，为检修电路故障提供了方便。④提供识图信息。整机电路图给出了与识图相关的有用信息。

整机电路图包括了整个机器的所有电路。不同型号的机器其整机电路中的单元电路变化是很大的，这给识图造成了不少困难，要求有较全面的电路知识。同类型的机器其整机电路图有其相似之处，不同类型机器之间则相差很大。各部分单元电路在整机电路图中的画法有一定规律，了解这些规律对识图是有益的，其分布规律一般情况下是：电源电路画在整机电路图右下方，信号源电路画在整机电路图的左侧，负载电路画在整机电路图的右侧，各级放大器电路是从左向右排列的，双声道电路中的左、右声道电路是上下排列的，各单元电路中的元器件是相对集中在一起的。记住上述整机电路的特点，对整机电路图的分析是有益的。

当整机电路图分为多张图纸时，引线接插件的标注能够方便地将各张图纸之间的电路连接起来。有些整机电路图中将各开关件的标注集中在一起，标注在图纸的某处，并标有开关的功能说明，识图中若对某个开关不了解，则可以去查阅这部分说明。

整机电路图的主要分析内容：①部分单元电路在整机电路图中的具体电子电路识图入门突破位置。②单元电路的类型。③直流工作电压供给电路分析。直流工作电压供给电路的识图是从右向左进行，对某一级放大电路的直流电路识图方向是从上向下。④交流信号传输分析。一般情况下，交流信号的传输是从整机电路图的左侧向右侧进行分析。

对一些以前未见过的、比较复杂的单元电路的工作原理进行重点分析。

对于初学者而言，分析电子线路原理，一般遵循"了解用途、化整为零、找出单元、信号互联，拼零为整"的步骤。

5.1.3 电子线路调试

（1）调试前的准备工作

调试前先要准备好仪器仪表及工具。调试常用的仪表仪器有万用表、稳压电源、示波器、信号发生器等。使用前一定要检查所用仪器仪表是否在计量检定合格期内；量程和精度必须满足调试要求；使用前应对仪器仪表进行检查，是否调节方便、有无故障等；仪器仪表必须放置整齐，较重的放下部，较小较轻的放上部，经常用来监视整机信号仪器仪表应放置在便于观察的位置上。

（2）接线检查

电路安装完毕后调试前，不能急于通电，先要认真检查电路接线是否正确。检查内容包括：连接是否良好，是否有错线（连线一端正确，另一端错误）、少线（安装时完全漏掉的线）、多线（连线在电路图上根本不存在）的情况。多线一般是因接线时看错引脚，或在改接线时忘记去掉原来的旧线造成的。这种情况在实验中经常发生，这种故障查线时不易发现，调试中往往会造成错觉，以为问题是由元器件故障而造成的。

检查连线有两种方法。第一种方法，按照电路图检查安装的线路。把电路图上的连线按一定顺序在安装好的线路中逐一对应检查，这种方法较容易找出错线与少线。第二种方法，按照实际线路来对照电气原理图，把每一元件引脚连线的去向一次查清，检查每个去处在电路图上是否存在。这种方法不但可查出错线和少线，还很易查出多线。

不论采用何种方法，一定要在电路图上将已查过的线做出标记，同时检查元器件引脚的使用端数是否与图纸相符。查线时，最好用万用表的蜂鸣器挡位测量，而且尽可能直接测元器件引脚，这样可同时发现引脚与连线接触不良的故障。

注意： 使用万用表大电流挡位时，不能用两支表笔同时去碰接同一半导体器件的两引脚，以防过电流损坏半导体器件。

（3）检查元件安装的正确性

调试前除了检查接线的正确性之外，还要对照电路图和实际线路检查元件安装的正确性，用万用表电阻挡检查焊接和接插是否良好；元器件引脚之间有无短路，连接处有无接触不良，二极管、三极管、集成电路和电解电容的极性是否正确；电源供电包括极性、信号源连线是否正确；电源端对地是否存在短路（用万用表测量电阻）。若电路经过上述检查，确认无误后，可转入静态检测与调试。

（4）静态检测与调试

在通电而不加输入信号的状态下，对电路进行一些数据的测量和状态验证。如果电路中有集成电路芯片插座，首先不要插入集成电路芯片，接通电源，检查电源电压是否正常，电路中有无冒烟、异常气味，元器件有无发烫等现象。如发现异常情况，立即切断电源，排除故障。这些都检查无误以后，用万用表检查集成电路插座的电源端，检查该电源端电压是否正确。这是很重要的一步，因为一般集成电路芯片只要电源不接错，内部的自带保护电路就可以正常工作，集成电路芯片就不容易损坏。

如果电源正常，就可以断开电源，将集成电路芯片插入插座，注意芯片的方向以及引脚不要弯折，也不要将引脚位置插错或插到插座外面。然后继续通电，分别测量各关键点直流电压，如静态工作点，数字电路各输入端和输出端的高、低电平值及逻辑关系，放大电路输入、输出端直流电压等是否在正常工作状态下，如不符，则调整电路元器件参数、更换元器件等，使电路最终工作在合适的工作状态。对于放大电路还要用示波器观察是否有自励发生。

（5）动态检测与调试

动态检测顺序一般按信号流向进行，这样可把前面调试过的输出信号作为后一级的输入信号，为最后联调创造有利条件。

动态调试是在静态调试的基础上进行的，在电路的输入端加上所需的信号源，并循着信号的流向逐级检测电路中各有关点的波形、参数和性能指标是否满足设计要求，如有必要，对电路参数作进一步调整。在调试过程中发现问题，要设法找出原因，排除故障，继续进行。

调试完毕后，要把静态和动态测试结果与设计指标加以比较，经深入分析后对电路参数进行调整，使之达标。

（6）整机联调

在以上调试的过程中，因是逐步扩大调试范围的，实际上已完成某些局部电路间的联调工作。在整机联调前，先要做好各功能块之间接口电路的调试工作，再把全部电路连通，然后进行整机联调。整机联调就是检测整机动态指标及各项功能。调试中，把各种测量仪器及系统本身显示部分提供的信息与设计指标逐一对比，找出问题，然后进一步修改、调整电路的参数，直至完全符合设计要求和实现功能为止。在有微机系统的电路中，先进行硬件和软件调试，最后通过软件、硬件联调实现目的。

调试过程中，要始终借助仪器观察，而不能凭感觉和印象。使用示波器时，最好把示波器信号输入方式置于"DC"挡，它是直流耦合方式，可同时观察被测信号的交直流成分。被测信号的频率应在示波器能稳定显示的范围内，如频率太低，观察不到稳定波形时，应改变电路参数后再测量。例如观察只有几赫兹的低频信号时，通过改变电路参数，使频率提高到几百赫兹以上，就能在示波器中观察到稳定信号并可记录各点的波形形状及相互间的相位关系，测量完毕，再恢复到原来参数继续测试其他指标。

（7）调试时应注意的事项

① 调试前应仔细阅读调试说明及调试工艺文件，熟悉整机工作原理、技术条件及性能指标。

② 调试前要熟悉各种仪器的使用方法，并加以检查，避免使用不当或仪器出现故障时做出错误判断。正确使用测量仪器的接地端，仪器的接地端与电路的接地端要可靠连接。测量时所有仪器地线应与被测电路地线连在一起，使之建立一个公共参考点，测量结果才能正确。测量电压所用仪器的输入阻抗必须远大于被测处的等效阻抗。测量仪器的带宽必须大于被测量电路的带宽。正确选择测量点。

③ 在信号较弱的输入端，尽可能使用屏蔽线连线，屏蔽线的外屏蔽层要接到公共地线上，在频率较高时要设法隔离连接线分布电容的影响，例如用示波器测量时应该使用示波器探头连接，以减少分布电容的影响。

④ 调试过程中，出现故障时要认真查找原因。发现器件或接线有问题，需更换修改时，应先关断电源。更换完毕，经认真检查后，才可重新通电。

⑤ 调试过程中，不但要认真观察和测量，还要认真做好记录，包括记录观察的现象，

测量的数据、波形及相位关系，必要时在记录中要附加说明，尤其是那些和设计不符的现象，更是记录的重点。依据记录的数据才能把实际观察到的现象和理论预计的结果加以定量比较，从中发现设计和安装上的问题，加以改进，以进一步完善设计方案。只有这样才能通过调试，收集积累第一手材料，对丰富自己的感性认识和积累实践经验起到积极作用。

⑥ 调试过程中自始至终要有严谨细致的科学作风，不能存在侥幸心理，出现故障时要认真查找故障原因，仔细分析判断。在实验或课程设计过程中，切忌一遇故障，解决不了问题就要拆掉线路重新安装，因重新安装线路仍可能存在问题，况且在原理上，问题不是重新安装就能解决的。

5.2 数字钟电路分析

数字钟一般采用 24 小时制，显示时、分、秒。具有校时功能，可以对时和分单独校时，对分校时的时候，停止分向小时进位；校时时钟源可以手动输入或借助仪器的时钟。为了保证计时准确、稳定，由晶体振荡器提供标准时间基准信号。

5.2.1 数字钟电路

数字钟实际上是要求有一个非常稳定的基准频率（1Hz），设置相应进制的计数器进行计数的电路。由于计数的起始时间不可能与标准时间（如北京时间）一致，故需要在电路上加一个校时电路。整体框图如图 5-1 所示。

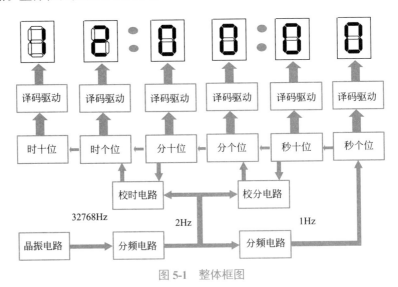

图 5-1 整体框图

5.2.2 单元电路分析

（1）显示电路

从图 5-1 中可以看出，数字钟分解成相对独立的几个功能模块，其中显示电路的任务是接收计时电路输出的小时、分、秒信号，并将接收到的小时、分、秒信号通过合适的显示方式显示出来。

根据数码显示要求，采用 LED 数码管显示器。LED 数码显示器也称数码管，由 7 个条状发光二极管和一个圆形发光二极管按一定规律构成，如图 5-2 所示。

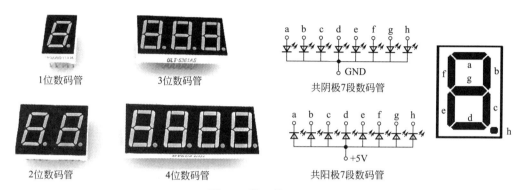

图 5-2　数码管显示图

对应数字的显示不同的段码的过程叫作译码，译码是把给定的代码进行翻译，将时、分、秒计数器输出的四位二进制代码翻译为相应的十进制数，并通过 LED 显示器显示。从图 5-2 可知 LED 数码显示分共阴和共阳两种，那么译码器也分为共阴和共阳两种配套使用。译码器与数码管的连接图如图 5-3 所示。

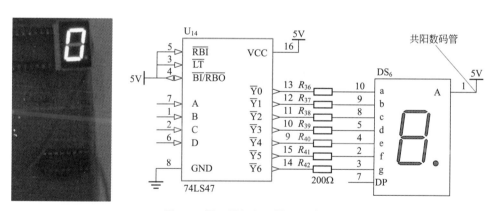

图 5-3　译码器与数码管的连接图

（2）信号电路

时钟计数需要一个很准确的秒信号，要想产生一个基准信号可以用晶体振荡器产生，这里采用 32.768kHz 的晶体振荡器，用分频器进行分频得到 1Hz 的信号，这样可保证时钟的准确性。实际电路选用 MC14060BCP 产生振荡信号，如图 5-4 所示，利用与非门的自我反馈使它工作在线性状态，然后利用石英晶体控制振荡频率，电阻为反馈元件，电容防止寄生振荡。

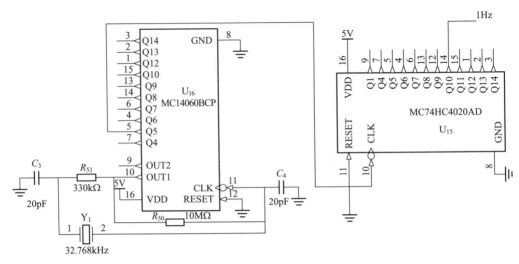

图 5-4 基准信号振荡电路

由于石英晶体产生较高的 32768Hz 的频率，而电子钟需要秒脉冲，可采用分频电路实现，具体电路如图 5-5 所示，先经过 MC14060BCP 的分频再经过 MC74HC4020AD 的分频可以得到秒脉冲信号。

（3）计时电路

因为电子钟由秒、分、时组成，分别为 60 进制、60 进制和 24 进制。采用两个 74LS90N 组成一个 6 进制和一个 10 进制，10 进制的进位信号作为 6 进制计数的脉冲信号。计时电路是 24 进制，选用两片 74LS90 组成一个 24 进制的计数器来完成。

电路仿真电路图如图 5-5 和图 5-6 所示。

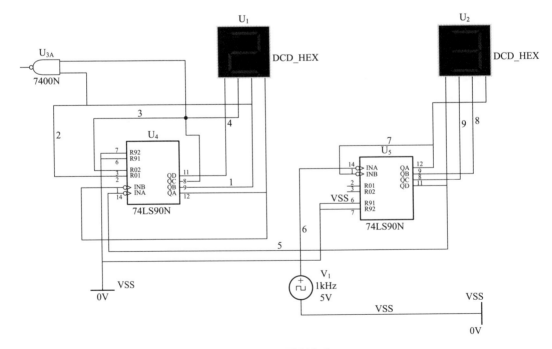

图 5-5 60 进制仿真

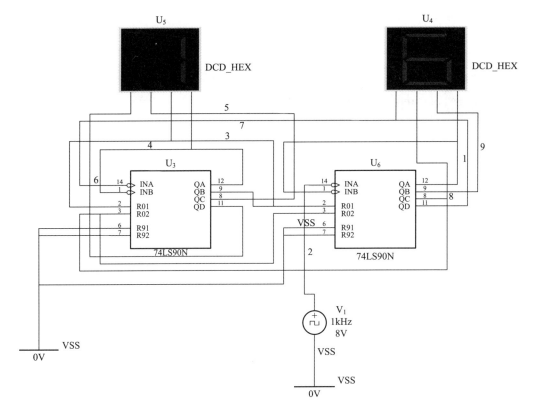

图 5-6　24 进制仿真

（4）校时电路

通过按键发出跳变电平对计数器进行计数，实现加计数调整功能。

① 校时电路仿真如图 5-7 所示。

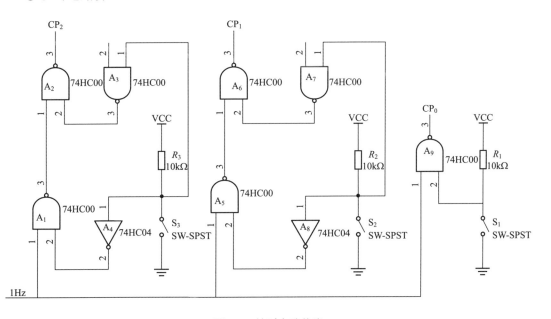

图 5-7　校时电路仿真

② 电路仿真如图 5-8 所示。

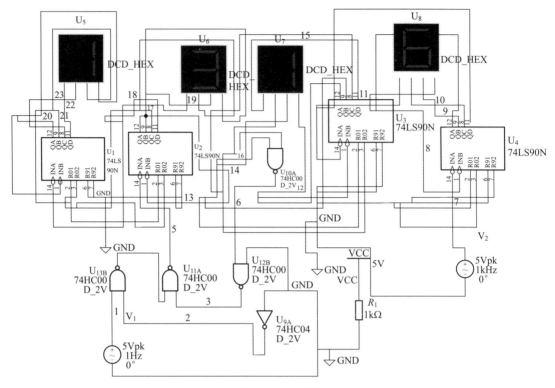

图 5-8 电路仿真

③ 调整说明。当数字时钟与实际时间不符时，需要根据标准时间校正。校时电路如图 5-8 所示，该电路能对时、分、秒分别校准。

图 5-8 中，CP_0 为秒计时脉冲，CP_1 为分计时脉冲，CP_2 为时计时脉冲。当校"秒"时，将开关 S_1 闭合，此时门电路 A_9 被封锁，1Hz 信号的脉冲不能进入"秒计数器"中，此时暂停秒计时，如果数字钟与标准时间一致，断开 S_1，数字钟秒显示与标准时间秒计时同步进行，"秒"位校时完。当校"分"时，将开关 S_2 闭合，由于 A_7、A_8 输出为高电平，秒十位的进位就不能通过 A_6、A_7 向分计时器 CP_1 进位，此时 1Hz 脉冲信号按秒节奏计数，如果分计数器的显示与标准时间一致，断开 S_1，与非门 A_5 被封锁，此时秒十位的进位信号通过 A_6、A_7 向 CP_1 进位，"分"位校时完。校"时"与校"分"同理。

（5）调试步骤及方法

首先进行电脑软件仿真，仿真无误后进行硬件电路调试，具体调试步骤如下。

① 用示波器检测石英晶体的输出信号波形和频率，输出频率应为 32768Hz。

② 32768Hz 信号送入分频器，用示波器检查各级分频器的输出频率是否符合要求。

③ 将 1Hz 秒脉冲分别送入时、分、秒计数器，检查各组计数器的工作情况。

④ 观察校时电路的功能是否满足要求。

⑤ 当分频器和计数器调试正常后，观察电子钟是否准确、正常地工作。

⑥ 调试完成后，进行标准时钟信号测量、误差分析、计时准确度测量。

5.3 锯齿波同步触发电路分析

锯齿波同步触发电路如图 5-9 所示。该电路分成同步电压环节、锯齿波形成环节、脉冲移相环节，脉冲形成与放大环节等几个部分。

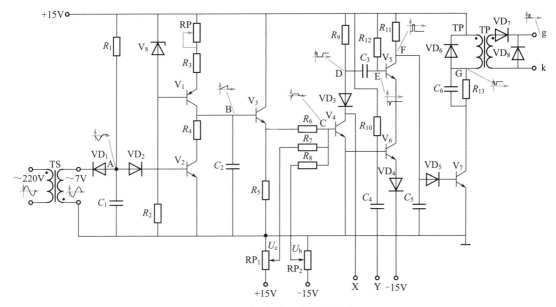

图 5-9　锯齿波同步触发电路

（1）同步电压环节

在同步电源变压器 TS 的二次侧电压 U_{st} 负半周期的下降段，电容 C_1 被充电，充电回路为电源 +15V → VD_1 → C_1 → 电源负极。电容 C_1 上的极性为下正上负。A 点的波形与 TS 二次侧的电压 U_{st} 波形一致，三极管 V_2 受负偏压而截止。在同步电源变压器 TS 的二次侧电压 U_{st} 负半周期的上升段，电容 C_1 放电，放电回路为 C_1 → 电源负极 → 电源 +15V → R_1，也就是 +15V 电源经电阻 R_1 给电容 C_1 反充电，由于电阻 R_1 的存在，其充电时间常数比正半周长，因此 A 点的波形比变压器二次侧的电压 U_{st} 波形上升得慢，当 A 点的电压上升到 1.4V 时，V_2 管导通并被钳位在 +1.4V。直至下一个周期又重复以上过程。在一个周期内 V_2 管有两个状态，即截止和导通，这两个状态正好对应锯齿波的一个周期。这样正好与主电路电源频率同步。R_1、C_1 决定锯齿波的宽度。

（2）锯齿波形成环节

电路由 V_8、R_2、V_1、RP、R_3、R_4、V_2 和 C_2 组成。其中 V_8、R_2、V_1、RP、R_3 组成恒流源电路，电流由 RP 小范围调整，在 V_2 管截止时提供一恒定电流给电容 C_2 充电，其表现为锯齿波是线性的。在 B 点形成锯齿波的升程。充电回路为 +15V 电源 → RP → R_3 → V_1 → C_2 → 电源负极。当 V_2 导通时，C_2 通过电阻 R_4、V_2 迅速放电，在 B 点形成锯齿波的回程。V_2 管的导通与截止决定锯齿波的宽度。V_2 截止时为锯齿波的升程，V_2 导通时为锯齿波的回程。V_3 管的作用是隔离，把控制电压与锯齿波形成电压分开，以减少干扰。它本身为一射极跟随器。因此，射极的电压波形也为锯齿波，只是幅值小一些。因为射极放大器的电压放大倍数小于 1。

（3）脉冲移相环节

假设 $U_C=0$，$U_B=0$。当 V_3 的射极电压 $U_{E3}<0.7V$ 时，V_4 管截止，+15V 电源通过电阻 R_{10}、R_{11} 给三极管 V_6、V_5 提供了足够的基极电压，使三极管 V_5、V_6 饱和导通，而三极管 V_7 因受负偏压而截止，此时无脉冲输出。当 V_3 的射极电压 $U_{E3}>0.7V$ 时，V_4 导通，V_5 截止，V_7 承受正偏压而导通，有脉冲输出。由此可见，何时有脉冲输出是由 V_4 何时导通决定的。如果能控制 V_4 管的导通时刻，也就控制了脉冲的输出时刻。我们采取施加控制电压 U_C 和负偏电压 U_B 的办法来实现控制脉冲输出时刻。在 V_4 的基极上加控制电压 U_C 和负偏置电压 U_B，这样相当于有三个电压叠加作用在 V_4 的基极上，当 $U_C=0$ 时，调节 U_B 到某一数值，以确定初始相位（结合波形讲）。实际上是改变 V_4 管基极电压达到 0.7V 的时刻。若此时再加 U_C，则可调节 V_4 管基极电压达到 0.7V 的时刻，也就是控制 V_4 管的导通时刻，也就控制了脉冲输出时刻，达到了移相的目的。

（4）脉冲形成与放大环节

由 V_4、V_5、V_6、V_7 和 C_3 等组成。假设 $U_{E3}=0$、$U_B=0$，当 $U_C=0$ 时，V_4 截止，V_5、V_6 饱和导通，电源 +15V 经 $R_9 \rightarrow V_5 \rightarrow V_6 \rightarrow VD_3 \rightarrow$ 15V 给电容 C_3 充电。电容左端 +15V 右端大约 -13.3V，电容两端的电压 30V，由于 V_5、V_6 的饱和导通，V_5 的集电极电压为 -13.7V，使 V_7 受负偏压而截止，没有脉冲输出。当 $U_C>0.7V$ 时，V_4 导通，电容 C_3 经 VD_4、V_4 电源的负极放电，D 点的电位迅速下跳至 1V，E 点的电位也随之下跳至 -28.3V，使 V_5 迅速截止，F 点的电位由 -13.7V 迅速升至 +1.4V，V_7 导通并钳位。在 G 点有脉冲输出。同时由于 V_4 的导通，电源 +15V 经电阻 R_{11}、VD_4、V_4 给电容 C_3 反充电，使 E 点的位逐渐回升，当升至 -15V 时，V_5 管又导通，使 F 点的电位下降到 -15V，V_7 又截止，输出脉冲结束。由此可见，V_4 管导通的时刻是脉冲发出时刻，V_5 截止时间就是脉冲的宽度。因此脉冲宽度是由 R_{11}、C_3 决定的。

R_{13} 是为限流而设置的，VD_5 提高了 V_7 的导通门槛电压，起到防干扰作用，C_6 提高脉冲前沿的陡度，C_5 吸收干扰脉冲，防止 V_7 误导通。VD_6、VD_7 和 VD_8 均为保护元件，VD_6 续流，VD_7 和 VD_8 防止负脉冲加在门极上。

5.4　KC04 集成锯齿波触发电路分析

▶ 5.4.1　电路组成

① KC04 集成电路触发芯片特点是性能可靠、功耗低、体积小、调试方便。KC04 集成电路触发器电路由同步电源环节、锯齿波形成环节、脉冲移相环节、脉冲形成环节、脉冲分配环节、放大输出环节组成，其原理如图 5-10 所示。

② KC04 各引脚的作用如下。

1 脚：脉冲输出（在同步电压正半周）。

3 脚与 4 脚：接电容形成锯齿波。

5 脚：电源（负）。

7 脚：接地（零电位）。

8 脚：接同步电压。

9 脚：综合 u_c、u_b 等信号，移相信号控制。

10 脚与 12 脚：接电容控制 V_7 产生脉冲。

15 脚：脉冲输出（在同步电压负半周）。

16 脚：正 15V 电源。

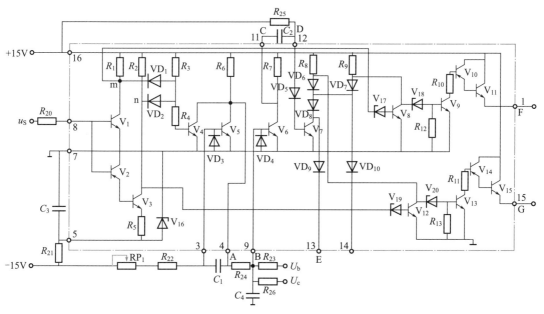

图 5-10 KC04 集成电路原理

5.4.2 单元电路分析

（1）同步电源环节

由 $V_1 \sim V_4$ 等元件组成，同步电压 u_s 经限流电阻 R_{20} 加到 V_1、V_2 的基极，在 u_s 正半周时，V_1 导通，V_2、V_3 截止，A 点低电平，B 点高电平。在 u_s 负半周时，V_2、V_3 导通，V_1 截止，B 点低电平，A 点高电平。VD_1、VD_2 组成与门电路，A、B 两点有一低电平时，VB_4 就为低电平，V_4 截止，只有在 $u_s < 0.7V$ 时，$V_1 \sim V_4$ 都截止，A、B 两点都是高电平，V_4 才饱和导通。所以每周期内 V_4 从截止到导通变化两次，锯齿波形成环节在同步电压 u_s 的正负半周内均有相同的锯齿波产生，且两者有固定的相位关系。

（2）锯齿波形成环节

由 V_5、C_1 等元件组成，V_4 截止时，+15V 经 R_6、R_{22}、R_9、-15V 给 C_1 充电，V_5 集电极电位 U_{C5} 经 V_4、VD3 快速放电。

（3）脉冲移相环节

由 V_6，U_b、U_c 组成。锯齿波电压 U_{C5} 经 R_{24}，U_b 经 R_{23}，U_c 经 R_{26} 在 V_6 的基极叠加，

$U_{B6} > 0.7V$，V_6 导通，V_7 截止。

（4）脉冲形成环节

由 V_7、VD_5、C_2、R_7 组成。V_6 截止时，+15V 经 R_{25} 给 V_7 提供基极电流，使 V_7 饱和导通。同时，+15V 电源经 R_7、VD_5、V_7 接地给 C_2 充电，充电结束时，电容两端的电压接近 +15V，而 V_{B7}=1.4V。当 V_6 由截止到导通时，U_{C6} 从 +15V 迅速跳变到 +0.3V，而 C_2 右端从 +1.4V 到 -13.3V，这时 V_7 立即截止，此后，+15V 经 R_{25}，V_6 接地点给 C_2 反向充电，当 C_2 右端电压大于 1.4V 时，V_7 又重新导通，这样在 V_7 的集电极就得到了固定宽度的脉冲。

（5）脉冲分送与放大输出环节

V_8、V_{12} 组成脉冲分送环节，放大为两组，一组由 $V_9 \sim V_{11}$ 组成，另一组由 $V_{13} \sim V_{15}$ 组成。

5.5　电子线路检修方法

电子产品在调试过程和使用过程中出现故障时要认真查找故障原因，仔细分析判断。调试过程中，发现器件或接线有问题，需更换修改时，应先关断电源。更换完毕，经认真检查后，才可重新通电，切忌一遇到故障，解决不了问题就要拆掉线路重新安装，因重新安装线路仍可能存在问题，况且在原理上，问题不是重新安装就能解决的。在使用时发现故障，要即时停止工作，或断开电源。记住发生故障时的情况，现象及处理方法。

▶5.5.1　电子电路的故障分类

电子电路的故障分为两类：一类是刚刚安装好还没有通电调试的故障；另一类是正常工作过一段时间后出现的故障。总体来说，电子电路的常见故障是元器件、线路和装配工艺等原因引起的。常见的几种故障原因：电子电路本身就存在某些缺点，虚焊，接触不良，元器件超负荷而失效，线路板排布不当，元器件受潮、发霉、绝缘性能降低甚至损坏，电路原先调试好后又严重失调，接地处理不当，相互干扰。

▶5.5.2　排除电子电路常见故障的一般方法

电子电路的任何部分发生故障都会导致不能正常工作，应按照一定程序，采取逐步缩小范围的方法，使故障局限在某一部分之中，再进行详细的查测，最后加以排除。

（1）直接观察法

在不通电的情况下，用直接观察的办法和使用万用表电阻挡检查有无虚焊、脱焊、断线，元器件有无接触不良，如果电路中有改动的地方，还应检查改动部分的元器件和接线是否正确。

查找故障原因，一般应该首先采用断电即不通电直接观察的办法。因为多数故障原因往往发生在安装工艺上，特别是安装好还没经过调试的电路，这种故障原因大多数凭眼睛观察就能发现，盲目地通电检查有时反而会扩大故障范围。

（2）通电观察法

只有采用上述直接观察法不能发现问题时，才能用通电观察法。根据电路需要的电源，接通电源进行表面观察，通过观察，有时可以直接发现故障原因。如：是否有冒烟、烧断、烧焦、跳火、元器件发热等现象。如遇到这些情况，必须立即切断电源，分析原因，再确定检修部位。

（3）信号寻迹法

信号寻迹法是在输入端直接输入一定幅值、频率的信号，用示波器由前级到后级逐级观察波形及幅值，以判断各级电路的工作情况是否正常，从而可以迅速确定观察所在的单元。如哪一级异常，则故障就在该级。对于各种复杂的电路，也可将各单元电路前后级断开，分别在各单元输入端加入适当信号，检查输出端的输出是否满足设计要求。

（4）波形观察法

波形观察法是用示波器检查各级电路的输入、输出波形是否正常，是波形变换电路、波形产生电路、脉冲电路的常用方法。这种方法对于发现寄生振荡或外界干扰等引起的故障原因，具有独到之处。

（5）部件替换法

部件替换法是用性能较好的器件替换可能存在故障的部件，如果替换后电路工作正常了，说明故障就出在被替代的那个部件。这种方法检查简便，不需要特殊的测量仪器。

（6）加速暴露法

有时故障不明显，或时有时无，或要较长时间才能出现，可采用加速暴露法，如敲击元件或电路板检查接触不良、虚焊等，用加热的方法检查热稳定性差等。

5.6 电子线路故障检修实例

5.6.1 晶体管收音机检修常用方法

收音机多数故障是因为组装过程中的错焊、虚焊、短路造成的，只有少数是元器件质量导致的。根据收音机级联电路的特点，一般用信号注入法从后级向前级检查，判断故障位置，再用电位法查找故障点，循序渐进排除故障。切忌盲目乱调乱拆，导致越修越坏，也学不到任何知识。检修收音机常用以下几种方法。

（1）信号注入法

信号注入法是给模块电路提供输入信号，检测输出以判定该模块工作是否正常。收音机是一个信号捕捉处理、放大系统，使用信号注入法很容易判定故障的位置。人体感应的杂波信号成分复杂，可满足模块电路输入需要，因此可用手握改锥金属部分去触碰放大器输入端，听扬声器有无声音。此法简单易行，但相对信号弱，不经三极管放大可能听不到，要用较强信号注入，可以用指针式万用表 R×10 电阻挡，红表笔接电池负极（地），黑表笔碰触放大器输入端（一般为三极管基极），此时扬声器可发出"咯咯"声。图 5-11 是收音机 PCB 图，图中焊接面电路图及元件位置供参考。

图 5-11　收音机 PCB 图

（2）电位法

电位法是用万用表测量疑似故障模块的元器件工作电压是否正常，通过与理论值对比判断造成故障的元器件或走线，特别适合对开路、短路、击穿类故障的检测。

（3）判断故障位置法

一般先区分故障在低放之前还是低放之中（包括功放）：接通电源开关将音量电位器开至最大，扬声器中没有任何响声，可以判定低放部分肯定有故障。

这种方法用来验证低放之前电路工作是否正常。用指针万用表测量检波输出直流电压，调整调谐度盘，若发现指针摆动，且在正常播出一句话时指针摆动次数在数十次左右，即可判断低放之前电路工作是正常的。若无摆动，则说明低放之前的电路中也有故障，这时仍应先解决低放电路中的问题，然后再解决低放之前电路中的问题。

（4）自后向前检查方法

此法适合低放正常对检波之前电路的检修，用改锥信号注入法从检波、二中放、一中放、高放逐级检测，是无声故障的经典检测方法。

（5）自前向后检查方法

此法是在天线输入端加调幅信号，用示波器逐级测试观察电路波形。对收音机来说，这种检查、调试方法原理简单，但操作烦琐，图 5-12 ～图 5-15 仅给出一些实测波形供参考，并加深对收音机工作原理的理解（各波形测量时均以扬声器的输出作为触发源）。

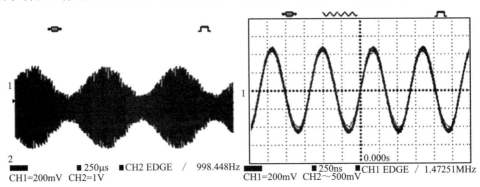

图 5-12　调幅波及本振信号波形

图 5-12 中，调幅信号（包络）频率为 990Hz；载波测量频率为 1472.5kHz，电压峰 - 峰值约为 900mV。

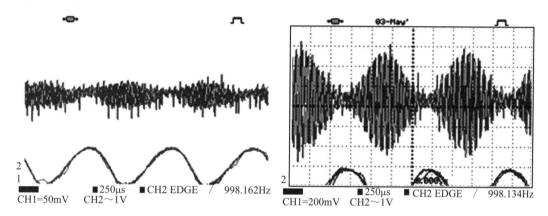

图 5-13　中放 VT2 基极、集电极实测波形

对比图 5-13 中的 VT2 基极、集电极波形，峰 - 峰电压从 60mV 放大到 1200mV，直观显示了第二中放的放大作用。

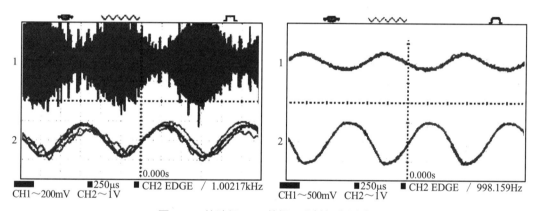

图 5-14　检波级 VT3 基极、发射极实测波形

从图 5-14 中可以看到发射极是已检波的低频信号，峰 - 峰电压约为 500mV。

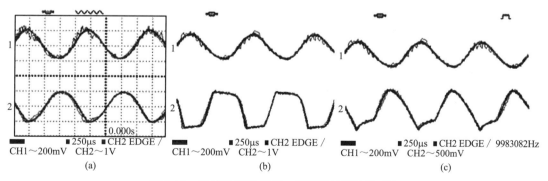

图 5-15　检波级 VT3 基极、发射极故障波形对比

图 5-15 中的输出波形对应三种情况：输出波形较好，但音量很小，如图 5-16（a）所示；

音量较大但出现饱和失真，如图 5-16（b）所示；功放级推挽电路对管中的一个管子工作不正常，如图 5-16（c）所示。

▶ 5.6.2 故障检修实例

（1）完全无声故障检修（低放故障）

参见图 5-11。将音量开大，用指针式万用表直流电压 10V 挡，黑表笔接地，红表笔分别触碰电位器的中心端或非接地端（相当于输入干扰信号），可能出现三种情况：

① 第一步碰非接地端，喇叭中无"咯咯"声，碰中心端时喇叭有声。这是由于电位器内部接触不良。可更换或修理排除故障。

② 第二步碰非接地端和中心端，均无声，这时用万用表 R×10 挡，两表笔碰触喇叭引线，触碰时喇叭若有"咯咯"声，说明喇叭完好。然后用万用表电阻挡点触 C9 的正端，喇叭中如无"咯咯"声，说明耳机插孔、喇叭导线有问题；若有"咯咯"声，则应检查推挽功放电路：检查 VT6、VT7 工作是否正常，T5 次级有无断线；测量 VT4 的直流工作状态，若无集电极电压，则 B5 初级断线，若无基极电压，则 R5 开路。若红表笔触碰电位器中心端无声，触碰 VT4 基极有声，说明 C8 开路或失效。

③ 第三步用干扰法触碰电位器的中心端和非接地端，喇叭中均有声，则说明低放工作正常。

（2）无台故障检修（低放前故障）

无声指将音量开大，喇叭中有轻微的"沙沙"声，但调谐时收不到电台。从后向前检查下列各项：

① 第一步测量 VT3 的集电极电压，若无，则 R4 开路。测量 VT3 的基极电压，若无，则可能 R_3 开路（这时 VT2 基极也无电压），或 T4 次级断线，或 C4 短路。

② 第二步测量 VT2 的集电极电压，无电压，是 T4 初级线圈有开路。电压正常时喇叭发声。

③ 第三步测量 VT2 的基极电压：无电压，是 T3 次级短线或脱焊。电压正常，但干扰信号注入后，在喇叭中没有响声，是 VT2 损坏。电压正常喇叭有声。

④ 第四步测量 VT1 的集电极电压，无电压，是 T2 次级线圈断，T3 初级线圈有断线。电压正常，喇叭中无"咯咯"声，为 T3 初级或次级线圈有短路，或电容短路。如果中周内部线圈有短路故障时，由于匝数较少，所以较难测出，可采用替代法加以证实。

⑤ 第五步测量 VT1 的基极电压，无电压，可能是 R1 或 T1 次级开路；或 C2 短路。电压高于正常值，是 VT1 发射结开路。电压正常，但无声，是 VT1 损坏。

到此如果还是收不到电台，进行下面的检查（振荡部分）。

⑥ 第六步用万用表表笔检测 VT1 发射极电位，用镊子将 T2 的初级短路一下，看表针指示是否减少（一般减少 0.2 ～ 0.3V）。电压不减小，说明本振没有起振。故障原因可能是振荡耦合电容 C3 失效或开路，C2 短路（VT1 基极无电压），T2 初级线圈内部断路或短路，双联质量不好。电压减小很少，说明本机振荡太弱，可能是 T2、印板、双联或微调电容质量不好，或 VT1 质量不好，此法同时可检测 VT1 偏流是否合适。

电压减小正常，断定故障在输入回路。查双联有无短路，电容质量如何，磁棒线圈 T1 初级有无断线。

▶ 5.6.3　直流电压鉴别报警器电路分析与检修

电压报警器可以监测输入直流电压的大小，当输入电压小于 5V 时，电路中的黄色指示灯亮，同时扬声器发出报警声音；当输入电压大于 5V 且小于 9V 时，电路不报警，电路中的绿色指示灯亮；当输入电压大于 9V 时，电路中的红色指示灯亮，同时扬声器发出报警声音。

（1）电路组成框图

根据设计要求，电路中应该具有以下几个模块：电源模块，电压检测与比较模块，指示灯模块，声音报警器模块。系统框图如图 5-16 所示。图 5-17 是电压报警器的电路图。

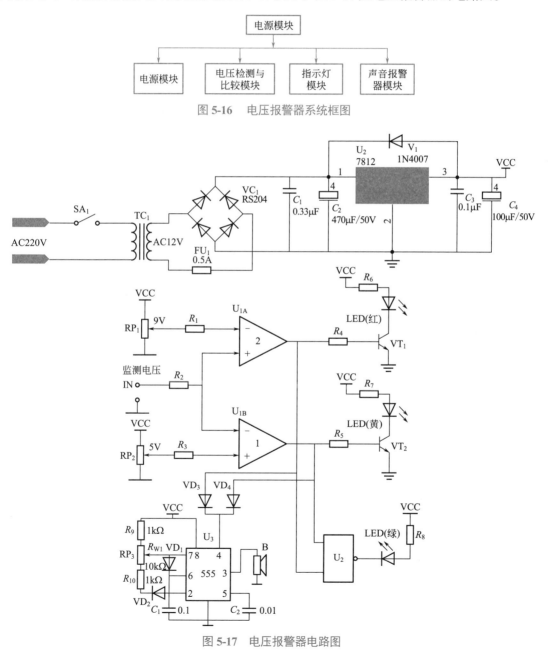

图 5-16　电压报警器系统框图

图 5-17　电压报警器电路图

（2）单元电路分析

① 电源单元电路。电源模块是电子电路中的基本模块。直流集成稳压电源克服了直流串联稳压电源元器件数量多，安装不方便，并且稳压特性容易受温度影响等缺点。集成稳压电路内部包含基准电路、调整电路、反馈电路，外部只有很少的引脚，所以使用起来非常方便。

电路中采用7812集成稳压芯片，输出电压12V，最大输出电流300mA，电路如图5-18所示。为了使输出电压平滑，采用了大容量电解电容 C_2、C_4 进行滤波；电路中使用的小容量无极性电容器 C_1 和 C_3 是为了克服电路中的高频干扰和自耦；电路中使用的二极管 V_1 是为了防止在电源开关 SA_1 断开时，电路中存储的能量向电源端释放，损坏7812集成稳压芯片。

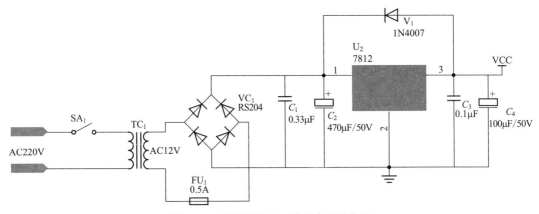

图5-18　输出直流12V稳定电压的电路

② 电压检测与比较单元。电压检测与比较单元电路如图5-19所示。

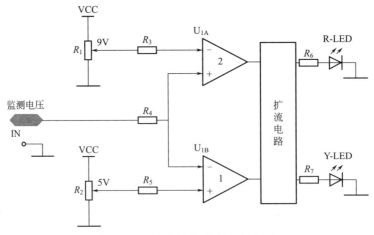

图5-19　电压检测与比较单元电路

为了检测电压，采用电压比较器，比较输入电压与5V、9V的大小，并将其转化为不同的控制信号。线路中 U_{1A}、U_{1B} 使用了四电压比较器芯片LM339。四电压比较器芯片LM339

采用 C-14 型封装，图 5-20 为 LM339 引脚排列及芯片内部电路。

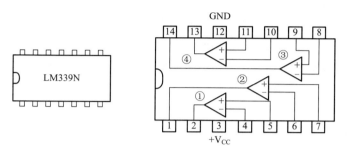

图 5-20　LM339 引脚排列及芯片内部电路

电压比较器有两个输入端：同相输入端和反相输入端，当两个输入端的输入电压大小不同时，输出端的电平就进行对应的跳变。其输入与输出的关系如图 5-21 所示。

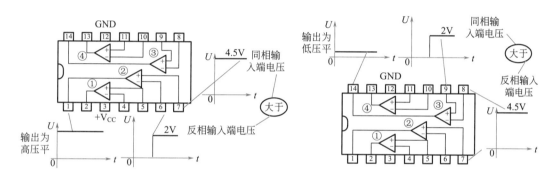

图 5-21　LM339 输入与输出的关系

如果同相输入端电压大于反相输入端电压，则输出为高电平（约等于正电源电压）；如果同相输入端电压小于反相输入端电压，则输出为低电平（对于单电源供电系统，约等于 0V；对于双电源供电系统，约等于负电源电压）。

电路的原理：当检测点的电压大于 9V 时，电压比较器 U_{1A} 输出为高电平，控制红色发光二极管亮；当检测点的电压小于 5V 时，电压比较器 U_{1B} 输出为高电平，控制黄色发光二极管亮。

电路中没有设计绿色发光二极管的控制部分，实际上绿色发光二极管的亮灭控制可以遵循以下原则：当红色发光二极管不亮，并且黄色发光二极管也不亮时，绿色发光二极管点亮。如果将发光二极管点亮用逻辑电平 1 表示，熄灭用逻辑电平 0 表示，则绿色发光二极管的点亮条件为：

$$绿色发光二极管 = \overline{黄色发光二极管} \cdot \overline{红色发光二极管}$$

③ 指示单元电路。电压比较器输出电流能力比较小，不能直接驱动发光二极管，所以必须经过驱动电路来扩大带负载能力。常用的扩流元器件是三极管，但是针对不同的高低逻辑电平信号，扩流使用的三极管形式是不一样的，具体的扩流电路如图 5-22 所示。

当输入信号为高电平时，设计三极管的基极电阻，使基极导通时流过的电流达到其饱和电流，控制 NPN 三极管饱和导通，发光二极管亮；当输入信号为低电平时，NPN 三极管基极没有电流流过，三极管处于截止状态，发光二极管熄灭。PNP 三极管的导通与关断情形恰好与 NPN 三极管相反，但是工作原理是相似的。

④ 声音报警单元电路。声音报警可以采用扬声器（喇叭）或蜂鸣器来实现。蜂鸣器使用比较简单，只要加上规定的电压，蜂鸣器就会发声。扬声器使用比较复杂，因为必须给扬声器中通过一定频率的交流信号，扬声器才能发出声音。但是扬声器与蜂鸣器相比，其最大的优点是音量和音调都可以灵活控制，所以被广泛采用。

为了驱动扬声器，就必须有一个能发出交流信号的信号源，实质上振荡电子电路完全可以满足需要。振荡电子电路的设计可以有很多种方法，例如分立元器件形式、集成运算放大器形式、数字电路形式等，不同形式的振荡电路，其调节难度、产生的波形与频率范围都不同，均有一定的局限性。

图 5-23 是由 555 构成的占空比可调方波发生器。当电路加上电源电压时，电路就振荡。

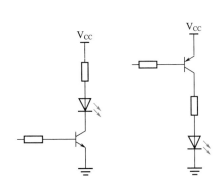

图 5-22 三极管扩流电路

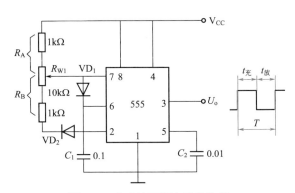

图 5-23 占空比可调方波发生器

刚通电时，电容上的电压不能突变，555 的 2 号引脚的电平为低电位，555 处于复位状态，3 号引脚输出为高电平。电容 C_1 经由电阻 R_A、VD_1 被充电，充电时间为：$0.693R_AC_1$。当 C_1 上的电压达到 $2V_{cc}/3$ 时，555 被复位，3 号引脚输出为低电平，此时，通过二极管 VD_2、R_B 和 555 的内部放电，放电时间：$0.693R_BC_1$。其占空比为：$R_A/(R_A+R_B)$。调解电位器 R_{W1} 至上端，占空比约为 8.3%，调解电位器 R_{W1} 至下端，占空比约为 91.7%。为了实现声音报警模块的可控性，可以利用 555 芯片的复位控制端（第 4 脚），当该脚为低电平时，555 停止振荡；当第 4 脚为高电平时，555 就开始振荡，驱动扬声器发声。因为检测电压低于 5V 或高于 9V 均需要发出声音报警，所以可以将电压比较器 U_{2A} 和 U_{2B} 的输出利用二极管进行"或"运算以后加到 555 芯片的复位控制端。

（3）故障检修

故障现象：检测电压超过 9V，只有报警灯光报警，而没有报警音响声。

分析：从图 5-17 中可知，当电压超过设置值时，不仅要有灯光报警指示，而且同时要有报警音响。根据故障现象故障点应该在音响报警电路。

检测：使用万用表直流电压挡，测量此电路的直流电源电压值，正常。

检测 555 集成电路的 3 号引脚电压信号，正常。

检测 555 集成电路的 4 号引脚电压信号。

检测二极管 VD_3。使用数字万用表二极管挡，检测二极管 VD_3 正反电阻值均为无穷大。

判断：二极管 VD_3 断路，造成报警信号不能施加到 555 集成电路的 4 号引脚，致使影响报警电路不能工作。

处理：更换同型号二极管。

验证：功能正常。

检测点如图 5-24 所示。

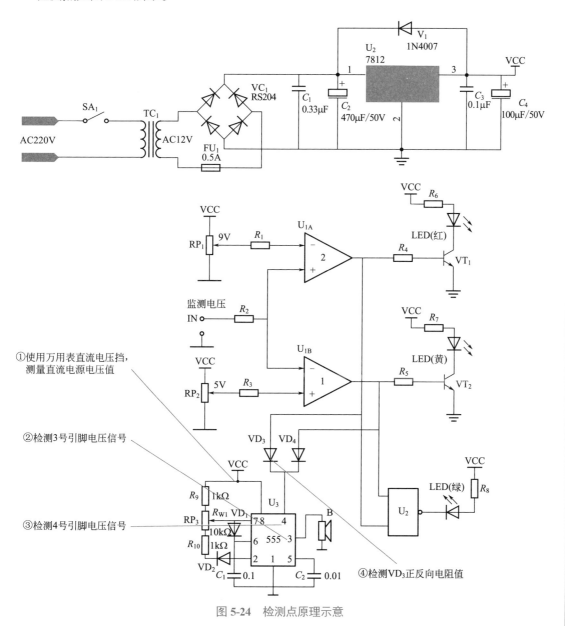

图 5-24　检测点原理示意

5.7　DSC-Ⅲ型晶闸管可控整流设备检修

若想做好检修工作，要有一定的技能、知识、经验和方法，要了解设备的基本操作、性能、电路结构、控制原理，掌握相应的技术资料，如设备使用说明书、随机图纸等。处理现场故障就是看到、想到、做到和悟道。看到现象，分析产生现象的可能原因，使用排除方法，通过检测数据，对比正常数据，分析产生差别的原因，做出判断，进行恢复验证，排除故障，实现正常功能。现场检修工作一般流程如图 5-25 所示。

图 5-25　现场检修工作一般流程

5.7.1　设备组成

DSC-Ⅲ型晶闸管直流调压柜主电路采用三相全控桥，可以输出连续平滑可调的直流电压，该电压可作为直流电动机可调电源，对其电枢供电，实现直流电动机的调压调速；也可以作为可调直流电源使用，广泛用于电镀、电解、电熔炉、蓄电池充电等行业。该装置具有比较完善的保护电路和报警电路，运行安全可靠，其主电路和控制电路都是非常典型实用的电路，对其电路的分析有助于提高电力电子电路的分析、设计、应用能力以及电力电子装置的维护与检修能力。

（1）设备的构成

图 5-26 是设备组成部分实物图。晶闸管直流调压 / 调速装置采用功能模块化设计，立柜式结构。柜内最下层安装整流变压器；柜内前面上半部分装有电源板、调节板、触发板和隔离板；下半部分装有继电线路和保护线路配电盘；柜内后面装有晶闸管门极电路、保护电路、电流截止信号取样电路和电压反馈信号取样电路；晶闸管安装在前后板之间；指示器件和操作器件安装在左前门的上部。

设备内装有保护报警电路，当快速熔断器熔断，直流输出过流或短路时，保护电路发出指令，可自动切除主电路电源，同时故障指示灯亮，直至操作人员切断控制装置电源，故障指示灯才可熄灭。保护电路的设置提高了设备运行的安全性。

（2）设备的电路组成

DSC-Ⅲ型晶闸管直流调压柜是以晶闸管整流元件为核心，利用给定器、放大器、集成移相脉冲触发器来进行控制的。其简单的线路系统组成框图如图 5-27 所示，其中只画出了主要部分，还有保护电路、低压 / 低速封锁电路、辅助整流电路等部分未画出。

图 5-26　设备组成部分实物图

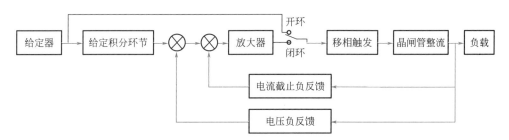

图 5-27　线路系统组成框图

在实际应用中，为了达到理想的控制要求，还要加上必要的辅助电路、反馈电路以及保护电路。针对不同的应用场合和控制对象，DSC-Ⅲ型晶闸管可以利用转速负反馈构成速度稳定系统，也可以利用电压负反馈系统构成电压稳定系统。其中电压稳定系统电路较为简单，应用比较普遍，由图 5-27 可以看出，该装置可以开环控制，也可以闭环控制。电路中设立开环和闭环两种控制方式是为了调试和检修方便，因为系统开环时比较简单，只有部分控制电路参与了控制。调试的时候先进行开环调试和检修，等开环情况下系统达到工作要求后再改为闭环控制，这时候系统虽然比较复杂，但是因为有些控制电路已经在开环情况下调整完成，不需要再进行调整变动，所以可以降低系统的调试和检修难度。

（3）设备的运行状态

设备处于开环时的正常状态：

① 操作控制操作器件，相应的被控电器正常动作；

② 电源板上的三组电源指示灯亮；

③ 当给定电压 U_{gmin}=0V 时，输出电压 U_{dmin}=0V，电压指示表指示为 0V；

④ 当给定电压 U_g 由 0V 连续增大时，输出电压 U_d 由 0V 连续增大，电压指示表指示由 0V 开始连续上升；

⑤ 当给定电压 U_g=U_{gmax}（设计值 10V）时，输出电压 U_{dmax}=300V，电压指示表指示为 300V，且电流表有一定指示值（此值与系统设计值和负载的大小有关）。

设备处于闭环时的正常状态：

① 当给定电压 U_{gmin}=0V 时，输出电压 U_{dmin}=0V，电压指示表指示为 0V；

② 当给定电压 U_g 由 0V 连续增大时，输出电压 U_d 由 0V 连续增大，电压指示表指示由 0V 开始连续上升；

③ 当给定电压 U_g=U_{gmax}（设计值 10V）时，输出电压 U_{dmax}=220V，电压指示表指示为 220V，且电流表有一定指示值（此值与系统设计值和负载的大小有关）。

保护环节正常状态：

① 断开主回路中任一熔断器，设备上电延时一段时间后，将出现报警，切断主电路，报警指示灯亮；

② 设备置于闭环状态，按照正常操作步骤启动设备，使输出电压达到最大值 220V，缓慢增加负载，输出电流加大，当输出电流达到某一值时，输出电压表的指针将下摆，输出电压降低，说明设备的截流保护正常。

5.7.2 检修四阶段

作为维修人员，仅仅了解以上内容，是不能完成检修工作的，还必须清楚设备的正常状态，知道设备的功能、技术指标及操作步骤，熟练使用工具、相关的仪器仪表，识读电路图纸。检修一般分为四个阶段，即准备工作、观察询问、分析判断、检测验证，如图 5-28 所示。

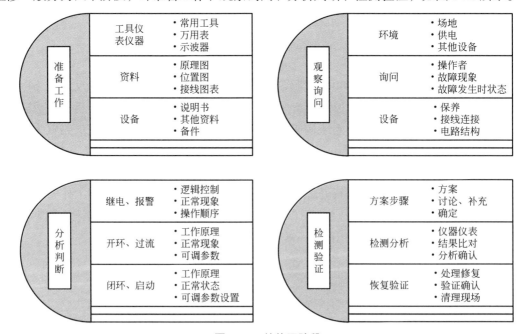

图 5-28　检修四阶段

检修过程如图 5-29 所示。

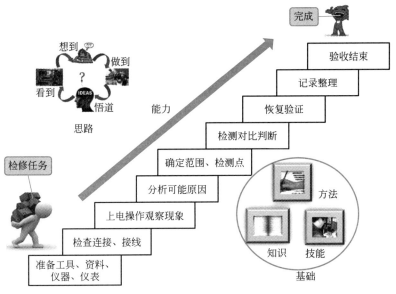

图 5-29 检修过程

5.7.3 继电单元线路检修实例

注意：
① 每次测量前，必须清楚设备所处的状态，尤其是可调器件的位置，施加的条件。
② 每次测量都要正确、准确读数值，将所测得的数值与标准值比较，判断线路状态是否正常。
③ 若使用转接线测量，要注意转接线本身对所测信号的影响。
④ 测量板子上的元件时，注意表笔可能会造成短路。

（1）常见故障区域

按照常见故障所在线路和设备状态划分出故障区域，这样有利于检修。DSC-Ⅲ型直流调速装置常见故障区域导图如图 5-30 所示。

（2）继电控制电路工作过程分析

继电控制电路由晶闸管可控整流装置组成。晶闸管可控整流装置一般可以分为两大部分：主电路部分（强电部分）和控制电路部分（弱电部分）。主电路在控制电路的控制下，输出确定的直流电压。控制电路除了完成必需的脉冲形成、脉冲移相等作用外，还具有检测和保护作用。在晶闸管可控整流装置中，不允许在控制电路未通电的情况下给主电路通电。另外，为了防止主电路通电时输出的突然冲击，规定在主电路未闭合前，给定器不允许输出有效控制信号，所以给定器必须在主电路闭合后才能工作。

晶闸管可控整流装置的继电控制线路如图 5-31 所示。

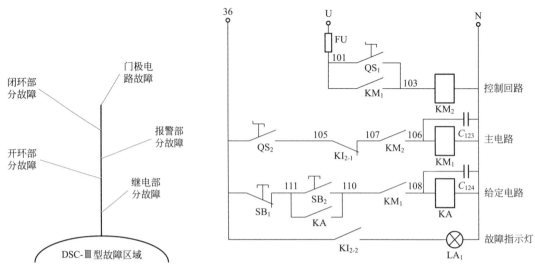

图 5-30 DSC-Ⅲ型直流调速装置常见故障区域导图

图 5-31 继电控制线路

图 5-31 中，QS_1、QS_2 均为主令开关，SB_1、SB_2 为按钮。KM_1 为控制主电路通断接触器，用来接通或断开三相整流变压器的原变电源。KM_2 为控制回路接通继电器，为控制电路的同步变压器提供电源。KA 为给定回路接通继电器。KI_{2-1}、KI_{2-2} 为过流继电器的一对触点，当系统发生过流时，KI_2 动作，切断主电路，点亮故障指示灯。

按照上述电路，在 KI_2 不动作的情况下，只有 QS_1 闭合，控制回路接通继电器 KM_2 启动后，QS_2 才能启动主电路接通继电器 KM_1，并且 KM_1 吸合后，即使断开 QS_1，KM_2 也不会断开，只有主回路接通继电器 KM_1 启动后，给定回路接通继电器 KA 才能被 SB_2 启动按钮启动并且会自锁，提供给定电压。

（3）继电控制线路检修实例

在设备中继电线路提供交流电源，实现各部分逻辑功能控制。继电部分故障导图如图 5-32 所示。

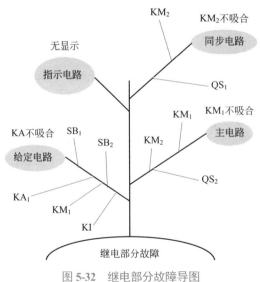

图 5-32 继电部分故障导图

故障现象：继电控制电路接触器 KM₂ 不能吸合。

观察现象：设备通电后，将启动控制电路主令开关置于接通位置，没有听到接触器吸合声。

分析原因：接触器 KM₂ 线圈不能得电的可能原因有两个，一是电源问题，二是线路断路问题。

检测：首先"按图索骥"在设备中找到图纸上的元件。观察实物元件是怎样连接的，然后使用万用表检测各点的电压值并与正常值对比，以此判断线路是否断路，元器件的触点是否闭合，找到故障元件或故障线路。检修具体步骤如图 5-33 所示。根据检测结果找到故障元件为熔断器的熔芯断路。

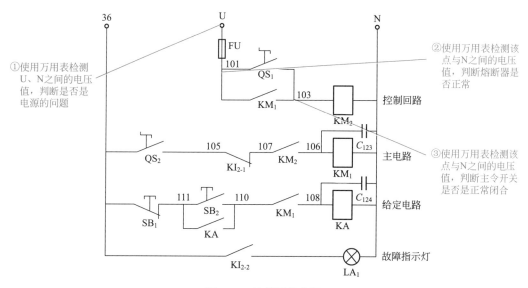

图 5-33　检修具体步骤

处理方式：处理此类短路造成的故障，一定要慎重。应该尽可能查清楚造成熔芯烧毁的原因，将故障消除后，再换上同规格的熔芯。但是也不排除由于偶然操作造成的故障。

5.7.4　调节板单元电路检修

在调节电路中有一个跳线，可以用来选择设备是开环控制形式还是闭环控制形式。当设备选择开环控制形式时，调节电路只起保护作用（过流保护和缺相保护），其他的电路部分不参与设备控制，此时系统比较简单，一般用来进行调试和检修。当设备选择闭环控制时，调解电路中的所有电路均参与控制，设备比较复杂，但是设备的输出特性非常硬，容易获得理想的输出效果，设备可以用于工业控制。

（1）调节板单元电路

调节板单元电路包括给定积分调节器、低压／低速封锁电路、积分先行放大调节器、正负限幅电路、电压反馈电路、电流截止负反馈电路、缺相保护电路、滞环电压比较器、过电流保护电路、限流整定和设定电路。其单元电路原理如图 5-34 所示。

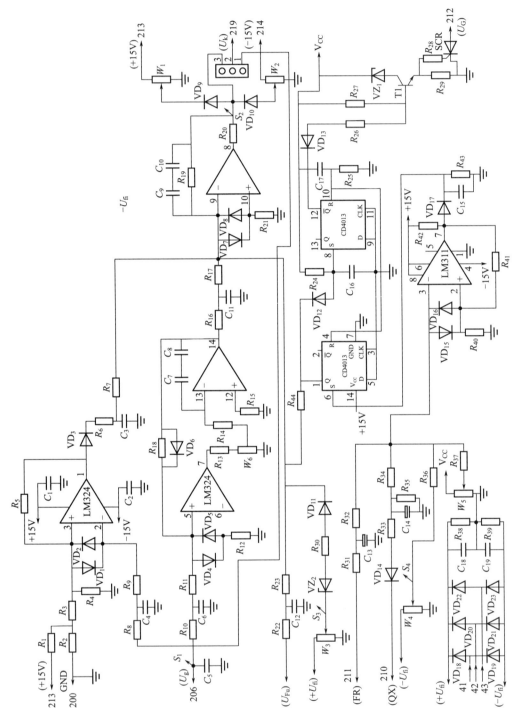

图 5-34　调节板单元电路原理

① 电路作用。在实际控制系统中，当给设备突加一个阶跃给定信号时，输出会产生冲击效果，这是我们不希望的。在直流电机调速系统中，首先，启动时，突加给定信号，电机转速为零，电枢内没有反电动势形成，此时将会产生很大的冲击电流，该电流可能会使晶闸管损坏；其次，因为晶闸管的导通是一个过程，过大的电流也会使其局部击穿；最后，电流的上升率太快，短时间内通过过大的电流，载流子会集中在门极，可能会导致晶闸管的门极击穿。基于这三种可能后果的产生，必须设计能把阶跃信号变换为缓变信号的电路，而积分调节器能满足这一要求。因为该积分器工作在给定电路中，故称为给定积分器。给定积分器电路原理图如图 5-35 所示。

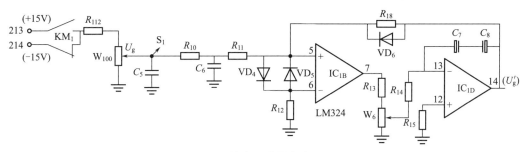

图 5-35　给定积分器电路原理图

② 电路组成。此给定积分器由两部分组成，一是前级的电压求和器，二是后级的积分器。其中各元件的作用如下：

a. 电容 C_5 起滤波的作用。当 U_g 中含有交流成分时，由于 C_5 的作用可以消除交流成分的影响。

b. R_{10}、C_6 与 R_{11} 组成的无源滞后网络起抗干扰作用（这样的 T 形阻容网络也叫给定滤波器，实际分析的时候不考虑电容影响，直接将两个电阻串联起来分析）。滞后网络对低频有用信号不产生衰变，而对高频噪声信号有削弱作用，电容容量越大，通过网络的噪声电平越低。

c. IC_{1B} 与其他元件组成电压求和器。

d. VD_4、VD_5 并接在运算放大器的同相与反相输入端起正负限幅，即钳位作用，用以保护运算放大器。

e. 工作过程分析：给定电压 U_g 由 +15V 经电位器分压取得，在 0 ～ +10V 之间可调，经 R_{10}、R_{11}、C_6 滤波校正后，由 R_{18} 反馈回来的积分器输出电压进行运算。由于其作用于运算放大器的 "+" 输入端（LM324 的引脚 5），在其 7 脚输出为两路信号的求和，该求和放大器为开环放大，所以其放大倍数比较大，只要输入信号不为零，其输出值将达到 +15V 或 -15V，其输出为后面的积分器提供输入信号。

f. W_6、R_{14}、IC_{10} 与 C_7、C_8 组成积分器，将阶跃信号变成连续缓慢变化的信号。其中 W_6 用来改变积分常数。

g. R_{18} 作为反馈电阻，将积分器的输出反馈到输入端与给定电压 U_g 求和，保证给定积分器的输入信号与给定信号保持一定的比例关系。VD_6 的作用为限定给定积分器积分输出电压极性，按图连接时，给定积分器将只能获得负极性的输出电压。

h. C_7、C_8 为积分器的电容，两个有极性的电容同极串联使用是为了获取大容量无极性的电容。

（2）工作过程分析

前级信号 U_a 经电阻 R_{13} 和电位器 W_6 分压后，作为积分器的输入信号。如果给定信号 U_g

和给定积分器的输出电压求和为正，积分器将进行负向积分，使给定积分器的输出向电压减小的方向发展；如果给定信号 U_g 和给定积分器的输出电压求和为负，积分器将进行正向积分，使给定积分器的输出向电压增加的方向发展。只要给定信号与给定积分器的输出电压求和不为零，该积分过程就将进行。积分的趋势是使给定积分器的输出电压与给定电压 U_g 两者所产生的电流之和向零靠近，当给定电压 U_g 产生的电流 $U_g/(R_{10}+R_{11})$ 与给定积分器输出电压 U'_g 所产生的电流 $U'_g/(R_{18}//R_{VD6})$ 之和为零时，求和放大器输出为 0V，即积分器的输入电压为零，积分器将停止积分，积分器的输出电压将保持在某一个电压值上，此时称为给定积分器稳定。显而易见，当积分器稳定时，给定积分器的输出电压 U'_g 与给定电压 U_g 符号一定相异。如果 U_g 为正电压，则 U'_g 为负电压，此时 VD$_6$ 截止，稳定时 $U'_g/U_g=R_{18}/(R_{10}+R_{11})$；如果 U_g 为负电压，则 U'_g 为正电压，此时 VD$_6$ 导通，其等效导通电阻 R_{VD6} 非常小（约为几百欧姆），$U'_g/U_g=R_{VD6}/(R_{10}+R_{11})$，其输出也非常小，约为 0V。$U'_g$ 与其他信号综合，作用于后面的放大器。

积分调节器的积分时间常数是由电阻阻值和电容容量的乘积决定的，如果需要改变积分时间，可以通过改变电阻的阻值或改变电容的容量来实现，但是在电路设计时要充分考虑其工艺性。使用可变电容器可达到改变电容的容量的目的，但是可变电容器的制造比较困难，其体积也比较大，使用起来很不方便。另外也可以改变电阻的阻值，虽然容易做到，但是阻值大范围的改变将会影响运放的输入电阻。为了消除这些不利因素，同时达到调节积分时间的目的，使用了改变输入信号的方法，即使用电位器 W$_6$ 调节电压。

滤波型放大调节器如图 5-36 所示。由运放电路 LM324、二极管 VD$_7$ 和 VD$_8$、电阻 R_{19} 和 R_{20}、电容 C_9 和 C_{10} 等元件组成。C_9、C_{10} 的反向串联使其电容值减小一半，而电压增大一倍，并且组成一无极性的电容，起减小静差率、提高稳定性的作用。R_{19} 为反馈比例系数的产生电阻。给定积分器的输出信号 U'_g、低压低速封锁信号 U_F、电压反馈信号 U_{Fu}、电流截止负反馈信号和过电流封锁信号综合以后，加到运放的 9 脚作为输入。当给电的一瞬间，电容器两端的电压不能突变，电容器相当于短路，使运放输出端 8 脚的电位不能突变，只能随着电容器的充电逐渐上升，此时积分的效应明显（积分先行），电阻暂时不起作用；当电容器两端的电压达到一定值之后，两端电压稳定，不再发生充放电过程，电容器失去作用，相当于电容器开路，此时电阻发挥作用，放大器的输出最终值取决于 R_{19} 与放大器的输入电阻之比。

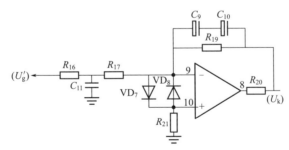

图 5-36　滤波型放大调节器

该电路近似于积分调节器的惯性环节，将信号成比例放大的同时，还具有减小静差率、提高稳定性的作用。放大倍数可靠放大，由于 C_9、C_{10} 的作用，输出信号不能突变，只能缓慢变化。

（3）检修实例

故障现象：设备运行过程中，电动机突然不转。

检修过程：现场首先询问操作人员，发生故障时，设备是在什么状况下运行的，并了解到，此设备从未发生过此类故障。经初步观察没有明显断接、虚接故障之处，因此要通电观察现象，但是，由于设备用于控制机械结构运动，贸然通电可能会产生二次损坏。因此，先脱离机械结构才能通电观察。经初步观察判断故障应该在调节板单元。调节板上的电路故障导图如图 5-37 所示。

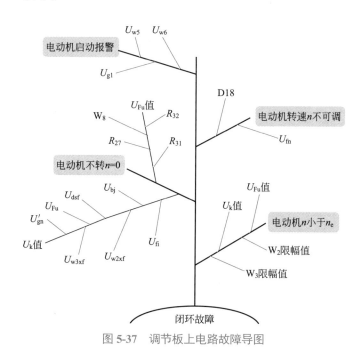

图 5-37　调节板上电路故障导图

由图 5-38 可以看出调节板上电路出现故障，会造成电动机不转、电动机启动报警、电动机转速不可调和电动机转速低于额定转速等故障。

观察现象：按照使用说明书的操作顺序，将设备启动，调节给定电位器，观察电压表，输出电压始终为 0V，电流表也没有电流指示。这样初步排除电动机本身和连接导线的故障。故障区域初步锁定在电气控制线路。

分析原因：由图 5-38 所示调节板上电路故障导图可知，是否有输出电压（U_d），关键是有没有控制电压（U_k），有控制电压，而没有输出电压，故障大概出现在触发电路。在闭环状态下，控制电压是给定电压经过给定积分电路和调节器转换而成的。同时控制电压还会受到低速封锁信号（U_{dsf}）、电压反馈信号（U_{fn}）、报警信号（U_{bj}）、电流反馈信号（U_{fi}）、负限幅信号（U_{w2xf}）、正限幅信号（U_{w3xf}）的影响。

检测过程：按照以上分析，对照原理图进行以下检查。电路原理图如图 5-38 所示。

第一步：使用万用表直流电压挡位测量给定信号，正常。

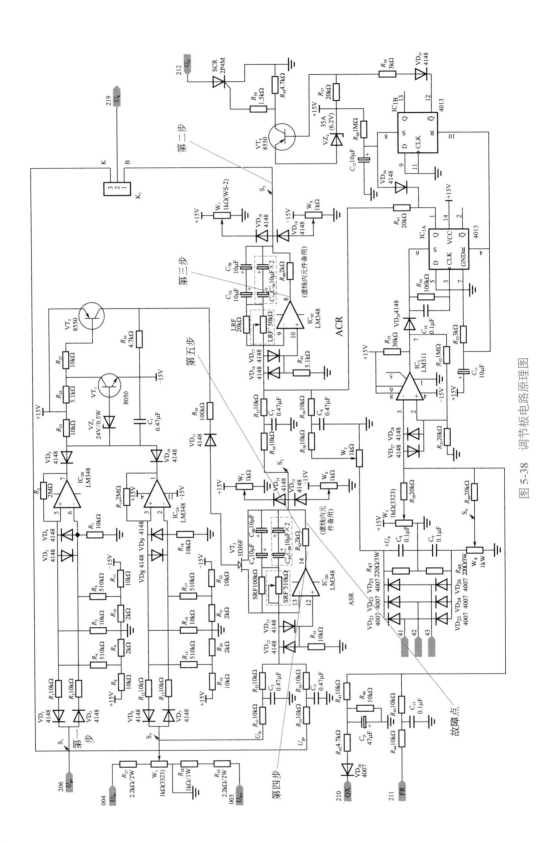

图 5-38　调节板电路原理图

第二步：再测量控制电压（U_k），不正常。由此判断故障应该在给定信号与控制信号之间的电路中。在这段线路中有速度调节器和电流调节器两个主要环节，同时，低速封锁信号，报警信号和负、正限幅信号都会影响到控制电压（U_k）。按照常规，要重点检测这两个调节器，而后再检测其他支路。检测其他支路可采用断开的方式，而且每断开一个信号支路，就测量一次控制电压值，观察其是否变化，以此来判断这些信号支路对控制电压有没有影响。

第三步：使用万用表直流电压挡位检测电路中 LM324 的 9 脚的电压值和极性，来判断电流调节器工作是否正常。如果 LM324 的 9 脚的电压值和极性都正常，说明故障区域应该在其他环节而不在调节器支路中。如果 LM324 的 9 脚的电压值或极性都不正常，那么，故障区域应该前移。

第四步：检测速度调节器的输出端电压值和极性是否正确。结果 LM324 的 14 脚的电压值和极性都正常。那么，故障区域缩小到 LM324 的 14 脚至 LM324 的 9 脚之间的电路中。

第五步：检测 R_{62} 至 R_{39} 之间的线路，发现 R_{62} 一端焊盘处断路。

处理方式：焊接接通。验证，故障现象消除。

处理方法：更换集成芯片 LM324，故障现象消除。

▶ 5.7.5 报警电路故障检修

（1）报警电路的组成

设备有缺相报警和过流报警功能。当主电路整流变压器副边缺相时，主电路被切断，报警灯被点亮。同样，当设备主电路电流大于过电流设定值时，主电路被切断，报警灯同样也会被点亮。报警电路可划分为信号检测、信号鉴别、信号形成和执行电路，电路原理如图 5-39 所示。

（2）电路分析

① 信号检测电路。信号检测电路分为两部分，其一是缺相信号检测，其二是过电流信号检测。

缺相信号检测电路由三个电容一端接成星形，另外三个端接入主电路 7、8、9 号线，公共点接 T_3 变压器原边，从变压器副边取出缺相信号 QX，经二极管 VD_{14} 整流后接入信号鉴别电路。

过流报警信号由电流互感器检测主电路电流，并转换为交流电压信号，经由 $VD_{18} \sim VD_{23}$ 组成的三相桥式整流电路变换成直流信号，再经过电位器 W_5 分压后作为过电流信号接入信号鉴别电路。

② 信号鉴别电路。报警信号鉴别电路由滞环比较器组成。反向输入端接入有电位器 W_6 预置的电压，作为门槛电压值与缺相报警信号、过流报警信号比较。

滞环比较器的工作原理：保护电路的核心是滞环电压比较器，它将两个或多个输入电压进行比较，控制电压比较器的反转。滞环比较器电路如图 5-40 所示。

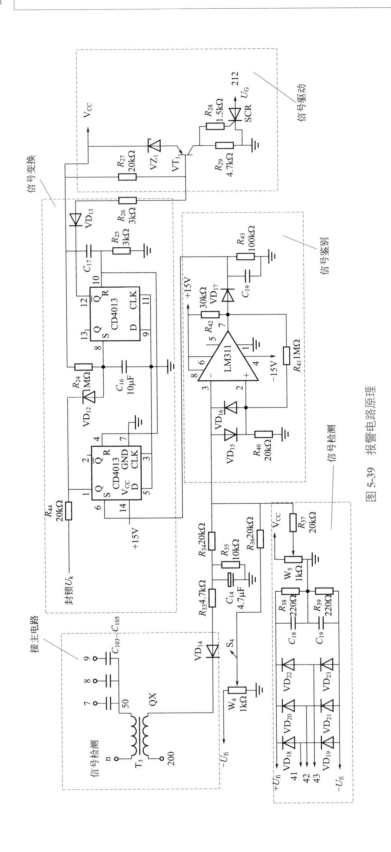

图 5-39 报警电路原理

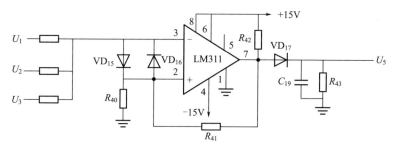

图 5-40　滞环比较器电路

为了分析滞环比较器的工作原理，需要将其中的一个输入信号首先确定下来，比如 U_1（在电路中利用 W_5 调整，因为是先设定的电压，故 W_5 称为过电流设定电位器），显而易见，$U_1>0$，为正电压。其余的输入端的作用都是相同的，所以我们暂时分析其中的一个，比如 U_2（在电路中利用 W_4 调整，与电流反馈信号 $-U_{fi}$ 有关，正比于主电路电流，在实际应用中需要根据负载情况进行调整才能确定，故 W_4 称为过电流整定电器）。U_3 暂时不作分析，可以假定 $U_3=0V$。实际电路中 W_5、W_4 的连接电路如图 5-41 所示。

当主电路中没有电流时，$U_2=0V$，$U_1+U_2+U_3>0$，LM311 的 7 脚输出为 $-15V$，VD_{17} 截止，$U_5=0V$，同时 LM311 的 2 脚由于 R_{40} 和 R_{41} 的分压作用，将获得一个电压，根据电路中的参数，此时 2 脚电压约为 $-0.3V$。

随着主电路电流的增加，$|U_2|$ 将会增加，通过分析，$U_2<0$，所以 $U_1+U_2+U_3$ 将会减小。当 $U_1+U_2+U_3=0V$ 时，因为 3 脚的 0V 电压仍旧大于 2 脚的 $-0.3V$ 电压，故电压比较器不会发生反转，输出仍为 $-15V$。

当主电路电流进一步增加时，$|U_2|$ 继续增加，$U_1+U_2+U_3<0$，当 $U_1+U_2+U_3<-0.3V$ 时，3 脚的电压低于 2 脚的电压，电压比较器的输出就会与 2 脚的输入端极性保持一致。2 脚连接的是电压比较器的 "+" 输入端，所以电压比较器的输出此时将会发生反转，输出 $+15V$ 电压，VD_{17} 导通，$U_5=14.3V$，同时 2 脚电压约为 $+0.3V$。此时即使 U_2 有些波动，使 $U_1+U_2+U_3>-0.3V$，但是由于此时 2 脚电压已经变为 $+0.3V$，所以电压比较器的输出也不会反转回去。

利用同样的分析方法，可以分析出来，只有当 $U_1+U_2+U_3>+0.3V$ 时，电压比较器的输出才会反转回去，变为 $-15V$。这个过程叫滞环电压比较器的滞回特性，U_1 叫滞回中心，0.3V 叫半环宽，将这个过程表示出来，如图 5-42 所示。

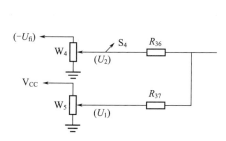

图 5-41　过电流设定电位器与限流值整定电位器

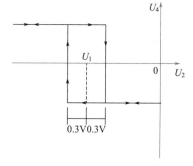

图 5-42　滞环电压比较器的滞回特性

滞回特性可以抗干扰，防止普通的电压比较器在比较差值过零点附近多次反转振荡。滞回环宽与分压电阻和电路的工作电压有关，滞环越宽，抗干扰性能越强，但是系统反应越迟钝；滞环越窄，系统反应越灵敏，但是系统越容易受到干扰而发生振荡。同时为了调整方便，U_1 不能取得过大，否则 U_2 永远不能触发比较器反转；U_1 也不能取得过小，因为 U_1 取得过小，U_2 整定值也会随之变小，分辨率将会降低，不利于调整。一般情况下 U_1 取 2.5 ~ 4V。

实际系统调整时，首先将 U_2 调到 0V，U_1 固定在某一个电压值（例如 4V），然后将输出电压调节到额定电压值。减小负载，观察输出电流指示表的变化，当电流达到额定电流 I_e 的 1.5 倍时，缓慢调整 U_2，同时观察输出电压指示表的变化。当调节 U_2 到某一个值时，输出电压突然跌落到零，表示此时滞环电压比较器已经反转，整定完成。

③ 信号变换电路。由 CD4013 芯片组成，此电路将模拟信号变换成数字信号，实现封锁控制电压 U_k 和驱动报警信号执行电路的功能。

④ 信号驱动电路。由三极管放电电路和晶闸管组成。三极管将信号变换电路变换后的信号放大，形成晶闸管的门极触发信号，触发晶闸管导通，接通报警继电器线圈，实现报警功能。

（3）报警电路工作过程

当电路中发生过电流时或缺相故障时，滞环电压比较器均会输出一个高电平（即逻辑 1）。该高电平进入数字集成芯片 CD4013（双 D 锁存器）进行控制，完成电路保护功能。报警信号整形电路和驱动电路如图 5-43 所示。

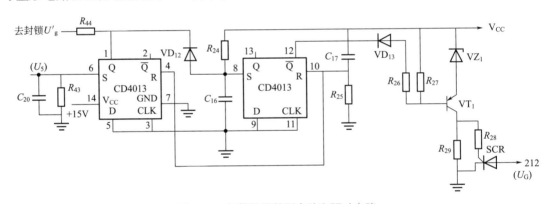

图 5-43　报警信号整形电路和驱动电路

这里 CD4013 组成了 D 触发器。实际上 D 触发器是作为 RS 触发器使用的，其真值表如表 5-1 所示。

表 5-1　真值表

输入		输出	
R	S	Q	Q′
0	0	不变	不变
0	1	1	0
1	0	0	1
1（应当避免）	1（应当避免）	1	1

上电时，因为电容两端电压不能突变，C_{16}、C_{17} 均相当于短路，所以 R 端获得高电平（逻辑 1），S 端获得低电平（逻辑 0），于是 $R_1=1$，$S_1=0$，$Q_1=0$，$Q_1'=1$，同样地，$R_2=1$，$S_2=0$，$Q_2=0$，$Q_2'=1$。因为 Q_2' 为高电平，故 VT_1 不可能导通，SCR 将不会被触发导通。

电路稳定时，因为电容充满电后相当于开路，所以 R 端获得低电平，如果电路中没有故障状况发生，$U_5=0V$，所以 $S_1=0$，于是 Q_1 和 Q_1' 保持不变，仍旧为 $R_1=1$，$S_1=0$，$Q_1=0$，$Q_1'=1$；由于 $Q_1=0$，所以 VD_{12} 导通，S_2 的电位为 0.7V，仍旧为低电平 0，于是 Q_2 和 Q_2' 保持不变，即 $R_2=1$，$S_2=0$，$Q_2=0$，$Q_2'=1$，SCR 不导通。

当电路发生过流故障或缺相故障时，$U_5=14.3V$，即 $S_1=1$，D_1 翻转，$Q_1=1$ 即 15V，该电压通过电阻 R_{44} 叠加在 LM324 的 9 脚上，闭环情况下会直接抵消掉给定积分器的输出信号（因为给定积分器的有效输出为负电压），促使 U_k 消失，所以主电路输出电压立即消失。由于 $Q_1=1$，故 VD_{12} 截止，V_{cc} 经 R_{24} 向 C_{16} 充电。当 C_{16} 上的电压达到 D 触发器的高电平阈值时，$S_2=1$，$Q_2'=0$，VD_{13} 导通，三极管导通，其集电极电流流过 R_{29}，产生的电压降使 SCR 导通。SCR 导通，控制的过流继电器 KI_2 吸合，其常闭触点切断主电路接通接触器 KM_1，KM_1 的常开触点切断给定继电器 KA；同时过流继电器 KI_2 的常开触点闭合，故障指示灯点亮。由于 KI_2 为直流继电器，其供电电源为 +24V，所以一旦 KI_2 吸合，就会保持吸合状态，除非切断控制电路接通继电器 KM_2，等待 KI_2 因为断电而释放。

（4）检修实例

报警故障导图如图 5-44 所示。

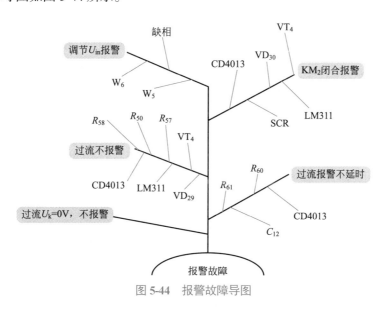

图 5-44　报警故障导图

故障现象：控制回路接通后，出现报警。

观察现象：接通控制回路，故障报警指示灯就亮。

分析原因：当设备的主电路缺相、主电路产生过电流故障时才会报警。而此时主电路并没有启动，也就是说主电路既不会缺相，也不会产生过电流。那么，故障就在报警电路本身。调节板中故障报警电路如图 5-45 所示。

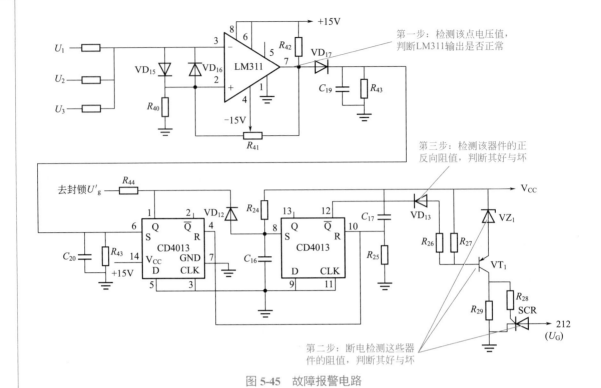

图 5-45　故障报警电路

检测过程：

第一步：使用万用表测量集成电路芯片 LM311 的 7 脚对地的电压为 +15V，说明集成电路芯片 LM311 输出不正常，或此部分电路不正常。没有报警信号时，集成电路芯片 LM311 的 7 脚对地的电压为 −15V，表明集成电路芯片 LM311 正常。由于报警没有延时过程，说明故障点应该在 CD4013 输出的后面电路中。

第二步：不通电，使用万用表检测晶闸管、三极管、稳压管的正反向电阻值，以此判断这些器件的好坏。在检测过程中，发现晶闸管 SCR 的阳极与阴极之间的正反向电阻值都非常小，接近于 0Ω。说明此器件已经损坏。如果所检查的器件都正常，则进行下一步检测。

第三步：使用万用表检测二极管 VD$_{13}$ 时，发现该器件的正反向电阻值都为无穷大。说明二极管已经断路。

处理方法：更换已经损坏的器件。故障现象消除，设备正常运行。

▶5.7.6　触发板电路检修

（1）触发板电路组成

触发板主要为三相可控整流电路提供双窄脉冲。电路采用 KC04 集成电路作为主要元件。触发板电路如图 5-46 所示。U_{Ta}、U_{Tb}、U_{Tc} 分别为 A、B、C 三相的同步电压，U_k 为控制电压，U_p 为负偏置电压。同步电压接 KC04 的 8 脚，控制电压和负偏置电压综合作用于 KC04 的 9 脚，在 KC04 的 1 和 15 脚输出正负脉冲加于二极管 VD$_1$ ～ VD$_{12}$ 组成六个或门，可输出六路双窄脉冲，三极管 VT$_1$ ～ VT$_6$ 起功率放大作用。在其集电极输出脉冲给脉冲变压器。当同步电压

u_s=30V 时其有效移相范围为 150° 。所以在本电路中，U_{Ta}、U_{Tb}、U_{Tc} 均为 30V，移相范围为 150°。同步电压使触发电路与主电路有一定相位关系。设置 U_p 的作用是当触发电路的控制电压 U_c=0 时，使晶闸管整流装置输出电压 U_d=0，对应控制角 α_0，α_0 定义为初始相位角。整流电路的形式不同，负载的性质不同，初始相位角 α_0 不同。

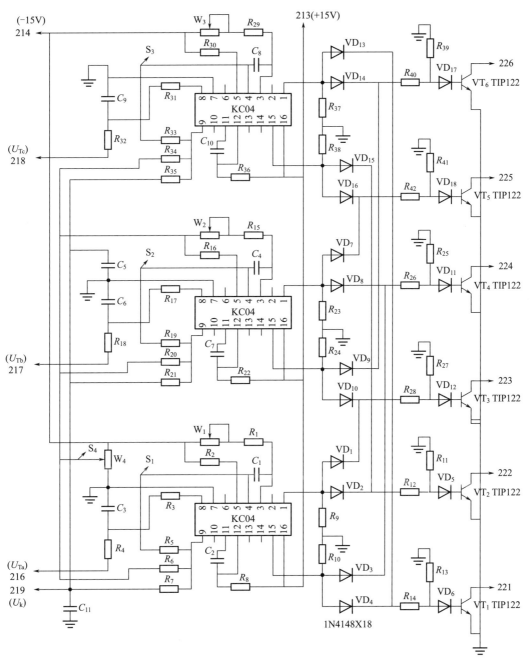

图 5-46　触发板电路

（2）电路分析

①KC04 集成电路工作原理。KC04 各引脚在本电路中的作用如下：

1：脉冲输出（在同步电压正半周）。

3，4：接电容形成锯齿波。

5：电源（负）。

7：接地（零电位）。

8：接同步电压。

9：综合 u_c、u_b 等信号，移相信号控制。

10，12：接电容控制产生脉冲。

15：脉冲输出（在同步电压负半周）。

16：+15V。

2，6，11，13，14：悬空未用。

图 5-47 为 KC04 电路原理图，虚线框内为集成电路部分，该电路可分为同步电源、锯齿波形成、脉冲移相、脉冲形成、脉冲分选与放大输出等五个环节。下面分析各环节的工作原理。

a. 同步电源环节。同步电源环节主要由 $V_1 \sim V_4$ 等元件组成，同步电压 u_s 经限流电阻 R_{20} 加到 V_1、V_2 基极。当 u_s 在正半周时，V_1 导通，V_2、V_3 截止，m 点为低电平，n 点为高电平。当 u_s 在负半周时，V_2、V_3 导通，V_1 截止，n 点为低电平，m 点为高电平。VD_1、VD_2 组成与门电路，只要 m、n 两点有一处是低电平，就将 U_{B4} 钳位在低电平，V_4 截止，只有在同步电压 $|u_s|<0.7V$ 时，$V_1 \sim V_3$ 都截止，m、n 两点都是高电平，V_4 才饱和导通。所以，每周内 V_4 从截止到导通变化两次，锯齿波形成环节在同步电压 u_s 的正、负半周内均有相同的锯齿波产生，且两者有固定的相位关系。

b. 锯齿波形成环节。锯齿波形成环节主要由 V_5、C_1 等元件组成，电容 C_1 接在 V_5 的基极和集电极之间，组成一个电容负反馈的锯齿波发生器。V_4 截止时，+15V 电源经 R_6、R_{22}、RP_1、-15V 电源给 C_1 充电，V_5 的集电极电位 U_{C5} 逐渐升高，锯齿波的上升段开始形成，当 V_4 导通时，C_1 经 V_4、VD_3 迅速放电，形成锯齿波的回程电压。所以，当 V_4 周期性地导通、截止时，在 4 脚即 U_{C5} 就形成了一系列线性增长的锯齿波，锯齿波的斜率是由 C_1 的充电时间常数 $(R_6+R_{22}+RP_1)C_1$ 决定的。

c. 脉冲形成环节。脉冲形成环节主要由 V_7、VD_5、C_2、R_7 等元件组成，当 V_6 截止时，+15V 电源通过 R_{25} 给 V_7 提供一个基极电流，使 V_7 饱和导通。同时 +15V 电源经 R_7、VD_5、V_7、接地点给 C_2 充电，充电结束时，C_2 左端电位 u_{C6}=+15V，C_2 右端电位约为 +1.4V，当 V_6 由截止转为导通时，u_{C6} 从 +15V 迅速跳变到 +0.3V，由于电容两端电压不能突变，C_2 右端电位从 +1.4V 也迅速下跳到 -13.3V，这时 V_7 立刻截止。此后 +15V 电源经 R_{25}、V_6、接地点给 C_2 反向充电，当充电到 C_2 右端电压大于 1.4V 时，V_7 又重新导通，这样，在 V_7 的集电极就得到了固定宽度的脉冲，其宽度由 C_2 的反向充电时间常数 $R_{25}C_2$ 决定。

d. 脉冲移相环节。脉冲移相环节主要由 V_6、U_c、U_b 及外接元件组成，锯齿波电压 U_{C5} 经 R_{24}，偏移电压 U_b 经 R_{23}，控制电压 U_c 经 R_{26} 在 V_6 的基极叠加，当 V_6 的基极电压 $U_{B6}>0.7V$ 时，V_6 管导通（即 V_7 截止），若固定 U_{C5}、U_b 不变，使 U_c 变动，V_6 管导通的时刻将随之改变，即脉冲产生的时刻随之改变，这样脉冲也就得以移相。

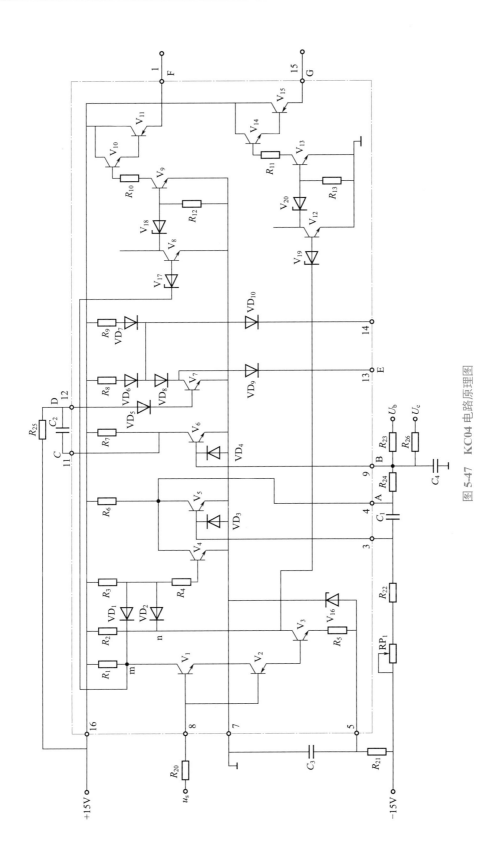

图 5-47 KC04 电路原理图

e.脉冲分选与放大输出环节。V_8、V_{12} 组成脉冲分选环节。功放环节由两路组成，一路由 $V_9 \sim V_{11}$ 组成，另一路由 $V_{13} \sim V_{15}$ 组成。在同步电压 u_s 一个周期的正负半周内，V_7 的集电极输出两个相隔 $180°$ 的脉冲，这两个脉冲可以用来触发主电路中同一相上分别工作在正、负半周的两个晶闸管。那么，上述两个脉冲如何分选呢？由图 5-48 可知，其两个脉冲的分选是通过同步电压的正半周和负半周来实现的。当 u_s 为正半周时，V_1 导通，m 点为低电平，n 点为高电平，V_8 截止，V_{12} 导通，V_{12} 把来自 V_7 集电极的正脉冲钳位在零电位。另外，V_7 集电极的正脉冲又通过二极管 VD_7 经 $V_9 \sim V_{11}$ 组成的功放电路放大后由 1 脚输出。当 u_s 为负半周时，则情况相反，V_8 导通，V_{12} 截止，V_7 集电极的正脉冲经 $V_{13} \sim V_{15}$ 组成的功放电路放大后由 15 脚输出。

电路中 $V_{11} \sim V_{20}$ 是为了增强电路的抗干扰能力而设置的，用来提高 V_8、V_9、V_{12}、V_{13} 的门坎电压，二极管 $VD_1 \sim VD_2$、$VD_6 \sim VD_8$ 起隔离作用，13 脚、14 脚是提供脉冲列调制和封锁脉冲的控制端。该集成触发电路脉冲的移相范围小于 $180°$，当 u_s=30V，其有效的移相范围为 $150°$。

f.波形图如图 5-48 所示。

② 触发板工作原理。由 KC04 与电阻和电容组成振荡电路。将由同步变压器提供的同步电压 U_{Ta}、U_{Tb}、U_{Tc} 分别接入三片 KC04 的 8 脚，通过 W_1、W_2、W_3 可调节锯齿波斜率，最终由 1 脚得到触发信号，再经 VT_1、VT_3、VT_5 的功率放大加到晶闸管的门极及阴极作为触发脉冲使用。

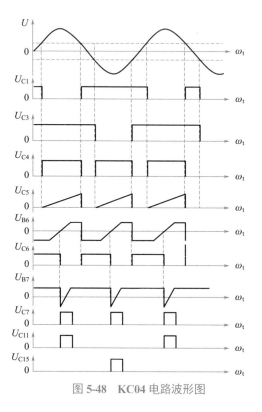

图 5-48 KC04 电路波形图

$VD_1 \sim VD_{12}$ 组成六个或门，其中 VD_{12} 与 VD_9、VD_7 与 VD_{10}、VD_3 与 VD_6、VD_1 与 VD_4、VD_{11} 与 VD_2、VD_5 与 VD_8 各组成一个或门，可输出六路双窄脉冲；三极管 $V_1 \sim V_6$ 起功率放大作用。

（3）触发板电路检修实例

触发板故障思维导图如图 5-49 所示。

故障现象：设备开环调试时，输出电压小于 300V。

观察现象：正常操作启动设备，调节给定电位器，随着给定电压的增加，输出电压也在增加，但是，当给定电压达到最大时，输出电压值达到了 250V 左右。

分析原因：产生此故障现象的原因主要有以下几个：

① 给定电压范围减小，没有达到设计最大值；

② 同步电路发生缺相故障；

③ 丢失触发脉冲；

④ 参数设置不合理；

⑤ 主电路缺相。

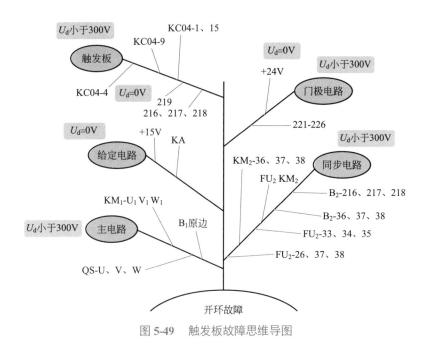

图 5-49 触发板故障思维导图

检修过程：按照"先易后难"的检修思路，将以上的原因排队，从最容易的原因开始，进行检修。

第一步：使用万用表直流挡位测量给定电压数值，正常值为 0 ～ 10V。测量结果正常。

第二步：测试调整参数。发现与参数标准值不符的参数，要将其调至标准值。如不能调至为标准值，则说明与此参数相关的电路有可能存在故障。

第三步：使用万用表检测同步电压回路，判断是否缺相。同步电路如图 5-50 所示。

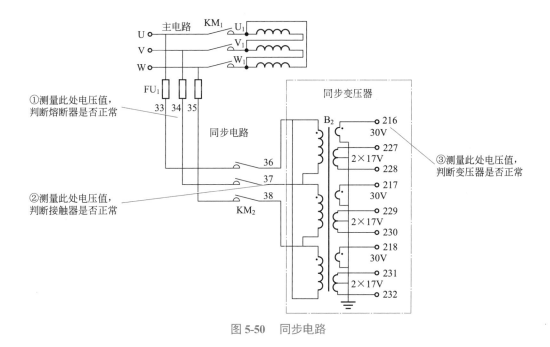

图 5-50 同步电路

先测量 33、34、35 号线之间的电压是否是 380V，以此判断熔断器 FU_1 是否正常。如果测量值不是 380V，可能是熔断器的熔芯已断或是电源有问题。测量值正常，可继续如下操作。

再检测 36、37、38 号线之间的电压是否为 380V，据此判断接触器 KM_2 常开触点吸合是否良好。如果测量值不是 380V，可能是接触器 KM_2 常开触点接触不良或接线接触不良。

最后检测变压器的副边 216、217、218 号线与参考地 200 号线之间的电压值是否是 30V，据此判断变压器的好坏及接线是否正确。

以上三处测试点的数值，如果有一处不正常都会造成输出电压达不到 300V。

处理方法：将损坏的元件或线路更换或修复。

▶ 5.7.7　隔离板电路检修

（1）隔离板电路的作用

隔离板电路的作用是将主电路（强电部分）与控制电路（弱电部分）隔离，使其只有磁的联系而无电的直接联系，保证人身安全。因为主电路输出的是直流电压，所以不能直接利用变压器进行隔离，需要利用电路进行处理。

实现隔离有两种方法。第一种方法是利用直流电流互感器，但是直流电流互感器工作时需要辅助变压器，体积大，不方便。第二种方法是将直流电变换为交流电，然后利用隔离变压器进行隔离，最后将隔离后得到的交流电进行整流，获得一个直流电压。第二种方法利用电子电路很容易实现。其中核心的问题就是如何将直流电信号变换为一个幅值与其成正比关系的交流电信号，为此可以采用斩波器。

斩波器是利用电子开关器件，将某一个直流电信号不断地导通、切断、导通、切断……从而在电子开关器件的输出端得到一个幅值与原始直流电信号相同的单极性方波信号。控制开关器件需要开关信号，可以利用振荡器来实现，例如运算放大器、555 时基电路、数字电路器件、分立元件构成的振荡器等，其振荡频率不能太低，否则可能引发隔离变压器磁化；振荡频率也不能太高，因为电路中隔离变压器属于电感元件，其建立磁通和磁势需要花费固定的时间，这主要与其磁芯材料有关。斩波器的电子开关器件的导通和关断时间可以不一样，这样就可以得到不同平均电压的方波信号。

（2）电压隔离板电路的组成

设备输出比较高的直流电压，如果直接从输出端引入反馈则十分危险，为了保证调压系统能正常工作以及确保操作人员的人身安全，设备采用了变压器隔离的措施。它的隔离工作都由隔离板完成，隔离板主要由振荡器、斩波器和电压隔离及整流输出部分组成，具体的电路如图 5-51 所示。

（3）电路原理分析

① 振荡电路的工作原理。由于每个晶体管的参数都不完全相同，导致了它们在相同环境下导通的速度也不相同。在相同情况下假设 VT_2 比 VT_1 先导通，如图 5-52 所示，在得电的瞬间 VT_2 的基极电流 I_B 使 VT_2 上的 I_C 上升，与此同时 I_C 也使它所连接的线圈产生了电动势

E_C，因为 VT_2 的基极、集电极和 VT_1 的基极、集电极都连接在同一磁芯的不同绕组上，四个绕组中的任意一个电流有变化，都会通过磁回路影响其他绕组。

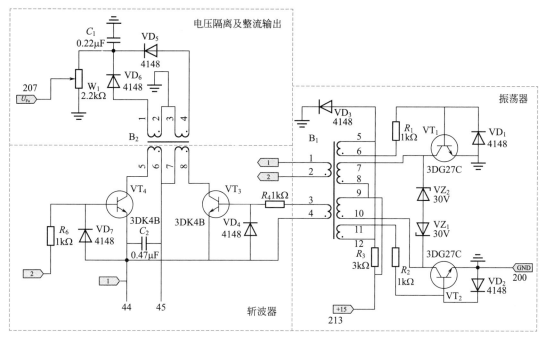

图 5-51　电压隔离板电路原理图

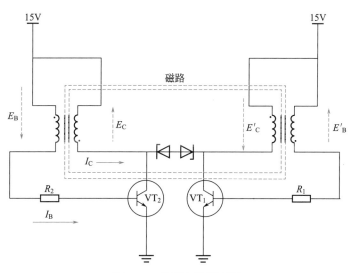

图 5-52　振荡电路原理图

当 E_C 产生时由绕组同名端可判别：在 VT_2 的基极绕组上产生一个电动势 E_B，使原来的 I_B 加强从而加速了 VT_2 的导通直到饱和。

E_C 使 VT_1 的基极产生一个方向与电源相反的电动势 E'_B，导致 VT_1 的基极电压很低，以至于 VT_1 无法导通。

E_C 使 VT_1 的集电极产生一个方向与电源相同的电动势 E'_C，当 VT_1 的集电极电压高于稳压管击穿电压时，VT_1 集电极上的电压就通过 VT_2 释放。VT_2 进入饱和后，由公式 $E=Ldi/dt$ 可知 E_C 慢慢减弱，与此同时 E_B、E'_B、E'_C 也开始减弱，当 E'_B 减弱到一定程度时，即 VT_1 的基极电压升高到一定值时 VT_1 突然导通，VT_1 再次重复上述 VT_2 导通到饱和的过程，两个晶体管如此反复循环工作使变压器 B_1 次级绕组感应出一个方波信号，然后将信号送到斩波器。

工作过程：+15V 的直流电源经振荡变压器绕组 B_1 的 9 脚、10 脚加于 VT_2 的集电极，经电阻 R_3，绕组 B_1 的 12 脚、11 脚，R_2 加于 VT_2 的基极，+15V 电源经绕组 B_1 的 8 脚、7 脚加于 VT_1 集电极，经电阻 R_3，绕组 B_1 的 5 脚、6 脚，R_1 加于 VT_1 的基极。此时，VT_1、VT_2 同时具备了导通条件，但由于 VT_1，VT_2 的参数不完全一致，导致了其中一个三极管优先导通工作。

以 VT_1 优先导通为例，VT_1 导通，导致 VT_2 集电极电位下降，VT_2 截止，当 VT_1 饱和时，由于 $U_{CE}=0.3V$，而 $U_{BE}=0.7V$ 而使 VT_1 截止，VT_2 导通。

VT_1、VT_2 的轮流导通，使绕组 B_1 的 7 脚、8 脚 和 9 脚、10 脚轮流流过电流。电流方向为 8 脚到 7 脚、9 脚到 10 脚，而 8 脚 和 10 脚 为同名端，所以在 1 脚、2 脚 和 3 脚、4 脚上产生互差 180° 的信号，而且频率为 2kHz 左右。当 2kHz 的方波产生以后，振荡变压器的输出波形如图 5-53 所示。

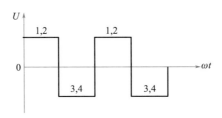

图 5-53　振荡变压器的输出波形图

判断振荡电路是否工作可以用以下几种方法：

a. 直观法，振荡电路工作时应有蜂鸣声。

b. 仪表测量法，使用万用表测量绕组 B_1 的 1 脚、2 脚 和 3 脚、4 脚 时应有 3.3V 左右的电压。

c. 仪器测量法，用示波器应能看到 2kHz 左右的方波。

② 隔离电路的工作原理。隔离电路如图 5-54 所示，44 号线和 45 号线是反馈信号，45 为正值。振荡器在 B_1 的 1 脚、2 脚和 3 脚、4 脚上产生方波，当 2 脚为正值，1 脚为负值时即 VT_4 导通时，3 脚为负值，4 脚为正值，即 VT_3 截止；VT_4 导通时，45 号线上的电流通过 B_2 的 6 脚进入 VT_4 的集电极回到 44 号线，由于 B_2 的初级绕组通入了电流，在其次级绕组上便感应出了电动势。当 2 脚为负值 1 脚为正值即 VT_4 截止时，3 脚为正值 4 脚为负值，即 VT_3 导通，VT_3 导通时 45 号线上的电流通过 B_2 的 7 脚进入 VT_3 的集电极回到 44 号线，两个晶体管如此循环工作，使 B_2 次级感应出连续的电压，该电压经过整流滤波回馈给控制电路。

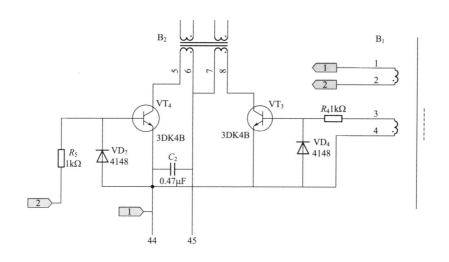

图 5-54 隔离电路

工作过程。44 号线、45 号线为取自主电路的电压反馈信号，其中 45 号线上的电位高于 44 号线上的电位，即 45 号线为正，44 号线为负。

当 1 脚、2 脚输出时，VT_4 管饱和导通，此时隔离变压器的原边绕组 5 脚、6 脚接通反馈电压，即 6 脚正、5 脚负，而副边 1 脚、2 脚产生电压，2 脚正、1 脚负。

当 3 脚、4 脚输出时，VT_3 管饱和导通，此时，隔离变压器的原边绕组 7 脚、8 脚接通反馈电压，即 7 脚正、8 脚负，而副边 3 脚、4 脚产生电压，3 脚正、4 脚负。

隔离变压器原边绕组约 1.8Ω，副边绕组约 2.0Ω，同时具有一定的升压作用，用于补偿调制电路的损耗。斩波器经隔离变压器，产生 2kHz 信号，将 45 号线与 44 号线的直流信号调制成 2kHz 交流信号，再经 VD_5、VD_6 组成的全波整流电路变为直流电压作为反馈信号使用。由于隔离器的隔离作用，控制系统与高电压的主电路不发生直接的电联系，因此设备工作安全可靠。

（4）隔离板电路检修实例

故障现象：设备闭环状态下，稍加给定电压，输出电压就能达到 220V。

观察现象：启动设备后，调节给定电压电位器，给定电压很小，输出电压就能达到 220V。再增加给定电压时，输出电压并不随之而变化。

分析原因：设备在闭环状态下，输出电压由给定电压和反馈电压共同决定。如果只有给定电压，而没有反馈电压，积分电路的输入信号始终不为 0，积分过程一直持续到电容两端电压达到最大并保持。就会使控制电压达到最大，从而使输出电压达到最大 220V。具体原因可能有：电压取样电路有问题；隔离板电路有问题；电压反馈电路有问题。电压取样电路、电压反馈电路如图 5-55 所示。

检修过程：

第一步：检测 44、45 号线之间是否有电压，据此判断取样电路是否正常。使用万用表直流电压挡测量，数值正确。说明电压取样电路正常。

第二步：在隔离板电路反馈电压输出端测量反馈电压数值，据此判断隔离板电路是否正常工作。测量数值为 0V，说明该电路存在问题。

第三步：检测隔离板电路。使用万用表测量 1 脚、2 脚 和 3 脚、4 脚 之间应有 3.3V 左右的电压。检测时 1 脚、2 脚 之间有 3.3V 左右的电压，而 3 脚、4 脚 之间只有很小的电压。据此可以推断出隔离板电路中的振荡电路有问题。

第四步：使用万用表的电阻挡位检测判断三极管。检测结果表明组成振荡电路的两个三极管的发射结都已经断路。

处理方法：更换同型号的三极管。

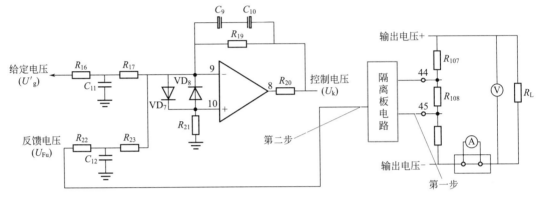

图 5-55　电压取样电路、电压反馈电路

5.7.8　设备单元电路分析

（1）主电路

DSC-Ⅲ型晶闸管直流调压柜的主电路的核心是由六个晶闸管组成的三相全控桥式整流器（简称三相全控桥），如图 5-56 所示。

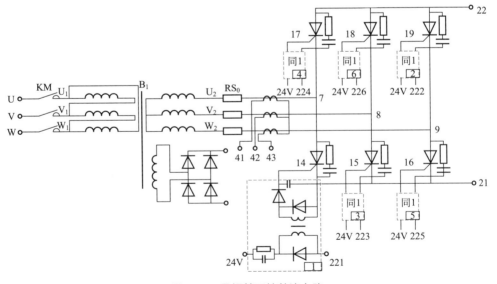

图 5-56　晶闸管可控整流电路

主电路以三相全控桥为核心，三相交流电经交流接触器KM引至整流变压器B_1原边，经电压变换后，过快速熔断器引至三相桥式可控整流电路，经整流后，输出直流电源，向负载馈送电能。通过控制晶闸管整流元件的导通角度，就可以调节整流电路的输出直流电压。其最大输出电压为：$U_{do}=2.54U_\varphi=1.35U_L=1.35\times215\approx290(V)$。式中，$U_\varphi$为相电压，$U_L$为线电压。

晶闸管可控整流系统，需要有同步变压器为控制电路提供同步信号，以配合主电路。同步就是使两个交流信号在相位上保持某一种对应关系。DSC-Ⅲ型晶闸管直流调压柜的同步变压器也采用的是△/Y_0-11接法，所以其同步电压和整流桥的输入电压同相位，同步电压为30V。同时同步变压器还有额外绕组，给控制电路提供工作电源。

另外整流变压器B_1还有一个额外的副边绕组，其输出电压为245V，经单相整流桥整流后变为220V直流电源，可以作为他励直流电动机的励磁电源。

（2）保护电路

为了使六个晶闸管安全可靠地进行工作，设计控制电路时考虑了很多因素。

① 为了保护每个晶闸管不受瞬间过电压损坏或者误导通，给每一个晶闸管均并联了阻容电路。

② 为了保护晶闸管元件不因过电流而烧毁，在电路中设计了快速熔断器。过电流产生的原因一般是负载短路、晶闸管元件被击穿、导线掉落搭接等。

③ 为了对晶闸管元件进行控制，同时为了安全，每个晶闸管元件门极都连接了以脉冲变压器为核心的门极触发电路。门极触发电路的脉冲变压器保证了强电工作部分（晶闸管元件）和弱电控制部分（电子电路）电气上的隔离，防止高电压串入低电压，从而引发危险。门极触发电路原理如图5-57所示（其中绘出了$1^\#$晶闸管的触发电路，其他的相同）。

门极触发电路中的电阻是限流保护电阻，是为了防止触发脉冲过宽时脉冲变压器饱和，从而导致脉冲变压器线圈失去感抗，大电流流过脉冲变压器线圈进而导致线圈烧毁而设计的。电容是加速电容，是为了在触发脉冲的前沿产生强触发效果，加速晶闸管导通过程而设计的。和脉冲变压器线圈并联的二极管是泄放二极管，是

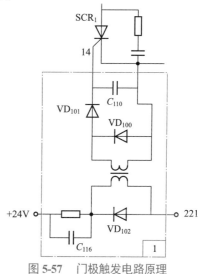

图5-57　门极触发电路原理

为了给门极触发电路在脉冲消失的时候线圈里面的感应电动势一个泄放的通道，防止该感应电动势损坏别的元器件。和晶闸管门极串联的二极管的作用是保证晶闸管门极只能获得正向脉冲，防止晶闸管门极承受负电压损坏或误动作。

④ 为了进一步保护主电路不受由电网而来的瞬间过电压（一般由雷击、同一供电系统中某一个大容量负载突然启动或停止造成）损坏或者误导通，主电路中设计了三个电容进行三角形连接，来吸收过电压（利用了电容器两端电压不能突变的原理）。

为了将主电路电流信号检测出来参与控制，电路中设计了三个交流电流互感器来进行检测（只有不带续流二极管的三相全控桥式整流电路可以采取交流电流互感器检测电流的方法，

其他形式的可控整流电路均不可以利用交流电流互感器,只能利用直流电流互感器检测主回路电流)。

⑤ 在三相可控整流电路工作时,由于在负载上获得的是缺角正弦波,其中将含有大量的高次谐波,高次谐波使电网电压波形发生畸变,会降低电网的功率因数。影响最大的高次谐波为三次谐波(高次谐波的影响系数与该谐波次数的阶乘成反比),为了消除三次谐波的影响,在主电路中采用了原边连接成三角形的变压器。另外一般将变压器的副边连接成星形,可以获得一个零线(用来进行缺相检测)。

该变压器还有一个作用是降低输入三相整流桥的电压。在同样的输出电压要求下,如果输入三相整流桥的电压越低,则其触发角 α 越小,其导通角 β 越大,产生的高次谐波分量也就越小,同时主电路的电压波形和电流波形更容易连续。DSC-Ⅲ型晶闸管直流调压柜的变压器变比为 380/215。

连接成△/Y 的变压器原边和副边的电压在相位上会产生移动,DSC-Ⅲ型晶闸管直流调压柜所采用的变压器副边的电压相位比原边电压相位超前 30°,故连接组别为 11,所以其变压器为△/Y$_0$-380/215-11-4kV·A,其中的 4kV·A 为变压器视在容量。

⑥ 为了防止系统缺相运行,从而导致系统输出电压不平滑,主电路中还设计了缺相检测电路,是利用了三相交流电通过电容器进行矢量合成的原理构成,电路原理如图 5-58 所示。当不缺相时,三相电压矢量和为零,缺相检测电路没有输出电压;当发生一相缺相时,三相电压矢量和将不为零,其矢量和的电压大小等于单相相电压,方向与缺相电压相反;当发生两相缺相时,显而易见,缺相检测电路将获得剩余一相的相电压。

⑦ 为了指示整流输出的状态,电路中装配了直流电压表(0 ～ 300V 刻度)和直流电流表(0 ～ 30A 刻度)。该直流电流表是和与其并联分流器(FL)配套使用的,其实质上是一个 75mV 的直流电压表,刻度盘是根据需要改装的。分流器是一个标准电阻,当流过 30A 电流时,其电压降正好等于 75mV(即恰好满偏)。为了实现电压反馈控制,需要将装置的输出直流电压进行分压采样,送到控制电路中进行控制。反馈电路、电流表、电压表的连接如图 5-59 所示。

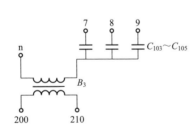

图 5-58 缺相检测电路原理

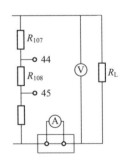

图 5-59 反馈电路、电流表、电压表的连接

由于晶闸管元件维持导通时需要流过晶闸管元件的电流大于其维持电流 I_H,所以晶闸管元件构成的可控整流装置调试时必须具有一定的负载。电阻箱是一种纯电阻性负载,使用时要注意其容量,不要超过其额定电流。

（3）低压封锁电路

为了防止系统电机在给定信号很小的时候出现爬行现象，在设计时应考虑保护电路，低压 / 低速封锁电路（也叫零速封锁电路）就能防止此现象的发生。低压 / 低速封锁电路原理如图 5-60 所示。

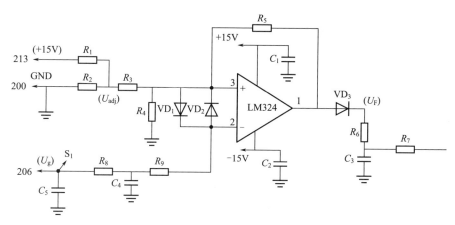

图 5-60　低压 / 低速封锁电路原理

低压 / 低速封锁电路主要由运算放大器 LM324 及电阻和二极管等元件构成近似电压比较器。为防止放大倍数过大，取电阻 R_5 的阻值为 2MΩ，二极管 VD_3 是为了防止负电压加到积分运算放大器的输入端，造成电机转速失控而设计的。低速基准电压 U_{adj} 由 R_1 和 R_2 分压获得，当给定电压 U_g 小于基准电压 U_{adj} 时，该电路起作用。

按照电路图，设计时选择 $R_3=R_8+R_9$，故 LM324 芯片的 1 脚的输出电压应该等于（$U_{adj}-U_g$）R_5/R_3，如果 R_5 阻值远大于 R_3，那么该电路就能近似作为一个电压比较器使用。

当 $U_g < U_{adj}$ 时，运算放大器输出端 1 脚为 +15V，二极管 VD_3 导通，$U_F \approx +15V$。该电压与给定积分器的输出信号 U_g' 及反馈电压信号综合叠加后作用于积分运算放大调节器输入端，将会抵消掉 U_g'（因为 U_g' 正常工作时是负值），使放大器的输出电压 U_k 小于 0V，故晶闸管电路输出电压 U_d=0V。

当 $U_g > U_{adj}$ 时，运算放大器输出端 1 脚为 -15V，二极管 VD_3 截止，U_F=0V。此时低压 / 低速封锁电路不起作用，不影响调节电路的正常工作。

（4）电压负反馈电路

在自动控制中，如果欲使某一个输出量保持不变，最直接的办法是在系统的输出端对输出信号进行变换采样（即利用观测器进行观测），然后将其采样信号送入系统的输入端与输入信号进行比较，得出偏差（即误差比较），利用该偏差对系统进行控制修正，使系统能够减小甚至消除该偏差（即偏差控制）。因为是输入信号与采样信号比较求偏差，所以两者肯定是相减的关系，即采样信号是用于削弱给定信号的。这种将被控量进行变换采样，使之成为与输入量相同性质的物理量，并送回到输入端，用以与输入信号相叠加进行控制的作用即为反馈，采样信号削弱给定信号的反馈称为负反馈。

判别晶闸管调速系统反馈环节信号的极性可用如下方法：先用电压表测量反馈信号的极性，然后将反馈信号的一端与调节器输出端连接，另一端暂时空着，用手把反馈回路悬空的一端与调节器输入端碰触一下立即离开,观察在碰触的瞬间,调节器的输出量是增大还是减少,如果减少则表明反馈信号为负反馈;若增大则表明是正反馈。注意,必须经过检查判明极性后,才可将反馈信号线接好。

各种软反馈(如微分反馈等)环节,同样可用上述办法判别极性,但软反馈只有在输出或被调量发生变化时才有信号,输出稳定后,反馈信号消失。如果是负反馈环节,则在将反馈信号接通的瞬间,输出量应瞬时减小,然后又马上恢复到原来的稳定值。同样,当反馈信号断开的瞬间,输出应当瞬时增大;反之,如果在反馈信号接通与断开的瞬时,输出量的变化与上述过程相反,则表明是正软反馈。

DSC-Ⅲ型直流调压柜采取的是电压负反馈,反馈电压信号由装置的直流电压输出端经取样电路,在电阻 R_{108} 上由 44 号和 45 号线取出,送到隔离板上,经隔离电路和调制解调电路处理后,由电位器 W_1 的中心点输出给调节板的 207 号线(U_{Fu})。反馈信号 U_{Fu}(大于零的正值),经校正环节后,加至 LM324 的 9 脚。给定信号 U_g 经过给定积分环节输出 U'_g,U'_g 与 U_{Fu} 综合后作用于积分运算放大调节器,其电路原理如图 5-61 所示。$U'_g<0$,$U_{Fu}>0$,U'_g 与 U_{Fu} 极性相反,因此为负反馈。其作用是稳定转速,提高机械特性,加快过渡过程。

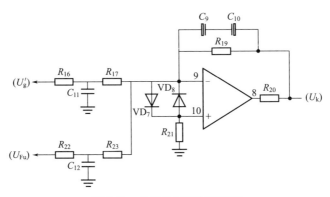

图 5-61　电压负反馈电路原理

（5）电流截止负反馈

在主电路的交流侧通过交流互感器将信号（41 号线、42 号线、43 号线）取出,经三相桥式整流电路整流,将整流桥输出直流电压利用电阻进行分压,中心点接到零点位,将会获得 $+U_{fi}$ 和 $-U_{fi}$ 两个信号,其电路如图 5-62 所示。

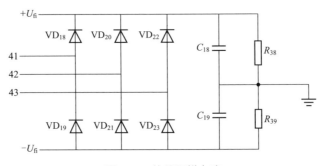

图 5-62　信号取样电路

电流截止负反馈电路原理如图 5-63 所示。W₃ 电位器从 +U_{fi} 获得与主电路电流成正比关系的电流反馈信号，合理设置截流整定电位器 W₃ 的中心抽头，调节反馈强度，使主电路正常工作时，其中心抽头电压小于 VZ₂ 的稳压值与 VD₁₁ 的管压降之和，稳压管不会被击穿，此时电流反馈信号电压对电路没有任何影响；当主电路电流增加（一般设定为 $1.25I_e$），其中心抽头电压大于 VZ₂ 的稳压值与 VD₁₁ 的管压降之和时，稳压管被击穿导通，其中心抽头电压与 VZ₂ 稳压值相减后，通过 R_{30} 与给定积分器的输出信号 U'_g 在积分运算电路的输入端叠加，使 U_k 值减小，从而使输出电压变低。R_{30} 的阻值大小决定了对输出电压降低的影响程度。

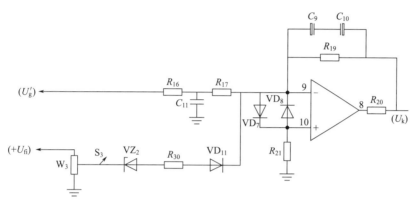

图 5-63　电流截止负反馈电路原理

电流截止负反馈只能作用于直流电动机负载，它可以使电动机获得挖土机特性，即当负载电流 $I<1.25I_e$ 时，电流截止负反馈不影响电路，此时电路中只有电压负反馈起作用，系统获得较硬的机械特性；当 $I>1.25I_e$ 时，由于电流截止负反馈的作用使电动电枢两端电压下降，有效地进行过载保护，且当负载减小后还可以自动恢复正常进行。

（6）正负限幅电路

限幅电路原理图以及其输出特性见图 5-64，工作原理分析如下。

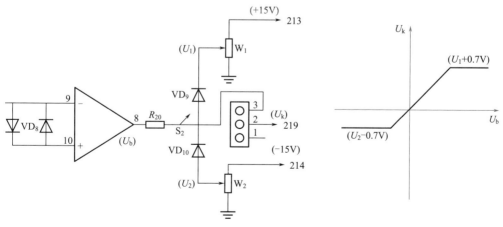

图 5-64　限幅电路原理图及其输入输出特性

① W_1 为正限幅电位器。调节 W_1 中心抽头的位置，可使 U_1 为某一固定正电压值。当运算放大器 8 脚电压值 U_b 小于 $U_1+0.7V$ 时，二极管 VD_9 不导通，$U_k=U_b$；当 $U_b > U_1+0.7V$ 时，二极管 VD_9 导通，因为 U_1 固定，所以 $U_k=U_1+0.7V$ 也相对固定。故电压 U_k 只能在 $U_1+0.7V$ 以下变化。

② W_2 为负限幅电位器。调节 W_2 中心抽头的位置，可使 U_2 为某一固定负电压值。当 U_b 值大于 U_2 时，二极管 VD_{10} 不导通，$U_k=U_b$；当 $U_b<U_2-0.7V$ 时，二极管 VD_{10} 导通，因为 U_2 固定，所以使 $U_k=U_2-0.7V$ 也相对固定。故电压 U_k 只能在 $U_2-0.7V$ 以上变化。

限幅电路控制 U_k 值在 $U_2-0.7V \sim U_1+0.7V$ 之间变化，调节合理的 U_1 及 U_2 可以有效地限制 U_k 的变化范围，从而控制最小触发角 α_{min} 及最大触发角 α_{max} 的大小（在某些系统中用来限定最小逆变角 β_{min} 和最小触发角 α_{min}）。

第**6**章

机床电气电路分析与检修

检修机床电气控制电路离不开电气图纸和技术资料。作为检修人员必须了解机床电气控制电路制图的一般规则，这是看懂各种电气控制图的基础。在检修中，会经常用到电气原理图、接线图和其他图纸资料。

6.1 继电控制典型电路

6.1.1 位置控制电路

位置控制电路又称行程控制或限位控制电路。位置控制就是利用机械运动部件上的挡铁与位置开关碰撞，使其触点动作来接通或断开电路，以实现对机械运动部件的位置或行程的自动控制。位置控制如图 6-1 所示。位置开关（行程开关、限位开关）是一种将机械信号转换为电气信号，以控制运动部件位置或行程的自动控制电器。

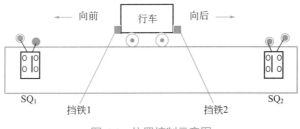

图 **6-1** 位置控制示意图

位置控制电路原理如图 6-2 所示。图中，QS 为电源开关；FU₁ 为电路短路保护熔断器；FU₂ 为控制电路短路保护熔断器；KM₁ 为电动机 M 正转运行控制接触器，主触点接通电动机三相电源，辅助触点实现自锁和互锁功能；KM₂ 为电动机 M 反转运行控制接触器，主触点接通电动机三相电源，辅助触点实现自锁和互锁功能；SQ₁ 为行程开关常闭触点，控制行车正向移动位置；SQ₂ 为行程开关常闭触点，控制行车反向移动位置。

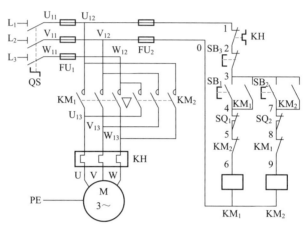

图 6-2　位置控制电路原理

① 正转运行过程。合上组合开关 QS，按下正转启动按钮 SB₁，KM₁ 线圈得电，KM₁ 自锁触点闭合自锁，KM₁ 联锁触点分断对 KM₂ 联锁，KM₁ 主触点闭合，电动机 M 启动连续正转，行车向前移动，移至限定位置，挡铁 1 碰撞位置开关 SQ₁，SQ₁ 常闭触点分断，KM₁ 线圈失电，KM₁ 自锁触点分断解除自锁，KM₁ 主触点分断，KM₁ 联锁触点分断解除联锁，电动机 M 停止。

② 反转运行过程。合上组合开关 QS，按下正转启动按钮 SB₂，KM₂ 线圈得电，KM₂ 自锁触点闭合自锁，KM₂ 联锁触点分断对 KM₁ 联锁，KM₂ 主触点闭合，电动机 M 启动连续反转，行车向前移动，移至限定位置，挡铁 2 碰撞位置开关 SQ₂，SQ₂ 常闭触点分断，KM₂ 线圈失电，KM₂ 自锁触点分断解除自锁，KM₂ 主触点分断，KM₂ 联锁触点分断解除联锁，电动机 M 停止。

在此电路基础上，增加两个行程开关，可实现电动机自动正反转运行，拖动机械结构实现往复运动。机械结构实现往复运动示意图如图 6-3 所示，往复运动控制电路如图 6-4 所示。工作原理可自行分析。

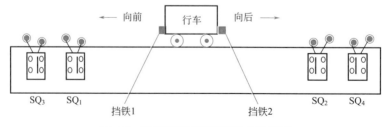

图 6-3　机械结构实现往复运动示意图

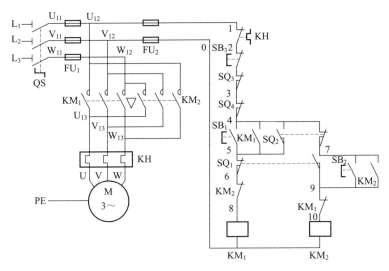

图 6-4　往复运动控制电路

6.1.2　顺序控制电动机电路

在实际生产中，设备中有两台或两台以上电动机，这些电动机的启动、停止顺序是按照工艺要求而设计的。实现顺序控制的电路有多种，可从主电路中实现，也可以从控制电路中实现。一般都从控制电路实现顺序控制。图 6-5 所示是顺序控制电路，其控制过程如下。

闭合组合开关 QS，按下按钮 SB_1，KM_1 线圈得电，KM_1 自锁触点闭合自锁，KM_1 主触点闭合，电动机 M_1 启动连续运转；按下按钮 SB_2，KM_2 线圈得电，KM_2 自锁触点闭合自锁，KM_2 主触点闭合，电动机 M_2 启动连续运转。由以上分析可知，只有当接触器 KM_1 线圈得电后其常开触点 4-5 闭合后，接触器 KM_2 的线圈才具备通电条件。

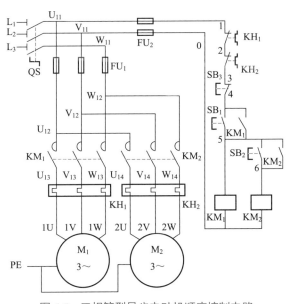

图 6-5　三相笼型异步电动机顺序控制电路

⯈6.1.3 Y-△降压启动控制电路

Y-△降压启动控制电路如图 6-6 所示。所谓 Y-△降压启动控制就是在启动时，定子绕组首先接成星形，电动机启动，待转速上升到接近额定转速时，将定子绕组的接线由星形转换成三角形，电动机便进入了全压正常运行状态。这种控制方法常用于正常运行时定子绕组接成三角形的三相异步电动机，可以采用 Y-△降压启动的方法来达到限制启动电流，延长接触器的使用寿命。

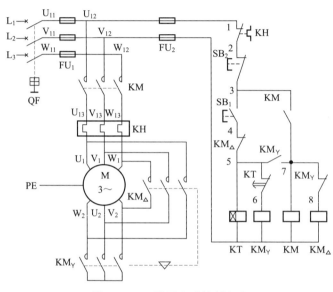

图 6-6　Y-△降压启动控制电路

Y-△降压启动控制电路启动过程如下：合上电源开关 QF，按下 SB₁，KMY、KT 线圈得电，KMY 常开触点 5-7 闭合，KMY 联锁触点 7-8 分断对 KM△ 联锁，KMY 主触点闭合，KM 线圈得电，KM 自锁触点 3-7 闭合自锁，KM 主触点闭合，电动机 Y 形降压启动。

当电动机运行一段时间后，KT 到设定值时间，KT 常闭触点 5-6 断开，KMY 线圈失电，KMY 联锁触点 7-8 闭合，KMY 常开触点 5-7 分断，KMY 主触点分断，解除 Y 形连接。KM△ 线圈得电，KM△ 主触点闭合，KM△ 联锁触点 4-5 分断对 KMY 联锁，KT 线圈失电，电动机接成△形全压运行。停止时，按下 SB₂ 即可实现。

⯈6.1.4　反接制动控制电路

（1）反接制动

反接制动是利用改变电动机电源的相序，使定子绕组产生相反方向的旋转磁场而产生制动转矩的一种制动方法。其制动原理如图 6-7 所示。当向上闭合 QS 时，电动机定子绕组电源相序为 L_1-L_2-L_3，电动机将沿旋转磁场方向（如图中顺时针方向），以 $n < n_1$ 的转速正常运转。当电动机需要停转时，可拉下开关 QS，使电动机先脱离电源（此时转子由于惯性仍按原方向旋转），随后，将开关 QS 迅速向下接通，由于 L_1、L_2 两相电源线对调，电动机定子绕组电源相序变为 L_2-L_1-L_3，旋转磁场反转（逆时针方向），此时转子将以 n_1+n 的相对转速

沿原转动方向切割旋转磁场，在转子绕组中产生感生电流，其方向可用右手定则判断出来。而转子绕组一旦产生电流，又受到旋转磁场的作用，产生电磁转矩，其方向可由左手定则判断出来。可见此转矩方向与电动机的转动方向相反，使电动机受制动迅速停转。

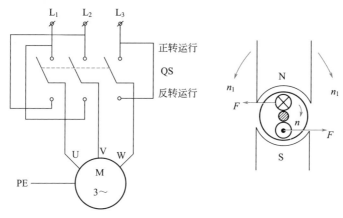

图 6-7　反接制动原理

反接制动时，由于转子与旋转磁场的相对速度接近于两倍的同步转速，所以定子绕组中流过的反接制动电流相当于全电压直接启动时电流的两倍，因此反接制动的特点是制动迅速、效果好、冲击大，通常仅适用于 10kW 以下的小容量电动机，并且对 4.5kW 以上的电动机进行反接制动时，为了减小冲击电流，通常要求在电动机主电路中串接一定的电阻以限制反接电流。

反接制动的关键在于电动机电源相序的改变，且当转速下降接近于零时，能自动将电源切除。单相反接制动控制电路如图 6-8 所示。

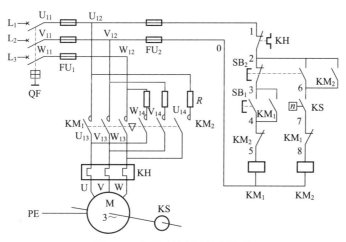

图 6-8　单相反接制动控制电路

单相反接制动控制电路工作过程如下：闭合 QF 接通电源，按下 SB$_1$，接触器 KM$_1$ 线圈得电，KM$_1$ 自锁、断开 KM$_2$ 线圈控制回路、接通电机电源，电动机启动，当转速达到一定值时，速度继电器常开触点闭合，为制动做准备。当需要制动时，按下 SB$_2$，其常闭触点断开、常开触点接通，接触器 KM_1 线圈失电，自锁功能失效，主触点暂时断开电动机电源。同时与 KM_2 的互锁触点接通，KM_2 线圈得电，与 KM_1 线圈互锁触点断开，主触点串接电阻接通电动机绕组，电动机转速下降至一定转速时，速度继电器常开触点断开，接触器 KM_2 线圈失电，与 KM_1 线圈的互锁触点闭合，主触点断开电动机的电源，电动机停转，制动结束。

（2）能耗制动控制电路

能耗制动（又称动能制动）是通过在定子绕组中通入直流电以消耗转子惯性运动的动能来进行制动的。

能耗制动的优点是制动准确、平稳，且能量消耗较小。缺点是需附加直流电源装置，设备费用较高，制动力较弱，在低速时制动力矩小。因此能耗制动一般用于要求制动准确、平稳的场合，如磨床、立式铣床等的控制电路中。

能耗制动是定子中通入直流电后，定子里建立了一个恒定磁场，而转子由于惯性仍按原方向转动，根据右手定则，可判定这个感应电流与直流磁场相互作用产生的电磁力 F 的方向，如图 6-9 所示，这个电磁力是作用在转子上的，其方向正好与电动机的旋转方向相反，所以能起到制动的作用。显然制动转矩的大小与所通入的直流电流的大小和电动机的转速有关。转速越高，电流越大，磁场越强，产生的制动转矩就越大。但通入的直流电流不能太大，一般为异步电动机空载电流的 3 ～ 5 倍，否则会烧坏定子绕组。

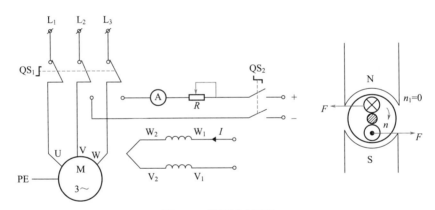

图 6-9　能耗制动原理

能耗制动一般有两种方法：对于 10kW 以下小容量电动机一般采用无变压器单相半波整流能耗制动自动控制电路；对于 10kW 以上容量较大的电动机，多采用有变压器全波整流能耗制动自动控制电路。单相半波整流能耗制动自动控制电路如图 6-10 所示。

能耗制动工作过程如下：闭合电源开关 QS 接通电源，按下 SB_1，KM_1 线圈得电，KM_1 自锁触点闭合，KM_1 联锁触点分断对 KM_2 联锁，KM_1 主触点闭合，电动机启动运转。

能耗制动过程：按下复合按钮 SB_2，其常闭触点先断开，常开触点后闭合。KM_1 线圈失电，KM_1 联锁触点闭合，KM_1 自锁触点断开，KM_1 主触点断开。KM_2 线圈得电，KT 线圈得电，KM_2 联锁触点分断对 KM_1 联锁，KM_2 自锁触点闭合，KM_2 主触点闭合，KT 常开触点瞬时闭合，电动机接入直流电能耗制动，KT 常闭触点延时后分断，KM_2 失电，KM_2 主触点断开，切断电动机直流电源并停止能耗制动。

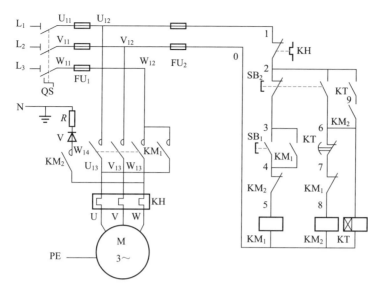

图 6-10 单相半波整流能耗制动自动控制电路

6.1.5 双速电动机控制电路

（1）双速电动机定子绕组的连接

双速电动机定子绕组的△/YY接线图如图 6-11 所示，通过改变六个出线端与电源的连接方式，就可以得到两种不同的转速。要使电动机在低速工作时，就把电动机定子绕组接成△形，若要使电动机高速工作，这时电动机定子绕组接成 YY 形。

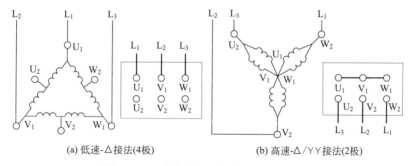

(a) 低速-△接法(4极)　　　　　　　(b) 高速-△/YY接法(2极)

图 6-11　双速电动机三相定子绕组接线图

（2）双速电动机控制电路

双速电动机控制电路如图 6-12 所示。

双速电动机高速运转时的转速是低速运转转速的两倍，值得注意的是双速电动机定子绕组从一种接法改变为另一种接法时，必须把电源相序反接，以保证电动机的旋转方向不变。

三角形（△）低速启动过程：闭合电源开关 QS 接通电源。按下启动按钮 SB_1 常闭触点 9-10 断开，接触器 KM_2、KM_3 线圈不能得电。同时 SB_1 常开触点 4-5 闭合，使得 KM_1 线圈得电，KM_1 自锁触点 4-5 闭合、KM_1 常闭触点 10-11 分断，使得 KM_2、KM_3 线圈不能得电，实现互锁。KM_1 主触点闭合，电动机接成三角形（△）低速启动运转。

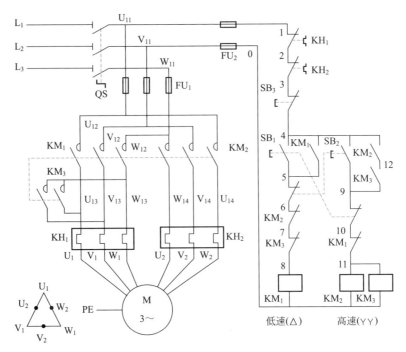

图 6-12　双速电动机控制电路

YY 形高速启动过程：按下 SB$_2$，SB$_2$ 常闭触点 5-6 断开，SB$_2$ 常开触点 4-9 闭合，KM$_1$ 线圈失电，KM$_1$ 自锁触点 4-5 断开，KM$_1$ 联锁触点 10-11 闭合，KM$_1$ 主触点断开，KM$_2$、KM$_3$ 线圈同时得电，KM$_2$、KM$_3$ 自锁触点 4-12、12-9 闭合、KM$_2$、KM$_3$ 联锁触点 6-7、7-8 分断对 KM$_1$ 联锁，KM$_3$ 主触点闭合，KM$_2$ 主触点闭合，电动机接成 YY 形高速自动运转。停止时，按下 SB$_3$ 即可实现。

6.2　电气线路一般检修过程

继电控制电路广泛应用于工业设备的运动控制，特别是传统机床控制电路。一般而言被控对象是交流电动机，其主要实现逻辑控制功能和电路的自动接通与断开，实现小功率器件控制大功率设备。

6.2.1　检修一般过程

继电控制电路维修工作是一个复杂的过程，不同的行业、不同的故障、不同的维修人员对故障的处理手段有可能是不同的，但是，维修过程却大致相同。一般过程如下。

① 准备工作。领到"维修工作任务单"后要做以下准备工作：询问用户工厂坐落地点、交通情况、联系人和联系方式；询问用户故障情况；根据了解的情况，制定维修预案，如人员、材料、费用等；提出备件计划，办理相关审批手续，从物资仓库领取备件；提出借

款计划，办理借款手续，从财务部门借款；准备维修时所用工具、仪表和资料；办理出差票务。

②现场调查。主要是针对故障现象向操作者了解情况。发生故障时有无报警？如有报警，报警号是多少？故障现象有哪些？越详细越好。故障发生时，有无异味？有无异常声音？故障发生时，机床处于什么状态？是刚启动还是在加工中？是手动还是自动方式？发生故障时加工的工件程序是什么？此程序以前是否使用过？如果是加工状态，那么主轴转速是多少？进给轴进给速度是多少？进给量是多少？工作液供给状态是否正常？以前是否发生过同样的故障？是否曾经维修过？如果已修理过，那么做了哪些处理？

③现场勘查。在现场要通过亲眼所见和通过有目的的观察来收集信息。如设备安装在什么位置？周围有无强干扰源存在？设备安装位置是否有利于散热？设备安装的环境是否有粉尘？电源供给、接地是否合理？机床保养是否良好？电气元件有无损坏痕迹？机床有无碰撞痕迹？连线、管路有无明显脱落、松动现象？

④分析推断。根据所得到的信息，结合使用手册、图纸的阅读，进行初步分析，将故障区域确定。

⑤检测判断。在初步确定的故障区域内进行检测，并把检测到的数据、波形与原来正确的数据、波形对照分析，最后判断出故障元件或故障线路。

⑥恢复验证。将故障元件修复或替换、修复故障线路后，要进行功能验证。不仅要验证原来失效的功能恢复后的正确性，还要验证其他功能是否受到检修的影响。一切正常后，说明维修工作可以转到下一阶段。

⑦整理现场。将现场恢复到原来状态。将电气线路整理好，导线要规整到线槽中，盖好线槽盖，线槽外的导线要固定；拆卸的零件、护板要复原；收拾、清点工具种类和数量；清理现场杂物。做完以上工作，要再次开机验证机床的相应功能，以保证检修后机床正常工作。

⑧反馈信息。将此次故障原因、部位及检修过程如实向用户反馈。并提醒用户今后要注意的事项。在维修中，如果在原来基础之上做过改动，一定要特别说明，最好以文字或图纸的形式交给用户存档。

⑨填写报告。机床经用户验收合格后，维修人员要认真如实填写"维修报告单"。

⑩记录总结。维修人员对维修过程要有详细记录，并对其进行分析总结。

⑪汇报。向主管汇报工作情况，提交"维修工作任务单"和"维修报告单"。送还没有使用的元器件，报销费用。

▶ 6.2.2 故障检修步骤

检修工作一般分为五步进行：故障前的调查；确定故障范围；查找故障点；排除故障和通电试车。

在检修步骤中，发现或找出故障点是检修工作的难点和重点。在寻找故障点时，一定要注意区分故障的原因，是属于电气故障还是机械故障；是属于电气线路故障还是电气元件的结构故障。

（1）如何发现故障

故障总是以一定的现象表示出来，首先要确定线路正常状态，这样才能比较出线路不正常状态时的现象，如电动机，正常运转时声音轻而平滑，无噪声且温升正常。不正常时，则与正常状态相反，这就是比较。然后再根据现象去查找产生该现象的原因。知道什么是对的才能知道什么是错的。根据故障现象，依据原理图找出发生故障的部位或发生故障的回路，并尽可能地缩小故障范围。检修前学生必须对原理图进行分析，如：主电路有几种负载，同一种负载有几个，它们的工作形式是什么，保护的形式，受控的电气元件种类及与控制电路的关系，控制电路中各支路之间存在哪些关系等。避免误判断和盲目的检测行为。

（2）如何尽快分析出故障原因

对继电控制电路原理基本上能够理解，初步掌握了电气元件动作原理及分析电路控制过程的方法，通过检测电路正确与否的过程为检修打下基础。检修主要以常见机床电气控制电路为基础，了解机床的机械原理、操作方法、电器的安装方法及位置、电气与机械是否有联锁等，只有对检修对象充分地了解，才能使检修工作得以顺利进行。

了解机械加工设备，实地观察设备的运行及生产加工过程，了解控制电器和被控电器相对的安装位置，增加感性认识。再有，就是如何看懂电气设备的控制线路图，电气原理图的复杂程度与机械设备对电气控制的方式有关，综合性较强。通过主电路了解电动机（或其他用电器）的配置情况及其控制方式。

在分析图纸时，首先，分清主电路和辅助电路。然后，从主电路的电动机（或其他负载）着手，看上面电路有哪些控制电气元件的主触点、电阻等，根据它们的组合规律就可以大致判断电动机是否有正、反转控制，是否有减压启动控制，是否有制动控制，是否要求调速等。还应注意那些满足特殊要求的特殊部分，再把各环节串起来分析。这样，再看辅助电路时，就能做到心中有数，有的放矢。

（3）如何分析复杂控制电路

① 了解器件的作用。从非电磁器件下手。在电气控制电路图的辅助电路中，有许多行程开关、转换开关以及压力继电器、温度继电器等。这些电气元件触点的动作不是依靠电磁力作用，而是依靠外力实现状态改变的。因此，必须先把引起这些触点动作的外力或因素找到。行程开关由机械联动机构来触压或松开，而转换开关一般由手工操作。这样，它们的触点在设备运行过程中便处于不同的工作状态，触点的闭合或断开分别满足不同的控制要求。行程开关、转换开关触点的不同工作状态，单凭看电路图很难搞清楚，必须结合设备说明书、电气元件明细表来明确其用途、操纵行程开关的机械联动机构、触点闭合成断开的不同作用、触点在闭合或断开状态下电路的工作状态等。

② 化整为零，顺藤摸瓜。根据电动机主电路控制接触器主触点文字符号，在辅助电路中找出控制该电动机接触器线圈及其相关电路，这就是控制该电动机的局部电路（或称为分支电路）。然后顺序找出该接触器在其他电路中的辅助动合触点、动断触点，这些触点为其他接触器、继电器得电、失电提供条件或各为互锁、联锁提供条件，引起其他电气元件动作，驱动执行电器。

控制电动机的局部电路可能仍然很复杂，有时还需要进一步分解，直到分解为基本控制电路。例如：根据接触器的启动按钮两端是否直接并联该接触器的辅助动合触点，可将电路分解为点动电路和连续控制电路；根据转换开关，可将电路分解为手动、自动控制电路、正反转控制电路并找出其共同的电路部分；根据通电延时继电器、断电延时继电器的得电、失电，可将电路分解为两种不同的工作状态；根据行程开关组合或者行程开关、转换开关组合，将电路进行分解，可以将辅助电路一步一步地分解成基本控制电路，然后再综合起来进行总体分析。

③ 分解辅助电路。若电动机主轴连接有速度继电器，则表明该电动机采用按速度控制原则组成的停车制动电路。若电动机主电路中接有整流器，则表明该电动机采用能耗制动停车电路。接触器、继电器得电、失电后，其所有触点都要动作，但其中有的触点动作后，立刻使其所在电路的接触器、继电器、电磁铁等得电或失电，而其中有些触点动作后，并不立即使其所在电路的接触器、继电器、电磁铁动作，而是为它们得电、失电提供条件。因此，在分析接触器、继电器电路时，必须找出它们的所有触点（有的电路图中给出线圈的触点的图区编号）。根据各种电气元件（如速度继电器、时间继电器、电流继电器、压力继电器、温度继电器等）在电路中的作用进行分析。与基本控制电路进行比较，对号入座进行分析。

（4）如何进行现场检修

① 现场勘查，询问情况，观察现象。机床出现电气故障后，在现场，首先应向操作者了解故障发生前后机床的详细情况。如故障发生的时间、现象（有无异常的响声、冒烟、冒火和气味）等，并询问机床的日常使用情况以及易出故障的部位等。

在现场重点查看热继电器等保护类电器是否已动作，熔断器的熔丝是否熔断，各个触点和接线处是否松动或脱落，导线的绝缘是否破损甚至短路。断开电源，用手触摸电动机及各种电器的表面有无过热现象（设备已工作一段时间）。在设备还能通电运行时，则注意听电动机、接触器运行时的声音是否正常。

② 分析原因。根据勘察所得信息，再结合电气原理图进行分析，罗列所有可能产生故障的原因，初步判断故障的可能范围，按照以往经验或难易程度，将其排序。然后仔细地检查，一个一个地排除可能产生故障的原因，逐步缩小故障范围，直至查出故障点。

③ 检测排查。对故障范围内的有关电气元件进行常规检查，如烧灼的痕迹、裂纹、接线端子氧化等。通电检查时应特别注意人身及设备的安全，不能随意触及带电部件并注意避免发生短路事故。

通电检查的一般顺序为：先检查控制电路，后检查主电路；先检查交流电路，后检查直流电路；先检查主令开关电路，后检查继电器接触器控制电路。

通电检查的一般方法是：操作某一局部功能的按钮或开关，观察与其相关的接触器、继电器等是否动作正常。若动作顺序与控制线路的工作原理不相符，即说明与此相关的电路中存在着故障。通电检查时应尽可能断开主电路，仅在控制电路带电的情况下进行，以避免运动部件发生误碰撞，造成故障进一步扩大。总之，应充分估计到局部线路动作后可能发生的各种后果。

④ 排除故障。确认故障点以后，根据具体情况进行排除操作，然后验证。

现场检修步骤如图 6-13 所示。

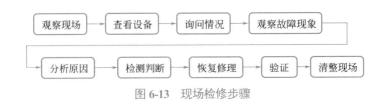

图 6-13 现场检修步骤

6.3 车床控制电路故障检修

6.3.1 车床控制电路故障检修思路

在检修过程中，识读分析电路图是必不可少的环节。分析电路图的一般顺序是电源、主电路、辅助电路（控制电路）。了解电源的性质，是直流还是交流，是三相电源还是单相，主电路中有几种负载，电动机有几台，它们各自由谁控制，控制回路的组成等。控制电路中线圈的电压是否经过变压器供电，控制电路的各个回路与主电路的对应关系，每个线圈得电的操作开关的类别等。

分析电路时要以电流回路为指导思想，按功能以流程的方式或以回路中元器件端子的线号标注写成流程的方式进行分析。

要先排除故障，就必须学会观察故障现象，若故障现象分辨不清，则谈不上故障分析。所谓现象就是故障时的一些表征，如电动机缺相。缺相的表征是什么，电动机不能正常旋转起来，会发出"嗡嗡"声；若时间过长电动机严重发热，会有漆包线烧焦的味道。现象还会告诉我们控制电动机的控制电路是否正常；主电路的三相电源至电动机的绕组是否少了一相；是器件原因还是线路原因待查。但是，缺少的是哪相电源，我们可以从接触器灭弧罩的散热孔看出，有电弧的不缺相，缺相的没有电弧。故障点的确切位置还需用万用表进行测量。

分析故障，节点的选择很关键。以器件的自然断点为界分上下。对于主电路的检测，可以采用上竖、下横、看中间的方法（电阻挡）。对于控制电路的检测，可以采用交叉电压定范围、逐段查找故障的方法。

6.3.2 检修实例

图 6-14 是 CA6140 型卧式车床控制电路图。

故障现象：主轴电动机不能启动。

分析原因：图 6-15 是主轴相关电路。由图可以看出主轴电动机由接触器 KM 主触点接通电源。此类故障从两方面分析，一是主电路，另外就是控制回路。主电路相对简单，器件少，主要有 KM、KH$_1$，而控制回路相对复杂。一般而言如接触器 KM 吸合，而电动机不转可能是主电路缺相造成的；也可能是热继电器动作而造成的。顺着此思路，那就要重点检测主电路的器件和线路。如果按下 SB$_2$，没有听到 KM 吸合的声音，这说明控制回路有问题，那就要重点检测控制回路了。一般而言使用电压法比较方便直观。

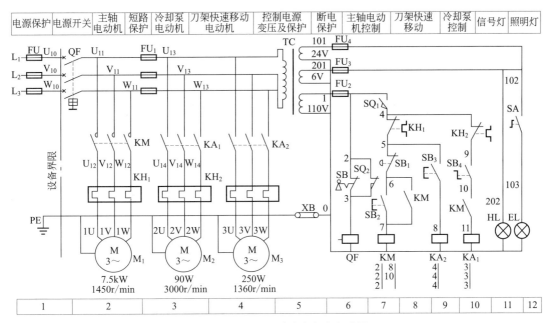

图 6-14   CA6140 型卧式车床电路图

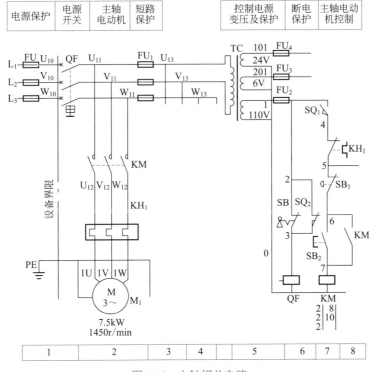

图 6-15   主轴相关电路

检测过程：接通电源后，使用万用表检测变压器 TC 副边 110V 绕组电压是否正常；如果正常，再检测 2-4 之间是否有电压，以此判断限位开关 SQ 是否正常；然后依次检测 4-5、5-6、6-7 之间是否有电压。哪两点间有电压就说明两点间有断路，就是故障点所在之处。为了确保判断正确，可断电后，使用电阻法检测其线路通断和器件的好坏。

处理方式：更换损坏的器件。

表 6-1 是 CA6140 型卧式车床电路常见故障、原因和处理方法。

表 6-1　CA6140 型卧式车床电路常见故障

常见故障现象	故障原因	处理方法
主轴电动机运行中停车	热继电器 KH_1 动作	找出 KH_1 动作的原因，排除
主轴电动机 M_1 不能停止	KM 主触点熔焊；停止按钮 SB_1 被击穿或线路中 5、6 两点连接导线短路；KM 铁芯端面被油垢粘牢不能脱开	更换按钮 SB_1；清洁铁芯端面油垢
主轴电动机 M_1 启动后不能自锁	接触器 KM 的自锁触点接触不良或连接导线松脱	更换 KM；修复连线
照明灯 EL 不亮	灯泡损坏；FU_4 熔断；SA 触点接触不良；TC 二次绕组断线或接头松脱；灯泡和灯头接触不良等	可根据具体情况采取相应的措施修复

6.4　磨床控制电路检修

▶ 6.4.1　M7130 平面磨床电气控制电路工作过程

M7130 平面磨床电气控制电路比较简单，主要是工作台自动往返，进刀量采用的是液压控制，省去了许多电气控制元件，控制电路中各回路之间的联锁也不多。一个比较特别的控制回路就是电磁吸盘的充磁和去磁。电磁吸盘的充磁和去磁是相反的两个工作过程，充磁是磨床的加工过程，去磁则是完成加工取下工件的过程。但是，若去磁时间过长，电磁吸盘被反向磁化，工件就会重新被牢牢吸附在电磁吸盘上。图 6-16 是 M7130 平面磨床电气控制电路。由图 6-16 可知，砂轮电动机和冷却泵电动机均受接触器 KM_1 控制，同时启停。液压电动机由接触器 KM_2 控制。当不使用电磁吸盘时，要闭合 QS_1 才能工作。使用电磁吸盘时不能闭合 QS_1，否则当电磁吸盘没有吸力或吸力不足时，机床仍工作，这样会造成工件移位或飞出而造成的工件报废或人身伤害。QS_2 是电磁盘充磁和去磁转换开关。KA 为欠电流继电器，但流过其线圈的电流小于设定值时，KA 常开触点 3-4 就不会闭合，砂轮电动机和冷却泵电动机就不能启动，以防止电磁吸盘没有吸力或吸力不足时，造成工件移位或飞出。

M7130 平面磨床电气控制电路工作过程：接通电源后，变压器 T_1、T_2 得电，HL 电源指示灯亮。整流桥 VC 得电输出电压，向左闭合 QS_2，施加于欠电流继电器 KA 线圈，电磁吸盘 YH 得电产生磁力，KA 常开触点 3-4 闭合为砂轮工作提供条件。按下 SB_1，接触器 KM_1 线圈得电，其常开触点 5-6 自锁，主触点闭合接通砂轮电动机和冷却泵电动机。按下 SB_3，KM_2 线圈得电，液压泵电动机得电工作。

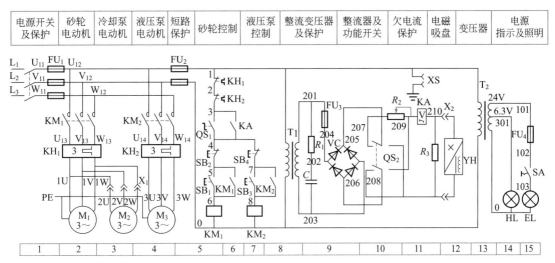

电源开关及保护	砂轮电动机	冷却泵电动机	液压泵电动机	短路保护	砂轮控制	液压泵控制	整流变压器及保护	整流器及功能开关	欠电流保护	电磁吸盘	变压器	电源指示及照明

1	2	3	4	5	6	7	8	9	10	11	12	13	14	15

图 6-16　M7130 平面磨床电气控制电路

▶ 6.4.2　检修实例

故障现象：电磁盘没有吸力或吸力不足。

分析原因：一般原因为电磁吸盘损坏或整流电路出现问题。

检测流程：检测此类故障原因步骤如图 6-17 所示。

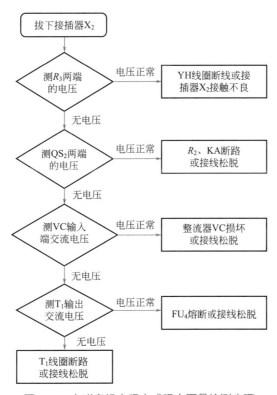

图 6-17　电磁盘没有吸力或吸力不足检测步骤

6.5 钻床电气控制电路检修

明白了机床的动作顺序和操作期间的特殊结构，对于机修益处多多。钻床的电气控制特殊环节是摇臂升降、立柱和主轴箱的放松与夹紧。由于电气检修设备没有机械和液压系统，无法看到电气与之配合的现场，所以在检修时要依靠手来拨动限位开关，以实现电路的控制要求。

电路控制的重点是摇臂升降的过程，上升或下降时摇臂要先放松，再做上升或下降动作，到位后自动完成夹紧动作。电动机的供电方式、十字开关和鼓形开关、摇臂的上升（下降）、立柱的转动过程。这些都是电路的特殊之处，也是机械设备的特殊之处。如十字开关和鼓形开关的使用，与使用按钮开关的区别，为什么电路中要加入零压保护；摇臂和立柱在调整时需要先松开，再调整，然后夹紧，这些动作由哪些电气元件控制等，找出其电流回路，使分析和检修变得更加容易。

▶ 6.5.1 Z3050 型摇臂钻床电路分析

图 6-18 是 Z3050 型摇臂钻床控制电路图。电路由主电路和控制电路及辅助电路组成。主电路有四台电动机，除冷却泵电动机采用开关直接启动外，其余三台异步电动机均采用接触器控制启动。QF_1 为电源开关，QF_1 中的电磁脱扣作为 M_1 的短路保护电器；KM_1 主触点控制 M_1 的单向旋转，主轴的正反转由机械手柄操作；冷却泵电动机 M_4 功率小，由开关直接启动和停止；主轴电动机 M_1 带动主轴及进给传动系统，装在主轴箱顶部；摇臂升降电动机 M_2 装于主轴顶部；液压松夹电动机 M_3 供给夹紧装置压力油，实现摇臂和立柱的夹紧和松开。

控制电路电源由控制变压器 TC 降压后供给 110V 电压，熔断器 FU_1 作为短路保护。为了保证操作安全，本机床具有"开门断电"功能，由 SQ_4 控制。所以开车前应将立柱下部及摇臂后部的电门关闭，方能接通电源。闭合 QF_3 及总电源开关 QF_1，则电源指示灯 HL_1 点亮，表示机床的电气线路进入带电状态。

（1）主轴电动机 M_1 的控制

按启动按钮 SB_3，KM_1 通电吸合，KM_1 闭合自锁，M_1 启动运行，KM_1 常开触点闭合，指示灯 HL_2 点亮。按下停止按钮 SB_2，接触器 KM_1 释放，使主电动机 M_1 停止旋转，同时指示灯 HL_2 熄灭。

（2）摇臂升降控制

摇臂上升控制电路如图 6-19 所示。

摇臂上升控制电路动作顺序如下：按住上升按钮 SB_4，KT_1 通电吸合，瞬时闭合的动合触点闭合，KM_4 线圈通电吸合。其结果：当 KM_4 线圈通电吸合时，液压松夹电动机 M_3 启动正向旋转，供给压力油。压力油经分配阀体进入摇臂的"松开油腔"，推动活塞移动，活塞推动菱形块，将摇臂松开。活塞杆通过弹簧片使 SQ_2 动作，常闭触点打开，切断了 KM_4 的线圈电路，液压松夹电动机停止工作。KM_2 线圈通电吸合，摇臂升降电动机 M_2 启动正向旋转，带动摇臂上升。当摇臂上升到所需位置时，松开 SB_4，KM_2 和 KT_1 线圈断电，KT_1 常闭触点

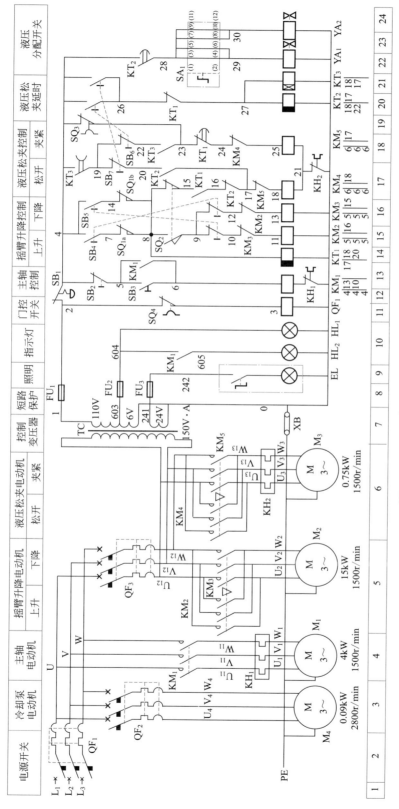

图 6-18 Z3050 型摇臂钻床控制电路图

延时闭合，KM₅ 吸合，SQ₃ 断开。KM₂ 和 KT₁ 线圈断电，M₂ 停止工作，随之摇臂停止上升。当 KM₅ 吸合时，液压松夹电动机 M₃ 反向旋转，随之泵内压力油经分配阀进入摇臂的"夹紧油腔"，摇臂夹紧；在摇臂夹紧的同时，活塞杆通过弹簧片使 SQ₃ 的动断触点断开，KM₅ 断电释放，最终 M₃ 停止工作，完成了摇臂的松开、上升、夹紧的整套动作。

摇臂下降控制：SB₅ 是下降按钮，下降过程与前面叙述的上升过程相似，请自行分析。

（3）摇臂升降的保护电路

摇臂升降的保护措施如图 6-19 所示。

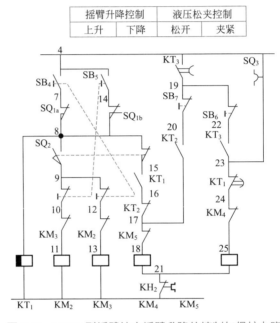

图 6-19　Z3050 型摇臂钻床摇臂升降的控制与保护电路

当摇臂上升到极限位置时，SQ₁ₐ 动作，接触器 KM₂ 断电释放，M₂ 停止运行，摇臂停止上升；当摇臂下降到极限位置时，SQ₁ᵦ 动作，接触器 KM₃ 断电释放，M₂ 停止运行，摇臂停止下降；KM₂、KM₃ 辅助常闭触点互锁，避免因操作失误等原因而造成主电路电源短路；SB₄、SB₅ 复合按钮互锁避免因操作失误等原因而造成主电路电源短路；热继电器是为了防止液压夹紧系统出现故障，不能自动夹紧摇臂，或者由于 SQ₃ 调整不当，在摇臂夹紧后不能使 SQ₃ 的常闭触点断开，液压松夹电动机因长期过载运行而损坏。其整定值应根据液压松夹电动机 M₃ 的额定电流进行调整。

（4）立柱和主轴箱的夹紧与松开控制

立柱和主轴箱的松开（或夹紧）既可以同时进行，也可以单独进行，由转换开关 SA₁ 和复合按钮 SB₆（或 SB₇）进行控制，如图 6-20 所示。复合按钮 SB₇ 是夹紧控制按钮，复合按钮 SB₆ 是松开控制按钮，均为点动控制。转换开关 SA₁ 有三个位置。扳到中间位置时，电磁铁 YA₁、YA₂ 得电吸合，立柱和主轴箱的松开（或夹紧）同时进行；扳到左边位置时，电磁铁 YA₁ 单独得电吸合，立柱夹紧（或放松）；扳到右边位置时，电磁铁 YA₂ 单独得电吸合，主轴箱夹紧（或放松）。

（5）立柱和主轴箱同时松开、夹紧

立柱和主轴箱同时松开或加紧的控制如图 6-20 所示。操作如下：将 SA₁ 扳到中间位置，按下按钮 SB₆，KT₂ 和 KT₃ 线圈同时得电，KT₂ 常开触点瞬时闭合，KT₂、KT₃ 常开触点闭合，电磁铁 YA₁、YA₂ 得电吸合，KT₃ 常开触点经 1～3s 后闭合，KM₄ 线圈得电吸合，液压松夹电动机 M₃ 正转，供出的压力油进入立柱和主轴箱松开油腔，使立柱和主轴箱同时松开。

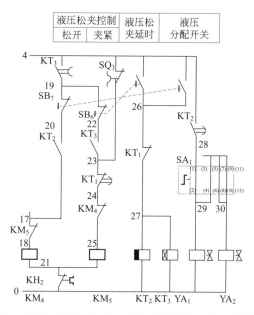

图 6-20　Z3050 型摇臂钻床立柱和主轴箱的夹紧与松开控制

按下夹紧控制按钮 SB₇，立柱和主轴箱的同时夹紧过程与立柱和主轴箱同时松开的过程相似，请自行分析。

（6）主轴箱单独松开、夹紧

改变转换开关 SA₁ 的位置，则可使立柱单独松开或夹紧。其过程与立柱和主轴箱同时松开的过程相似。

6.5.2　故障检修实例

故障现象：主轴电动机 M₂ 不能启动。

分析原因：此类故障要先排除机械部分的原因。电动机不转，一般是电动机没有接通电源造成的。从图 6-18 中看到，主轴电动机的电源由接触器 KM₁ 的主触点接通或断开。如果接触器 KM₁ 能够正常吸合，那么可能是 KM₁ 的主触点接触问题，重点要检测电源和主电路。如果接触器 KM₁ 没有吸合，这时要重点检测 KM₁ 的控制回路。

检测：基于以上分析，我们先通电看一下 KM₁ 是否吸合。在确认无二次事故的情况下，接通电源，按下 SB₃ 按钮，结果，KM₁ 没有吸合。这样我们就把重点放在 KM₁ 的控制回路中。图 6-21 是主轴电动机的控制电路。

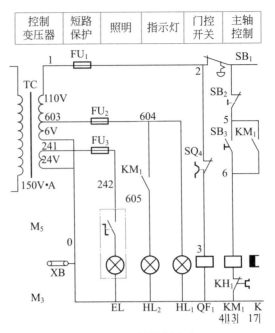

图 6-21　主轴控制电路

检测过程如下：使用万用表交流电压挡检测 1-0 之间的电压，若正常再检测 2-0 之间的电压，如果不正常，说明熔断器 FU_1 可能断路或接线断路。如果正常，则继续检测 KM_1 线圈回路中各元件两端的电压值，如果有电压值，说明该两点之间断路。要么是元件损坏，要么是线路断路。经检测接触器 KM_1 线圈两端有电压110V，说明线圈可能断路了。断电后，使用万用表电阻挡测量 KM_1 线圈电阻值为无穷大，确认 KM_1 线圈断路。

处理方式：更换同型号接触器。在更换之前需要确认所用接触器线圈电压值。

6.6　铣床控制电路检修

万能铣床是机械和电气结合比较紧密的典型机床，电气控制方面较复杂，接触器用的不多，但是，电路中的限位开关较多，而且多数采用复合方式控制，所以电流回路很多。图 6-22 是 X62W 型万能铣床控制电路。

在电路原理分析中，对于每种功能对应的电流回路，控制机械传动的过程，从电气原理图上是看不出来的。例如工作台向左移动，从电气原理图中可以看到，应该是由接触器 KM_3 控制，控制对象是进给电动机，而且是正转。闭合电路的开关有两个（并联），都可以使 KM_3 线圈得电，但分别控制工作台的运动方向是不一样的。向左移动的电流回路是：FU $6 \rightarrow 5 \rightarrow 7 \rightarrow 8 \rightarrow 9 \rightarrow 10 \rightarrow 13 \rightarrow 14 \rightarrow 15 \rightarrow 16 \rightarrow 17 \rightarrow 18 \rightarrow 12 \rightarrow 3 \rightarrow 2 \rightarrow 1 \rightarrow 0$。电路中有电流是因为 KM_1 线圈得电，其自锁触点闭合（进给工作的条件），此时再向左操纵手柄，压合 SQ_{5-1} 使 KM_3 线圈得电，进给电动机拖动机械装置，使工作台向左移动。故障检修前的试车环节很重要，因为故障现象判别不正确，会影响检修思路，所以要多观察故障现象。

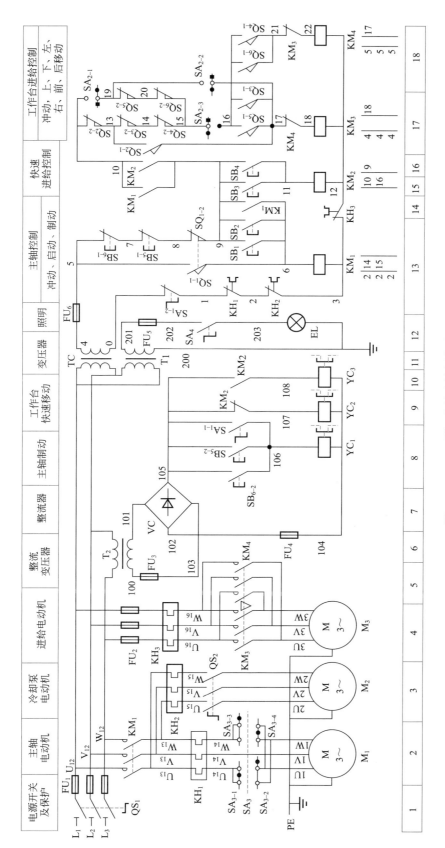

图 6-22　X62W 型万能铣床控制电路

275

6.6.1 X62W 型万能铣床控制电路分析

（1）主电路

主电路中共有三台电动机，电气控制原理如图 6-23 所示。

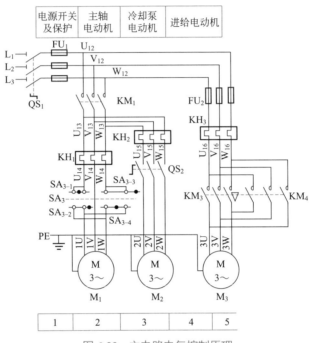

图 6-23　主电路电气控制原理

在此电路中熔断器 FU_1 为主轴电动机和冷却泵电动机共用熔断器，作短路保护。主轴电动机 M_1 拖动主轴带动铣刀进行铣削加工。冷却泵电动机 M_2 供应切削冷却液。进给电动机 M_3 通过操作手柄和机械离合器的配合拖动工作台进行前后、左右、上下 6 个方向的进给运动和快速移动。组合开关 QS_2 控制冷却泵电动机 M_2 启动与停止。KH_1、KH_2 用于电动机 M_1、M_2 的过载保护。SA_3 为电动机 M_1 的换向开关。

（2）主轴控制电路

控制电路的电源由控制变压器 TC 输入 110V 电压供电，由熔断器 FU_6 作短路保护。

① 主轴电动机 M_1 的控制。主轴电动机 M_1 的控制电路如图 6-24 所示。

变压器 T_2 和整流电路 VC 为电磁离合器提供所需要的直流电源。YC_1 是主轴制动用的电磁离合器，YC_2、YC_3 为快速进给离合器。KM_1 接触器是主轴电动机 M_1 的启动接触器，主轴电动机 M_1 采用两地控制方式（由 SB_1、SB_2、SB_5、SB_6 组成），一组安装在工作台上；另一组安装在床身上。主轴电动机是经过弹性联轴器和变速机构的齿轮传动链来实现传动的，可使主轴具有 18 级不同的转速（30 ～ 1500r/min）。

主轴电动机 M_1 的主电路和控制电路如图 6-25 所示。主轴电动机的启动过程如下：选择好主轴转速，然后合上 QS_1，接通电源。把主轴换向开关 SA_3 扳到所需的转向，其位置及动作说明如表 6-2 所示。按下启动按钮 SB_1 或 SB_2，KM_1 线圈得电，KM_1 自锁触点 9-6 闭合、

KM$_1$ 常开触点 10-9 闭合，为工作台进给电路提供了电源。KM$_1$ 主触点闭合，电动机 M$_1$ 启动运转。

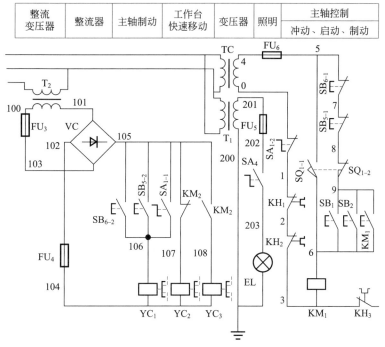

图 6-24　主轴电动机 M$_1$ 的控制电路

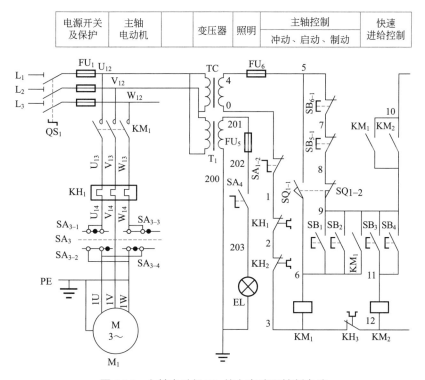

图 6-25　主轴电动机 M$_1$ 的主电路和控制电路

表 6-2　主轴换向开关 SA_3 的位置及动作说明

位置	正转	停止	反转
SA_{3-1}	–	–	+
SA_{3-2}	+	–	–
SA_{3-3}	+	–	–
SA_{3-4}	–	–	+

注："–"表示断开，"+"表示接通，下同。

② 主轴电动机 M_1 的制动。主轴电动机 M_1 的制动电路如图 6-26 所示。按下 SB_5 或 SB_6，常闭触点 SB_{5-1} 或 SB_{6-1} 断开，KM_1 线圈失电。KM_1 常开触点 9-6 复位，M_1 断电惯性运转。KM_1 常开触点 10-9 复位，断开进给电路电源，按下 SB_{5-2} 或 SB_{6-2} 使 YC_1 得电，M_1 制动停转。

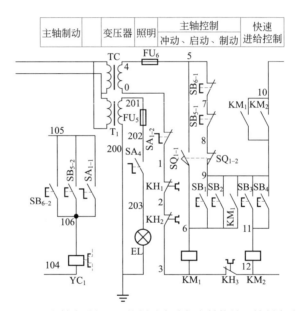

图 6-26　主轴电动机 M_1 的制动电路与主轴换铣刀控制电路

③ 主轴换铣刀控制。M_1 停转后并不处于制动状态，主轴仍可自由转动。在主轴更换铣刀时，为避免主轴转动，造成换刀困难，应将主轴制动，如图 6-26 所示。

将转换开关 SA_1 扳到换刀的位置，常闭触点 SA_{1-2} 断开，切断了控制电路，使铣床无法运行，保证了人身安全。换刀结束以后，应将转换开关 SA_1 扳回原位，常开触点 SA_{1-1} 复位，电磁离合器 YC_1 线圈失电，解除主轴制动。同时常闭触点 SA_{1-2} 复位，为主轴电动机的启动做好准备。

④ 主轴变速时的冲动控制（瞬时点动）。主轴变速操纵箱装在床身左侧，主轴变速由一个变速手柄和一个变速盘来实现。主轴变速时的冲动控制，是利用变速手柄与冲动行程开关 SQ_1 通过机械上的联动机构进行控制的，如图 6-27 所示。

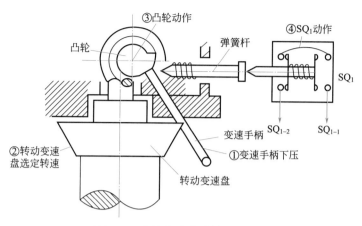

图 6-27　主轴变速冲动控制示意图

变速前应先停车。停车后，先把变速手柄下压，使手柄的榫块从定位槽中脱出，然后向外拉动手柄使榫块落入第二道槽内，使齿轮组脱离啮合。转动变速盘选定所需转速后，把手柄推回原位，使榫块重新落进槽内，使齿轮组重新啮合（这时已改变了传动比）。变速时为了使齿轮容易脱开和啮合，扳动手柄时电动机 M_1 会产生一下冲动。图 6-28 是主轴冲动电气控制图。在手柄拉出或推进时，手柄上装的凸轮将弹簧杆推动一下又返回。此时弹簧杆推动一下行程开关 SQ_1，使 SQ_1 的常闭触点 SQ_{1-2}（13 区）先分断，常开触点 SQ_{1-1}（13 区）后闭合，接触器 KM_1 瞬时得电动作，主轴电动机 M_1 瞬时启动；紧接着凸轮放开弹簧杆，行程开关 SQ_1 触点复位，接触器 KM_1 断电释放，电动机 M_1 断电。此时电动机 M_1 因未制动而惯性旋转，使齿轮系统抖动，在抖动时刻，将变速手柄拉出来或推进去时，齿轮顺利分离或啮合。

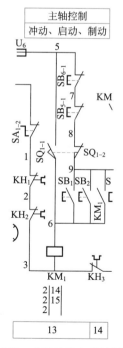

图 6-28　主轴冲动电气控制图

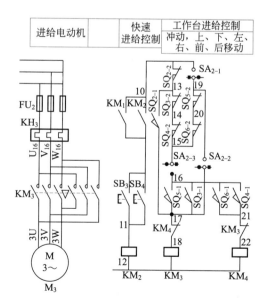

图 6-29　工作台的左右进给运动电路

操作变速手柄时应快速、连续，以免主轴电动机转速上升过快，发生碰齿，将齿轮打坏。当瞬时点动过程中齿轮传动机构没有实现良好啮合时，可以重复上述过程，直到啮合好为止。

（3）进给控制电路

① 工作台的左右进给运动。工作台的左右进给运动电路如图 6-29 所示。

SQ_{5-2} 常闭触点 19-20 或 SQ_{6-2} 常闭触点 20-15 断开，工作台的进给运动在主轴启动后方可进行。工作台的进给可在 3 个坐标的 6 个方向运动，但 6 个方向的运动是相互联锁的，不能同时接通。当手柄扳向右或左位置时，手柄压下行程开关 SQ_5 或 SQ_6，使常闭触点 SQ_{5-2} 或 SQ_{6-2} 断开。同时，通过机械机构将电动机 M_3 的传动链与工作台下面的左右进给丝杠相搭合，进给电动机 M_3 正转或反转拖动工作台向右或向左运动。工作台向右或向左进给到极限位置时，行程开关 SQ_5 或 SQ_6 复位，电动机的传动链与左右丝杠脱离，电动机 M_3 停止转动，工作台停止进给，实现了左右运动的终端保护。工作台左右进给手柄位置及其控制关系如表 6-3 所示。

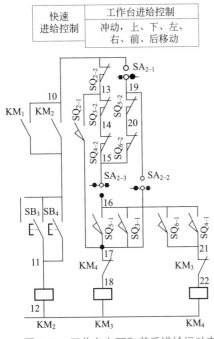

图 6-30 工作台上下和前后进给运动电路

表 6-3 工作台左右进给手柄位置及其控制关系

手柄位置	行程开关动作	接触器动作	电动机 M_3 转向	传动链搭合丝杠	工作台运动方向
右	SQ_5	KM_3	正转	左右进给丝杠	向右
中	—	—	停止	—	停止
左	SQ_6	KM_4	反转	左右进给丝杠	向左

② 工作台的上下和前后进给。工作台的上下和前后进给运动电路如图 6-30 所示。

手柄扳至中间位置时，行程开关 SQ_3 和 SQ_4 均未被压合，工作台无任何进给运动。当手柄扳至下或前位置时，手柄压下行程开关 SQ_3 使常闭触点 13-14 断开，常开触点 16-17 闭合，KM_3 得电吸合。接触器 KM_3 得电动作，电动机 M_3 正转，带动着工作台向下或向前运动。当手柄扳向上或后时，手柄压下行程开关 SQ_4，使 SQ_4 常闭触点 14-15 断开，常开触点 16-21 闭合，KM_4 得电吸合，电动机 M_3 反转，带动着工作台向上或向后运动。工作台的上、下、中、前、后进给手柄位置及其控制关系见表 6-4。

表 6-4 工作台上、下、中、前、后进给手柄位置及其控制关系

手柄位置	行程开关	接触器	M_3 转向	传动链搭合丝杠	工作台运动方向
上	SQ_4	KM_4	反转	上下进给丝杠	向上

手柄位置	行程开关	接触器	M_3 转向	传动链搭合丝杠	工作台运动方向
下	SQ_3	KM_3	正转	上下进给丝杠	向下
中	—	—	停止	—	停止
前	SQ_3	KM_3	正转	前后进给丝杠	向前
后	SQ_4	KM_4	反转	前后进给丝杠	向后

③ 圆形工作台的控制。圆形工作台电气控制原理如图 6-30 所示。

转换开关 SA_2 就是用来控制圆形工作台的。当需要圆工作台旋转时，将开关 SA_2 从断扳到通的位置，这时触点 SA_{2-1}（10-19）和触点 SA_{2-3}（16-17）断开。

触点 SA_{2-2}（19-17）闭合，电流经 $10 \rightarrow 13 \rightarrow 14 \rightarrow 15 \rightarrow 20 \rightarrow 19 \rightarrow 17$ 路径，使接触器 KM_3 得电，电动机 M_3 启动，通过一根专用轴带动圆形工作台做旋转运动。当不需要圆形工作台旋转时，转换开关 SA_2 扳到断的位置，这时触点 SA_{2-1} 和 SA_{2-3} 闭合，触点 SA_{2-2} 断开，以保证工作台在 6 个方向的进给运动。圆工作台的旋转运动和 6 个方向的进给运动也是相互联锁的。圆工作台选择开关 SA_2 位置及其控制关系如表 6-5 所示。

表 6-5　圆形工作台选择开关 SA_2 位置及其控制关系

开关位置	SA_{2-1}	SA_{2-2}	SA_{2-3}	接触器动作	圆工作台
接通	-	+	-	KM_3	旋转
断开	+	-	+	-	停止

④ 左右进给手柄与上下前后进给手柄的电气联锁控制。左右进给手柄与上下前后进给手柄的电气联锁电气控制原理与图 6-29 相同。

左右进给和上下前后进给分别用一个手柄操作控制，保证左右进给之间和上下前后进给之间的机械联锁。这两个手柄，只能进行其中一个进给方向上的操作，当一个操作手柄被置定在某一进给方向后，另一个操作手柄必须置于中间位置。把左右进给手柄扳向一侧时，则 SQ_5 或 SQ_6 将被压下，常闭触点 SQ_{5-2}（19-20）或 SQ_{6-2}（20-15）将断开。此时扳动上下前后进给手柄，则 SQ_3 或 SQ_4 将被压下，常闭触点 SQ_{3-2}（13-14）或 SQ_{4-2}（14-15）将断开。KM_3 或 KM_4 线圈断电释放，M_3 停转，保证了操作安全。

⑤ 进给变速时的冲动（瞬时点动）电气控制原理参见图 6-29。

进给变速时，与主轴变速时一样，为使齿轮进入良好的啮合状态，也要进行变速时的冲动控制。进给变速时，必须先把进给操纵手柄放在中间位置，然后将进给变速盘（在升降台前面）向外拉出，选择好速度后，再将变速盘推进去。

变速盘推进的过程中，挡块压下行程开关 SQ_2，使常闭触点 10-13 断开。接触器 KM_3 线圈经 $10 \rightarrow 19 \rightarrow 20 \rightarrow 15 \rightarrow 14 \rightarrow 13 \rightarrow 17$ 路径得电吸合。电动机 M_3 启动，但随着变速盘拉出或推进到位时，行程开关 SQ_2 复位，使 KM_3 断电释放，M_3 失电停转。这样使电动机 M_3 瞬时点动一下，齿轮系统产生一次抖动，齿轮便轻松脱开或顺利啮合。

⑥ 工作台的快速移动控制。为了提高劳动生产率，减少生产辅助工时，在不进行铣削加工时，可使工作台快速移动。6 个方向的快速移动进给是通过两个进给操作手柄和快速移动按钮配合实现的。工作台的快速移动电气控制原理如图 6-31 所示。

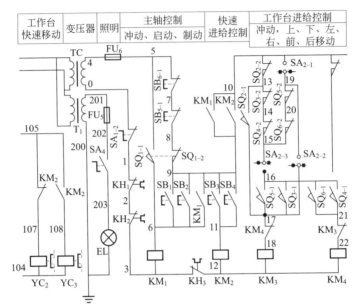

图 6-31　工作台的快速移动电气控制原理

安装好工件后，选好进给方向，按下快速移动按钮 SB_3 或 SB_4（两地控制）。KM_2 线圈得电，常闭触点 105-107 先分断，电磁离合器 YC_2 失电，将齿轮传动链与进给丝杠分离。KM_2 常开触点 105-108 后闭合，电磁离合器 YC_3 得电，将电动机 M_3 与选定进给丝杠直接搭合，使 KM_3 或 KM_4 得电动作，M_3 得电正转或反转，带动工作台沿选定的方向快速移动。松开 SB_3 或 SB_4，KM_2 线圈失电，快速移动停止。

▶ 6.6.2　检修实例

故障现象：接触器 KM_1（或 KM_2）能吸合，但主轴电动机不转动。

勘查现场：设备安装在普通机加工车间，从外观上看机床使用时间较长，但保养比较好。打开电气控制箱门，电器箱内布线比较整齐，有灰尘和油污。元器件没有明显因过热而造成的烧痕和斑迹。

询问调查：主要询问操作者故障发生时的机床工作状况。如故障是在加工时发生的，还是在空运行时发生的；是刚开机就发生了故障，还是在运行中发生的故障；发生故障时有什么现象；采取了哪些处理措施；以前是否发生过类似的故障。广泛收集信息，以便做出判断。

观察故障现象：如果情况允许，应亲自观察故障现象。在观察故障现象之前一定要确认开机后不会造成新的故障和损坏设备。

分析可能原因：根据故障现象，按照原理图和维修经验分析原因，如接触器 KM_1（或 KM_2）常开或常闭触点接触不良；热继电器 FR_1 的热元件断路；电动机 M_1 故障。

检修判断：按照原理图和接线图，由于接触器 KM_1 吸合，说明控制回路是正常的。检测重点要放在主回路上。主轴电动机和冷却泵电动机主电路如图 6-32 所示。找到元件安装位置和实际接线。使用万用表检测，从电源端到电动机的定子端逐一检查。重点先检测主电路中接触器、热继电器的触点接触是否良好，端子接线处是否牢固。

第一步：使用万用表交流电压挡位测量接触器 KM_1 的主触点下端端子处的电压，如果正常，说明接触器 KM_1 是好的。进行第二步检测。如果不正常，进行第三步检测。

第二步：使用万用表交流电压挡位测量热继电器 KH_1 的下端端子处电压值，不正常，判断故障元件是热继电器。

第三步：使用万用表交流电压挡位测量接触器 KM_1 的主触点上端端子处的电压值，发现电压值不正常，说明电源供给有问题。

第四步：使用万用表检测断路器发现断路器已损坏。

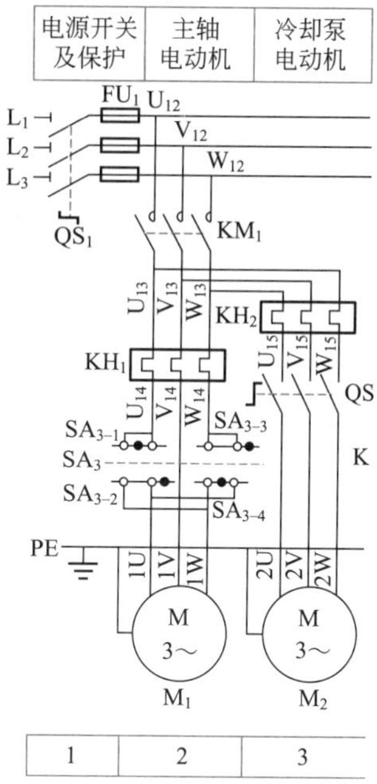

处理方法：更换同型号、同规格的断路器。

其他常见故障现象、可能原因和检测方法如表 6-6 所示。

图 6-32　主轴电动机和冷却泵电动机主电路

表 6-6　常见故障现象、可能原因、检测方法

序号	故障现象	可能原因	检测方法
1	主轴停车后又短时反转	KM_2 主触点释放迟缓	调节 KM_2 的反作用弹簧
2	按 SB_5 或 SB_6 主轴停转	KM_1 的主触点熔焊	更换 KM_1 的触点
3	工作台不能快速移动	KM_2、SB_3 或 SB_4 损坏	修复或更换相应元件
4	冷却泵电动机不转	KH_2，QS_2 损坏	修复或更换相应元件

6.7　T68 型卧式镗床检修

T68 型卧式镗床只有两台电动机，但是，控制电路的接触器、继电器却有 10 个之多，电气控制关系较复杂。主轴采用双速电动机，而且需正反转控制，它通过变速箱等传动机构带动主轴及花盘旋转，同时还带动润滑油泵；另一台电动机带动主轴的轴向进给、主轴箱的垂直进给、工作台的横向和纵向进给的快速移动，同样也需正反转控制。

镗床的按钮只有三个（主轴的正反转和停止），而镗床的工作模式均由操纵手柄的摆动或变速操纵手柄来改变控制电路的控制方式（电动机的运行方式）。检修时不同于其他机床，电路中行程开关状态的改变均由检修人员的手直接拨动，有时需要同时拨动两个行程开关。所以，电路工作在什么状态时需要拨动行程开关，开关状态改变后，电路又工作在什么状态，对检修人员很重要。图 6-33 是 T68 型卧式镗床电气控制线路原理图。

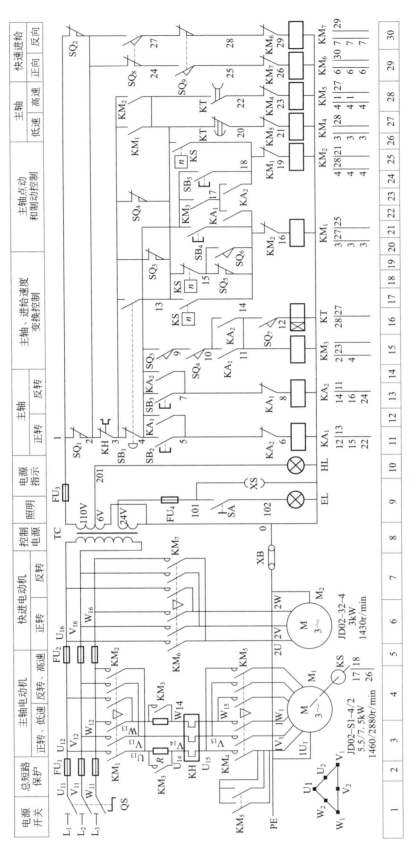

图 6-33　T68 型卧式镗床电气控制线路原理图

6.7.1 T68 型卧式镗床电气控制电路分析

T68 型卧式镗床主轴电动机采用△-YY 的双速三相异步电动机去驱动滑移齿轮有级变速系统。主轴旋转和进给由双速三相异步电动机拖动，能实现正反转，正反转点动、制动、高低速调速，并有双速电动机的两级启动控制。主轴系统变速时能实现低速断续冲动；主轴能快速而正确地制动。由于进给部件多，因而快速进给采用单独的电动机拖动。

（1）保护电路

为了保证机床正常可靠运行，减少故障发生，在机床上设置了多种保护装置和保护电路。在电动机控制电路中行程开关 SQ_1、SQ_2 的作用是防止在工作台或主轴箱快速进给时的误操作。从图 6-33 中可以看到，电动机必须在 SQ_1、SQ_2 中至少有一个处于闭合状态时才能工作。如果两个手柄都处在进给位置时，SQ_1 和 SQ_2 都断开，电动机就不能进行工作或自动停转。当工作台或主轴箱进给时，与手柄机械机构连接的行程开关 SQ_1 受压，SQ_1 常闭触点断开。同样，当手柄操纵主轴进给时，与手柄机械机构连接的行程开关 SQ_2 也受压，SQ_2 常闭触点也断开，这样就保证了在工作台或主轴箱快速进给时不会发生误操作。

（2）点动控制操作

如果需要进行调整正转（或反转）点动，具体操作流程如图 6-34 所示。

图 6-34　点动控制操作流程

电动机低速点动运行控制电路如图 6-35 所示。由于继电器 KA_1（或 KA_2）、接触器 KM_3、时间继电器 KT 都没有通电，电动机作低速运行。因为此电路没有自锁，当松开按钮 SB_4（或 SB_5）时，电动机不会连续转动，也不能作反接制动。

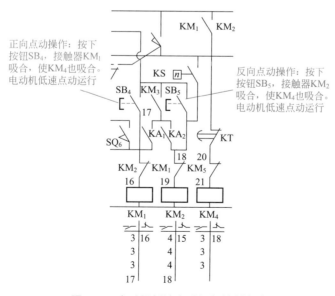

图 6-35　电动机低速点动运行控制电路

（3）主轴变速及进给变速控制

主轴的各种转速是用变速操纵盘来调节变速传动系统而取得的。在需要变速时，变速过程如图 6-36 所示。图 6-37 中虚线框内是主轴变速及进给变速控制电路。

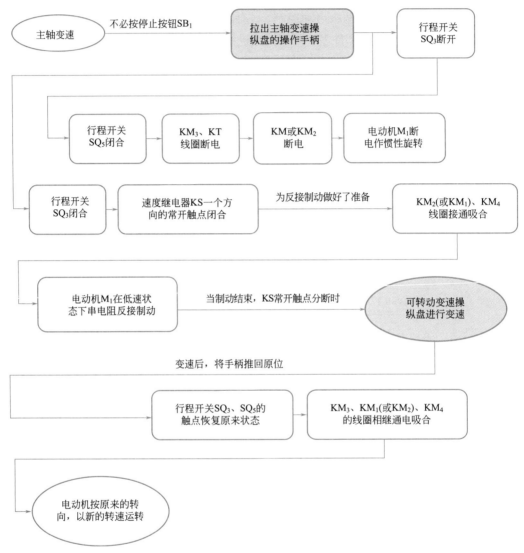

图 6-36　主轴变速及进给变速过程

注意：

因齿轮卡住，手柄推不上，会使电动机 M_1 转速在 40 ～ 120r/min 范围内重复动作。要避免这种情况发生。

（4）停机制动控制原理分析

当需要停止工作时，按下停止按钮 SB_1 即可。由图 6-38 分析可知，按下停止按钮 SB_1 时，控制电路将会发生如下动作。

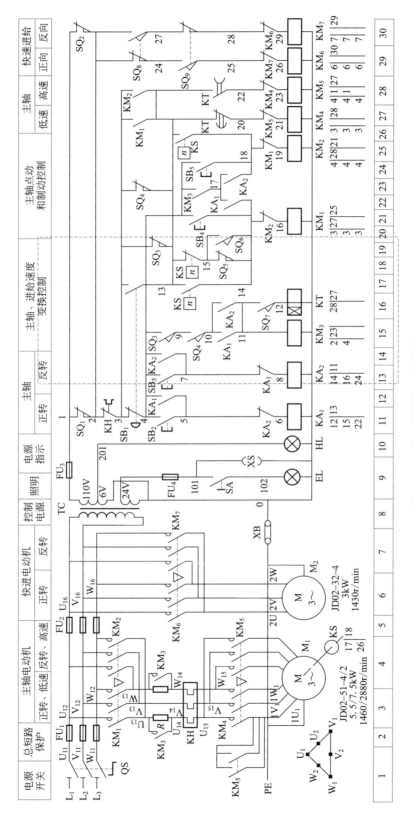

图 6-37 主轴变速及进给变速控制电路

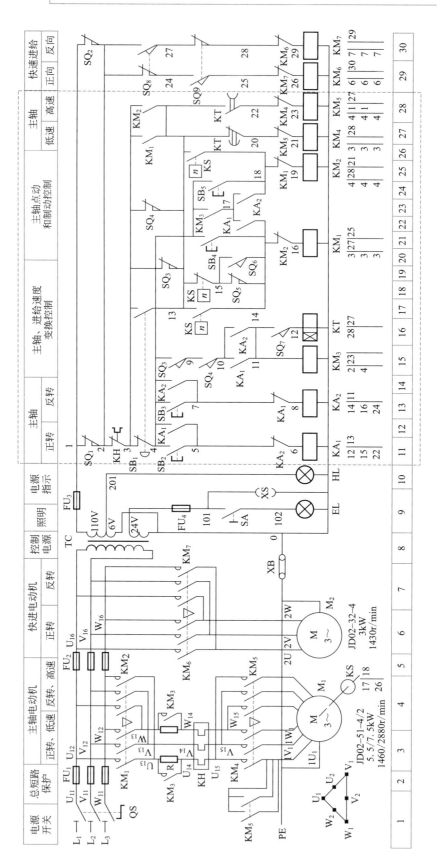

图 6-38　停机制动控制原理

按下停止按钮 SB_1，其常闭触点先断开，使以下元件的状态发生变化。

当停止按钮的常开触点闭合时，由于电动机的转速仍然很高→速度继电器常开触点仍处于闭合状态→接触器 KM_2 线圈通电吸合→ KM_4 线圈随之闭合→电动机在低速状况下串电阻 R 进行反接制动→当放开停止按钮时→ KM_2 仍能通电，使制动继续进行下去→当电动机 M_1 的转速为 $120 \sim 150r/min$ 以下时→速度继电器的常开触点恢复断开→ KM_2 断电→ KM_4 断电→电动机停转→反接制动结束

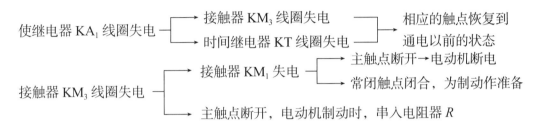

时间继电器 KT 断电→触点恢复通电前的状态→ KM_5 的线圈失电

▶ 6.7.2 检修实例

故障现象：主轴不能启动。

准备工作：准备好常用工具，图纸资料。

询问：询问故障发生时的工作状况。

查看：查看现场，特别是机床的使用情况、接线情况。

原因分析：T68 型卧式镗床的电气原理如图 6-33 所示。

由原理图我们知道，主轴由双速三相异步电动机 M_1 拖动，并设置热继电器作过载保护；电机的正反转由接触器 KM_1 和 KM_2 控制；变速切换由接触器 KM_3、KM_4 和 KM_5 控制实现；电磁铁 YB 用于制动主轴。主轴电动机正转启动操作过程如图 6-39 所示。

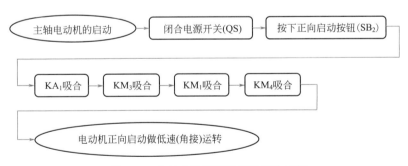

图 6-39 主轴电动机正转启动操作过程

判断：通过以上分析，在原理上可以初步找出故障线路范围。但是要进入检修测量，还要找到接线图、位置图。如果没有这些图纸，也可以使用原理图，对照实物找出相关元件的安装位置及接线情况。

检测：主轴主电路如图 6-40 所示。

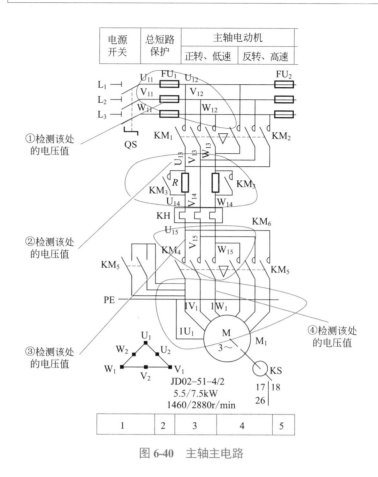

图 6-40　主轴主电路

第一步：闭合电源开关，按下启动按钮。听到继电器和接触器吸合声。使用万用表的交流电压挡位检测 U_{12}、V_{12}、W_{12} 之间的电压值，正常时应为 380V。如果不正常，说明熔断器 FU_1 可能出现了故障。如果正常，进行下一步检测。

第二步：使用万用表的交流电压挡位检测 U_{13}、V_{13}、W_{13} 之间的电压值，正常时应为 380V。如果不正常，说明接触器 KM_1 主触点没有吸合或接触不良。应对其进行检修或更换。如果正常，进行下一步检测。

第三步：使用万用表的交流电压挡位检测 U_{15}、V_{15}、W_{15} 之间的电压值，正常时应为 380V。如果不正常，说明热继电器 FR 有问题。应对其进行检修或更换。

第四步：使用万用表的交流电压挡位检测 $1U_1$、$1V_1$、$1W_1$ 之间的电压值。如果不正常，说明接触器 KM_3 主触点有问题。应对其进行检修或更换。闭合电源开关，按下启动按钮。没有听到继电器和接触器吸合声。此时要重点检查控制回路。主轴控制电路原理如图 6-41 所示。

检测过程一（继电器 KA_1 没有吸合）：

第一步：按下启动按钮 SB_2，如果继电器 KA_1 不吸合，使用万用表交流电压挡位测量变压器副边（110V）的电压值。如果不正常，就要检查变压器 TC 的原边电压。如果正常，进行第二步。

第二步：测量 1-2 之间的电压值。该处电压值正常，说明 SQ_1 工作正常。

第三步：测量 2-3 之间的电压值，不正常。

第四步：断电后，使用万用表的电阻挡位测量 KH 常闭触点 2-3 的闭合状况，发现该触点已断开。

处理方法：检修或更换该继电器。

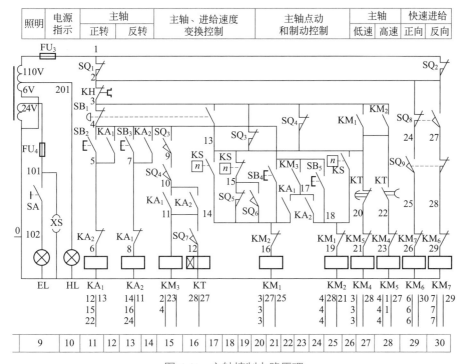

图 6-41　主轴控制电路原理

检测过程二（继电器 KA₁ 吸合，KM₃ 没有吸合）：

第一步：测量 4-11 之间电压值，如果万用表显示电压值，再测量 4-10 之间电压值，如果正常，则说明继电器 KA₁ 的常开触点没有吸合好。

第二步：图中 4-10 之间电压不正常，此时应检测行程开关 SQ₃、SQ₄ 的状态。行程开关一般都装在机床上，检查时要特别注意与行程开关相连的导线是否有断路的地方。

检测过程三（继电器 KM₃ 吸合，KM₁ 没有吸合）：继电器 KM₃ 吸合，KM₁ 没有吸合的原因主要为线路出现断路点；继电器 KA₁ 的常开触点接触不良，或是接触器 KM₃ 的常开触点接触不良；或接触器 KM₂ 的常闭触点接触不良；再有就是接触器 KM₁ 线圈本身有问题。

第一步：基于以上分析，使用万用表进行检测，KM₃ 触点 4-17 测量电压，电压表显示为0V，说明接触器 KM₃ 的常开触点闭合良好。

第二步：再测 KA₁ 触点 17-14 电压，万用表显示有电压，说明继电器 KA₁ 的常开触点没有吸合或接触不良。

第三步：断电后，观察其触点，发现有电弧痕迹，使用外力，强行将其闭合，使用万用表的电阻挡位测量，其阻值为无穷大，说明其触点已经焦化绝缘。

处理方法：更换该触点或更换这个继电器。

检测过程四（继电器 KM_1 吸合， KM_4 没有吸合）：

接触器 KM_4 不吸合的原因有接触器 KM_1、 KM_5 的常开触点没有闭合或接触不良；接触器 KM_5 的常闭触点没有闭合或接触不良；时间继电器的常闭触点接触不良或断开；接触器 KM_4 线圈断路造成。

第一步：基于以上分析，使用万用表交流电压挡测量 KM_1 触点 3-20 之间电压值，万用表显示电压值为 0V，说明接触器 KM_1 的常开触点闭合正常，时间继电器的常闭触点接触良好。

第二步：再测量 KM_5 触点 20-21 之间的电压值，万用表显示电压值仍为 0V，说明接触器 KM_5 的常闭触点闭合良好。

第三步：断电后，测量接触器 KM_4 线圈两端的电阻值，显示为无穷大，说明其线圈已断路。

处理方法：使用同型号的接触器将其替换。故障消除。

6.8　龙门刨床电气控制电路检修

6.8.1　龙门刨床电气控制电路分析

（1）龙门刨床

龙门刨床如图 6-42 所示，主要包括床身、工作台、龙门架、横梁、刀架等部分。床身是机床的基础部件，其上有供工作台移动的导轨，被加工工件放置并固定在工作台上，可以沿底座导轨水平直线往复运动，横梁可以沿龙门架立柱上下移动，龙门架立柱和横梁上分别安装了两个侧刀架和两个垂直刀架，加工工件的刀具安装在刀架上。加工工件时，刀具处于静止状态，工件由工作台带动与刀具相对运动以实现切削加工。龙门架包括两侧立柱和顶梁，并与床身刚性连接。

图 6-42　龙门刨床

（2）龙门刨床电气控制系统

龙门刨床电气控制系统既包括交直流电动机、电器的继电接触控制，又包括连续控制及扰动补偿前馈控制，属于复合控制系统。

龙门刨床电气控制系统由 5 个部分组成：主拖动控制系统，为直流调速自动控制系统，是 AG-G-M 系统；主拖动交流机组启动控制电路；刀架控制电路、横梁控制电路、工作台控制电路，这 3 个部分都是继电接触控制系统。虽然工作台控制电路也是继电接触控制系统，但是它控制的是 AG-G-M 系统的电压与电阻，以改变给定和反馈，实行自动控制。龙门刨床电气控制系统原理如图 6-43 ～图 6-46 所示。

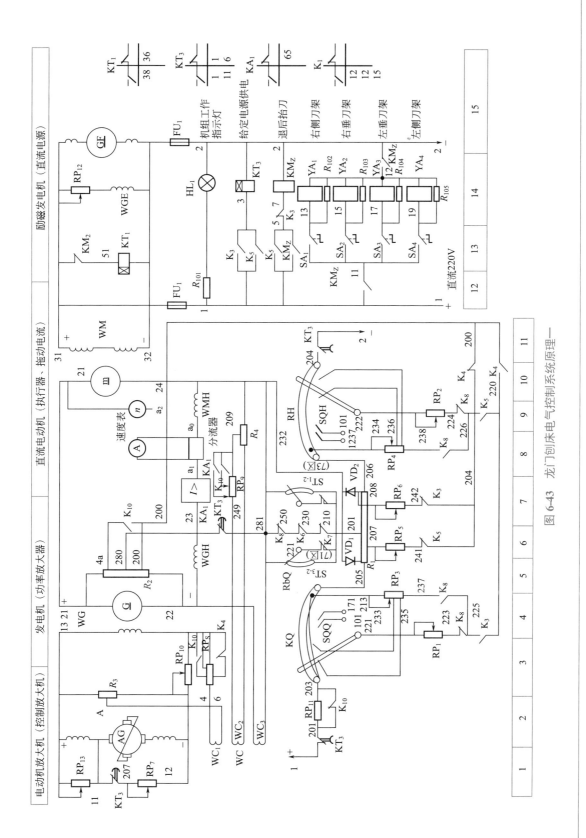

图6-43 龙门刨床电气控制系统原理一

293

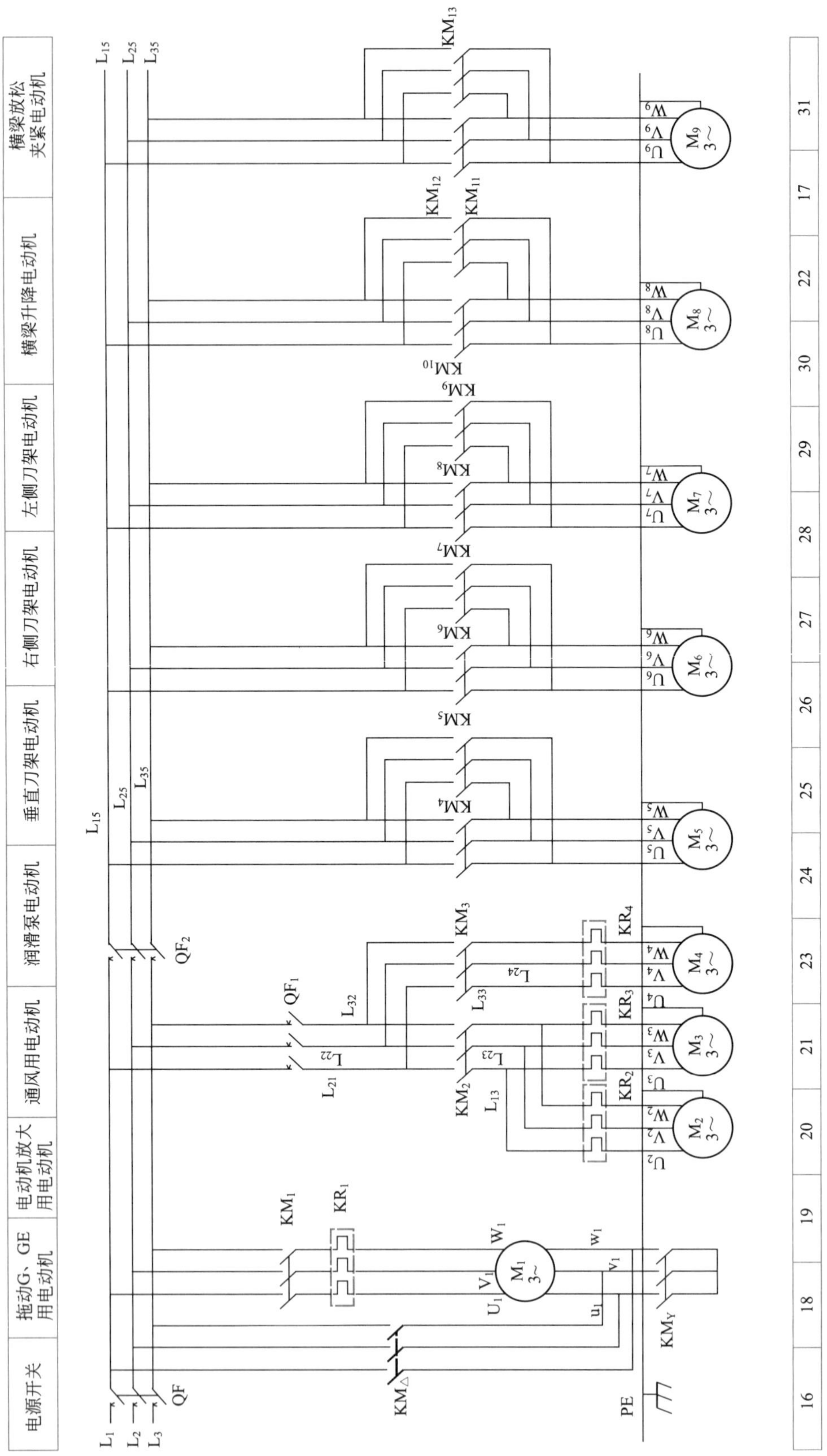

图 6-44 龙门刨床电气控制系统原理二

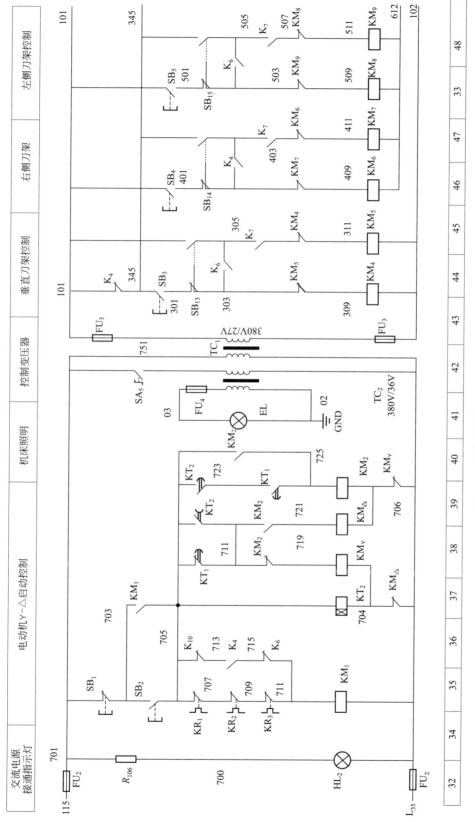

图 6-45　龙门刨床电气控制系统原理三

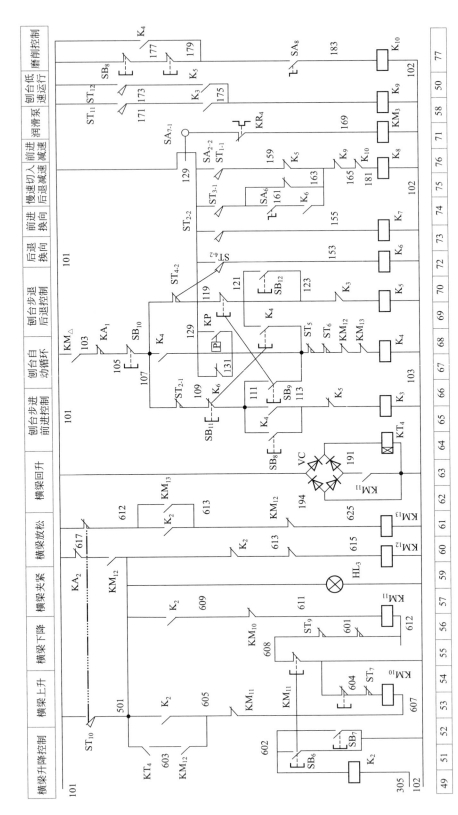

图 6-46　龙门刨床电气控制系统原理四

（3）龙门刨床各运动部件的运动形式

龙门刨床各运动部件的运动形式包括：工作台的水平直线往复运动、横梁沿立柱的升降运动、侧刀架沿立柱的上下运动、垂直刀架沿横梁的水平运动和刀具在加工过程中的进给运动。

龙门刨床要求调速范围广，一般调速范围 $D=10 \sim 30$。运行速度有两挡，低速挡 $6 \sim 60\text{r/min}$；高速挡 $9 \sim 90\text{r/min}$。加工时能自动循环，可以选择慢速切入和退出，也可以低速时不要求减速 (10m/min 以下)，还能进行磨削 (1m/min)。龙门刨床经常处于启动、加速、减速、制动换向过程中，同时要求工作台运行稳定。

工作台速度和静态特性要求如图 6-47 和图 6-48 所示。

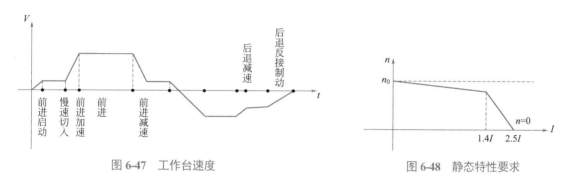

图 6-47　工作台速度　　　　　　　　图 6-48　静态特性要求

（4）龙门刨床各运动部件的电力拖动及控制要求

① 工作台的拖动。工作台是由一台直流电动机来拖动的。这主要是由于工作台的运行特点，拖动电动机频繁地启动、制动、换向以及对其调速性能的要求高，因此就需要组成一个直流调速系统来满足要求，这是 A 型龙门刨床的突出特点。

② 横梁的拖动由三相交流异步电动机来拖动。横梁的运动，除了横梁沿立柱升降外，还包括横梁与立柱间的放松和夹紧机构的拖动，是由另外一台三相交流电动机完成的。

③ 刀架的拖动。龙门刨床的刀架包括安装在立柱上的左右侧刀架（两个）和安装在横梁上的垂直刀架（两个），分别由三台交流异步电动机来拖动。刀架的拖动形式包括工件加工过程中的快速调整和加工过程中的自动进刀，对其控制既有电气控制电流的切换，也包括一套复杂的机械传动机构。

（5）龙门刨交流机组拖动系统电路

B2012A 型龙门刨床由交流机组拖动控制系统和直流发电 - 拖动系统组成，其中交流机组拖动控制系统由拖动直流发电机 G、励磁机 GE 用交流电动机 M_1、电动机放大用电动机 M_2、通风用电动机 M_3、润滑泵电动机 M_4、垂直刀架电动机 M_5、右侧刀架电动机 M_6、左侧刀架电动机 M_7、横梁升降电动机 M_8、横梁放松夹紧电动机 M_9 驱动相应机械部件实现工件刨削加工；直流发电 - 拖动系统由电动机放大机 AG、直流发电机 G、励磁发电机 GE、直流电动机 M 及相关控制电路组成。

交流机组拖动系统主电路如图 6-44 所示。B2012A 型龙门刨床交流机组拖动系统主电路由电源开关及保护部分、拖动直流发电机 G、励磁机 GE 用交流电动机 M_1 主电路、电动机放大用电动机 M_2 主电路、通风用电动机 M_3 主电路、润滑泵电动机 M_4 主电路、垂直刀架电动

机 M_5 主电路、右侧刀架电动机 M_6 主电路、左侧刀架电动机 M_7 主电路、横梁升降电动机 M_8 主电路、横梁放松夹紧电动机 M_9 主电路组成。

① 机组工作过程。拖动直流发电机 G、励磁发电机 GE 用交流电动机 M_1 主电路及控制电路如图 6-49 所示。实际应用时，接触器 KM_1 主触点控制交流电动机 M_1 工作电源的通断；接触器 KM_Y、$KM_\triangle$ 主触点分别为交流电动机 M_1 定子绕组 Y 连接降压启动和 △ 连接全压运行控制触点；热继电器 KR_1 热元件为交流电动机 M_1 过载保护元件。

在主拖动机组电动机 M_1 控制电路中，按钮 SB_2 为交流电动机 M_1 的启动按钮，按钮 SB_1 为交流电动机 M_1 的停止按钮。当需要主拖动电动机 M_1 拖动直流发电机 G 和励磁发电机 GE 工作时，按下其启动按钮 SB_2，接触器 KM_1、KM_Y 和时间继电器 KT_2 均得电闭合并通过接触器 KM_1 自锁触点自锁，此时主拖动交流电动机 M_1 的定子绕组接成 Y 连接降压启动，被拖动的励磁发电机 GE 利用剩磁开始发电。当主拖动电动机 M_1 转速上升至接近额定转速时，励磁发电机 GE 输出的电压随之升高接近额定值。此时，时间继电器 KT_1 吸合，KT_1 的动断触点断开，而常开触点闭合，为切断接触器 KM_Y 线圈电源和接通接触器 KM_2 和 $KM_\triangle$ 线圈电源做好准备。

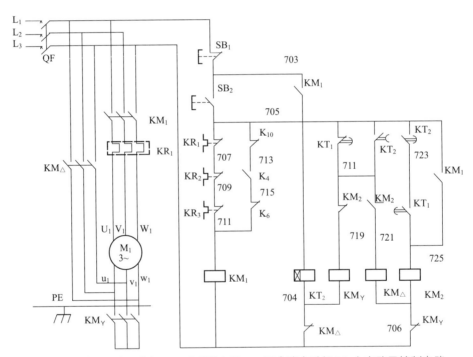

图 6-49　拖动直流发电机 G、励磁发电机 GE 用交流电动机 M_1 主电路及控制电路

经过设定时间延时后，时间继电器 KT_2 动作，其延时断开动断触点断开，切断接触器 KM_Y 线圈回路的电源，接触器 KM_Y 失电释放；同时 KT_2 的延时闭合常开触点闭合，接通接触器 KM_2 线圈的电源，接触器 KM_2 得电闭合并自锁，其主触点闭合接通交流电动机 M_2、M_3 的电源，交流电动机 M_2、M_3 分别拖动电动机放大机 AG 和通风机工作。同时，接触器 KM_2 的常开触点闭合，接通接触器 $KM_\triangle$ 线圈的电源，接触器 $KM_\triangle$ 通电闭合。此时主拖动电动机

M_1 的定子绕组接成△连接全压运行，拖动直流发电机 G 和励磁发电机 GE 全速运行，从而完成主拖动电动机 M_1 的启动控制过程。

② 电动机放大用电动机 M_2、通风用电动机 M_3、润滑泵电动机 M_4 主电路及控制电路如图 6-50 所示。

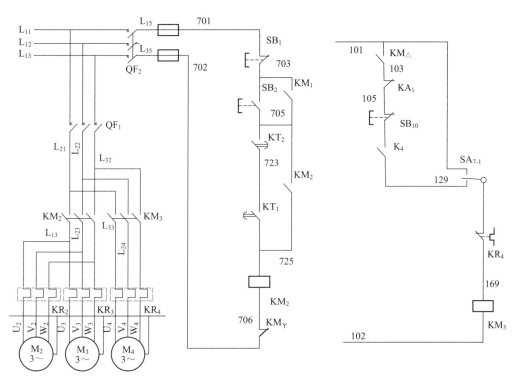

图 6-50　电动机放大用电动机 M_2、通风用电动机 M_3、润滑泵电动机 M_4 主电路及控制电路

电动机放大用电动机 M_2、通风用电动机 M_3、润滑泵电动机 M_4 主电路均属于单向运转单元主电路结构。实际应用时，断路器 QF_1 实现该交流电动机 M_2、M_3、M_4 电源开关及短路保护功能；接触器 KM_2 主触点控制电动机放大用电动机 M_2 和通风用电动机 M_3 工作电源的通断；接触器 KM_3 主触点控制润滑泵电动机 M_4 工作电源的通断；热继电器 KR_2、KR_3、KR_4 热元件分别为交流电动机 M_2、M_3、M_4 的过载保护元件。

（6）各刀架主电路及控制电路

B2012A 型龙门刨床设置有左侧刀架、右侧刀架和垂直刀架，分别由交流电动机 M_7、M_6、M_5 拖动，各刀架的自动进刀控制和快速移动控制由装在刀架进刀箱上的机械手柄进行控制。各刀架主电路如图 6-51 所示。各刀架控制电路如图 6-52 所示。

各刀架主电路包括：垂直刀架电动机 M_5、右侧刀架电动机 M_6、左侧刀架电动机 M_7。这些电路均属于正、反转点动控制单元主电路结构。实际应用时，断路器 QF_2 实现交流电动机 M_5、M_6、M_7 电源开关及保护功能；接触器 KM_4、KM_6、KM_8、KM_{10}、KM_{12} 主触点分别控制交流电动机 M_5、M_6、M_7 正转工作电源的通断；接触器 KM_5、KM_7、KM_9 分别控制交流电动机 M_5、M_6、M_7 反转工作电源的通断。

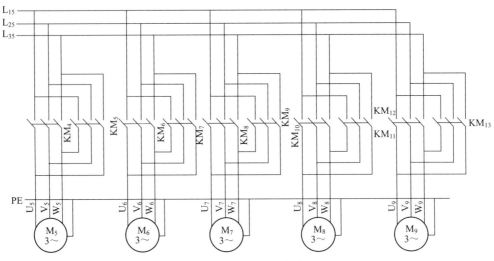

图 6-51　各刀架主电路

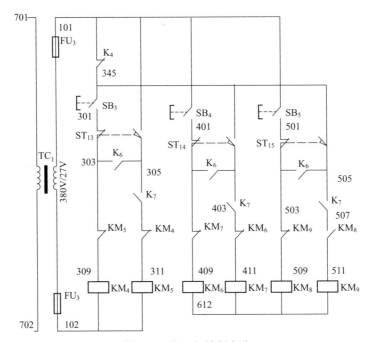

图 6-52　各刀架控制电路

（7）直流发电 - 拖动系统电路

直流发电 - 拖动系统由电动机放大机 AG 主电路、直流发电机 G 主电路、励磁发电机 GE 主电路、直流电动机 M 主电路组成。

① 电动机放大机 AG 主电路。如图 6-53 所示电动机放大机 AG 由交流电动机 M_2 拖动，其主要作用是根据机床刨台各种运动的需要，通过控制绕组 WC 的各个控制量调节其向直流发电机 G 励磁绕组供电的输出电压，从而调节直流发电机 G 发出电压的高低。在图 6-53 中，绕组 WS_1 为电动机放大机 AG 电枢串励绕组；绕组 WC 为电动机放大机 AG 控制绕组，其

中 WC$_1$ 为电动机放大机 AG 桥形稳定控制绕组，WC$_2$ 为电动机放大机 AG 电流正反馈绕组；WC$_3$ 为电动机放大机 AG 给定电压、电压负反馈和电流截止负反馈综合控制绕组。

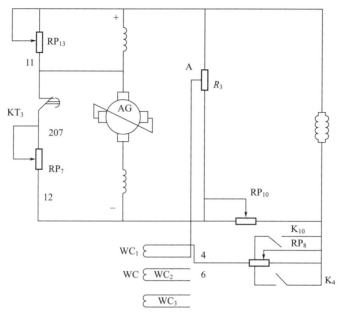

图 6-53   电动机放大机 AG 主电路

② 直流发电机 G 主电路。直流发电机 G 由交流电动机 M$_1$ 拖动，其主要作用是提供直流电动机 M 所需要的直流电压，满足直流电动机 M 拖动刨台运动的需要。

在图 6-54 所示直流发电机 G 主电路中，绕组 WG 为直流发电机 G 的励磁绕组，其励磁电压由电动机放大机 AG 提供。值得注意的是，直流发电机 G 的励磁绕组 WG 两端的励磁电压不仅与电动机放大机 AG 提供的电压大小有关，而且与 3 区中电位器 RP$_{10}$ 的阻值有关，即调节电位器 RP$_{10}$ 的大小，也可改变直流发电机 G 励磁绕组两端直流电压的大小，从而改变直流发电机 G 输出电压的大小。

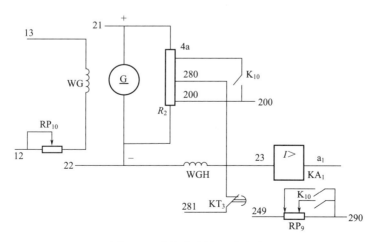

图 6-54   直流发电机 G 主电路

③ 励磁发电机 GE 主电路。励磁发电机 GE 也由交流电动机 M_1 拖动，其主要作用是由交流电动机 M_1 拖动，输出直流电压为直流电动机 M 的励磁绕组供给励磁电源。在图 6-55 所示励磁发电机 GE 主电路中，绕组 WGE 为励磁发电机 GE 的励磁绕组。

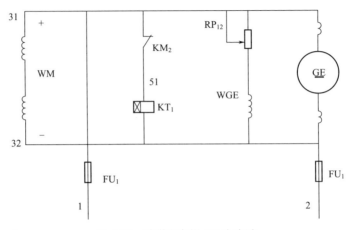

图 6-55　励磁发电机 GE 主电路

④ 直流电动机 M 主电路。直流电动机 M 的主要作用是拖动刨台往返交替做直线运动，对工件进行切削加工。在图 6-56 所示直流电动机 M 主电路中，绕组 WM 为直流电动机 M 的励磁绕组。

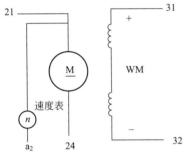

图 6-56　直流电动机 M 主电路

（8）横梁控制电路

横梁控制电路主要为横梁上升控制和横梁下降控制。横梁上升与下降控制过程：松开夹紧在立柱上的横梁→再使横梁上升或下降→再夹紧。而横梁在下降控制过程中，当横梁下降到所需位置时，需要作短暂回升，其目的是消除丝杠和螺母间的间隙，保证横梁对工作台的平行度不超过允许误范围。

横梁主电路和控制电路如图 6-57 所示。横梁升降电动机 M_8 和横梁放松夹紧电动机 M_9 工作状态分别由接触器 KM_{10}、KM_{11} 和接触器 KM_{12}、KM_{13} 控制。

在图 6-57 中按钮 SB_6 为横梁上升启动按钮，按钮 SB_7 为横梁下降启动按钮，行程开关 ST_7 为横梁上升的上限位保护行程开关，它安装在右立柱上，当横梁上升至极限位置时，其常开触点断开，行程开关 ST_8、ST_9 为横梁下降的下限位保护行程开关，分别安装在横梁上，当横梁下降至接近左侧或右侧刀架上时，ST_8 或 ST_9 常闭触点断开；行程开关 ST_{10} 为横梁放松及上升和下降动作行程开关。当横梁夹紧时，行程开关 ST_{10} 动合触点断开，常闭触点闭合，为横梁放松做准备。当横梁完全放松时，行程开关 ST_{10} 的常开触点闭合，为横梁上升和下降做准备，而其常闭触点断开。

值得注意的是，横梁的上升和下降控制应在工作台停止运转的情况下进行，故横梁控制受控于中间继电器 KA_4 的常闭触点，即只有在中间继电器 KA_4 未通电闭合的情况下，才能进行横梁的上升和下降运动。

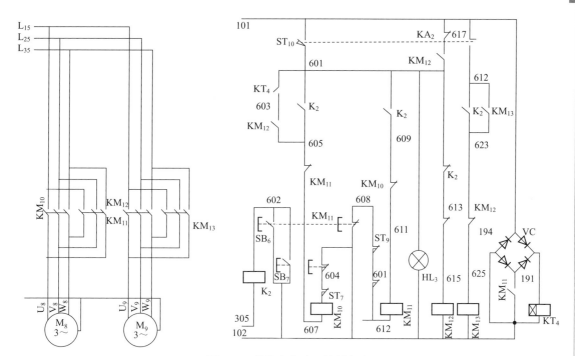

图 6-57　横梁主电路和控制电路

　　当需要横梁上升时，按下启动按钮 SB_6，由于中间继电器 KA_4 的常闭触点闭合，故中间继电器 KA_2 通电闭合。KA_2 常开触点闭合，为接通横梁上升或下降控制接触器 KM_{10} 或 KM_{11} 线圈的电源做好了准备。KM_2 的常开触点闭合，接通接触器 KM_{13} 线圈的电源，KM_{13} 通电闭合并自锁。此时交流电动机 M_9 通电反转，使横梁放松。

　　当横梁放松后，行程开关 ST_{10} 的常闭触点断开，切断接触器 KM_{13} 线圈的电源，接触器 KM_{13} 失电释放，横梁放松夹紧电动机 M_9 停止反转。而行程开关 ST_{10} 的常开触点闭合，接通接触器 KM_{10} 线圈的电源，接触器 KM_{10} 通电闭合，此时由于按钮 SB_6 的常闭触点被压下断开，故接触器 KM_{11} 不会通电闭合。此时横梁升降电动机 M_8 正向运转，带动横梁上升。当横梁上升到要求高度时，松开横梁上升启动按钮 SB_6，中间继电器 KA_2 失电释放，其常开触点复位断开，接触器 KM_{10} 失电释放，横梁停止上升。KA_2 动断触点复位闭合，此时行程开关 ST_{10} 常开触点处于闭合状态，故接触器 KM_{12} 通电闭合并自锁，横梁放松夹紧电动机 M_9 正向启动运转，使横梁夹紧。当横梁夹紧至一定程度时，行程开关 SQ_1 常开触点复位断开，行程开关 SQ 动断触点复位闭合，为下一次横梁升降控制做好准备。但由于接触器 KM_{12} 继续通电闭合，电动机 M_9 继续正转，但随着横梁进一步的夹紧，流过电动机 M_9 的电流增大。当电流值达到过电流继电器线圈的吸合电流时，其动断触点断开，切断接触器 KM_{12} 线圈的电源，接触器 KM_{12} 失电释放，横梁放松夹紧电动机 M_9 停止正转，完成横梁上升控制过程。横梁下降控制过程与上升控制过程基本相似。

　　（9）工作台自动控制电路

　　① 工作台自动循环控制电路。此电路包括慢速切入控制、工作台工进速度前进控制、工作台前进减速运动控制、工作台后退返回控制和工作台返回结束、转入前进慢速控制等控制

功能，主要由安装在龙门刨床工作台侧面上的 4 个撞块按一定的规律撞击安装在机床床身上的四个行程开关 $ST_1 \sim ST_4$，使行程开关 $ST_1 \sim ST_4$ 的触点按照一定的规律闭合或断开，控制工作台按预定运动的要求进行运动，从而实现工作台自动循环控制。工作台自动循环控制电路如图 6-58 所示。

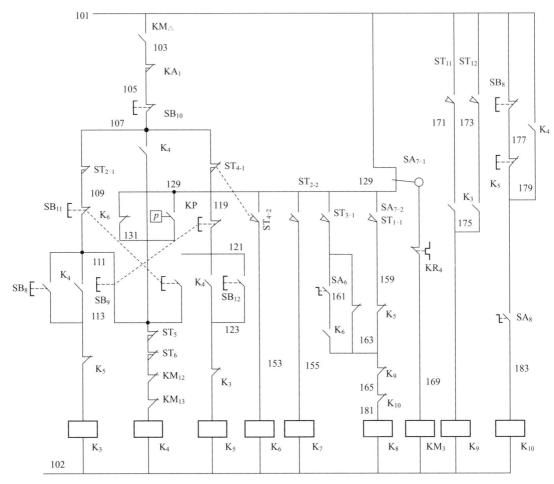

图 6-58　工作台自动循环控制电路

② 工作台步进、步退控制电路。工作台的步进、步退控制主要用于在加工工件时调整铣床工作台的位置。当需要工作台步进时，按下工作台步进启动按钮 SB_8，中间继电器 K_3 通电闭合，K_3 的常开触点闭合，使时间继电器 KT_3 通电闭合，KT_3 的动断触点断开，切断电动机放大机的欠补偿回路和发电机 G 的自动消磁回路。同时，KT_3 常开触点闭合，接通电动机放大机 AG 控制绕组 WC_3 的励磁回路。此时加在电动机放大机 AG 控制绕组上的给定电压较小，又有电位器 RP_5 的调节，所以加在电动机放大机 AG 控制绕组 WC_3 上的给定电压可调得很小，故工作台在步进时的速度较低，这样有利于调整工作台的位置。

松开工作台步进启动按钮 SB_8，中间继电器 K_3 失电释放，K_3 的常开触点复位断开，使时间继电器 KT_3 失电。由于 KT_3 为断电延时继电器，其延时断开触点断开，切断电动机放大机 AG 控制绕组 WC_3 的给定电压电源。而 KT_3 延时闭合触点及延时闭合触点闭合，接通电动机放大机 AG 的欠补偿回路和发电机 G 的自动消磁回路，工作台迅速停止步进控制。

（10）自动进刀控制电路

各刀架主电路、控制电路见图 6-43 ～图 6-46。

① 自动进刀控制。扳动刀架进刀手柄，行程开关 ST_{13} ～ ST_{15} 的常闭触点断开，常开触点闭合。选择转换开关 SA_1 ～ SA_4，将所需的刀架抬刀转换开关扳至接通位置。

加工工件，启动机床，工作台前进，刀具切入工件，进行加工。当刀具离开工件时，工作台上的撞块 B 撞压床身上的行程开关 ST_2，ST_2 的触点 ST_{2-2} 闭合，触点 ST_{2-1} 断开。其中 ST_{2-2} 闭合，使中间继电器 K_7 通电闭合，K_7 的常开触点均闭合，接触器 KM_5、KM_7、KM_9 通电吸合，垂直刀架电动机 M_5、右侧刀架电动机 M_6 和左侧刀架电动机 M_7 均通电反转，拖动拨叉盘复位，为下次进刀做好准备。ST_{2-1} 断开，使中间继电器 K_3 失电释放。K_3 的动断触点复位闭合，使中间继电器 K_5 通电吸合。K_5 的常开触点闭合，使直流接触器 KM_Z 通电闭合并自锁，同时 KM_Z 的常开触点闭合，接通所需抬刀电磁铁线圈电源，刀架自动抬起。此时工作台前进制动并迅速返回。

当工作台以较高速度返回时，工作台上的撞块 B 撞压行程开关 ST_2，ST_2 的触点 ST_{2-1} 闭合，ST_{2-2} 断开。其中 ST_{2-2} 断开使中间继电器 K_7 失电释放，其常开触点复位断开，切断接触器 KM_5、KM_7、KM_9 线圈电源，使相应拖动刀架电动机停止反转，同时接触器 KM_5、KM_7、KM_9 的常开、动断触点复位。

在工作台返回行程末端，工作台上撞块 B 撞击行程开关 ST_4，ST_4 的触点 ST_{4-1} 断开，ST_{4-2} 闭合。其中 ST_{4-1} 断开使中间继电器 K_5 失电释放。K_5 的动断触点复位闭合，中间继电器 K_3 通电闭合。K_3 的动断触点断开，切断直流接触器 KM_Z 线圈电源，KM_Z 失电释放，抬刀电磁铁失电释放，刀架放下。ST_{4-2} 闭合使中间继电器 K_6 通电闭合，其常开触点均闭合，接触器 KM_4、KM_6、KM_8 均通电吸合，拖动电动机 M_5、M_6、M_7 正转，带动垂直刀架拨叉盘、右侧刀架拨叉盘和左侧刀架拨叉盘旋转，完成三个刀架的进刀。如此循环，直到工作台停止。

② 刀架快速移动控制。刀架的快速移动主要用于调整机床刀架位置。当需要对某刀架进行调整时，选择机械手柄，使相应刀架的行程开关 ST_{13}、ST_{14} 或 ST_{15} 压下接通，并按下刀架快速启动按钮 SB_3、SB_4 或 SB_5，相应的刀架即可实现快速移动。

6.8.2 检修实例

（1）龙门刨床电气故障一般处理方法

龙门刨床电气设备在调试运行中总会出现故障，其原因是多方面的，如电机、控制柜接线有误，电器质量不可靠，调整维修不当，或运行中电器损坏，绝缘不良等。因此处理故障时，要从分析客观存在的事实出发，找出处理办法来。作为维修人员应注意以下几点，这对维修工作很重要。

① 对于龙门刨床各部分电气设备的构造、动作原理、调节方法及各部分电气设备互相联系，平时就应该做到心中有数。

② 经常向操作者询问和亲自观察电气设备运行情况以及各种不正常现象，因为任何故障都不会突然发生，这样既可针对不正常现象采取预防措施，一旦出现故障时，考虑问题就有

些线索了。

③ 出现故障后，要全面了解故障发生前后的各种现象，有了这些调查，有助于分析判断故障点的所在。

④ 对于从分析各种现象得出初步的故障判断后，还不能贸然动手，如果分析不全面或不正确，那就会耽误处理事故的时间，甚至造成一些不必要的损失，所以在处理故障前还必须做一些动作试验，有必要做一些短接试验，或做一些必要的测量，达到逐步缩小故障范围以检验对故障的分析判断是否正确。

⑤ 处理故障时要有信心，有时会遇到想象不到的问题。即使同一种故障，其表现形式、出现地点也并不相同，所以处理故障不可能做到 "对号入座"，同时处理故障时还要综合考虑，因为电气设备的各种性能都是互相联系的，一定要有全局观点，不能顾此失彼。

⑥ 处理故障后还要做一些动作试验和必要的测量，一方面是检验故障消除的结果，另一方面也是通过验证进一步认识电气设备发生故障的条件与后果，从而为预防和处理故障积累经验。

（2）检修实例

故障现象：电动机放大机空载电压很低或不发电。

第一步：罗列故障原因。在额定转速加励磁电流时，空载电压很低或不发电，一般有以下几方面原因：

① 控制绕组有断路或短路现象。

② 交轴回路中电刷顺电枢旋转方向移动太多或交轴助磁绕组极性接反。

③ 换向器及电枢绕组短路或开路。

④ 助磁绕组断开。

⑤ 电刷卡死在刷盒内，不能与换向器接触。

⑥ 补偿绕组，换向极绕组断路。

⑦ 各绕组引出线接头脱焊。

第二步：分析判断。针对上面的可能原因，逐一分析其可能性。如果是控制绕组断路，那么不能励磁，但由于剩磁存在，故仍能发出3%～15%的额定电压(后者为无去磁绕组时的数据)。若是短路，则电阻值比原来的值小，这时励磁电流虽达到原额定励磁值，但所产生的磁通却很小，交轴电枢反应也小，故发出的电压很低。

第三步：检测验证。使用万用表测量控制绕组的阻值，与正常数值相比较，没有问题。确定控制绕组正常后，再分析第二个原因，应检查交轴回路部分。如果电刷顺电枢旋转方向移动太多或交轴助磁绕组极性接反，都能产生去磁作用，使输出电压降低。

检测验证，先检查电刷的位置，发现电刷偏离原位置。

第四步：处理恢复。

助磁绕组的极性确定，可以用感应法来校核，也可将其短接，根据输出电压有无升高来判断。

此外换向器及电枢绕组短路或开路，助磁绕组断开，电刷卡死在刷盒内，不能与换向器接触，补偿绕组、换向极绕组断路，各绕组引出线接头脱焊均会造成无电压输出，或输出电压很低。

故障现象：工作台步进、步退功能失效。开步进，停车时刨台倒退一下，开步退，停车时刨台向前滑行一下。

有时，还发现步进、步退动作不灵敏，特别在加重负荷时甚至功能失效。但是，往往需要先进行前进、后退操作，停车再进行步进、步退操作，就正常了。

一般导轨润滑采用 30 号机油，但在夏天应用 40 号或 45 号机油，如果发现油稀，可换油，也可掺入 2%～3% 油酸来增加油的黏度。将以上故障现象消除后，在使用中发现：使用步进功能，停车时刨台倒退一下，步退时，停车时刨台向前滑行一下。仔细观察，这种现象发生在步进或步退按钮松开后到 KT_3 时间继电器释放之前。

分析故障原因：

① 触点接触不好。

② 导线接触不良。

③ 步进、步退电压较低或电流正反馈太弱。

④ 导轨润滑油的黏度低。

可能是步进、步退电路不平衡造成的。因为步进、步退的给定电压 207-210、208-210 之间的电压差不多，如果在电位器 RP_5 上的短路接点接触不良，而电位器 RP_6 仅用了一小部分的情况下，就会使电位器 RP_5 的实用值大大超过电位器 RP_6 的实用值。这样当步进或步退停车时到 KT_3 释放之前，210-240 之间就有电压，在此情况下电压的极性是 210 为 +，240 为 -，相当于发出了后退信号，因此造成上述现象。

当 207-240 这条支路不通时，则会出现步进开不动，松按钮时刨台步退一下。因此，在调整电位器 RP_5、电位器 RP_6 的阻值时，应该大致相近，不要相差过大。

检测验证。按照以上分析思路，检查相关线路，调整电位器 RP_5、电位器 RP_6 的阻值，使其大致接近，故障现象消除。

故障现象：工作台"飞车"。

第一步：根据现象，罗列可能原因。

① 电压负反馈回路断线。

② 直流电动机磁场出线线头松脱。

③ 13 和 B 接线错误。

④ 控制绕组 WC 极性接反。

第二步：分析原因。电压负反馈回路接线错误或接触不良，并没有切断 WC_3 绕组回路，如 21-200 号间断线，由于电压负反馈作用的消失，WC_3 绕组中电流增大，使放大机和发电机过电压，一开车，工作台就跑出去，这就是常说的"飞车"现象。

> 提示：电压负反馈接线与直流电动机磁场接线的正确和牢固是十分重要的，在工作中必须充分重视。

正常情况下，发电机有正向剩磁时，在发电机两端产生正向剩磁电压，21 为正，22 为负，自消磁回路中电流自 21 → 280 → KT_3 → WC_3 → WC_2 → 22，使放大机发出 11 为正、13 为负的电压，去抵消发电机剩磁电压。

在新安装或检修之后，若 13 和 B 互换了位置，当电动机启动之后，发电机发的剩磁电压，假设 21 为正，22 为负，通过自消磁环节，放大机发的电压 12 为正，13 为负，但由于 13 与 B 互换了位置，发电机励磁绕组产生磁场与剩磁方向相同了，这样就使发电机自励，造成放大机及发电机过电压，所以没有按下按钮，工作台以很高速度冲出，应即刻停止电动机组进行检查。

除了上述情况外，控制绕组 WC 极性接反，发电机旋转方向相反，都会造成系统的自励。

第三步：按照以上分析的思路，逐点检测、判断验证。

故障现象：有一台刨床，前进调速手柄位于低速位置的某一点上，即 K$_9$ 处于即将动作的时候，刨台后退到碰减速开关后即反向，减速开关复位后又退，这样来回不断地运动。

第一步：可能产生的原因是前进调速电位器有问题。

第二步：检测验证。经检查，前进调速电位器 101 与 231 间有铜屑，而未曾接通。

第三步：分析原因。当前进调速手柄旋到低速位置时，使 101 与 231 短路，后退调速电位器 101 与 234、236 间也存在上述情况。后退碰减速开关后，236 为 +、210 为 -，故产生故障电流，使刨台反而前进，减速开关复位后，仍流过后退电流，所以又后退，这样来回不断地运动。

另外，RP$_3$ 上的 231、233、235、237 接点与 RP$_4$ 上的 232、234、236、238 接点，其中任一接点的导线互换后，也会发生碰减速开关反向的现象。

龙门刨床在调试运行中会出现许多故障，表 6-7 仅列出常见的几种故障。

表 6-7　龙门刨床电气控制部分常见故障现象、可能原因及处理方法

序号	故障现象	可能原因	检测及处理
1	停车振荡。在停车时电动机与工作台来回摆动几次	① R_3 上 WC$_2$ 接触不良 ②放大机控制绕组 WC$_2$ 出线极性接反	①观察并用万用表测量 ②检测判断，改正
2	停车爬行。爬行是指发电机 -电动机系统无输入条件下，工作台仍能以一个速度运动	①消磁回路不通或接触不良 ② 280-22 阻值太小	①先检查消磁回路是否接通，特别是 KT$_3$ 的延时闭合的常闭触点闭合是否良好 ②调节弹簧压力或桥形触点 ③增大 280-22 阻值
3	停车太猛及停车倒退	①停车制动太强。RP$_5$、RP$_6$ 阻值不对 ②电流截止环节的硒片一路开路 ③自消磁环节和欠补偿能耗制动环节	①一级制动过猛，应检查调整 RP$_5$、RP$_6$ 阻值、稳定环节 ②检查电流截止环节中的硒片是否开路，失去限流作用 ③二级制动过猛，则应检查调整自消磁环节和欠补偿能耗制动环节。同时也应注意调整 KT$_3$ 的延时
4	换向时，越位过大	①电压负反馈较弱，稳定过强，减速制动失灵或不强 ②截止电压较低 ③加速度调节器放在平稳位置 ④前进后退接触器动作较慢	在一般电压负反馈已经调节适当的情况下： ① 观察 RP$_8$ 的大小，检查稳定强弱 ②观察 RP$_1$、RP$_2$ 的大小，检查强激的程度 ③观察 RP$_3$、RP$_4$ 的大小，检查减速制动的强弱 ④如果电压负反馈较弱，如电压负反馈系数在 0.4 以下，也可以适当加强电压负反馈来解决

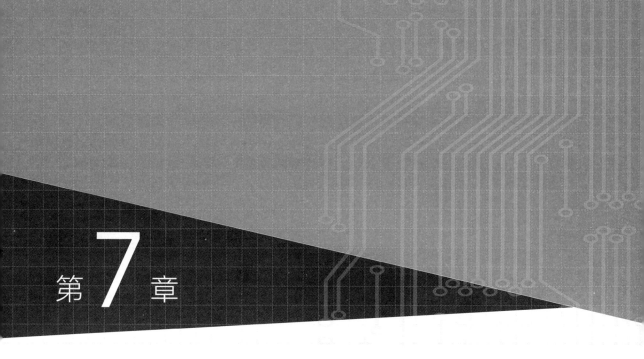

第**7**章

数控机床数控电气控制系统维修

7.1　数控机床电气控制系统

7.1.1　数控机床电气控制系统组成

数控机床是在普通机床的基础上发展起来的，是典型的机电一体化设备。现代数控机床由机械部分、电气部分和气动液压等部分组成。

电气部分组成框图如图 7-1 所示。电气部分分为强电（机床电器控制、伺服电源）部分和弱电部分。

图 7-1　电气部分组成框图

强电部分主要包括继电控制部分，如伺服电源控制、润滑装置的控制、冷却工作液泵的控制等。弱电部分主要是数控系统和检测装置。数控系统是数控机床的核心，数控系统的核心是一台计算机，它由硬件和软件组成。硬件除计算机外，外围设备主要包括编程机接口、CRT、键盘、操作面板、机床接口等。编程机接口用于输入系统程序和零件加工程序；CRT供显示和监控用；键盘用于输入操作命令及编辑、修改程序段，也可输入零件加工程序；操作面板可供操作人员改变操作方式、输入整定数据、启停加工等；机床接口是计算机和机床之间联系的桥梁，其包括伺服驱动接口及机床输入/输出接口；伺服驱动接口主要是进行数/模转化，以及对反馈元件的输出进行数字化处理并记录，以供计算机采样；机床输入/输出接口用于处理辅助功能。数控系统硬件组成示意如图7-2所示。

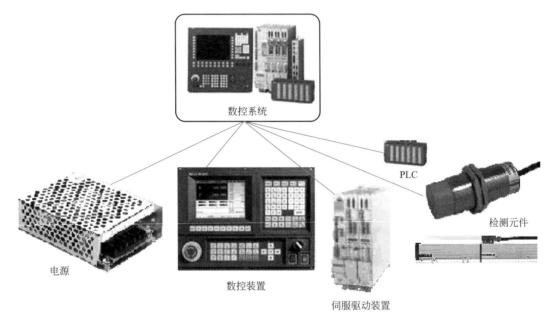

图 7-2 数控系统硬件组成

软件由管理软件和控制软件组成：管理软件主要包括输入输出、显示、诊断等程序；控制软件包括译码、刀具补偿、速度控制、插补运算、位置控制等部分。

数控系统的功能是接收由输入装置送来的信息载体上的加工信息和由键盘输入的加工数据，经计算和处理后去控制机床的动作。

检测装置主要是直接或间接地检测输出量，并将其全部或一部分送回到输入端与给定信号一起控制系统。它相当于普通机床的刻度盘和操作者的眼睛。具有检测装置的数控机床性能更高。

还有液压装置、气动装置、润滑装置和冷却装置。其中数控机床的润滑装置和冷却装置是必不可少的，否则数控机床就不能正常工作；而液压装置和气动装置是否需要配置取决于数控机床的性能，中高档数控机具有液压装置和气动装置。

▶ 7.1.2 电气控制系统各部分的连接

（1）数控装置与机床的接口

图7-3是计算机数控装置（CNC）、控制设备和机床之间的连接示意图。

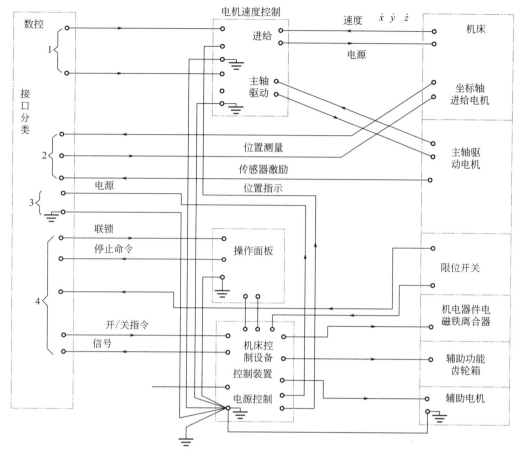

图 7-3   CNC、控制设备和机床之间的连接示意图

数控装置与机床的接口分为如下四类。

第一类：与驱动有关的连接电路，主要是指与坐标轴进给驱动和主轴驱动的连接电路。

第二类：数控系统与测量系统和测量元件之间的连接电路。

第三类：电源及保护电路。

第四类：开/关信号和代码信号连接电路。

第一、二类：信号为数字控制、伺服控制、检测之间的控制。第三类：属于电源及保护电路，由数控机床强电线路中的电源控制电路构成。第四类：开/关信号和代码信号是数控装置与外部传送的输入、输出控制信号，如果数控机床没配置 PC，则这些信号在 CNC 与机床之间直接传送，若配置 PC，这些信号中大部分均通过 PC，只有少数速度高的信号直接传送。

强电线路：由电源变压器、控制变压器、各段断路器、保护开关、接触器、保险等组成，以给交流电机、风扇、冷却泵、电磁铁、离合器、电磁阀等功率元件提供电源。

注意：

强电线路不能与低压控制电路和弱电线路直接连接。

（2）输入信号

由机床（MT）向数控装置（CNC）传送的信号叫输入信号。可分为直流数字输入信号、直流模拟输入信号和交流输入信号。

① 直流模拟输入信号用于进给坐标轴和主轴伺服控制或其他接收、发送模拟信号的设备。

② 交流输入信号用于直接控制功率执行器件。这两种信号需要专用接口电路。在数控系统中应用最多的是数字输出信号。

③ 直流数字输入接口用于接收机床操作面板的各开关、按钮信号及机床的各种限位开关信号。常用各种类型输入接口电路如图7-4所示。

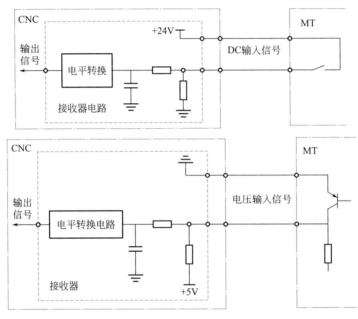

图7-4　输入接口电路

（3）输出信号

由CNC向MT传送的信号称为输出信号。把机床的各种工作状态送到机床操作面板上用灯显示出来，把控制机床动作的信号送到强电箱，它分两种：继电器输出和无触点输出。输出接口电路如图7-5所示。

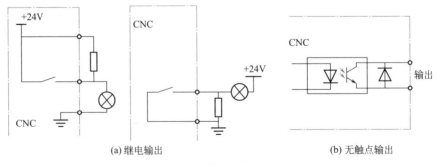

(a) 继电输出　　　　　　　　(b) 无触点输出

图7-5　输出接口电路

图 7-6 是负载为指示灯的信号输出电路。当 CNC 有信号输出时，基极 B 为高电平，晶体管导通，此时输出状态为"0"，电流流过指示灯或继电器线圈，使灯点亮或继电器吸合。当 CNC 无信号输出时，基极 B 为低电平，晶体管截止，输出信号状态为"1"，不能驱动负载。

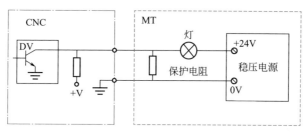

图 7-6 负载为指示灯的信号输出电路

图 7-7 是负载为继电器的信号输出电路。注意在输出电路中，继电器类感性负载要配上火花抑制器。容性负载在输出负载线路中串联限流电阻，电阻阻值确保负载承受的瞬时电流和电压被限制在额定值内。

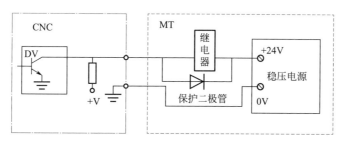

图 7-7 负载为继电器的信号输出电路

用晶体管输出直流驱动指示灯中，冲击电流可能损坏晶体管，为此应设置保护电阻，以防晶体管被击穿。

当驱动是电磁开关、电磁离合器、电磁阀线圈等交流负载，但工作电压或工作电流超过输出信号和工作范围时，应先用输出信号驱动小型中间继电器（一般为 +24V），然后用它的触点接通强电线路的功率继电器或直接驱动这些负载。图 7-8 是输入、输出接口信号传送框图。

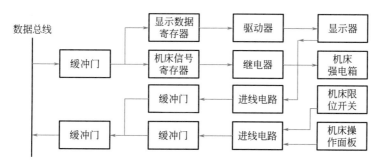

图 7-8 输入、输出接口信号传送框图

（4）接口电路的作用

① 进行电平转换和功率放大。CNC 内使用 TTL 电平，而控制的设备中却不一定都是 TTL 电平，因此要进行电平转换，在重负载情况下还要进行功率放大。

②实现隔离，提高抗干扰能力，防止误动作。使用光电隔离器件、脉冲变压器、继电器，确保 CNC 装置与机床（MT）在电上进行隔离。

③采用模拟量传送时，要采用 A/D 或 D/A 转换电路。信号在传输过程中，由于衰减、噪声和反射等影响，会发生畸变，为此要根据信号类别及传输线质量，采取一定措施并限制信号的传输距离。

（5）连接实例

图 7-9 是 SIEMENS810D 硬件连接。SIEMENS810D 配置的驱动一般都采用 SIMODRIVE611D。它包括电源模块和驱动功率模块。

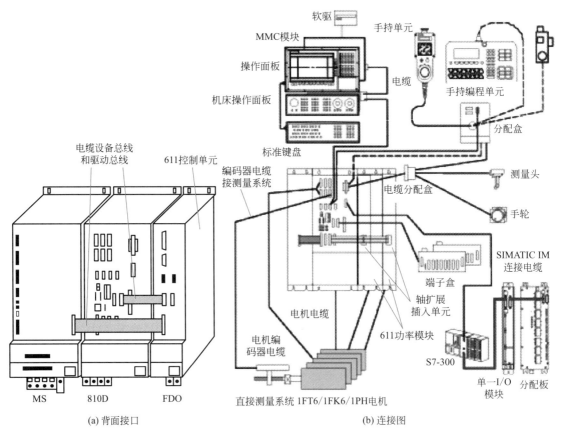

图 7-9　SIEMENS810D 硬件连接

电源模块主要是为数控系统和驱动装置提供控制和动力电源，产生母线电压，同时检测电源和模块状态。其接口如图 7-10 所示。

SIMODRIVE611D 是新一代数字控制总线驱动的交流驱动，它分为双轴模块和单轴模块两种。相应的进给伺服电动机可采用 1FT6 和 1FK6 系列。编码器信号为正弦波，可实现闭环控制，主轴伺服电动机为 1PH7 系列。611D 驱动模块连接如图 7-11 所示。

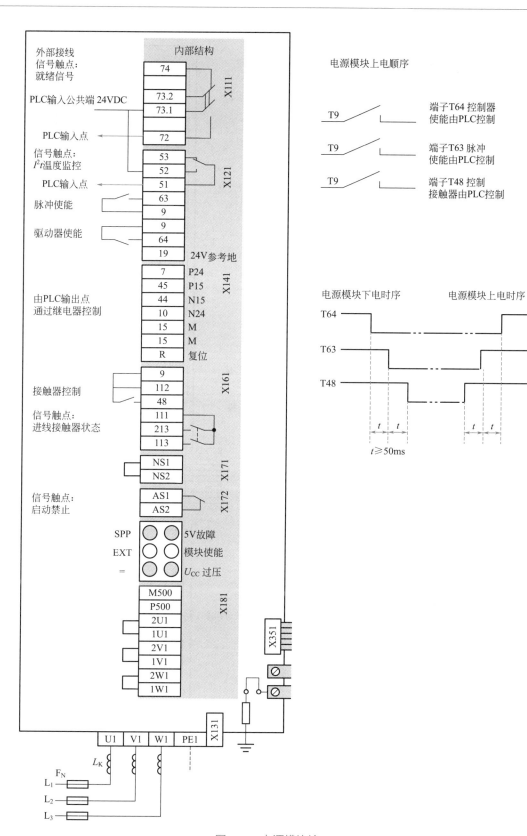

图 7-10　电源模块接口

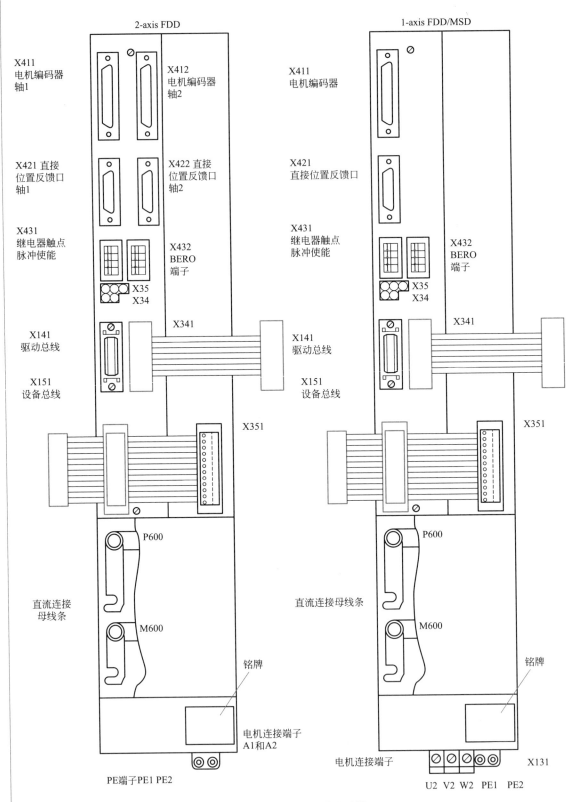

图 7-11 611D 驱动模块连接

7.2 故障分类

7.2.1 故障类型划分

（1）有报警显示故障

当故障发生时，系统会发出声光提示或显示报警序号。有报警显示的故障又可分为硬件报警显示与软件报警显示两种。

① 故障警示灯报警。在数控系统中的硬件线路单元中（电源单元、控制操作面板、位置控制印制线路板、伺服控制单元、主轴单元等部位）均设有故障警示灯，用以指示硬件故障的部位，这些警示灯一般使用发光二极管。当数控机床发生故障时，这些警示灯指示故障状态。维修人员根据相应部位上警示灯的状态，可大致分析判断出故障发生的部位与性质。

② CRT 显示器上显示出报警号和报警信息。当系统发生软件报警显示故障时，在 CRT 显示器上显示出报警号和报警信息。软件报警有 NC 报警和 PLC 报警，NC 报警为数控部分的故障报警。这类报警显示常见的有存储器报警、过热报警、伺服系统报警、轴超程报警、程序出错报警、主轴报警、过载报警以及断线报警等，这将为故障判断和排除提供很大的帮助。

当发生软件报警故障时，可通过所显示的报警号，参考对照维修手册中相关故障报警提示，来判断可能产生该故障的原因。

PLC 报警大多数属于机床侧的故障报警，可通过所显示的报警号，对照维修手册中有关 PLC 故障报警信息、PLC 接口说明以及 PLC 程序等内容，检查 PLC 有关接口和内部继电器状态，确定该故障所产生的原因。

软件故障可通过理解随机资料、掌握正确的操作方法和编程方法，就可避免和消除。

（2）无报警显示故障

这类故障发生时无任何报警显示，分析诊断难度较大。对于无报警显示故障，通常要具体情况具体分析，要根据故障发生的前后变化状态进行分析判断。

（3）电气故障

电气故障分弱电故障与强电故障。弱电部分主要指 CNC 装置、PLC 控制器、CRT 显示器以及伺服单元、输入/输出装置等。发生在各装置的印制电路板上的集成电路芯片、分立元件、接插件以及外部连接组件等的故障是硬件故障。而加工程序出错、系统程序和参数的改变或丢失、计算机的运算出错等是常见的软件故障。

强电部分故障是指发生在继电器、接触器、开关、熔断器、电源变压器、电动机、电磁铁、行程开关等电气元件及其所组成的电路故障。这部分的故障十分常见，必须引起足够的重视。

（4）系统性故障和随机性故障

系统性故障通常是指只要满足一定的条件或超过某一设定的限度，工作中的数控机床必然会发生的故障。随机性故障通常是指数控机床在同样的条件下，工作时只偶然发生一次或两次的故障。随机性故障的原因分析与故障诊断较其他故障困难得多。

（5）干扰故障

这类故障是由于外部工作环境造成的。常见的可能原因有：供电电压过低；波动过大；

相序不对或三相电压不平衡；环境温度过高；有害气体、潮气、粉尘侵入；电磁干扰；误操作和维护保养不当。

7.2.2 数控机床常见故障部位

图 7-12 是故障的分类和所在部位及原因。

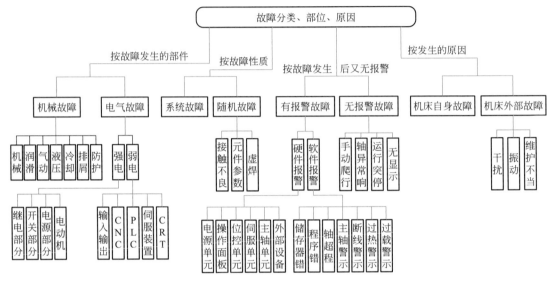

图 7-12 故障的分类和所在部位及原因

7.3 数控机床故障检测和排除原则与方法

7.3.1 数控机床检测排除故障一般原则

数控机床检测排除故障一般原则：先外部后内部，先机械后电气，先观察后操作，先公用后专用，先一般后特殊。

（1）先外部后内部

数控机床是机械、液压、电气一体化的机床，故其故障的产生必然要从机械、液压、电气这三方面综合反映出来。数控机床的检修要求维修人员掌握先外部后内部的原则，即当数控机床发生故障后，维修人员应先采用望、闻、问等方法，由外向内逐一进行检查。比如数控机床中，外部的行程开关、按钮开关、液压气动元件以及印制线路板插头座、边缘接插件与外部或相互之间的连接位置、电控柜插座或端子排，因其接触不良造成信号传递失灵，是产生数控机床故障的重要因素。此外，由于工业环境中，温度、湿度变化较大，油污或粉尘对元件及线路板的污染，机械的振动等，对于信号传送通道接插件都将产生严重影响。在检修中重视这些因素，首先检查这些部位就可以排除较多的故障。另外，尽量避免随意地启封、拆卸，不适当的大拆大卸，否则会扩大故障，降低机床精度与性能。

（2）先机械后电气

数控机床是一种自动化程度高、技术复杂的先进机械设备，一般来讲，机械故障较易察觉，而数控系统故障的诊断则难度要大些。先机械后电气就是在数控机床的检修中，首先检查机械部分是否正常，行程开关是否灵活，气动、液压部分是否正常等。从以往经验来看，数控机床的故障中有很大一部分是由机械动作失灵引起的，所以，在故障检测之前，首先注意排除机械性的故障。

（3）先观察后操作

维修人员本身要做到先观察后动手。不可盲目动手，应先询问机床操作人员故障发生时的现象和状态，查阅资料后，方可动手检测查找故障。然后，对有故障的机床也要本着先观察后动手的原则，先在机床断电的状态下，通过观察、测试、分析，确认为非恶性循环性故障，或非破坏性故障后，方可给机床通电，在运行状态下，进行动态观察、检验和测试，查找故障。对于有破坏性的故障，必须先排除危险后，方可通电，在运行状态下进行动态诊断。

（4）先公用后专用

公用性的问题往往影响全局，而专用性的问题只影响局部，如机床的几个进给轴都不能运动，这时应先检查和排除各轴公用部分的故障，然后再设法排除某局部问题。

（5）先简单后复杂

当出现多种故障时，先解决容易的问题，后解决难度大的问题。在解决简单故障的过程中，难度大的问题也可能变得容易解决了。

（6）先一般后特殊

在排除某一故障时，要先考虑最常见的可能原因，然后再分析很少发生的原因。

7.3.2　数控机床检测排除故障一般方法

数控机床故障检测排除常用的一般方法如下。

（1）直观法

维修人员利用自身的感觉器官，通过对故障发生时产生的各种光、声、味等异常现象的观察，以及认真检查，往往可将故障范围缩小到一个模块，甚至一块印制线路板。这种方法是实践经验丰富的维修人员常用的。

（2）自诊断功能法

充分利用数控系统的自诊断功能，根据 CRT 上显示的报警信息及发光二极管指示，可判断出故障的大致起因。利用自诊断功能，还能显示出系统与主机之间接口信号的状态，从而判断出故障是在数控系统部分还是机械都分，并能指示出故障的大致部位。这个方法是当前维修中最常用也是最有效的一种方法。因此，维修人员要十分熟悉所维修的数控系统的故障信息，或能很快在厂家提供的维修手册中找到相关信息。

（3）参数检查法

有些故障，往往就是由于未及时修正某些不适的参数所致。当然这些故障都属于软故障的范畴。在数控系统中有许多参数，它们直接影响着数控机床的性能。参数通常是存放在存储器中，一旦电池不足或由于外界的某种干扰等因素，会使个别参数丢失或变化，使系统发生混乱，机床无法正常工作。此时，通过核对、修正参数，就能将故障排除。机床长期闲置之后启动系统，无缘无故地出现不正常现象或有故障而无报警时，应用此方法最为合适。还有，数控机床经过长期运行之后，由于机械运动部件磨损，电气元件性能变化等原因，也需对其有关参数进行修正。

（4）功能程序测试法

所谓功能程序测试法就是将数控系统的需用功能和重要的特殊功能，如直线定位、圆弧插补、螺纹切削、固定循环、用户宏程序等用手工编程或自动编程方法，编制成一个功能测试程序，输入到数控系统中，然后启动数控系统运行，用它来检查机床执行这些功能的准确性和可靠性，进而判断出故障发生的可能起因。本方法对于长期闲置的数控机床第一次开机时的检查以及机床加工造成废品但又无报警的情况下，一时难以确定是编程或操作的错误，还是机床故障时是一种较好的方法。

（5）交换法

这是一种简单易行的方法，也是现场判断时最常用的方法之一。所谓交换法，就是在分析出故障大致起因的情况下，维修人员可以利用备用的印制线路板、模板、集成电路芯片或元器件替换有疑点的部分，甚至用系统中已有的相同类型的那件来替换，从而把故障范围缩小到印制线路板或芯片一级。交换后观察故障现象是否随之转移，从而可迅速确定故障部分。但在备板交换之前，应仔细检查备板是否完好，备板和原板的各种状态是否一致，这包括印制线路板上的开关、短路棒的设定是否一致，以及电位器调整位置是否一致。在置换 CNC 装置的存储器板时，往往还需要对系统进行存储器初始化的操作，重新设定各种参数，否则系统是不能正常工作的。一定要严格地按照有关的系统操作说明书、维修说明书的要求步骤进行操作。

（6）测量比较法

设计数控系统的印制线路板时，为了调整、维修的便利，在印制线路板上设计了多个检测用端子。用户也可利用这些检测端子测量正常的印制线路板和有故障的印制线路板之间的电压和波形的差异，从而可分析出故障起因及故障的所在位置，甚至，有时还可对正常的印制线路板人为地制造"故障"，如断开连线或短路，拔去组件等，以判断真实故障的起因。这种方法要求维修人员在平时测量印制线路板上关键部位或易出故障部位的电压值和波形，并做记录，作为一种资料积累。

（7）敲击法

如果数控系统的故障若有若无，这时可用敲击法检查出故障的部位所在。因为这种若有若无的故障大多是虚焊或接触不良引起的，因此当用绝缘物轻轻敲打有虚焊或接触不良的疑点处时，故障肯定会重复再现。

（8）局部升温法

数控系统经过长期运行后元器件均要老化，性能变坏，当它们尚未完全损坏时，出现的故障会变得时隐时现。这时可用热吹风机或电烙铁等对被怀疑的元器件进行局部升温，加速其老化，以便彻底暴露故障部件。当然，采用此法时，一定要注意各种元器件的温度参数等，不要将原来是好的器件烤坏。

（9）原理分析法

根据数控系统的组成原理，可从逻辑上分析出各点的逻辑电平和特征参数，然后用万用表、逻辑笔、示波器或逻辑分析仪对其进行测量、分析和比较，从而对故障进行定位。运用这种方法，要求维修人员有较高的水平，最好有数控系统逻辑图，能对整个数控系统或每部分电路的原理有清楚的、较深的了解。

（10）方框图检测法

方框图使用一系列的矩形来描述系统的所有部分，也就是将一个复杂的系统，按照功能将其分为许多小的电路单元，每一个电路单元使用一个矩形框表示。复杂系统是由一系列简单的矩形图组成的。一个复杂的系统就可以在一张纸上表示出来。

在框图中信息是从左到右穿过每个矩形图进行流动的。因此，输入在左边而输出在右边。方框图的内容通常是检修方法。如果用一个备用的单元来替换一个有故障的单元使系统正常运行，则整个单元将是整个方框图中单独的一块。然而，当系统的故障被跟踪到故障单元时，如果这个单元的所有组成被替换，则必须创建这个单元的子系统方框图。

通常情况下，设备供应商在用户手册上提供了一个系统方框图。如果没有，就需要为故障检修创建一个方框图。

（11）信号流检测法

信号流大体上分为两种，即能量和信息。能量流表明能量是如何被送到系统各处的；信息流表明信息或数据是如何从电源流向目标点的。

信号流有多种不同的拓扑结构，如线性、分支、反馈和开关等。故障检修人员必须认识每种结构的信号流向，因为特殊的故障检修方法是与其拓扑结构联系在一起的。利用信号流分析故障时应该注意：线性规则、分支规则、反馈规则和开关规则。

① 线性规则。在检修一个线性系统时，第1个测试点应该选在框图的中点之前。如果所测得的信号错误，则将测试点向左移，因为故障在这个点左边所在的单元中。这种规则的应用表明只需对一半器件进行检查。

② 分支规则。当系统单元中有分支通道时，如果分支中的任何一路都能正常工作，故障就出在分支点之前。

③ 反馈规则。当系统中有反馈通道时，对反馈通道的改变和修改表明对这个闭环系统的操作。

④ 开关规则。如果包括被开关设置改变的线性、分支或是收敛的拓扑结构，当开关移到另一个位置时观察这个系统。如果问题消失，则故障就出在当前开关所在的通道。如果问题仍然存在，则故障出在两个开关位置共同的通道处。

（12）信息柱状图检测法

有一个常见的故障检修概念称为信息柱状图。图7-13显示了这个过程。

第一级的检验可以很快完成，通常不需要任何测试仪器仪表，也不需要拆除任何装置。

第二级的检测要使用测试设备。在这一级上经常需要做许多测试，电缆可能会从每个单元上拆下来，然后进行测量来检验有效的输入或输出信号。每个测试结果将会使故障范围缩小。最常用的测试设备包括万用表、示波器和数据分析仪。当确定故障在一个单元时，就要进行第三级测试。在一些情况下，故障在子系统模块或在电子卡中。此时，一般处理方法是使用备用单元替代。

第四级的检测也是最后一级，致力于用备用工作单元来代替故障单元或子系统元件，并且验证这个变化是否能解决问题。

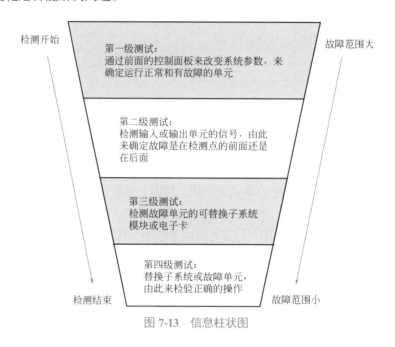

图 7-13　信息柱状图

这些检查方法各有特点，根据不同的故障现象，可以同时选择几种方法灵活应用，对故障进行综合分析，逐步缩小故障范围，较快地排除故障。

在检修数控机床故障时，有一类故障是干扰造成的。主要干扰原因有接地干扰、强电干扰和电源干扰三种。对于接地干扰的主要措施是采取单点接地、屏蔽线等措施。对于强电干扰采取交流接触器线圈并接 RC 电路，直流继电器线圈两端并接二极管等措施。对于电源干扰，采取加装电源稳压装置、数控机床单独供电、远离干扰源等措施。

7.4　数控机床电气故障检修

7.4.1　数控机床主轴电气故障检修

（1）检修实例一

故障现象：立式加工中心，配置 SIEMENS810M 数控系统，主轴为交流，伺服驱动，配置 6SC6502 主轴驱动器。开机调试时，主轴电动机不转，没有报警。

故障检测过程：加工中心主轴及数控系统面板如图 7-14 所示。该主轴是模拟驱动，其模拟量的有无会直接影响主轴的转动。主轴电动机不转，很自然地会想到电源是否正常。但仅此是不够的，还要罗列可能的故障原因：电动机的连线连接是否牢固、驱动器是否有报警信息、相关电动机的参数设置有无问题、电动机本身有无问题等。

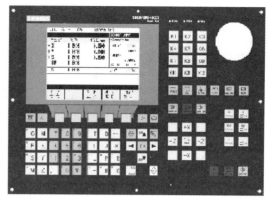

图 7-14　加工中心主轴及数控系统面板

根据可能原因从最简单、最容易检查、最可能发生故障的部位开始，利用排除法针对以上每一种可能原因进行排查，缩小故障范围。

第一步：检查连接线，没有虚接和错接现象，正常。机床尚处在调试阶段，电动机的问题可能性不大。

第二步：上电，查看驱动器是否有报警信息，没有发现报警。

第三步：启动机床，手动运行主轴。使用万用表测量主轴模拟量输出，发现表中指示数值为 0，即数控装置没有发出指令，说明故障是数控系统引起的。初步确定了故障范围后，就要重点检查。

由于机床处于调试阶段，可能有接触不良的问题存在，但是在开机调试之前已经做了检查，并没有发现问题。还有另外一种可能就是参数设置不对或设置不全，从而造成机床主轴不能正常工作。

第四步：检查参数。进入数控系统参数设定页面，仔细检查与主轴相关的各参数。首先检查 MD 参数，全部正常；再检查系统 SD 设定参数，也没有问题；进入 SETTING DATA 页面，发现 G96 转速限制值是 "0"，这是不正确的。

处理方式：把 G96 改为机床的最大转速值。启动机床，手动运行主轴，使用万用表测量主轴模拟量输出正常，主轴也能正常运行。

（2）检修实例二

故障现象：立式加工中心机床，采用 SIEMENS810M 数控系统，配套 6SC6502 主轴驱动器。在调试时，出现主轴定位点不稳定的故障。

检修过程：验证故障现象。进入故障现场，情况调查工作完成后，对故障现象进行验证观察，发现机床可以在任意时刻进行主轴定位，定位动作正确，没有问题，而且多次验证均正常，其定位点总是保持不变。没有发现故障现象，以为这是一次偶发故障。下午开机后，进行定位，发现定位点与上午的定位点不同。而且多次验证定位点均正常。

数控机床主轴的定向控制作用，在于将主轴准确地停在某一固定位置，以便完成换刀等动作。此机床主轴定位使用编码器与定位开关配合实现。其工作过程是当数控系统发出指令后，利用主轴上装有的位置编码器或磁性传感器作为位置反馈元件，发出信号，数控系统接到此信号，使主轴准确地停在预定的位置上。电气控制方案有两种，其定向准停控制示意如图 7-15 所示。

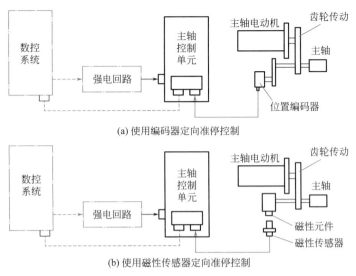

(a) 使用编码器定向准停控制

(b) 使用磁性传感器定向准停控制

图 7-15　主轴定向准停控制示意

上、下午均能正常定位，但上、下午的定位点却不同，分析原因只是断电之后又重新开机。那么故障可能就出现在断电、上电过程中，为此又做以下验证。

记录关机前的主轴位置，再次开机执行主轴定位，定位位置与关机前不同，多次进行此项操作，发现在完成定位后，只要不关机，以后每次定位总是保持在该位置不变。一旦关机，再次定位时就会发生定位不准的现象。

主轴定位的过程，事实上是将主轴停止在编码器"零位脉冲"位置的定位过程，并在该点进行位置闭环调节。根据以上分析，可以确认故障是由于编码器的"零位脉冲"不固定引起的。将故障锁定在编码器部分，还是和以前一样先将可能的故障原因罗列起来：编码器没有固定好，在工作过程中编码器与主轴的相对位置在不断变化；编码器本身有问题，如没有"零位脉冲"输出或"零位脉冲"受到干扰；编码器连接错误。

根据以上可能的原因，逐一检查：检查编码器是否固定牢固，可直接观察，用手感觉编码器与轴之间是否有间隙；使用示波器观测编码器的"零位脉冲"输出。在编码器与数控装置的连接处（一般是使用插接件相连）将示波器探头的信号输入端接触编码器的"零位脉冲"输出端，示波器探头的地线接在编码器电源的公共端。进一步检查编码器的连接，发现该编码器内部的"零位脉冲"Uao 与 *Uao 引出线接反。

处理方式：重新连接编码器内部的"零位脉冲"Uao 与 *Uao 引出线后，故障排除。

7.4.2　数控机床回参考点故障检修

（1）数控机床回参考点方式

数控机床回参考点的过程是检测元件与数控装置配合完成的，由数控装置给出回参考点的命令，然后坐标轴按数控装置中设定的方向和速度（轴的运动速度也是在机床参数中设定的）运动，压下参考点开关(或离开参考点开关)后，PLC 向数控装置发出减速信号，数控装置按照预定的方向减速运动，由测量系统接收参考点零点脉冲，接收到第一个脉冲后，设定坐标值。所有的坐标轴都找到参考点后，回参考点的过程结束。

机床返回基准点的方式随机床所配用的数控系统不同而异，但多数采用栅格方式（在用脉冲编码器作位置检测元件的机床中）或磁性接近开关方式。

① 回参考点方式一。选择"回参考点操作方式"，启动后，相应的坐标轴首先快速向指定方向移动，碰到回参考点减速开关后，坐标轴在减速信号的控制下减速至低速继续移动，当轴到达测量系统基准点时，轴制动使速度为零，过标记后又移动指定距离而停于参考点，如图7-16（a）所示。

② 回参考点方式二。选择"回参考点操作方式"，启动后，相应的坐标轴首先快速向指定方向移动，碰到并压下回参考点减速限位开关后，坐标轴在减速信号控制下，减速到零，再反向低速移动，当减速开关释放时，坐标轴又反向移动，当再次压下减速开关时，坐标轴仍继续移动，减速开关被释放后，数控装置检测到第一个参考点零脉冲时，即为参考点，如图7-16（b）所示。

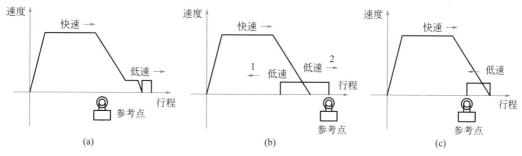

图 7-16　数控机床回参考点方式

③ 回参考点方式三。选择"回参考点操作方式"，启动后，相应的坐标轴首先快速向指定方向移动，碰到并压下回参考点减速限位开关后，坐标轴在减速信号控制下，减速到零，再反向低速移动，当轴到达测量系统基准点标记指定的第一回参考点基准脉冲前沿后制动到零，过标记后，又以关断速度移动指定距离而停止于基准点，如图7-16（c）所示。

（2）检修实例一

故障现象：数控车床，配置西门子802C数控系统。加工工件尺寸超差。

故障检测过程：操作工在正常操作时，发现此故障。据操作人员讲，此机床一直工作正常，设备经过搬迁后，仍然工作一段时间，操作工在正常操作时，发现所加工工件尺寸超差。在此之前，有一次移动机床工作台时，曾超行程到达极限位置。此后在加工时发现工件尺寸超差。

造成加工工件尺寸超差有许多原因，既有机械部分的原因，也有电气部分的原因。综合了解的情况和观察的结果，因为设备搬迁，有可能在运输过程中造成一些器件和零部件的松动而造成此故障。另外又发生过超行程事故。初步将检查重点放在机械方面。

开机后，首先要进行回参考点操作。在进行此操作过程中发现每次回参考点的位置不一样。由此可以初步判断，加工工件尺寸超差可能由此引起。处理此故障重点要检查的部位和元件如下：弄清楚该机床回参考点的方式、找到回参考点的开关、观察撞块位置和紧固方式、相关元件的连接情况。

首先对设备的连接线、编码器等部位进行检查，重点检查开关、撞块的安装位置和方式，经现场检查发现Z轴的减速开关、撞块的固定螺钉松动，故怀疑故障原因在此。将此撞块稍作调整，再进行回参考点操作，结果正常。该故障一般在更换减速开关或机床大修后发生，可通过重新调整挡块位置来解决。调整前要特别注意记录开关或撞块的原始位置。

（3）检修实例二

故障现象：一台采用西门子 SINUMERIK3M 的数控磨床，开机后 X 轴回不到参考点。

故障检测过程：这台机床的位置反馈采用的是增量式光栅尺。按照说明书操作步骤使机床回参考点，观察回参考点的过程，发现 X 轴能减速运行，但不能停止，直到撞压上限位开关才停机。很明显减速开关工作正常。返回参考点过程中有减速，但仍以低速移动（或改变方向移动），到参考点而没停下来，也就是说没有找到回参考点的脉冲信号。当撞压下行程限位开关时才停机。

主要检测以下几部分：①检查接线。接线没有问题，这就排除了回参考点脉冲信号在传送或处理过程中丢失这一原因。②用示波器检查光栅尺的零点脉冲是否发出。没有发现其参考点零点脉冲，说明光栅尺可能有问题。③检查光栅尺。发现由于光栅尺经过长时间使用后尺身上有许多污物，因此怀疑光栅尺已被污染，零点标记被污物遮挡，零点脉冲不能正常输出。

处理方式：对光栅尺进行清洗后，重新安装，开机测试，故障消失。

▶ 7.4.3 数控机床报警故障检修

（1）检修实例一

故障现象：数控铣床配置 SIEMENS802D 系统。开机时出现 ALM380500 报警，驱动器显示报警号 B504。

故障检测过程：数控铣床配置 SIEMENS802D 系统，使用 65U 伺服驱动器。处理此故障按以下步骤进行。

首先搞清楚 65U 伺服驱动器出现 B504 报警的含义，来缩小故障的范围。从驱动器的使用手册中知道，B504 报警的含义是"编码器的电压太低，编码器反馈监控生效"。

开机时注意观察伺服驱动器，看到伺服驱动器可以显示"RUN"，说明伺服驱动系统可以通过自诊断，驱动器的硬件应无故障。然后检查供电的直流电源，结果是电源的电压输出值正常。

通过观察发现，每次报警都是在伺服驱动系统"使能"信号加入的瞬间出现，因此，可能是由于伺服系统电动机励磁加入的瞬间干扰引起的。检查与驱动器、编码器的连接线，接地线等，发现接地线连接不正确。

处理方式：重新连接伺服驱动的电动机编码器反馈线，进行正确的接地连接后，故障清除，机床恢复正常。

此故障的关键：每次报警都是在伺服驱动系统"使能"信号加入的瞬间出现。重点考虑检查电源的输出值及连接线。处理此类故障时，一定要反复、仔细观察每一个细节，在确定相关线路都正常的情况下，要考虑干扰问题。在数控机床中，干扰源很多，在现场要重点检查接地线。

（2）检修实例二

故障现象：JCS-018 立式加工中心，配置 FANUC-BESK7MCRT。上电后，CRT 显示"05#"

"07#"报警。

故障检测过程：先查 FANUC- BESK7M 系统维修手册，知道"05#"报警为紧急停车造成的故障，"07#"报警是速度控制单元报警。解决 05# 报警问题的步骤如下。

使用万用表电阻挡位，检查急停开关的通断，正常；用万用表检查 X、Y、Z 各轴超程限位开关是否压合，均正常，说明硬件没有故障；按清除键，CRT 上"05#"报警号消失，但"07#"报警仍存在，当抬起清除键后，"05#"又出现。反复操作几次均如此。由此可以初步判断"05#"报警是由"07#"报警引起的，由于速度控制单元报警，而使紧急停车保护生效，从而同时出现"05#""07#"报警。

解决"07#"报警：由以上分析，应重点找出"07#"报警的原因。

对于"07#"报警，维修手册中指出产生该报警的可能原因：电动机过载；速度控制的电源变压器过热；速度控制电源变压器的电源熔丝断；速度控制单元的熔断器的熔丝断；在控制部分电源输入支架上，接线座的 ZMGIN 和 2 点间的触点开路；在控制部分电源输入支架上，交流 100V 熔断器的熔丝（F5）断；连接速度控制单元与控制部分之间的信号电缆断开或者脱落；某种其他伺服机构报警，电动机电源线上的接触器（MCC）断开。针对以上原因逐一分析，逐一检查，先易后难。检查步骤如下。

第一步：检查热元件。用万用表查热元件无异常，因为开机后，X 轴、Y 轴、Z 轴、刀库各轴未移动就产生"05#""07#"报警，因此故障与电动机过载无关。

第二步：检查变压器。用手摸变压器，不过热，用万用表查变压器的原边和副边均正常。

第三步：检查熔断器。用万用表检查电路中的熔断器，也正常。

第四步：查接线。用万用表电阻挡 (1×R 或 10×R)，检测线路的通断，结果正常。

第五步：用万用表查电动机过热保护电路。

在此电气系统中，电动机过热保护环节是把各轴的保护电路相互串联在一起，并且使用24V 电压。图 7-17 是电气连接示意图。使用万用表按照图 7-18 所示步骤检查，发现短路棒因油腻太多造成断路。

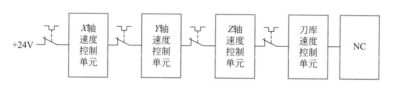

图 7-17　电气连接示意图

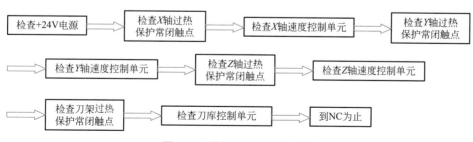

图 7-18　使用万用表检查步骤

处理方式：将短路棒拆下，清洗后插上，开机正常。

同时出现两个或多个报警号时，必须先解决影响系统运行的故障，否则就不能对其他故障进行检测；报警信息只是提供发生故障的可能原因和可能的故障区域，在排查故障时只作为参考。千万不能带电插拔线路板，切忌不要直接触摸集成芯片。

■ 7.4.4 数控系统参数故障检修

（1）检修实例一

故障现象：机床配置 FANUC-BESK7CM 系统工作时发现 X 轴电动机严重发热，无法正常使用，没有报警。

故障检测过程：根据故障现象要粗略判断一下故障是由机械原因引起的，还是由电气原因引起的。由于电动机发热，首先想到的是可能负载过重或是机械传动部分卡住引起的。此故障有许多原因，有可能是负载过大、电枢电流不正常、参数不对、油渍和炭刷沫太多。

电动机虽然发热严重，但由于电动机温升指标高，电流也没有超过额定电流，因此数控系统并不发出任何报警信号。检测步骤如下。

第一步：采用对比法。对比 X、Y 两个轴电动机的发热情况。开启机床，运行一段时间，用手轻轻触摸（注意不要烫伤手）X、Y 两个轴电动机，感觉其发热情况，Y 轴电动机温度正常，感觉 X 轴电动机发烫。而 X 轴电动机的负载比 Y 轴电动机的负载要小得多，但 Y 轴电动机并不发热，由此可以认为 X 轴电动机发热不应该是负载引起的。但还有另外一种可能就是 X 轴机械传动机构有卡住的可能。

第二步：仔细检查机械部分，主要观察或凭手感检查工作台的护板、丝杠与丝杠副、轴承等部件有没有卡住部位。检查后没有发现问题。为确定负载是否过重或是卡住，需要检测电动机的电枢电流来进一步确认。

第三步：检测电动机电枢的电流。电动机发热，流过电枢的电流就应该大。检测电流时，使用万用表要选择合适的量程；要将万用表串接在电路中；使用钳形电流表测量时，要让导线垂直穿过钳形电流表的测量窗口，以减少误差。使用万用表电流挡，先检测工作时电动机电枢的电流，将测量值与电动机的标称值比较，此时，测量值约为额定电流的60%，此值为正常；再检测电动机不工作时的电流，约为额定电流的40%，此值异常。

第四步：分析原因。直流电动机电流过大，很可能是机械方面的阻力较大，造成电动机负载转矩过大而引起的。但是工作台不运动时，电动机里也会流过那么大的电流，这是一种不正常的现象。据此现象似乎可以断定故障源应该在电气部分。如果这个结论是正确的，那么故障点在什么地方？如果电动机真的不动，那么这个电流又是怎么回事？

第五步：此次是为了确认工作台是否真的没有移动。在电动机中有较大电流的时候，使用百分表检验工作台，确实没有任何位移。在电动机中有较大电流的时候，工作台没有位移，那么，电动机真的也没有转动吗？这是需要验证的。

第六步：拆卸电机。为的是确认电动机是否真的没有转动。将电动机的罩壳拆卸后，通电，可以看到工作台不运动时，电动机轴上的旋转变压器传动齿轮在来回转动一个角度，确切地说是在晃动。为了进一步确定此现象是否正常，我们将 Y 轴电动机的罩壳也拆下，看到 Y 电动机也在晃动。通过比较说明 X 轴电动机晃动是正常的。既然正常为什么 X 轴的电动机发热，而 Y 轴的电动机却不发热？

第七步：再分析，电动机确实在动，工作台确实没有动。那么究竟是 NC 系统有指令要 X 轴电动机转动，还是电动机自己在晃动？分析电动机在动要从以下几个方面入手。数控系统可能有问题，是不是数控系统误发指令；也可能伺服装置有问题；还可能是参数发生了变化。接下来我们要怎样检查？

第八步：检查参数。该数控装置可以在 CRT 显示装置上显示系统的各个参数。利用数控系统的这一功能，我们查验与伺服驱动和电动机有关的参数。按照说明书的操作要求，将相关参数调出，逐一检查，当查验到有关伺服电动机状态的 23 号参数时，发现各轴 23 号参数值其个位数字都在迅速闪动变化，即使机床不运动时也如此。对照手册知道 23 号参数是速度指令值，其个位数字在迅速闪动变化，说明机床工作台不运动，电动机却始终没停止过运动，而且电动机是在做微量的来回晃动。

第九步：检查负载。直流电动机伺服系统是一个闭环系统，电动机没有绝对平衡的状态，电动机总是要朝着消除偏差的方向运动，运动过头了，它又得返回，直至位置误差等于零或近似为零为止（该系统用软件规定运动定位位置与指令位置之差值必须小于 0.01mm）。直流伺服电动机在不断的运动中达到跟踪误差为零的相对平衡状态，这种特性在参数检查时就表现为机床无位移指令时，速度命令值仍不会为零，末位有闪动。但始终在某一个很小的范围内变化。也就是说电动机的这种晃动是正常的，只是不应该有如此大的电流。

至此我们好像又回到了原来分析的原因上来了。很可能是负载转矩太大的缘故造成电动机发热。可问题是 X 向工作台没有做切削加工，也没有位移量，X 轴电动机的负载转矩从何而来？

第十步：查阅参数。仔细查阅了机床的机械传动机构，并分析了 NC 系统中设定的各个与 X 轴运动有关的参数。发现 6 号参数好像不正常，与其他轴相应的参数比较，其值过大。在该系统中，6 号参数是反向间隙补偿量。该补偿量为齿轮间隙传动链中其他间隙、丝杆与螺母间隙、工作台负荷、工作台所处的位置等各种因素的综合结果。机床设定值 X 轴为 0.28mm，Y 轴为 0.22mm，Z 轴为 0.03mm，回转台为 0.008mm。

从机械传动机构来分析，X 轴是直线轴中最简单的，电动机通过柔性联轴器与滚珠丝杆直接相连，通过滚珠丝杆螺母副使纵向工作台移动，它不像其他直线轴那样要经过齿轮等传动机构。然而，X 轴的反向间隙补偿量却比传动机构比它复杂的 Z 轴大 9 倍，比负载转矩大得多的 Y 轴还大。显而易见，这个反向间隙设定值是不正常的。推测其原因可能有以下几种：参数被改写过；在不正常的条件下测定后设置的；干扰使参数发生了变化。

一般情况下，在重负载条件下测定反向间隙，所测得的数值会比轻负载时大。设想当在工作台上压上一个极重的工件时，要让工作台移动 0.01mm，电动机将转过比相对于 0.01mm 更大的角度。滚珠丝杆也相应地要做更大的扭转去推动螺母带动工作台运动。这是因为滚珠丝杆在重负载下产生了弹性扭转形变的缘故。假使丝杆螺距是 6mm，那么，每发生 1° 的扭转形变，就少了相当于 0.017mm 的直线位移量。这种现象叫失动，而少走的距离就叫作失动量。电动机选型正确，机械调整良好的机床，失动量会小到可以忽略的程度；机械调整不良的机床，即使刚性良好的传动机构也会发生一定的形变而造成失动。根据这一原理，从机械传动图上立即分析出，X轴电动机的较大负载转矩只能来自纵向工作台导轨上的压板或者是导轨侧面的塞铁，也可能是轴承。

注意： 工作台负荷，工作台所处的位置这两个重要因素跟反向间隙量是相关的。

第十一步：验证。为了避免判断错误使机械上做太大的调整，同时也为了证实上面的设想，做了两个验证。一是使6号参数不起作用。机床只通电源，但不做回零操作，因此，由于没有建立起绝对坐标，6号参数就不起作用。在这种情况下，通电2～3h，机床不作任何运动，观察X轴电动机并没有发热。第二个是让6号参数起作用，机床通电，机床做回零操作，把X轴的反向间隙补偿值设定为零，保留其他轴的反向间隙补偿值，仍让机床通电2～3h，机床不做运动，观察X轴电动机温度始终正常。结论是X轴电动机的较大负载转矩只能来自纵向工作台导轨上的压板或者是导轨侧面的塞铁。

第十二步：调整。在调整了纵向工作台的压板螺钉和塞铁的紧松之后，测量X轴电动机的电流值，发现电流值降低。

处理方式：正确设置6号参数。调整各轴压板、塞铁等部件的松紧程度。在做了上述工作后，这台数控铣床各个轴的电动机再也没有发生过异常的发热现象。

压板、塞铁松紧调整是既不能太紧，也不能太松。太紧会造成电动机负荷过大；太松机床运动精度不能保证，产品质量也会受到影响。正确方法：应该一边调整压板、塞铁的松紧度，一边由电气人员在伺服的监测端子上测量电动机的电流，进行电动机参数匹配的调整。除了回转轴外，各个轴均有由于压板和塞铁等机械零件产生的摩擦力而加到电动机上的负载转矩。

（2）检修实例二

故障现象：数控加工中心，配置FANUCOMC数控系统。ATC自动换刀不到位，使加工出来的零件在Z方向的尺寸不合格。

故障处理过程：进入现场后，先进行调查。要先看刀库是盘式、链式还是其他方式；有无定位信号检测开关。当故障发生时，CRT显示屏没有出现报警信息，机床的运转状况良好。通过观察也没有发现其他明显故障原因。此故障是偶发性故障，引起了机床的加工坐标轴Z方向发生偏移，偏移量为3mm，使得ATC自动换刀不到位，加工出来的零件在Z方向的尺寸不合格。通过分析推断故障可能的原因有：机床Z轴坐标位置原点有偏移；ATC机械手进行刀具交换中没有到位；与CNC数控装置参数有关。

先检查机床参考点监测开关和撞块，没有松动和移动现象；进行回参考点的操作，机床Z轴坐标位置原点正确；进行换刀操作，也没有发现ATC机械手进行刀具交换中不到位的情况。前两个原因不存在，那么，就要重点检查参数。

应重点检查与坐标位移有关的参数。按照操作说明书中的要求操作，将相关参数调出查验。分析检查与坐标位移有关的参数时，发现510号参数是Z坐标轴的栅格位移量，其设定值为0～+32767μm或0～-32767μm。机床在执行回参考原点时，首先会碰到减速限位开关，一旦减速信号发出，机床变为低速移动，当移动部位到达栅格位置时进给就停止，回参考点工作完成。由于机床的异常原因使 Z 轴参考原点偏移约 3mm，这个偏移量是与坐标轴栅格移位量有关的，查看 CRT 画面 510 号参数，它的原始设定值是 -6907μm。

处理方式：先将 510 号参数修改为 -9907μm。再重新开机，先做机床回原点、自动交换刀具等一系列动作都正常后，再进行加工试验，完成加工，工件检测合格。

换刀不到位，要先看刀库是盘式、链式，还是其他方式，有无定位信号检测开关。分清楚是换刀装置的故障还是其他系统的故障在换刀时反映出来。参数的变化主要有以下几种原因：误操作造成，参数设置错误；外界干扰造成参数的改变；备用电池电量不足造成参数变化；机床大修后，相关的参数没有重新设置。

任何数控机床都有很多参数，这些参数都要设定，设定参数正确与否将直接影响机床的正常工作和性能及加工精度。我们很好地掌握这些参数不仅能给维修带来很多方便，减少维修时间，而且也能根据这些参数来粗略判断机床的制造精度。例如：在参数设定中，如果齿隙补偿量设定值较大，那么就可以断定这台机床不是一台好机床；如果升降速度的时间常数设定过大，就可以断定此机床的装配精度不高或此机床的重要部件加工精度不高。

数控机床在长时间不使用或使用相当长一段时间后，要对传动机构的间隙进行调整后才能正常工作。此种调整往往通过重新设定部分参数来实现。如果不进行此种调整，机床往往会发生报警。

利用参数排除故障是数控机床所独有的。这就要求检修人员对机床的参数有所了解，对重要的机床参数更要熟记于心，当然，明白这些参数的实际意义才是最重要的。机床参数有 NC 数据和 PLC 数据两大类。

① PLC 数据有 PLC 机床数据和 PLC 报警文本两种。在维修过程中，检修人员要能通过接口信号来检查机床的电气部分故障。借助于相应的操作可以实时检查 PLC 的全部输入位、输出位、标志位、计时器和计数器的状态，进行接口信号诊断。PLC 数据是根据用户要求进行编写的，机床用户一般是不会更改的。

② NC 数据有通用数据、进给轴专用数据、主轴专用数据、通用位参数、主轴专用位参数、进给轴专用位参数、通道专用位参数、螺距误差补偿数据。

a. 通用数据是使系统和机床匹配所设置的有关参数。通用数据不需要用户调整。

b. 进给轴专用数据。在维修时需要调整。这些数据有坐标轴的漂移补偿、传动间隙补偿、复合增益、位置环增益、速度 / 加速度、夹紧允差及与轮廓监控有关的数据。

c. 主轴专用数据。在维修中可能要进行调整。它是对主轴在不同传动级下的特性加以调整的参数。

d. 通用位参数。在维修时可以根据需要进行调整。它是设置系统操作和功能的参数。

e. 主轴专用位参数。在维修时可以根据需要进行调整。它是对主轴控制功能进行选择的参数。

f. 进给轴专用位参数。在维修时可以根据需要进行调整。它是对进给轴控制功能进行选择的参数。

g. 通道专用位参数。在维修时不需要进行调整。它是对系统功能的选择参数。

h. 螺距误差补偿数据。在维修时不需要进行调整。只有在恢复机床精度时才可调整。

7.5 数控机床伺服故障检修

7.5.1 故障检修实例

（1）故障检修实例一

故障现象：加工中心，主轴配 SIEMENS 6SE633-4WB00 交流变频器，驱动器无交流电压输出，且有报警提示，输出电压低。

故障检测过程：故障机床主电路如图 7-19 所示。

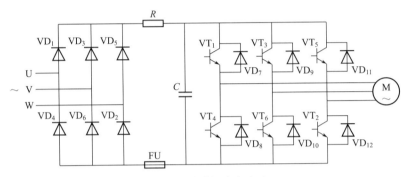

图 7-19 故障机床主电路

第一步：使用万用表测量主回路示意图如图 7-20 所示。用万用表直流电压挡位，测量图 7-20 中 d 点与 a 点之间的电压（测量之前要先对照图纸，核查实物的安装位置），结果有电压且正常，说明整流电路正常。该两端的电压值与输入的交流电压值的大小有关。如果输入的电压是 U_2，输出电压为 U_d，则它们之间的关系是：$U_d=2.34U_2$。

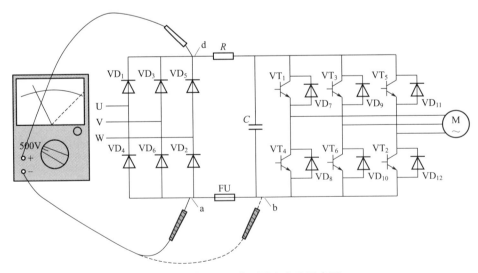

图 7-20 使用万用表测量主电路示意图

第二步：使用万用表直流电压挡位，再测量 d 点与 b 点之间的电压，结果万用表没有电压值指示。从图 7-20 中看到 a 点与 b 点之间只有一个元件，就是熔断器 FU，因此，可以判断熔断器 FU 有问题。

第三步：用万用表电阻挡检测熔断器 FU，发现阻值为无穷大，说明熔断器的熔丝已烧断。

第四步：观察电路所用电气元件，发现有一电阻表面颜色有变深、烧焦现象，对照原理图，找到该电阻是 R。使用万用表电阻挡检测其阻值为无穷大，表明电阻 R 已断路。

第五步：修复。将已损坏的元件替换。

注意：　此时不要急于通电，因为熔断器的熔丝已烧断，同时阻容滤波的电阻也已经烧坏，说明后面的负载电路有问题。应查明后再通电。

第六步：利用对比的方法检查和判断六个功率模块的好坏，如图 7-21 所示。断开负载电路，使用万用表电阻挡位，检查逆变电路的功率模块，对每一模块进行静态检测，主要测量每个模块的三个引脚之间的电阻值，对六个模块进行比较，发现其中一个模块的 C、E 之间的阻值为零，已经击穿。

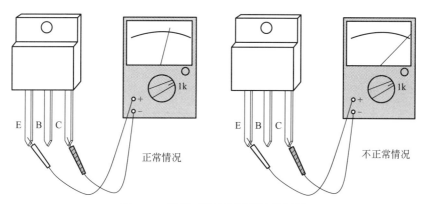

图 7-21　使用对比法判断模块的好坏

第七步：修复。更换此模块。

造成模块损坏的原因有很多，可能是前级电路中存在故障，因此要对前级电路进行检查。检查已经损坏模块对应的前级电路，其电路如图 7-22 所示，检查步骤如下。

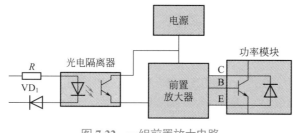

图 7-22　一组前置放大电路

第一步：将其所有的控制输出端与主电路的连接断开，如图 7-23 所示。

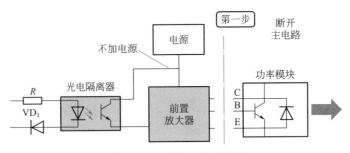

图 7-23 断开主电路示意图

第二步：此时将控制电源加上，如图 7-24 所示。

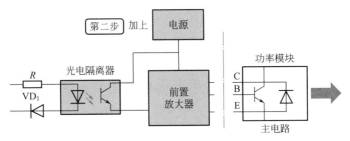

图 7-24 加上控制电源示意图

第三步：如图 7-25 所示，加上前级控制信号，使用万用表检查，没有电压输出，说明在前置放大电路中可能有元件已损坏。六个模块都要测量，以便比较。

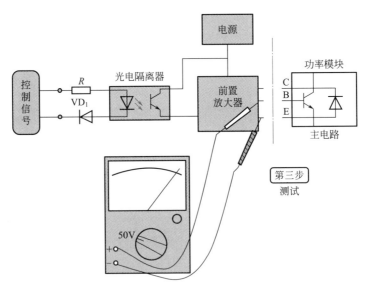

图 7-25 使用万用表检查前置放大器输出示意图

第四步：测量光电隔离器的输出端是否有控制信号，如图 7-26 所示。测试六路控制回路状态均相同。更进一步说明前置放大电路中可能有元件已损坏。将前级放大电路板更换，重新把电路接好，再测试电路一切正常。

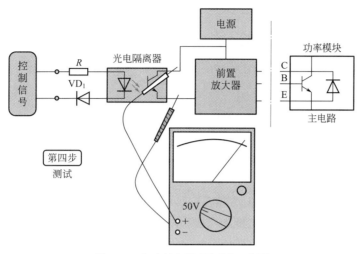

图 7-26　加上控制信号测试示意图

（2）检修实例二

立式加工中心，伺服驱动采用直流伺服系统，数控系统启动后，伺服驱动一进入准备状态，Y 轴就快速向负方向运动，直到撞上极限开关，快速移动过程伴有较强烈的振动。

故障检测过程：

第一步：调查。当故障发生时，操作人员为安全起见，没有压急停，而是迅速切断了整机电源。因而无法得知数控装置是否提供了报警信息。操作人员并没有进行 Y 轴进给操作，就是说没有给 Y 轴移动的指令，Y 轴就产生了运动。

第二步：分析。从没有给运动指令，Y 轴即产生运动来看，故障可能出在数控装置上。上电后 CNC 送出了不正常的速度指令。而从伴有较强烈的振动来看，伺服单元出问题的可能性最大。

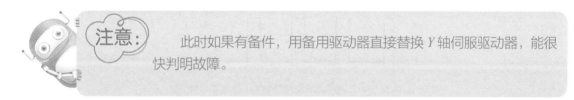

注意：　此时如果有备件，用备用驱动器直接替换 Y 轴伺服驱动器，能很快判明故障。

第三步：检测。使用替代法，快速判断故障。用新的驱动器（也可以使用 X 轴的驱动器）直接替换 Y 轴伺服驱动器，故障现象消除，说明是驱动器的故障。但具体是什么部位的故障还需进一步确定，通过以下步骤将缩小故障区域。

第四步：验证。我们将 Y 轴移至正方向靠近极限的位置；将已确定损坏的伺服放大器上的控制板换到新的伺服驱动器上，给数控装置加电后，故障现象再次出现，故障被定位在控制板上。

第五步：分析。该伺服放大器采用脉宽调制-直流电动机调速系统。图 7-27 是主回路示意图。主回路由 4 个三极管构成桥式可逆电路；4 个二极管除对三极管实行反压保护外，还用来形成再生制动通路，以满足电动机的四象限运行。

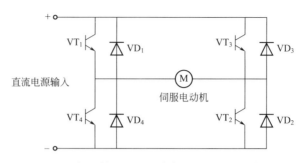

图 7-27　伺服放大器采用脉宽调制主回路示意图

当 VT_1 和 VT_2 导通时，电枢加正向电压，实现正转，改变控制脉冲的宽度就可以改变电动机的转速。VT_3、VT_4 导通时，电枢加反压，电动机反转。

伺服系统工作时，包括电动机在静止状态，4 个管子上都加有驱动脉冲，如图 7-28 所示。当 VT_1、VT_2 的导通时间大于 VT_3、VT_4 的导通时间，即占空比 >50% 时，电枢两端平均电压为正，电动机正转。反之亦然。而当两组管子导通时间各占 50% 时，电动机两端平均电压为零，电动机静止。

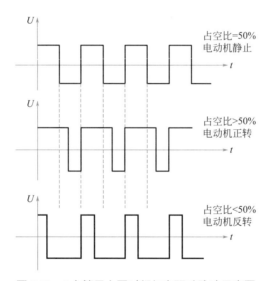

图 7-28　4 个管子上同时都加有驱动脉冲示意图

第六步：判断。据上述工作原理，我们认为三极管的驱动回路出现损坏的可能性最大。假如速度环或电流环出现故障，也就是说在指令电压为零时，电流环的输出不为零。这种故障虽然也能使伺服电动机产生运动，但是，电动机不应该出现振动现象。

第七步：检测。使用专用仪器检查驱动板上的元器件。基于上述分析，重点对板上与驱动模块有关的节点进行检查、比较，使用 BW4040 在线测试仪，很快就发现有一个厚膜驱动模块损坏。

处理方式：更换厚膜驱动模块之后，伺服放大器恢复正常。

这种故障有很大的破坏性，不允许做观察试验。解决单元板的问题，必须具备一定的专业知识和技能，才能对其进行板级检修。

▶ 7.5.2 数控机床综合故障检修

（1）检修实例一

故障现象：加工中心的控制系统是日本 FANUC 系统，机床工作台只能向负方向运动，向正方向运动就产生超程报警。

故障检测过程：

第一步：观察。机床通电操作正常，当机床通电后进行回零操作 (返回参考点)，机床工作台在正方向移动很短一段距离就产生正向超程报警，按复位钮也不能消除报警。停电后再送电，机床能正常启动，进行回零操作，但还是报警。如此试验多次，故障现象基本一致。

第二步：分析。从故障现象来看好像是通电后机床所处位置就是机床的参考点，故再向正向移动就产生超程保护，所以只能向负方向运动。故导致刀具越来越靠近工作台，以致最后不能再开动机床。先将故障的可能原因罗列出来，再使用排除法从简单到复杂开始逐一排除。造成此故障的可能原因有：连接线有问题；数控装置信号有误；回参考点的检测开关失灵；行程限位开关有问题；参数有问题。

第三步：检查。本着"先简单后复杂"的检修原则进行。先查看连接线，没有异常；然后检测行程开关是否损坏，可人为施加外力，使用万用表检测其通断状态；再检测回参考点开关，因为该机床回参考点的检测开关是电磁式的接近开关，因此可使用图 7-29 所示方法进行检查。

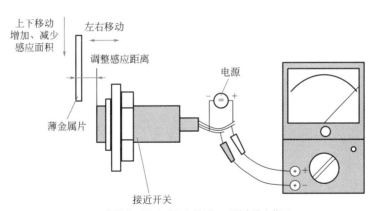

(a) 薄铁片还没有进入有效区，万用表没有指示

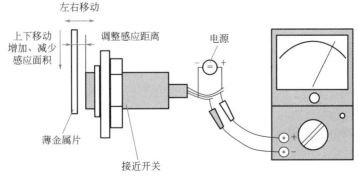

(b) 薄铁片进入有效区，万用表有指示，开关正常

图 7-29

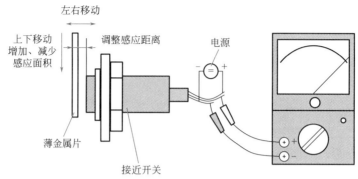

(c) 薄铁片进入有效区，万用表没有指示，开关不正常

图 7-29　检测接近开关的一种方法示意

将机床正常通电，置于回参考点操作运行状态，使用金属物体接近开关的有效检测区，通过万用表观察该开关的输出信号是否有变化，如果没有变化，说明该开关可能已损坏。当然，也可以通过 PLC 的接口状态来判断开关的好坏。检查后没有发现问题。

使用万用表检测数控装置输出的相关信号不正常；检查线路和硬件没有发现问题，怀疑参数有问题。检查参数，按照操作步骤将参数调出察看，发现参数 143、144 不对。

处理方式：机床通电后首先修改参数，将参数 143、144 项（其他型号的 NC 系统只要找到对应的参数即可）的设置量改为 +99999999，然后进行操作，正常。

不熟悉数控系统操作，切记不要修改参数。修改参数时，一定要严格按照操作说明书的步骤操作，否则，将会造成数控机床不能正常工作。修改之前，要将原始参数记录备份。

（2）检修实例二

故障现象：数控加工中心，在执行换刀指令时有误，机械臂停在行程中间位置上，CRT 显示报警号。

故障检测过程：

第一步：查阅资料。从手册中得知该报警号表示：换刀系统机械臂位置检测开关信号为 "0" 及 "刀库换刀位置错误"。

第二步：分析。根据报警内容，可诊断故障发生在换刀装置和刀库两部分。由于相应的位置检测开关无信号送至 PLC 的输入接口，从而导致机床中断换刀，造成开关无信号输出。其原因有二：一是由于液压或机械上的原因造成动作不到位，而使开关得不到感应；二是电感式接近开关失灵。

第三步：检查。首先检查刀库中的接近开关，用一薄铁片去感应开关，以排除刀库部分接近开关失灵的可能性。换刀装置机械臂中的两个接近开关，一个是 "臂移出" 开关，另一个是 "臂缩回" 开关。由于机械臂停在行程中间位置上，这两个开关输出信号均为 "0"，经测试，两个开关均正常。

第四步：手动验证。机械装置 "臂缩回" 的动作是由电磁阀控制的，手动电磁阀，把机械臂退回至 "臂缩回" 位置，机床恢复正常。这说明手控电磁阀能使换刀装置定位，从而排除了液压或机械上阻滞造成换刀系统不到位的可能性。

第五步：分析。由以上检测分析可知，PLC 的输入信号正常，输出动作执行无误，故障原因可能在 PLC 内部或操作不当。经操作观察，两次换刀时间的间隔小于 PLC 所规定的要求，从而造成 PLC 程序执行错误引起故障。

处理方式：改变 PLC 程序。

PLC 报警不是由用户设置的机床报警，它是机床制造厂设置的。一般用"PLC 程序法"来进行故障处理，具体流程如图 7-30 所示。

图 7-30 "PLC 程序法"故障处理流程

按 PLC 报警号，查阅机床厂提供的故障诊断手册，以找到相应的"PLC 程序模块号"以及相应的"报警点"（如输入点、输出点、标志位、计时器、计数器等）。这里所谓的"报警点"并不一定是指故障点，也可能是指某标志位或计时 / 计数器，其报警是受上位逻辑运算结果的影响，而不是直接的故障报警点。

按查询到的"PLC 程序模块号"和"报警点"，查阅机床厂提供的 PLC 程序，应找到所有有关的"程序段"及所有影响"报警点"信号状态的编程块，并对上述编程块进行信号逻辑状态分析，以确定各编程块中操作数的标准信号状态，进行现场实时诊断。通过操作选择"诊断"功能或通过编程器的在线测试，即可实时读出所需操作数的信号状态。然后，将实时状态与标准状态进行比较，若有不同点，则该点即是我们所要搜寻的故障点。在电气图上，查找故障点对应的故障元件或查询有关厂商提供的资料说明。

机床报警处理的方法较多，具体采用何种方法，可视实际报警特征而定。与传统电路图法相比较，PLC 程序法的适应性更广泛。传统电路图法只能局限于直接报警的 PLC 报警处理，而 PLC 程序法不仅能处理直接报警点，而且更适用于间接报警点的报警处理。因此，结合这种方法，即可以实现机床报警（用户报警）的全面处理。同时，由于 PLC 程序是机床制造厂根据机床电气控制部分的特点而编制设计的，它等效于传统的继电器逻辑控制系统，所以，PLC 程序的逻辑分析过程，是完全符合机床设计和控制原理的，并且，此方法简单易学，便于维修人员掌握运用。此外，PLC 程序法遵循一定的执行步序，整个诊断流程的实现，保证了故障定位的准确性和时效性。由此可见，正确运用 PLC 程序法，可以大大缩短机床的故障停机时间。

（3）检修实例三

数控车床，采用 FANUCOT 数控系统。开机后，只要 Z 轴移动，就出现剧烈振荡，CNC 无报警，机床无法正常工作。

故障检测过程：

第一步：仔细观察故障现象，要注意图 7-31 中几种运行状态下的情况。

经仔细观察、检查，发现该机床的 Z 轴在移动距离很短时正常，运动平稳无振动；一旦移动距离大时，机床就发生激烈振动。在伺服驱动器主回路断电的情况下，手动转动电动机轴，观察数控装置显示器，发现无论电动机正转、反转，显示器上都能够正确显示实际位置值，表明位置编码器的信号输出正确。

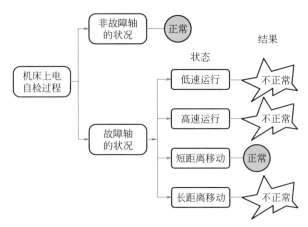

图 7-31　观察几种运行状态

第二步：分析。根据观察到的现象分析，初步判定伺服驱动器、伺服电动机无故障，数控系统的位置控制和速度部分及位置检测器件或相关的线路存在问题。

该机床的 Z 轴在小范围（小于 2.5mm）内移动正常，经查阅资料知道机床 Z 轴丝杠螺距为 5mm。我们观察到只要 Z 轴移动 2mm 左右即发生振动，因此，故障原因可能与电动机转子的实际位置有关，即转子位置检测信号可能有问题。考虑到 Z 轴可以正常移动 2.5mm 左右，相当于电动机实际转动了 180°，因此，进一步判定故障的部位是转子位置检测信号有问题。

第三步：检查。取下脉冲编码器后，根据编码器的连接要求，在引脚 N／T、J／K 上加入 DC5V 电压后，旋转编码器轴，利用万用表测量 C1、C2、C4、C8，发现 C8 的状态无变化，确认了编码器的转子位置检测信号 C8 存在故障。进一步检查发现，编码器内部的 C8 输出驱动集成电路已经损坏。

处理方式：更换集成电路后，重新安装编码器，并按上例同样的方法调整转子角度后，机床恢复正常。

第**8**章

单片机控制装置维修

8.1 单片机应用概述

8.1.1 MCS–51 单片机结构及引脚

单片机有多种型号，但基本结构类似。以 MCS-51 单片机为例，了解单片机的结构。在 MCS-51 单片机内部有一个 CPU 用来运算、控制，有 4 个并行 I/O 口，分别是 P0、P1、P2、P3，有 ROM，用来存放程序，有 RAM，用来存放中间结果，此外还有 2 个 16 位定时 / 计数器，全双工串行 UART 通道，5 个中断源。其内部结构框图及外引脚排列如图 8-1 所示。

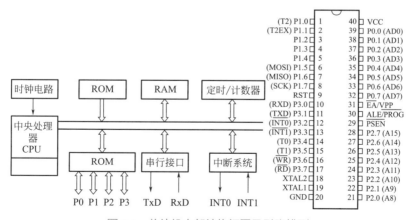

图 8-1　单片机内部结构框图及引脚排列

8.1.2 MCS-51 单片机的存储器

单片机工作时，CPU 从 ROM 中顺序读取指令代码，根据指令码对 RAM 中单元数据进行读写等操作。编写汇编或 C 程序时需要熟悉单片机 RAM 存储器的结构和功能，在子程序调用、跳转、中断等程序走向控制时需要熟悉单片机的 ROM 结构。MCS-51 单片机内存结构如图 8-2 所示。

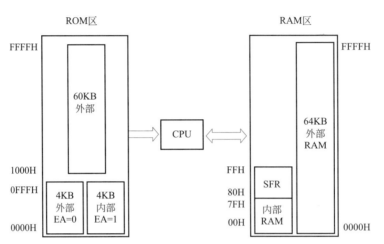

图 8-2　MCS-51 单片机内存结构

（1）MCS-51 单片机的 RAM 结构

51 单片机可外部扩展 64KB 的 RAM 空间，弥补片内存储器的不足，更多的应用是对外部芯片的读写控制。单片机访问外部存储空间时使用 P0、P2 作为 16 位地址线，由 DPTR 作地址指针，数据传送指令用 MOVX。在大多场合仅需使用内部存储器。

00H ～ 1FH（共 32B）存储单元是工作寄存器区，工作寄存器分为 4 组，每组 8 个寄存器，即 8 个存储单元，每组的 8 个寄存器分别称为 R0、R1、…、R6、R7。

20H ～ 2FH、30H ～ 7FH（共 96B）是供用户使用的一般 RAM 区，存储用户的临时数据，需要堆栈时要开辟在该区域中。其中 20H ～ 2FH（共 16B，16×8bit=128bit）是位寻址区，作整字节操作时该区域存储单元同一般 RAM 单元，地址是 20H ～ 2FH，位操作时这 128 bit 的位地址是 00H ～ 7FH。不必担心这些位地址与单元地址重合，它们通过汇编指令加以区别，例如"MOV C，20H"是位操作，而"MOV A，20H"则是单元操作。编程时位变量要使用 20H ～ 2FH 区，字节变量一般从低地址开始使用，则预留足够的栈空间后把栈底设在较高地址端，例如"MOV SP，70H"预留了 16 个栈上升空间。

80H ～ FFH 是特殊功能寄存器 SFR 区。51 系列有 22 个特殊功能寄存器，其中可寻址的为 21 个。可位寻址的 11 个，位地址设定为 80H ～ F7H。因每一位都有指定的功能，编写汇编程序时一般不用位地址表示，而应该用位名称，例如用 P1.0 而不用 90H。

各特殊功能寄存器功能已作专门规定，汇编语言程序员必须熟悉每个寄存器的特殊用途，才能在程序中正确、合理地使用它们。表 8-1 简单介绍了 MCS-51 单片机 SFR 表，部分 SFR 的位定义列于表 8-2 中，以便查阅。

表 8-1　MCS-51 单片机 SFR 表

符　号	位	地址	功能介绍
B	√	F0H	B 寄存器，在做乘、除法时放乘数或除数
ACC	√	E0H	累加器，通常用 A 表示
PSW	√	D0H	程序状态字
IP	√	B8H	中断优先级控制寄存器
P3	√	B0H	P3 口锁存器
IE	√	A8H	中断允许控制寄存器
P2	√	A0H	P2 口锁存器
SBUF		99H	串行口锁存器
SCON	√	98H	串行口控制寄存器
P1	√	90H	P1 口锁存器
TH1		8DH	定时器 / 计数器 1（高 8 位）
TH0		8CH	定时器 / 计数器 0（高 8 位）
TL1		8BH	定时器 / 计数器 1（低 8 位）
TL0		8AH	定时器 / 计数器 0（低 8 位）
TMOD		89H	T0、T1 定时器 / 计数器方式控制寄存器
TCON	√	88H	T0、T1 定时器 / 计数器控制寄存器
DPH		83H	数据地址指针（高 8 位）
DPL		82H	数据地址指针（低 8 位）
SP		81H	堆栈指针
P0	√	80H	P0 口锁存器
PC		无	指明即将执行的下一条指令的地址，16 位

表 8-2　部分 SFR 位定义速查表

寄存器	MSB →			位定义		→ LSB		
PSW	CY	AC	F0	RS1	RS0	OV		P
IP				PS	PT1	PX1	PT0	PX0
IE	EA			ES	ET1	EX1	ET0	EX0
SCON	SM0	SM1	SM2	REN	TB8	RB8	TI	RI
TCON	TF1	TR1	TF0	TR0	IE1	IT1	IE0	IT0
TMOD	GATE	C/T	M1	M0	GATE	C/T	M1	M0

（2）MCS-51单片机的ROM结构

ROM是单片机的程序存储器，MCS-51有4KB的片内ROM空间，还可以外部扩展60KB空间，如图8-2所示。程序代码（机器码）需要用编程器等开发工具写入ROM，单片机工作时ROM区指令数据不再改变。上电或复位后，PC=0000H，单片机从0000H开始读取指令执行程序，因此称0000H为复位入口。

为响应中断，MCS-51单片机在ROM内设置了5个中断向量入口，某种中断产生时系统自动转到中断区响应地址去执行程序。表8-3是MCS-51单片机中断向量表。通常中断区的8个单元难以放下中断服务子程序，一般在中断向量入口处放置一条转移指令，使PC指向实际的中断服务子程序入口。

表 8-3　MCS-51 单片机中断向量表

中断入口	中断源
0003H～000AH	外部中断 0
000BH～0012H	定时 / 计数器 0
0013H～001AH	外部中断 1
001BH～0022H	定时 / 计数器 1
0023H～002AH	串行中断

如果使用中断系统，则需要在复位入口0000H处放置一条转移指令，避开中断地址区。使用汇编编程时应避开中断向量区，使用C语言则由编译系统自动分配。

当内部ROM区空间不足时可使用外部扩展ROM，将EA脚接高电平，程序首先执行地址为0000H～0FFFH（4KB）的内部程序存储器，再执行地址为1000H～FFFFH（60KB）的外部程序存储器。如果EA接地GND，则全部程序均执行外部存储器。

AT89系列单片机较基本型在内存、功能上都有扩充，具体应用时请查阅器件手册。

8.2　单片机最小系统

单片机最小系统如图8-3所示。有时钟电路，一般用外部晶振。有复位电路，复位端接低电平，经常需要复位的可加图8-3所示的按键复位电路，也可不接，只用上电复位。无外部程序扩展时EA接高电平。有USB接口，注意，计算机USB供电能力有限，负载较重时有损坏USB口的风险，推荐用图8-3所示连线方法，较重负载器件的电源接VCC$_1$，通过跳线帽手工切换编程和工作状态。也可以在下载插座的VCC处串接二极管构成单向供电电路，但是不能避免载过流风险，连接编程器前应仔细核对，测量电源端对地电阻。为可能用到的端口预留插排或插针。许多数字器件高电平输入的电流远小于低电平输入的电流，应该把重要信号设为低电平有效，习惯上也把单片机按键输入端设为低电平有效，这时外接上拉电阻可提高可靠性。P0口被设计成外部扩展时的地址和数据线，在作为I/O端口时应加上拉电阻。

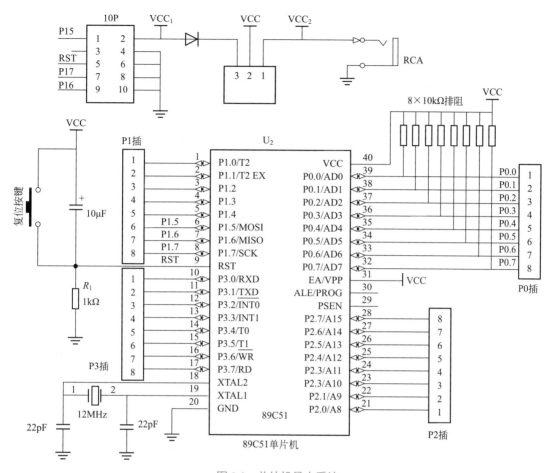

图 8-3　单片机最小系统

输出时核对单片机的驱动能力（电流限制），例如单片机端口高电平输出电流仅几十微安，低电平灌电流可达毫安级，驱动 LED 时口线宜接阴极，端口低电平时 LED 发光。输入端口则要保证任何情况下不超过单片机允许电压（电压限制）。

8.3　51单片机 C 语言编程实例

用汇编语言编程可充分利用单片机内部资源（主要是 ROM 空间），将单片机完成任务的时间降至最低，缺点是编程效率低，不适合实际应用开发，在对单片机掌握到一定程度时建议转到 C 语言。因为单片机资源远低于微机，针对单片机的只是 C 语言的较小子集，并且编译系统针对单片机类型特点有较小的扩展。对已经掌握 C 语言的人员，要做的是结合单片机硬件资源，使用适合单片机的语句和模块。C 语言编程应注意以下几个方面：把过程思路绘成流程图，根据编程难度进行修改，流程图使编程方向清晰，培养模块化的编程思路；为模块和语句添加较详细的注释，便于对整体程序的掌控；从套用语句格式开始，反复练习达到能熟练选择语句结构实现所需功能的程度。

（1）实例一

闪烁控制 LED，用 P1.0、P1.1 控制 LED 闪烁。图 8-4 是硬件电路。

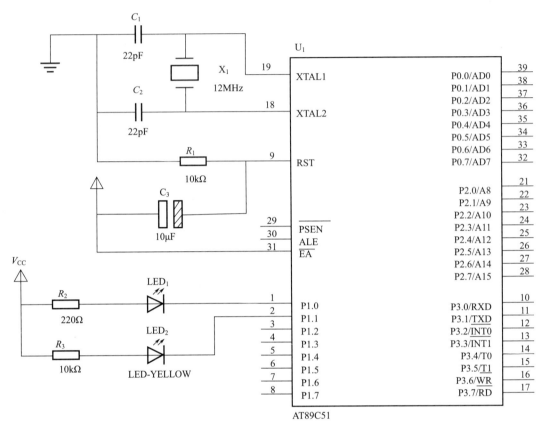

图 8-4　硬件电路

实验代码：

```
/**********************************************

引脚安排：P1.0、P1.1 接 LED 阴极，LED 阳极接电阻，引脚低电平灯亮

**********************************************/

#include <reg52.h>              // 包含单片机 52 头文件
#define uint unsigned int       // 定义 uint 为无符号整型常量 unsigned int
                                // 说明 无符号整型 unsigned int    16 位 0 ～ 65535
void delay1s();                 // 声明延时函数
void main(void)                 // 主程序
{
    while (1)                   // 程序再次循环，括号里面的内容不为 0 则执行此循环
      {
        P1=0xfe;                //P2 口输出 1111 1110，点亮 P2.0 端口 LED
        delay1s();              // 延时 1s
```

```
        P1=0xfd;                    //P2 口输出 1111 1101
        delay1s();                  // 延时
    }
}

                                    // 这里是延时子程序，修改此处的数值即可改变延时时间
void delay1s()                      //1s 精确延时子程序 1.00013s
{
  uint i;j;                         // 定义两个无符号整型常量 i;j
    for(i=498;i>0;i--)
for(j=250;j>0;j--);    /* 程序在此处判断 i=498，很显然 i>0，单片机把 i 的值 -1，然后判断
j 的值发现 j=250>0；单片机把 j 的值 -1，重复执行这个循环，也就是让它浪费时间 */
    }
```

（2）实例二

左右流水灯，程序控制 P2 口外接指示灯循环闪烁，图 8-5 是左右流水灯部分硬件连接图。

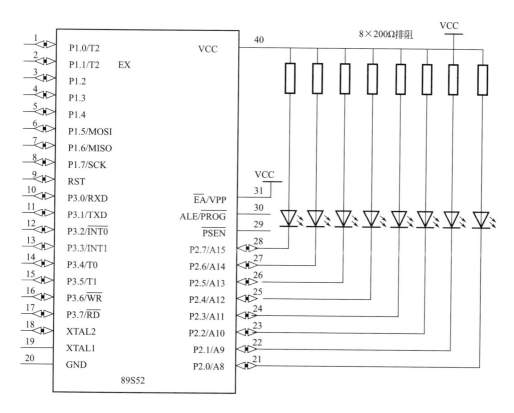

图 8-5　左右流水灯部分硬件连接图

参照实例一，编程实现流水灯效果，LED 从左到右逐个点亮，然后从右到左逐个点亮。流程图如图 8-6 所示。

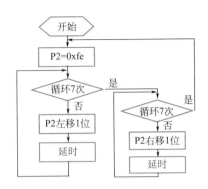

图 8-6　左右流水灯流程图

为了让流水灯持续进行，建议使用 while(1) 循环；判断用 for（i=0；i<7；i++）语句。
用 McuTool 工具得到的 1s 延时子程序如下：

```
void delay(void)              // 误差 0µs
{
    unsigned char a;b;c;
    for(c=167;c>0;c--)
        for(b=171;b>0;b--)
            for(a=16;a>0;a--);
    _nop_;                    // if Keil , require  use  intrins.h
}
```

（3）实例三

八个数码管显示数字。图 8-7 是 8 位 LED 数码管驱动仿真效果图。用 8 个共阳极数码管显示固定数字，可尝试显示一个逐渐增加的数值。

在图 8-7 所示电路中，要想点亮某位数码管，需要从 P2 发出段码，只有一个端口是高电平，使数码管共阳极得电，实际电路须在端口与三极管基极间串入电阻。

从 P0 输出段码，共阳段码是无规律的一组数，一般定义为数组，并放在 code 区节省 RAM 空间：

```
unsigned char code SEG[ ]={ 0xF9, 0xA4, 0xB0, 0x99, 0x92, 0x82, 0xF8,  0x80,
0x90, 0xC0};
```

则语句 P2 = 0x80 ； P0 = SEG[1] ； 在最高位显示"1"。逐位点亮可以显示出八位数字。动态显示时，每一位持续时间太短会导致发光黯淡，时间过长则会闪烁，一般控制一个动态扫描周期小于 0.25ms 即可，例如每一位持续时间 250µs。

设备位需要显示的数字已经得到，分别为 n1、n2、…、n8，显示程序片段：

```
……
P2=0x00                       // 关闭所有显示
P0=SEG [ n8 ]                 // 输出段码
P2=0x80                       // 显示在最高位
delay( )                      // 调用 250µs 延时子程序
P0=SEG [ n7 ]                 // 输出次高位的段码
P2=0x40                       // 显示在次高位
……
```

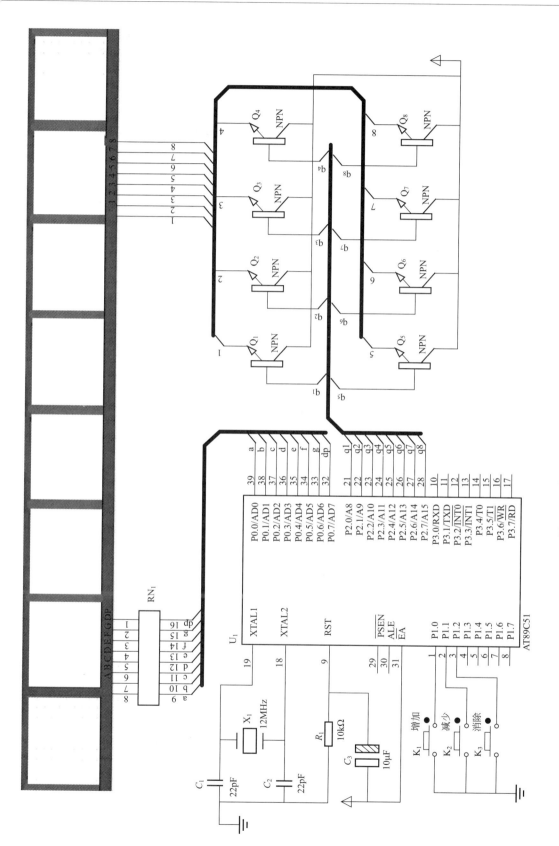

图 8-7　8 位 LED 数码管驱动仿真效果图

8.4 单片机典型应用

8.4.1 可调交流电源

为了满足工业生产和实验对交流电源电压的要求，交流调压装置被广泛应用在各个领域。通常使用两种方式实现交流电源调压，一种是使用手动自耦变压器实现交流电源电压值的调整。此种方法调压精度低，响应速度慢，可靠性差。另一种方法是采用晶闸管移相法或过零触发的方法实现交流调压。但是，这两种方法都存在输出电压不连续，输出电压值不能做到为任意值的缺点，而采取晶闸管移相法又会对电网造成干扰。这两种方法都不能达到令人满意的结果。

目前常采用交流电源组合调压装置实现交流调压。该装置根据使用要求的电压值和检测到的反馈电压值，采用单片机控制双向晶闸管，对变压器副边绕组进行不同的组合，输出不同的交流电压。该装置电路由多绕组变压器、单片机、输入电路、显示电路、过零检测电路、调压控制电路和输出电压反馈检测电路组成。

单片机根据给定指令，采集和处理相关数据，发出控制指令，显示输出电压数值。过零检测电路用于对电源电压的过零检测，对晶闸管实现同步触发。输出电压反馈检测电路用于对输出电压的检测，与给定值进行比较，以决定是否调整控制输出。调压控制电路实际是晶闸管的触发电路，产生触发脉冲，使相应的晶闸管导通，改变变压器副边的连接关系，从而达到规定的电压值。

该装置使用了副边是多绕组的变压器和双向晶闸管，输出电压是连续的正弦波，调压精度比较高。

8.4.2 功能单元电路

（1）给定电路

给定电路如图 8-8 所示。工作所需电压值由拨码盘设置，单片机采取扫描式检测输入口中的每一位状态，根据获取的信息判断拨码盘输入的数值。

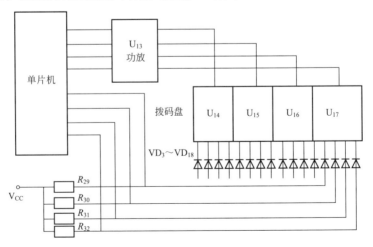

图 8-8 给定电路

（2）过零检测电路

交流调压装置中的过零检测电路如图 8-9 所示。

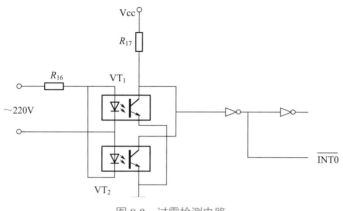

图 8-9 过零检测电路

在此电路中，为了保证单片机的安全可靠工作，使用了光电隔离器，使得输入端的 220V 交流信号与单片机输入端之间没有直接电的联系。电路中的电阻 R_{16} 是为了限制流入光电隔离器的电流而设置的。当输入信号在交流电的正半个周期时，光电隔离器 VT_1 导通，三极管的集电极输出低电平，同样，当输入信号在交流电的负半个周期时，光电隔离器 VT_2 导通，三极管的集电极输出低电平，只有当交流电过零时，光电隔离器 VT_1、VT_2 都截止，其集电极才输出高电平。当交流电过零时产生的高电平信号经过整形后，一路作为单片机的中断请求信号，另一路作为锁存器的时钟信号，锁存来自单片机发出的触发信号，以便触发相应的晶闸管。

（3）调压控制电路

图 8-10 是输出电压调整电路。

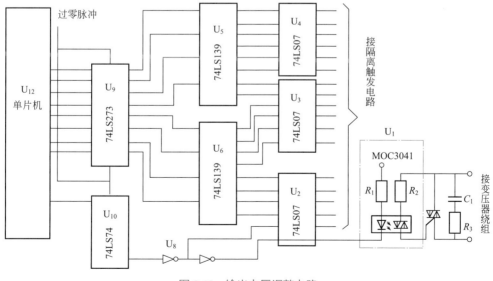

图 8-10 输出电压调整电路

该电路由单片机根据给定电压值，产生触发信号，触发信号由 P2 口输出，经锁存器、译码器、驱动器，由光电隔离器输出至晶闸管的门极，触发晶闸管接通变压器的相应绕组，从而得到设定的交流电压值。

（4）输出电压检测电路

输出电压检测电路如图 8-11 所示。检测电路的输入信号取自调压装置的输出端，使用变压器降压后，作为运算放大器的输入信号。此输入信号经运算放大器变成直流信号，此直流信号与交流信号成比例。再经过压频转换电路，把电压信号转换成频率信号，送入单片机中，经软件处理，单片机输出相应的电压值。

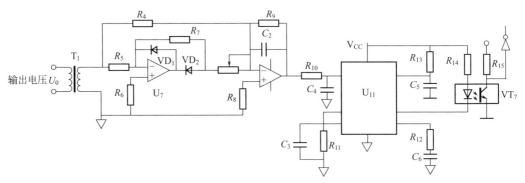

图 8-11　输出电压检测电路

（5）显示电路

显示电路如图 8-12 所示。此电路用于显示输出电压值。单片机的一个输出端口对应 LED 七段显示器的每一段和小数点位，另一端口中的四位对应四个 LED。此电路采用扫描式监测方式，单片机与放大器相连接端口中的每一位依次输出低电平信号，当与 LED 段相连的端口中输出位高电平时，该段就被点亮。

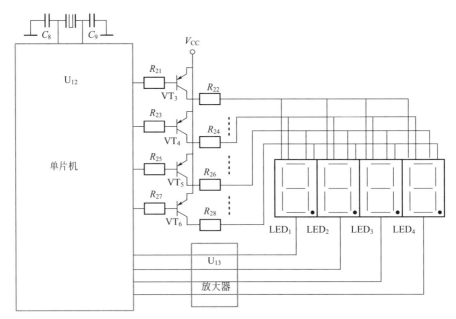

图 8-12　显示电路

8.5　单片机控制步进电动机电路实例

数控电火花线切割机床常用的步进电动机驱动电路有单双电压驱动电路、高低压驱动电路和斩波电源驱动电路等。步进电动机控制原理框图如图 8-13 所示。

图 8-13　步进电动机控制原理框图

图 8-14 是一种采用单片机控制的步进电动机驱动电路。驱动电源采用高低压供电恒流斩波驱动电源。功率放大电路是将接口输出的控制信号进行电压和电流放大，驱动步进电动机，使步进电动机随着不同的脉冲信号做正转、反转、快转、慢转等。只要数控装置按照步进电动机的工作方式和工作频率向接口输出相应的信号，便可实现对步进电动机的速度和转向控制。注意：P0 口应加上拉电阻。

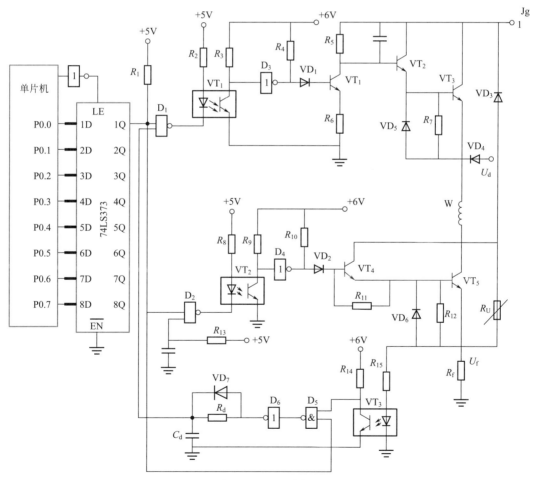

图 8-14　单片机控制的步进电动机驱动电路

在图 8-14 中光电耦合器 $VL_1 \sim VL_3$ 起隔离和电平转换作用，为了提高放大倍数和驱动能力，把功率三极管 VT_2 和 VT_3、VT_4 和 VT_5 接成达林顿管形式。R_f 为反馈信号取样电阻，W 是步进电动机的一相绕组，VD_3 是续流二极管。74LS373 是 8 路三态输出锁存器，其中一路输出信号控制步进电动机的一相绕组，可控制两台三相步进电动机或两台四相步进电动机。Q 输出高电平，将使其所控制的相绕组通电。74LS373 的 LE 是锁存允许端，高电平有效。下面来分析一下该电路的工作过程。单片机根据编程指令，发出控制步进电动机的指令，当没有控制指令对步进电动机发出时，绕组初始状态无电流流过，R_f 上的压降为零，即 $U_f=0$，因此光电耦合器 VL_3 的发光二极管熄灭，其中的光电三极管截止，使与非门 D_5 的一个输入端为高电平。

如果数控装置输出步进电动机控制脉冲信号给 74LS373 并且输出的信号锁存到输出端，即 1Q 输出高电平信号。这个步进电动机控制脉冲信号一方面通过与非门 D_2 使 VL_2 的发光二极管发光，使其光电三极管导通，反相器 D_4 输出高电平，使功率晶体管 VT_4 和 VT_5 导通；另一方面信号作用于 D_5 门，使 D_5 输出低电平，经反相器 D_6 输出高电平，和 1Q 一起作用于 D_1，D_1 输出低电平，因此光电耦合器 VL_1 发光二极管发光，使其中的光电三极管导通。这样 D_3 输出高电平，VT_1 截止，使高压功率晶体管 VT_2 和 VT_3 导通，高电压 U_g 作用于电动机绕组，使步进电动机的一相通电。

随着绕组电流的上升，R_f 的压降 U_f 增加，当 U_f 增加到一定程度时，VL_3 的发光二极管发光，从而使其中的光电三极管导通。导通后，D_5 输出高电平，反相器 D_6 输出低电平，但不是立即关闭门 D_1 使高压晶体管 VT_2、VT_3 截止，而是要延时一段时间。这是因为 R_d、C_d 的存在。R_d 和 C_d 组成了延时电路，其目的就是延时关闭 VT_2 和 VT_3，这样可避免由于绕组电流的波动而使 VT_2、VT_3 通断次数太多，造成太多的开关损耗。

高压晶体管 VT_2、VT_3 关断后，便由低压电源 U_d 给绕组供电。当绕组电流下降时，U_f 下降，VL_3 发光二极管熄灭，光电三极管截止，若这时 1Q 仍为高电平，则又使高压晶体管 VT_2、VT_3 导通，高压电源再次作用在绕组上，使绕组中电流上升。上升到设定值后，U_f 又使 VT_2、VT_3 截止。VT_2、VT_3 的反复通断，实现了绕组电流的恒流斩波控制。1Q 输出低电平后，$VT_2 \sim VT_5$ 皆截止，绕组电流经 $VD_3 \to U_d \to$ 地 $\to U_d \to VD_4 \to L$ 回路泄放。

8.6　数控电火花线切割机床检修

▶ 8.6.1　数控电火花线切割机床控制器的组成

数控电火花线切割机床的控制器有多种，其中有以单片机作为核心器件的控制器。数控电火花线切割机床控制器使用专用的控制软件，配以输入装置、显示功能和专用接口电路，控制坐标轴步进电动机的运行，实现对工件轮廓轨迹的控制加工。数控电火花线切割机床控制系统构成如图 8-15 所示。

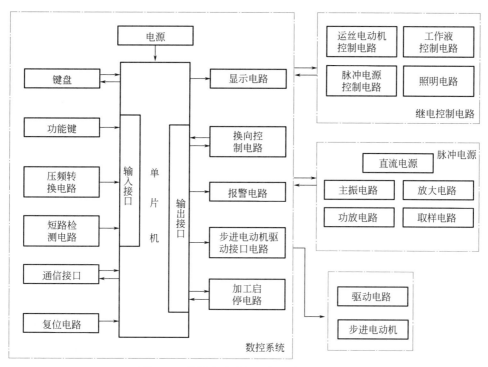

图 8-15 数控电火花线切割机床控制系统

图 8-16 是一种实用的以单片机为主控机的线切割控制器电路。

单片机是数控系统的核心部分。它由复位电路、时钟电路、接口电路、微处理器、存储器、数据总线、控制总线和通信接口组成。复位电路有手动复位和自动复位两种方式。

在图 8-16 中功能键用于选择数控系统的工作状态。一般有手动、自动、单段、对中心、进给和变频功能。

单片机键盘一般由 16 或 32 个键组成,主要用于编制加工零件的程序输入、加工数据、编辑、删除和修改等。

显示器一般使用 LED 七段数码管显示器件,显示加工坐标值或计数长度,也有使用 CRT 显示器的。CRT 显示器既能显示加工时的坐标值或计数长度,还可以显示加工轨迹。显示器的主要作用是监视加工状态。

变频电路:将电压信号变换成频率信号。加工时机床处于自动状态,控制步进电动机走步的信号由加工工件和电极丝之间取出电压信号,再由变频电路变换成频率信号,输入给数控装置。

断丝停机电路:如果自动加工时发生断丝故障,该电路将向数控装置发出停止加工的信号,数控装置将停止向步进电动机发送走步信号。

加工开始/结束时自动开启/关闭高频电源输出的电路:当加工开始时数控装置送出一信号,使高频电源投入加工状态。当加工结束时数控装置送出一信号,高频电源的输出被断开。

步进电动机驱动电路:用于将数控装置发给步进电动机的走步信号进行放大,然后驱动步进电动机。

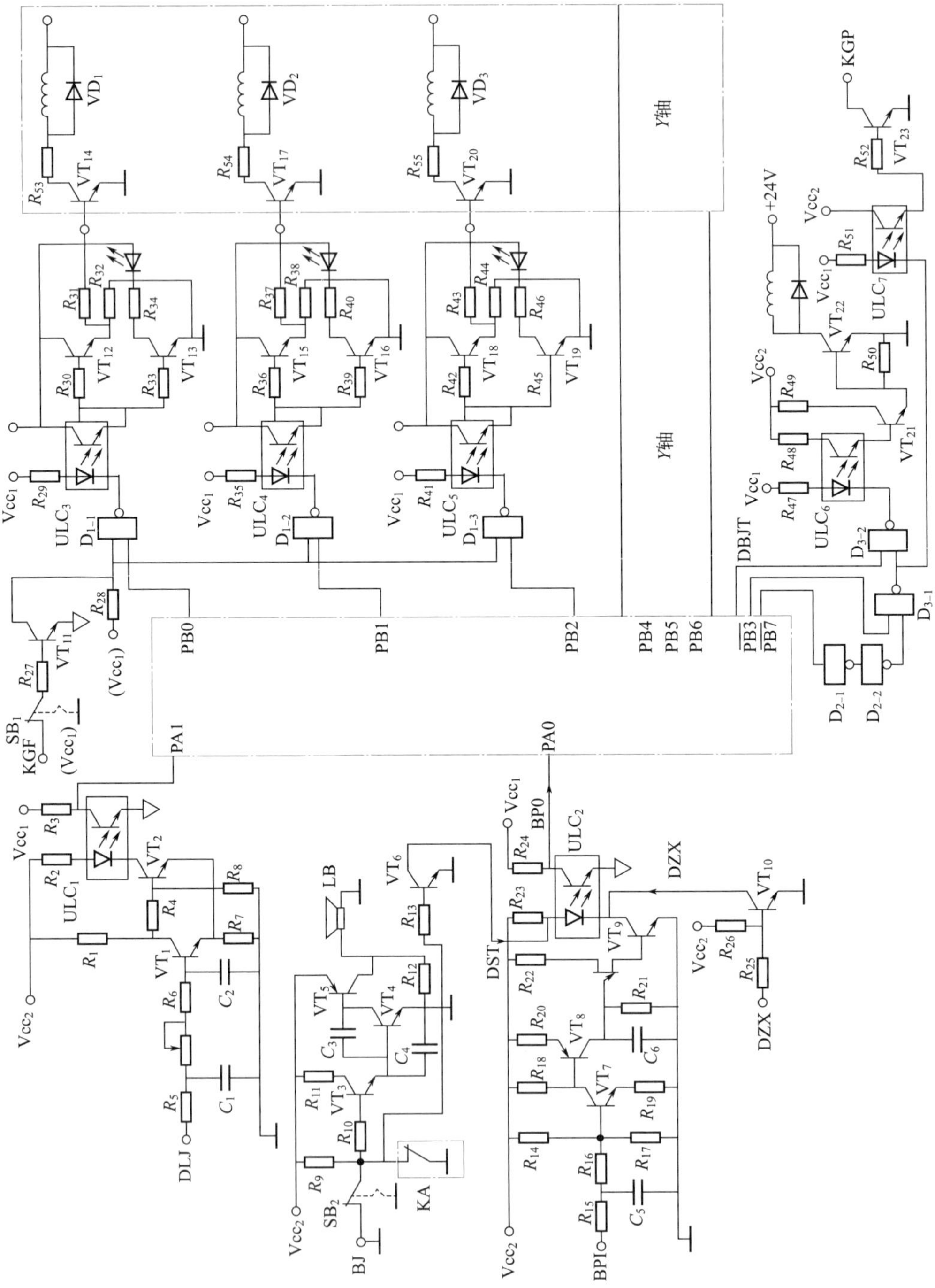

图 8-16 实用单片机线切割控制器电路

► 8.6.2 单元电路分析

下面对图 8-16 中各部分电路进行具体分析。分析电路之前，我们先将整个电路按照功能划分为若干个单元电路。以单片机（单板机）为核心器件，由外部流向单片机（单板机）的信号叫输入信号；由单片机（单板机）向外部发出的信号叫输出信号。

对于单片机而言，输入信号有变频信号、短路检测信号、对中心信号、电报机头输入数据信号。输出信号有步进电动机进给信号、加工开高频信号和启动电报机头读纸带信号。

（1）压频转换电路（也称为变频电路）

压频转换电路的功能是将取样电压信号转化为步进电动机走步的频率信号。数控电火花线切割机床控制器的变频信号有手动变频和自动变频信号之分。手动变频信号是用来调试本机功能使用的，它在电源 Vcc_2 与地之间接一个电阻和一个电位器，从电位器的中心抽头与地之间取出电压信号 BPI，如图 8-17 所示。自动变频信号是用于自动加工的。自动变频信号来自加工现场，即由电极丝和工件之间取出间隙电压，经取样电路变换后得到。手动变频和自动变频信号同用一个压频转换电路。压频转换电路如图 8-18 所示。该电路为单结晶体管自激振荡电路，其核心元件是单结晶体管，光电耦合器件主要起隔离作用，防止外部电路对单片机的干扰。

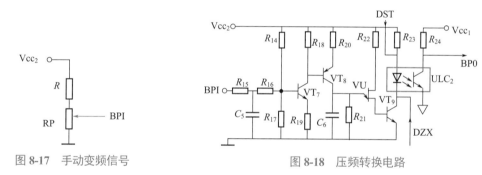

图 8-17　手动变频信号　　　　　图 8-18　压频转换电路

电路工作过程：当变频信号 BPI 电压小于 0.7V 时，三极管 VT_7、VT_8 都截止，电容 C_6 中没有充电电流流过，电容 C_6 不被充电。单结晶体管 VU 发射极电压低于其谷点电压，单结晶体管截止，三极管 VT_9 截止，光电耦合器件的二极管中没有发光电流流过，三极管侧截止，BPO 输出高电平。当变频信号 BPI 电压大于 0.7V 时，三极管 VT_7 的基极与发射极之间的电压大于 0.7V，此时，三极管 VT_7、VT_8 都由截止转为导通，且工作在放大状态，电容 C_6 被充电（电源正端→ R_{20} → VT_8 → C_6 →电源负端），当电容 C_6 的两端电压达到单结晶体管 VU 的峰点电压时，单结晶体管 VU 导通，电容 C_6 放电（电容 C_6 正端→ VU → VT_9 →电源负端），三极管 VT_9 导通，光电耦合器件的二极管中有发光电流流过，三极管侧导通，BPO 输出低电平。当电容 C_6 放电，其两端的电压达到单结晶体管 VU 的谷点电压时，单结晶体管 VU 再次截止，电容 C_6 又被充电，重复以上过程，在光电耦合器件的三极管侧输出脉冲信号 BPO。图 8-18 中，DST 为断丝停机信号，DZX 为对中心信号。

（2）短路检测电路

在加工中，有时电极丝和工件之间会产生短路，此时加工间隙电压应为 0V，加工电流增大，变频信号 BPI 电压几乎为 0V，数控装置没有接收到步进电动机的走步信号，工作台自动停止进给。由于加工条件不同，短路时间长短不同，短时能自动恢复加工，若短路时间超过系统设置的时间，控制系统的短路回退功能开始起作用。

图 8-19 中短路检测信号 DLJ 受加工间隙电压的控制，当短路时，短路检测信号 DLJ 电压约为 0V，三极管 VT_1 基极电压为 0V，三极管 VT_1 截止，使三极管 VT_2 基极承受正偏置电压而导通，光电耦合器件 VT_3 的二极管导通发光，使其三极管侧导通，输出给控制系统的信号 PA1 为低电平。控制系统监测到此信号，延时一定时间后，如短路状态仍未消除，则控制系统控制电极丝按加工轨迹回退一定步数，使短路状态消除。

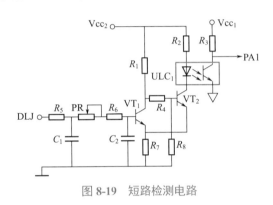

图 8-19　短路检测电路

（3）断丝报警电路

在加工中，由于各种原因有时会出现断丝故障，为提醒操作者及时处理，有的数控装置设置了报警电路，以声响提示。图 8-20 是断丝报警电路。图中 SB_2 是报警按键，当需要报警提示时按下此键。触点 KA 为断丝保护继电器的常闭触点，此继电器安装在机床电气控制系统中。当断丝故障发生时，常闭触点 KA 断开，由三极管 $VT_3 \sim VT_5$ 和电容 C_3 组成的振荡电路开始工作，报警电路喇叭发出报警声音。同时三极管 VT_6 导通，DST 信号为低电平，将变频信号 BPO 封锁，使控制系统停止进给。

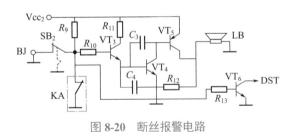

图 8-20　断丝报警电路

（4）加工开始/结束时开/关高频输出的电路

当开始加工时，数控系统接通高频电源的输出，当加工结束时，数控系统断开高频电源的输出。图 8-21 是加工开始/结束时开/关高频输出的电路。

在此电路中 $\overline{PB3}$ 是允许走纸信号，不走纸时为高电平。$\overline{PB7}$ 是控制开/关高频输出的信号，当开始加工时，$\overline{PB7}$ 为高电平，经过反相器 D_{2-1}、D_{2-2} 后输出仍为高电平，与 $\overline{PB3}$ 作为与非门 D_{3-1} 的输入信号，因为此时与非门 D_{3-1} 的两个输入端的信号均为高电平，所以其输出端为低电平，使光电隔离器件的发光二极管发光，照射光敏三极管使其导通，为三极管 VT_{23} 提供基极电流，使其导通，将继电器 KA$_1$ 线圈下端接地，有电流流过线圈，触点吸合接通高频电源的输出。

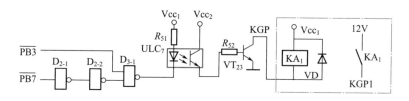

图 8-21　加工开始 / 结束时开 / 关高频输出的电路

（5）步进电动机的接口电路

对于使用三相六拍的步进电动数控系统而言，此接口电路共有六组，如果是带锥度控制的数控系统，此接口电路要有十二组，每组电路的组成均相同，在此只分析一组。步进电动机的接口电路如图 8-22 所示。

按下 SB$_1$ 允许数控系统向步进电动机发送走步信号，当 PB0 为高电平时，与非门 D$_{1-1}$ 的输出为低电平，使光电隔离器件的发光二极管发光，照射光敏三极管使其导通，为三极管 VT$_{12}$、VT$_{13}$ 提供基极电流，使其导通。三极管 VT$_{13}$ 导通后，步进电动机走步指示发光二极管发光。三极管 VT$_{12}$ 导通后，经电阻 R_{31} 为功放三极管 VT$_{14}$ 提供基极电流，使其饱和导通，步进电动机绕组通电一次，步进电动机走一步。

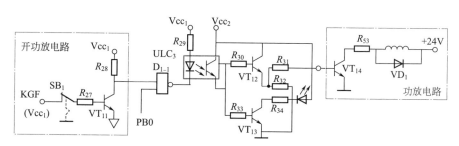

图 8-22　步进电动机的接口电路

当 PB0 为低电平时，与非门 D$_{1-1}$ 的输出为高电平，光电隔离器件的发光二极管不发光，光敏三极管截止，三极管 VT$_{12}$、VT$_{13}$ 得不到足够的基极电流而不能导通，使步进电动机走步指示发光二极管不能发光。三极管 VT$_{12}$ 截止致使功放三极管 VT$_{14}$ 也截止，步进电动机绕组中没有电流通过。

（6）自动对中心电路

对中心功能是为了加工定位精确而设置的。对中心时高频电源要关闭，其对中心信号取自工件和电极丝之间的短路信号。该信号由 PA0 口输入到数控系统中。对中心信号取出电路如图 8-23 所示。

按下 SB$_2$，当工件与电极丝没有短接时，三极管 VT$_{10}$ 导通，集电极输出为低电平，使光电隔离器件的发光二极管发光，照射光敏三极管使其导通，集电极输出低电平送至 PA0 口。当工件与电极丝短接时，三极管 VT$_{10}$ 截止，集电极输出为高电平，使光电隔离器件的发光二极管不能发光，光敏三极管截止，集电极输出高电平送至 PA0 口。圆孔自动对中心的过程如下。

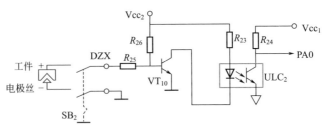

图 8-23　对中心信号的取出电路

开始时电极丝处于圆孔中的任意一点，按下 SB$_2$，操作数控系统的对中心功能，数控系统先进给 X 轴正方向，当电极丝与圆孔孔壁相接触时，控制系统自动执行 X 轴的负方向进给，并开始累计进给步数，直至电极丝进给 n 步后与圆孔的孔壁相接触，停止计数，并再次使电动机反向，向 X 轴正方向进给，当进给到 n/2 步时停止进给，此时电极丝停止的位置就是 Y 轴的轴线，显示器上所显示的数值就是圆孔在 X 方向的所走弦长的一半。接着电极丝向 Y 轴的正方向进给，直至与圆孔的孔壁相接触，返回，沿着 Y 轴的负方向进给，并开始累计进给步数，直至电极丝进给 m 步后与圆孔的孔壁相接触，停止计数，并再次使电动机反向，向 Y 轴正方向进给，当进给到 m/2 步时停止进给，此时电极丝处于圆孔的中心。

（7）加工完成自动停机电路

现在数控系统都有加工完成后自动停机功能。也就是数控系统运行完成最后一条程序后发出一信号，此信号一般为低电平，该信号控制一个继电器的线圈，继电器的触点串接在机床电气控制电路中，就能实现该功能。早期的数控系统没有加工完成后自动停机的信号。我们可以利用开高频的信号，加以适当延时后作为加工结束自动停机信号。图 8-24 是一种加工结束自动停机的电路。

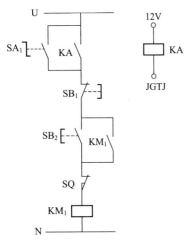

图 8-24　加工结束自动停机电路

在图 8-24 中，JGTJ 信号为数控系统送出的信号，KM$_1$ 为启动 / 停机接触器。SA$_1$ 为自动停机功能选择开关。当需要加工结束自动停机时，将该开关置在断开的位置。加工时 JGTJ 信号为低电平，继电器 KA 线圈得电，其常开触点闭合，为接触器 KM$_1$ 线圈提供电流通路。当加工结束时，数控系统送出的信号 JGTJ 为高电平，继电器 KA 线圈失电，其常开触点断开，使得接触器 KM$_1$ 线圈失电，切断电源实现停机。

8.7　检修实例

▶ 8.7.1　常用检修方法

（1）换轴法

交换 X、Y 轴。控制器与电动机的连接框图如图 8-25 所示。根据故障现象的转移情况判断出故障在何处。某型数控电火花线切割机床出现横向（X轴）拖板进给不正常，纵向（Y轴）拖板进给正常。采用手动运行或自动运行均如此。

（2）交换法

查找故障的流程如图8-26所示。如果在C点交换X、Y轴，交换后，纵向（Y轴）拖板进给正常，而横向（X轴）拖板进给仍不正常，则说明故障在X轴部分C点下端电路中，即步进电动机或连接线有问题，需检查连接线或步进电动机是否有损坏。反之，故障应在X轴部分C点以上的电路中。此时应重点查找功放电路是否有问题。

如果在B点交换X、Y轴，交换后纵向（Y轴）拖板进给正常，而横向（X轴）拖板进给仍不正常，则说明故障在X轴部分B点下端的电路中，即功放电路部分。反之，故障应在X轴部分B点以上的电路中，即接口电路部分。如果在A点交换X、Y轴，交换后纵向（Y轴）拖板进给不正常，而横向（X轴）拖板进给正常，则说明故障在A点上端的电路中，即控制器X轴部分输出信号有问题。

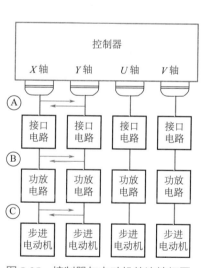

图 8-25　控制器与电动机的连接框图

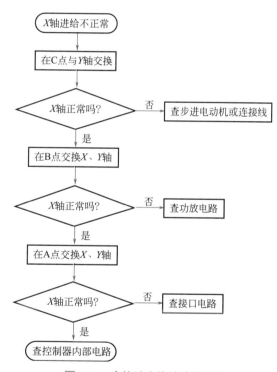

图 8-26　交换法查找故障的流程

（3）置换法

置换法是利用备用电路板、模块、集成电路芯片及其他元件替换怀疑的部件排除故障的方法。在替换之前，应检查有关电路，尤其应检查电路板上的开关、跨接线是否一致，调节电位器的位置等。如替换的是计算机的存储板，还必须对系统的存储器进行初始化操作、输入机器参数，机床才能正常工作。

故障现象：CNC4X 线切割控制器，CRT 呈现黑屏。

使用置换法，按图 8-27 所示置换法检查流程，先检查外围电路，测试关键电信号，将故

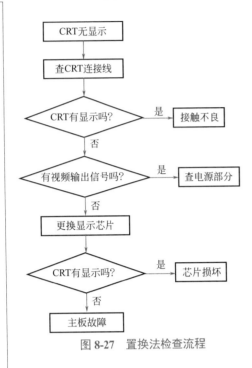

图 8-27　置换法检查流程

障区域缩小，然后替换芯片，最后排除故障。

（4）隔离法

有些故障一时难以分清其所在部位，如轴的抖动、爬行等，是数控部分，还是伺服部分或是机械部分造成的。此时可采用隔离法，按功能模块将其分离开，以确定故障位置。如将机械与电气分开，数控主板与接口板分开，使问题简单化，能较快解决问题。

故障现象：DK7740 机床 CNC2X 数控系统，其 X、Y 拖板低速运转正常，中、高速运转时抖动，步进电动机失步。

采用隔离法，把步进电动机从拖板上拆下，再运转电动机仍抖动，说明故障不在机械部分；再将步进电动机更换，抖动仍未消除，因此可断定故障在步进电动机的驱动电源或电动机上。先检查电源部分，发现滤波电容的正极接点处虚接，装好再运行，机床工作正常。

（5）原理分析法

这是一种最基本的方法，要求维修人员对原理有所了解，对电路中各点的波形、电平、特征参数都要熟记于心。使用万用表、逻辑笔、示波器等测试并对照原理分析。

故障现象：配置 CNC2X 数控系统的机床，手动变频进给正常，自动加工时却不能进给。

利用原理法分析。脉冲电源、机床和数控系统之间取样变频信号的连接如图 8-28 所示。

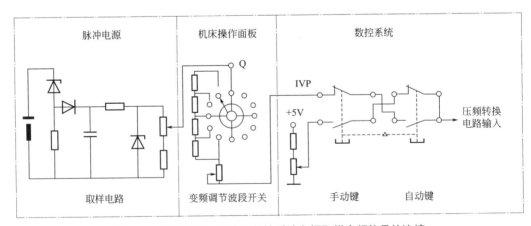

图 8-28　脉冲电源、机床和数控系统之间取样变频信号的连接

因为此系统手动变频和自动变频共用压频变换电路，根据故障现象初步判断故障区域应在取样电路或脉冲电源部分。按照原理图和接线图分析知道，取样信号由脉冲电源的取样电

路输出,经机床操作面板的变频调节波段开关后送至数控系统的手动/自动工作状态选择键上。使用万用表直流电压挡测量脉冲电源取样电路的输出端的电压数值正常,而数控系统的手动/自动工作状态选择键上的信号却没有电压,显然在机床操作面板的变频调节波段开关与数控系统的手动/自动工作状态选择键之间的连接线上出现了问题,经查机床操作面板的变频调节波段开关上来自脉冲电源的取样信号线脱落,焊接好后再开机机床正常。

8.7.2 部分常见故障及诊断

检修实例一:显示类故障。

故障现象一:一台型号为 DK7720 的机床,配置 CNC2X 数控系统。在加工中,突然出现用户程序暂停,显示器黑屏。

分析与查找:此现象一般可判断为干扰造成的。数控系统外部的引入线是干扰的重要来源,干扰信号易通过电源线和变频信号线引入单板机。对系统内部的干扰,主要是外来的干扰作用于计算机的 5V 工作电源,在电源中出现尖峰毛刺使 CPU 或 RAM 出错。另外,干扰作用于计算机外围电路,可使显示屏漆黑。

处理方式:解决方法是采用屏蔽线且将屏蔽层在机床一端浮空,在数控系统一端接地。

故障现象二:一台型号为 DK7720 的机床,配置 CNC2X 数控系统。加工能正常进行,但显示器不能显示加工图形和坐标值。

分析与查找:从故障现象看,应该是显示电路或显示器的问题。按此思路检查了相关的显示电路,又对显示器进行了仔细检查,一切正常,没有发现任何问题。这说明思路出现了偏差。除了这部分以外,还有连接线没有检查。接下来检查导线,最后查到是连接导线的插头与导线焊接处脱焊。

处理方式:将导线焊好,一切正常。由此可以总结出,对于故障的原因既要考虑复杂的原因,又不能忽略简单原因,查排故障要遵循"先简后繁"的原则。要从简单入手,否则会走很多弯路。

故障现象三:一台型号为 DD7750A 的机床,配置 CNC4X 数控系统。数控系统不能进入初始化状态,CRT 显示屏没有显示提示符。

分析与查找:此故障原因主要是单板机中的显示电路故障、CRT 本身故障、连接线故障、键盘故障、电源故障等。检修时本着"先简后繁"的原则,先从连线入手。检查数控系统和CRT 之间的信号连接线,正常。再检查单板机 +5V 工作电源,也正常。又检查键盘,使用万用表测量每一个按键的通断,发现复位键已短路。相当于人为将复位键长期按下,也就是说数控系统始终处于复位状态,CRT 也就不会显示提示符。

处理方式:系统断电后,将此键拆,再通电,故障消除,说明判断正确。用相同的按键换上,系统恢复正常。

故障现象四:一台型号为 DD7750A 的机床,配置 CNC4X 数控系统。数控系统上电后,CRT 显示屏黑屏。

分析与查找:数控系统上电后,应显示绿屏,而此时却是黑屏。故障现象表明显示器没有工作。首先检查交流电源,电源正常。故障在显示器内部,将显示器外壳拆开,仔细观察内部电路，先找电源保险的位置，看是否已烧坏。将保险管取下测量，已烧毁。因为保险管烧毁的原因不明，不能贸然替换，一定要查明原因。反复多次检查却未发现有任何故障。后经询问操作者得知，此故障以前曾发生，显示器修理过。将已烧毁的保险管的数据与原理图上的数据对照发现使用的保险管的额定电流小于图纸要求。

处理方式：换上参数正确的保险管，一切正常。

故障现象五：一台型号为 DK7720 的线切割机床，配置 CNC-3B 线切割微机控制台。开机显示随机数或不显示，按 RESET 键没有提示符出现。

分析与查找：CNC-3B 线切割微机控制台，使用 DB-1 单板机作为主控制器。根据故障现象分析，按 RESET 键没有提示符，故障可能在复位电路、存储器芯片或者是电源电路。先检查电源电路，此系统中的电源共有五组 +5V 电源，每一组均由一块 7805 稳压集成芯片给各单元电路供电。检测各组电源电压，其中四组正常，有一组不正常。其输出接近 0V。断电后静态检测该组的 7805 稳压集成芯片的输出端电阻几乎为零，初步判断为此芯片已损坏，焊下此件，测量其输出电阻正常，因此否定了当初的判断，再测量线路负载电阻，发现电路板上负载端电阻几乎为零，据此可以断定，负载有短路。依次检查各芯片发现其中一块芯片的电源正端与地之间的电阻几乎为零。测量芯片本身却没有发现问题，经仔细检查最后查出为并联在芯片电源端的电容短路了。

处理方式：更换此电容。

检修实例二：数控系统故障。

故障现象一：一台型号为 DK7720 的机床，配置 CNC2X 数控系统。数控系统不能启动。

分析与查找：数控系统的交流电源是由机床经过航空插头送到数控系统的。数控系统由继电器控制启动和停止。此故障应该很好查出。先使用"直观法"，看一下保险和线路，没有问题。用万用表测量电源是否由机床送到数控系统，发现数控系统的电源接线端子处没有电压。测量机床端电压正常，检查连接线，没有明显断路之处。检查数控系统柜体内安装插座处时，发现 N 线与插座引脚脱焊。

处理方式：焊好。

故障现象二：一台型号为 DD7750A 的机床，配置 CNC4X 数控系统。

分析与查找：数控系统供电电路如图 8-29 所示。

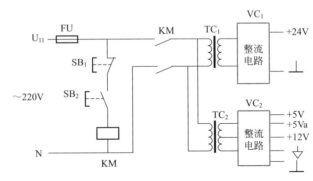

图 8-29　数控系统供电电路

按图 8-30 所示流程检修。

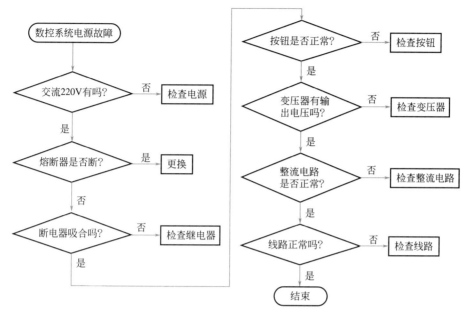

图 8-30　数控系统电源故障检修流程

处理方式：对应故障点做相应的处理。

检修实例三：接口电路故障。

故障现象一：一台型号为 DK7740B 的机床，配置 CNC2X 数控系统。对中心功能失效。

分析与查找：此故障所涉及的电路原理比较简单。对中心电路连接如图 8-31 所示。当要进行对中心时，将 SA$_1$ 拨到对中心位置，在此位置，对中信号"DZ"与工件"+"相接，电极丝"−"与接口电源的公共地"⊥"相接。按下 SA$_2$，当工件与电极丝没有短接时，光电隔离器件集电极输出低电平，送至 PA0 口。当工件与电极丝短接时，光电隔离器件的集电极输出高电平，送至 PA0 口。检查此故障时，先检查连接线，特别要检查 SA$_1$ 的动、静片接触是否良好。再使用万用表测量三极管 VT$_1$ 是否正常工作，结果发现三极管 VT$_1$ 的基极和发射极阻值为无穷大，所以对中心信号不能加至三极管 VT$_1$ 的基极，因此对中心功能不能实现。

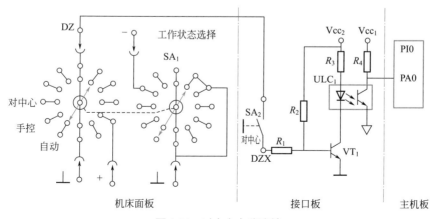

图 8-31　对中心电路连接

另外此故障还可以用另一种方法判断：手动运行数控系统，如果正常，说明故障在三极管之前的电路或在导线上；如果不正常，故障应该在光电隔离器件。这样判断的依据是在此系统中，变频电路和对中心电路是通过同一个光电器件向 PI0 传递信号的。

处理方式：更换此三极管。

故障现象二：一台型号为 DK7720 的机床，配置 CNC2X 数控系统。自动运行程序加工时不能开高频。

分析与查找：首先确定高频电源是否有问题，如果有问题则先检修高频电源。此故障发生时高频电源没有问题，通过现场试验也证明故障不在高频电源上。因此将检查的重点放在数控系统上。正常情况下，按加工键后，数控系统应该输出一信号，使高频电源内部的一个继电器的线圈得电，接通高频电源的输出，才能进行正常加工。在数控系统中开高频电源的电路如图 8-32 所示。

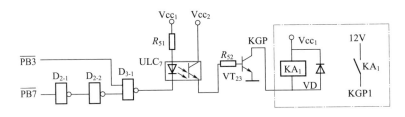

图 8-32　自动加工时开 / 关高频电源电路

按正常加工操作按下执行键后，使用万用表测量三极管 VT_{23} 的输出，是一高电平，而正常时此处应为一低电平，再测量三极管的输入端，此点电位正常，据此可以判断该三极管有问题。断电后将其拆下测量发现该三极管的 B、E 极之间阻值为无穷大，已断路。

处理方式：使用相同型号的三极管替换。通电运行，一切正常。

故障现象三：一台型号为 DK7720 的机床，配置 CNC2X 数控系统。加工中电极丝断后不报警。

分析与查找：在加工中，断丝报警电路是为提醒操作者及时处理而设置的，以声响提示。断丝报警电路如图 8-33 所示。图中 SB_2 是报警按键，当需要报警提示时按下此键。常闭触点 KA 为断丝保护继电器，在机床电气控制系统中，当断丝故障发生时，常闭触点 KA 断开，报警电路开始工作。使用万用表测量三极管 VT_3 基极的电位正常，测量其发射极的电位也正常，测量三极管 VT_4 也正常，但测量三极管 VT_5 的集电极时发现此处没有电压显示，说明三极管 VT_5 断路。

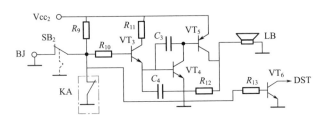

图 8-33　断丝报警电路

处理方式：将三极管 VT_5 焊下，再测量其结电阻为无穷大。使用同型号的三极管替换。

检修实例四：数据传输类故障。

故障现象：一台型号为 DD7750A 的机床，配置 CNC4X 数控系统。数据不能正常传输。

分析与查找：现在编程机一般采用 PC 机，PC 机与数控装置通信，进行数据传输，也就是将编好的零件加工程序传送到数控装置中。编程机一端利用 25 针打印机并行接口作为数据传送口，数控装置一端一般使用纸带机数据输入接口，进行它们之间的数据传输。编程机的随机资料中一般都会给出输出引脚信号。编程机与数控装置的连接，只需按照随机资料中对接口的说明，正确连线即可，其接线示意图如图 8-34 所示。但不同的系统，所利用的 PC 接口引脚以及控制器通信接口的形式可能会有所区别。

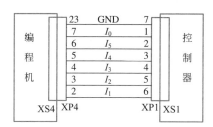

图 8-34　接线示意图

I_0 是同步信号，$I_1 \sim I_5$ 是数据信号。对于同步方式，可由 PC 并行端口的 7 脚输出同步信号，而若是应答方式，则可由 10 脚接收来自控制器的应答信号。

先检查连接线，完好，在 XP1 处测量 I_0 信号正常。拆开控制器的机壳，检测控制器中纸带输入电路（电路图见图 8-16），发现三极管 VT_{22} 已损坏。

故障处理：更换三极管 VT_{22}。

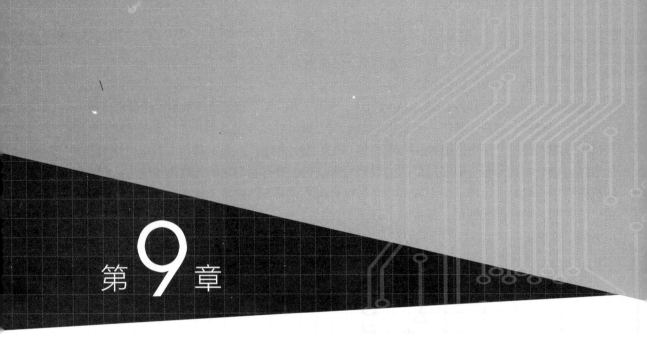

PLC 应用与维修

9.1　可编程序控制器（PLC）概述

9.1.1　可编程序控制器（PLC）组成与分类

（1）PLC组成

在工业控制领域，PLC既可用于运动控制，也可用于过程控制，实现各种机械设备的动作、速度和运动位置的控制。PLC也用于控制过程中的温度、压力、流量、液位和成分等参数。PLC既可用于开关量控制，也可用于模拟量控制。PLC包括CPU、存储器、I/O接口、电源、I/O（输入/输出）设备等几部分。其外形和结构框图如图9-1所示。

CPU是PLC的核心，用于从输入接口采集信息，根据程序执行并将结果送到输出接口。

存储器用于存储程序和运行数据。

输入接口和输出接口统称为输入/输出接口（I/O接口），用以实现I/O设备与CPU之间的信号沟通。

按钮、传感器等是常见的输入设备，用于输入控制命令或检测被控对象的状态。接触器、电磁阀、报警灯等是常见的输出设备，用于操作各种被控对象或对其状态进行指示。它们统称为输入/输出设备（I/O设备）。

输入设备的信号经过输入接口电路送至CPU。CPU按照预先存储在存储器中的程序和输入设备的信号执行程序，最后将程序执行的结果通过输出接口电路送给输出设备，实现控制任务。

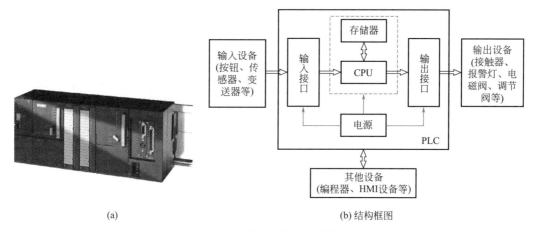

(a)　　　　　　　　　　　　　　　　　　　　　(b) 结构框图

图 9-1　PLC 系统的外形和结构框图

（2）PLC 分类

PLC 按照能够处理的 I/O 点数分类，可以分为小型、中型和大型三种。小型：点数≤256；中型：256＜点数≤1024；大型：点数＞1024。I/O 点数是指输入、输出的点数。

PLC 按照结构可分为整体式和模块式。整体式是把 CPU、存储器、I/O 接口、电源等部分做成一个整体，安装在一个机壳内，使用时只要将 PLC 与 I/O 设备连接在一起即可。

模块式通常是把 CPU、存储器、I/O 接口、电源各部分分别作成一个个模块，使用时用总线连接的方式形成一个整体。一般小型 PLC 常采用整体式结构，中大型 PLC 则采用模块式结构。

（3）PLC 特点

与继电器控制系统相比，PLC 系统是以程序实现控制逻辑，因此系统接线简单，施工周期短，功能改变和扩展灵活。由于减少了大量机械触点，系统可靠性提高，系统易于维护。与工控机为核心的控制系统相比，目前的 PLC 在处理速度、抗干扰能力等方面有更大的优势。下面以一个实例说明 PLC 的工作过程。

（4）PLC 工作过程

PLC 采用循环扫描的工作方式，每个扫描周期包含的工作如图 9-2 所示。

每个扫描周期分为五个阶段：读输入（输入采样）、执行程序、处理通信请求、自诊断、写输出（输出刷新）。简单地看，最主要的工作有三个，即输入采样、程序执行、输出刷新。

输入采样阶段：PLC 对所有输入端子上的信号进行采样，并将其状态写入 PLC 内部相应的存储器——输入映像寄存器中。

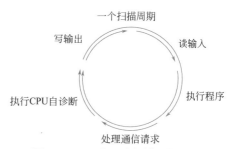

图 9-2　PLC 的一个扫描周期

程序执行阶段：PLC 根据输入映像寄存器的内容，按照从上到下、从左到右的原则逐条执行程序，并将结果写入 PLC 内部对应的存储器，包括输出映像寄存器中。

输出刷新阶段：PLC 将输出映像寄存器的值即程序执行的结果输出到对应的输出端子上。

之后开始新的循环，重新进行输入采样、程序执行、输出刷新……

通常在不使用立即输入或立即输出指令时，这种循环扫描方式有以下两点需要注意。

第一点：在程序执行过程中以及其他非采样阶段，如果输入端子上的信号发生改变，由于不被采样，输入映像寄存器的内容仍保持本周期采样时刻的值，不会随输入设备变化，直到下一个扫描周期的采样阶段。即输入端子上的状态只在采样阶段被读入输入映像寄存器。

第二点：程序执行过程中改变的是 PLC 内部映像寄存器的内容，输出端子上的状态不会改变，直到全部程序执行完，进入输出刷新阶段。即输出端子上的状态只在输出刷新阶段改变。

（5）PLC机型的选择要点

从 I/O 点数、输入信号型式、负载要求、成本和易于维护几点考虑。

① 根据 I/O 点数选择。PLC 点数应够用并有适当冗余。对于 I/O 点数较少的系统，宜选择小型 PLC。按照实际控制要求、生产工艺要求，合理选择 PLC 的输入、输出点数，以满足控制需要。

② 根据输入信号型式选择。工业现场常见的开关量输入信号有无源触点信号、DC 电平信号和 AC 输入三种类型。

无源触点信号：由按钮、行程开关等设备产生。按钮、行程开关的特点是有命令或检测到时触点接通或断开。DC24V 电平信号：由光电传感器等设备产生，特点是检测到时，输出 DC24V 或 0V 电平信号。AC120V/230V 输入：特点是有命令或检测到时，输出 AC120V/230V 或 0V 信号。交流输出的传感器传输距离远，抗干扰能力强。

③ 根据负载要求选择。通常 PLC 的开关量输出有继电器输出、晶体管输出和晶闸管输出三种型式。

对于直流负载，可选择 DC/DC/DC 或 AC/DC/RELAY 型。

对于交流负载，宜选择 AC/DC/RELAY 型。

对于高速负载，应选择 DC/DC/DC 型，或扩展专门的高速脉冲输出模块。

对于大电流负载，应通过接触器或中间继电器进行控制。这样处理的好处是不仅降低了对 PLC 带负载能力的要求，也实现了负载与 PLC 之间的电气隔离。

④ 考虑成本和易于维护。在满足功能需求和品质保证的前提下，应本着降低成本的原则进行选择。整个系统选择的多台 PLC 应尽量做到机型统一，外部设备通用，资源可共享，易于联网通信。小型的、具有逻辑运算、定时、计数等功能的 PLC，一般用在只需要开关量控制的设备中。

（6）开关量输入、开关量输出模块的选择

开关量输入器件的选型需要考虑 DI 点数和 DI 的型式。开关量输出模块的选择应考虑 DO 点数、负载的型式，此外还需考虑同时接通的输出设备的累计电流值必须小于公共端所允许通过的电流值。

（7）电源单元的选择

PLC 的供电电源一般分 AC 与 DC 两种类型。当 PLC 供电线路存在干扰和电网波动时，可考虑在电源输入回路加装隔离变压器、浪涌吸收器或者采取稳压措施。选用直流电源供电的 PLC，原则上应选用稳压电源供电，至少应通过桥式整流、滤波后供电。PLC 无论交流供电和直流供电，都应注意采取措施确保电源电压稳定。

（8）PLC连接布线的基本要求

PLC的全部连接必须准确无误，牢固、符合规范，连接导线绝缘等级、线径与负载的电压、电流相匹配。合理的PLC布线方式为分层敷设方式。具体布线要求如下。

动力线、控制线以及PLC的电源线和I/O线应分别配线，隔离变压器与PLC和I/O之间应采用双绞线连接。将PLC的I/O线和大功率线分开走线，如必须在同一线槽内，分开捆扎交流线、直流线，若条件允许，分槽走线最好，这不仅能使其有尽可能大的空间距离，并能将干扰降到最低限度。

PLC应远离强干扰源，如电焊机、大功率硅整流装置和大型动力设备，不能与高压电器安装在同一个开关柜内。在柜内PLC应远离动力线（二者之间距离应大于200mm）。与PLC装在同一个柜子内的电感性负载，如功率较大的继电器、接触器的线圈，应并联RC消弧电路。

PLC的输入与输出最好分开走线，开关量与模拟量也要分开敷设。模拟量信号的传送应采用屏蔽线，屏蔽层应一端或两端接地，接地电阻应小于屏蔽层电阻的1/10。

交流输出线和直流输出线不要用同一根电缆，输出线应尽量远离高压线和动力线，避免并行。

（9）PLC系统的接地原则

接地干扰是由不正确的接地或接地不良引起的，为防止接地干扰，对于设备的各控制部分应采用独立的接地方式，使用PLC控制的设备进线应有接地良好的地线。安装二极管、压敏电阻、RC抑制器等可以解决直流感性负载通断引起的干扰。

9.1.2 PLC工作实例

为了说明PLC的工作过程，我们用一个简单的例子进行说明。用按钮SB_1控制安装在现场的阀门YV_1打开，松开SB_1，YV_1关断。已知电磁阀由DC24V供电，功率2W。所用器件如图9-3所示。

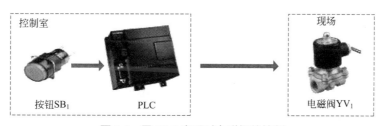

图 9-3　用 PLC 实现对电磁阀的控制

实现本功能的PLC控制电路如图9-4所示。将按钮SB_1接到西门子S7-200PLC的输入端子I0.0，电磁阀YV_1接到PLC的输出端子Q0.0，其他按图连接。PLC运行时会自动检测按钮的状态，并根据程序要求控制Q0.0的输出。

硬件设计选定完成后，就要对PLC进行编程。PLC允许使用的编程语言有梯形图、指令表、功能块图、顺序功能图、结构化文本等，实现本功能的PLC控制程序如图9-5所示。程序的意思是：如果按下按钮SB_1，I0.0有信号进入，导致Q0.0有信号输出，电磁阀YV_1得电，接通。

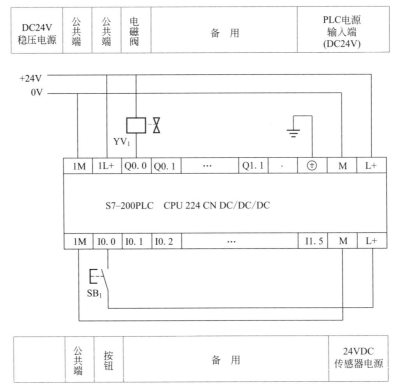

图 9-4　实现电磁阀控制的 PLC 控制电路

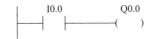

图 9-5　实现远程电磁阀控制的 PLC 控制程序

图 9-5 所示程序用指令表表达为：

```
LD   I0.0
=    Q0.0
```

指令表的表达类似汇编语言，指令表语言不如梯形图容易理解，但它与机器语言一一对应，编码效率最高。功能块图类似电子线路中的门电路，适用于对逻辑门电路比较熟悉的人群。顺序功能图的表达类似于流程图，特别适用于顺序控制场合。结构化文本采用结构化编程方式，像 C 语言或 Pascal 一样，可以编制出非常复杂的控制程序。不同厂家不同型号的 PLC 对这些语言的支持程度不同，但一般都支持梯形图和指令表。无论用什么语言编写，最终程序都必须转换成机器语言才能被执行。

S7-200 PLC 程序需要在 PC 机上通过专门的编程软件 STEP7-MicroWIN 进行编译。不同品牌、型号的 PLC 配有专用的编程软件。编辑好的程序可以通过编程软件下载到 PLC 中。带有程序的 PLC 上电后即可运行，按照程序的要求检测 I0.0 上连接的按钮是否被按下，决定 Q0.0 上连接的线圈是否应接通。

为使 PC 机上的程序能下载到 PLC 中，二者之间需要通过数据线进行连接，如图 9-6 所示。S7-200PLC 使用的数据线叫 PC/PPI 电缆。

下面这个例子是一个实际应用。在工业领域，传送装置的应用非常普遍，其控制方式和装置也是多种多样，其中使用 PLC 控制较为普遍。

图 9-7 是一个简单的传输装置。由三相交流异步电动机拖动。三相异步电动机进行启停控制由 PLC 实现。具体要求是按下启动按钮，三相异步电动机启动运行；按下停止按钮或者电动机过载时，电动机停止。

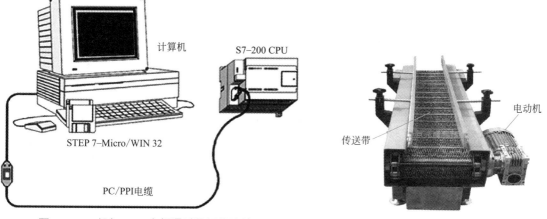

图 9-6　PC 机与 PLC 之间通过数据线连接　　　　图 9-7　简单的传输装置

电动机启停控制电路如图 9-8 所示，包括主电路及 PLC 控制电路两部分。

主电路包括断路器 QF_1、QF_2，熔断器 FU_1，接触器 KM 主触点，热继电器 FR 和电动机 M。QF_1、QF_2 闭合后，如果 KM 主触点接通，电动机得电运转，反之电动机停止。

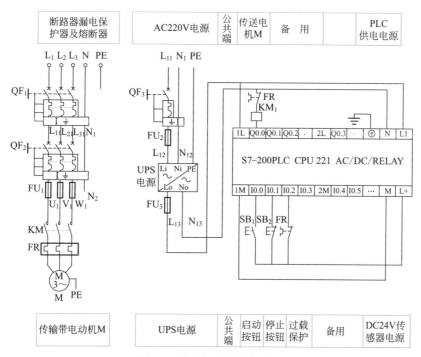

图 9-8　电动机启停控制电路

控制电路的核心是 PLC，用于接收启停命令，发出控制信号。启动按钮、停止按钮发出的命令信号以及过载检测传感器发出的过载信号送入 PLC，在 PLC 中进行程序处理，处理结果输出到接触器，控制接触器线圈的得电与失电。当线圈得电，常开触点吸合时，电动机运转；当线圈失电，常开触点断开时，电动机停止运转。

启动按钮 SB$_1$、停止按钮 SB$_2$、热继电器的热过载信号 FR 分别接 PLC 的输入端 I0.0、I0.1、I0.2，接触器 KM 线圈接 PLC 的输出端 Q0.0。当 PLC 控制 KM 线圈得电时，KM 主触点随之闭合，主电路中的电动机通电运转。UPS 电源用于为 PLC 供电，由断路器 QF$_3$ 接通或断开，熔断器 FU$_2$ 和 FU$_3$ 为短路保护措施。

控制回路的输入输出分配如表 9-1 所示。表 9-1 与图 9-8 中的接线一一对应。图 9-9 是 PLC 控制电动机启、停的程序。

表 9-1　输入输出分配表

输入		输出	
端子号	功能	端子号	功能
I0.0	启动按钮 SB$_1$（常开）	Q0.0	电动机接触器 KM 线圈
I0.1	停止按钮 SB$_2$（常闭）		
I0.2	热继电器的触点 FR（常闭）		

在 STEP7 MicroWIN 软件上编辑图 9-9 所示程序。之后编译下载到 PLC 中。运行程序，并使之处于监控状态。程序中各元件的初始状态如图 9-10 所示。图 9-10 状态的解释是：I0.0 端子上没有信号，表示 SB$_1$ 按钮处于无效状态，程序中对应的 I0.0 常开触点断开。I0.1 端子上有信号，表示 SB$_2$ 按钮没有按下，程序中对应的 I0.1 常开触点接通。I0.2 端子上有信号，表示电动机没有过载，FR 常闭触点闭合，程序中对应的 I0.2 常开触点闭合。从左母线到线圈 Q0.0 之间线路不通，线圈 Q0.0 不得电。

按下启动按钮 SB$_1$，各元件的状态如图 9-11 所示。此时 SB$_1$ 常开触点闭合，导致 I0.0 端子上有信号输入，于是程序中 I0.0 常开触点接通。此时从左母线到线圈 Q0.0 的线路接通，于是 Q0.0 线圈得电。Q0.0 线圈得电的另一个结果是程序中的 Q0.0 触点闭合。

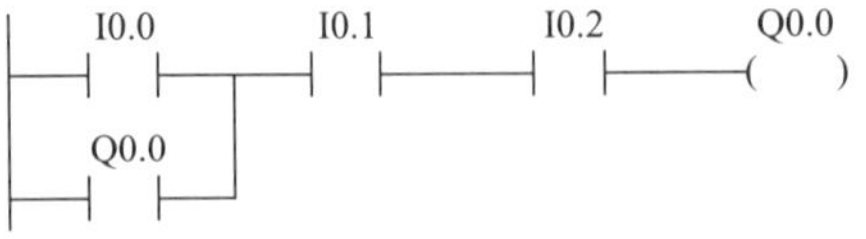

图 9-9　PLC 控制电动机启停程序

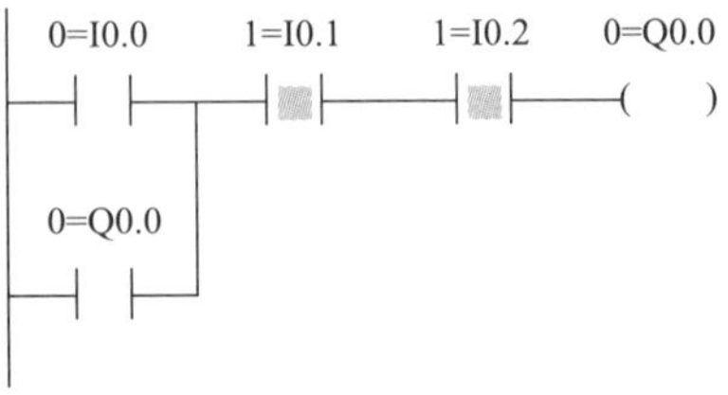

图 9-10　程序运行的初始状态

松开 SB$_1$ 后，各元件的状态如图 9-12 所示。此时 SB$_1$ 常开触点断开，导致 I0.0 端子上没有信号输入，因此程序中 I0.0 常开触点断开，但由于 Q0.0 常开触点已经接通，Q0.0 线圈仍然保持得电。

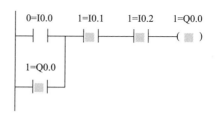

图 9-11　按下 SB₁ 的状态　　　　　　　　　　图 9-12　松开 SB₁ 的状态

按下停止按钮 SB₂，各元件的状态如图 9-13 所示。此时 SB₂ 常闭触点断开，I0.1 端子上不再有信号输入，程序中的 I0.1 常开触点断开，于是 Q0.0 线圈失电，Q0.0 常开触点断开。

松开 SB₂，回到图 9-10 所示状态。再次按下 SB₁，回到图 9-11 所示状态。再次松开 SB₁，回到图 9-12 所示状态。

按下 FR 的测试按钮，模拟电动机过载，各元件的状态如图 9-14 所示。此时 FR 的常闭触点断开，端子 I0.2 上没有信号输入，则程序中的 I0.2 常开触点断开，Q0.0 线圈失电，Q0.0 常开触点断开。

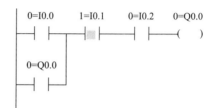

图 9-13　按下 SB₂ 的状态　　　　　　　　　　图 9-14　电动机过载的状态

按下 FR 的复位按钮，FR 的常闭触点闭合，端子 I0.2 上有信号输入，程序中的 I0.2 常开触点闭合，回到图 9-10 所示状态。

9.2　典型 PLC 控制电动机线路及程序

由于电动机启动电流过大会造成供电网络的非正常安全运行，当负载对电动机启动力矩无严格要求且电动机满足 Y/△启动条件时，中大型电动机通常采用 Y/△减压启动，如部分空调冷却机组水泵电动机、风机电动机等。

三相异步电动机 Y-△减压启动控制的任务要求为：接通电路的电源，当按下启动按钮时，电动机定子绕组为 Y 连接，处于低压启动；延时一定时间，启动结束，电动机定子绕组为 △连接，处于全压运行；当按下停止按钮时，电动机停止运行。

▶ 9.2.1　利用 PLC 实现三相异步电动机 Y-△减压启动

（1）控制电路图

利用西门子 S7-200PLC 实现三相异步电动机 Y-△减压启动控制电路如图 9-15 所示。

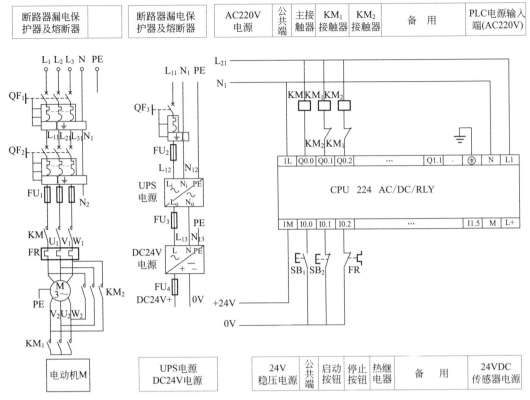

图 9-15　三相异步电动机 Y-△减压启动控制电路

三相异步电动机的 Y-△减压启动控制电路包括主电路和 PLC 外部 I/O 接线图。为了避免接触器 KM$_1$、KM$_2$ 同时动作造成主电路电源短路，在 PLC 控制电路中必须将 KM$_1$、KM$_2$ 的常闭触点进行互锁控制。控制系统的输入信号有启动和停止信号；系统的输出信号有电动机 Y 启动和△运行控制信号。

由于用 PLC 实现三相异步电动机 Y-△减压启动是对接触器线圈的直接控制，一般要求 PLC 输出端口选用继电器类型。为了配合继电器的输出类型，常选择 AC 220V 作为电源输入类型。分配 I/O 端口分配表，如表 9-2 所示。

表 9-2　输入输出分配表

输入		输出	
端子号	功能	端子号	功能
I0.0	启动按钮 SB$_1$	Q0.0	控制主电路接触器 KM
I0.1	停止按钮 SB$_2$	Q0.1	Y 接法接触器 KM$_1$
I0.2	热继电器常闭触点 FR	Q0.2	△接法接触器 KM$_2$

（2）控制程序

根据实现三相异步电动机 Y-△减压启动控制的任务要求和 I/O 分配表，PLC 控制三相异步电动机 Y- △减压启动的梯形图程序如图 9-16 所示。其中 I0.0 常开点作为电动机 Y- △减压启动控制的启动信号。I0.1 作为电动机停止信号。I0.2 作为过载保护信号。当 I0.0 闭合，Q0.0 输出继电器线圈得电，Q0.0 常开触点闭合并自锁，使 Q0.1 输出继电器与定时器 T37 同时得电，T37 开始计时，此时 Q0.0、Q0.1 驱动外部设备接触器 KM、KM_1 线圈得电，电动机绕组在 Y 形接法下启动并运行 5s。当 T37 定时器计时时间到 5s，T37 定时器的常开触点闭合再使 Q0.2 输出继电器得电，驱动外部设备接触器 KM_2 工作，电动机绕组在△接法下运行。

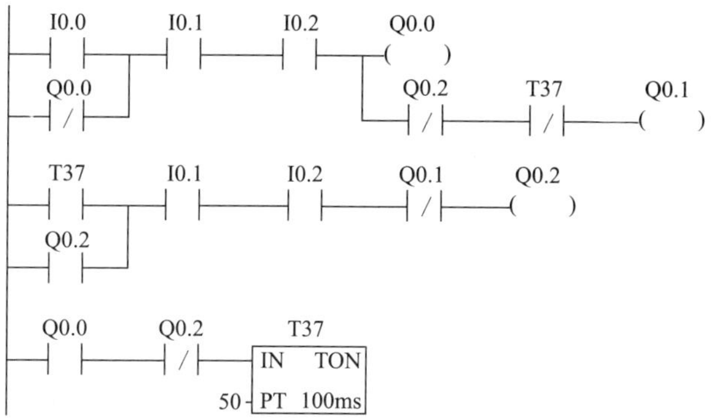

图 9-16　三相异步电动机 Y- △减压启动的梯形图程序

▶ 9.2.2　零件检测和分拣统计的控制装置分析

检测与分拣是指为进行输送、配送和组装，把很多货物或零件按不同品种、不同的地点和不同的单位分配到所设置的不同的场地的一种物料搬运活动。物品分拣的关键是对物品去向的识别、识别信息的处理和对物品的分流处理。自动检测分拣在邮政、运输企业、配送中心、通信、出版部门以及各类工业生产企业广泛应用。

（1）检测分拣装置的组成及用途

检测分拣装置的组成如图 9-17 所示。其功能是把生产的黄色、蓝色和白色三种圆柱形，材质分别为铝质、铁质和塑料的零件，存放到指定仓库。每种零件的标识如下：黄色铝质标识为 Ⅰ 类零件，蓝色铁质标识为 Ⅱ 类零件，白色塑料标识为 Ⅲ 类零件。各类零件存放仓库分别为：Ⅰ 类零件送到 $1^\#$ 仓库，Ⅱ 类零件送到 $2^\#$ 仓库，Ⅲ 类零件送到 $3^\#$ 仓库。系统有 3 个按钮，分别为复位、启动和停止。能对仓库内的库存情况进行实时显示。

在图 9-17 所示检测分拣装置中，检测分拣生产线前端分别安装电容传感器 SQ_1、电感传感器 SQ_2、颜色传感器 SQ_3。SQ_1 用于区分金属、塑料材质；SQ_2 用于区分铁质、铝质材料；SQ_3 用于检测颜色。在生产线的末端装有三个气缸，在每个气缸的前后极限位置分别装有磁性传感器，用于检测气缸的当前位置（$1^\#$ 气缸的推出限位传感器为 SQ_4，缩回限位传感器为 SQ_5；$2^\#$ 气缸的推出限位传感器为 SQ_6，缩回限位传感器为 SQ_7；$3^\#$ 气缸的推出限位传感器为 SQ_8，缩回限位传感器为 SQ_9）。每个气缸对应于一个仓库，用于存储同类性质的零件。零件经过传感器组检测后，根据检测结果送到对应的仓库。根据要求，零件在生产线上的定位由旋转编码器 SQ_{10} 测定的脉冲数信号来确定，每次传输带上只能有一个零件进行检测和分拣。

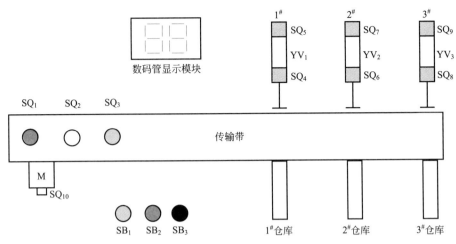

图 9-17　检测分拣装置的组成

（2）工作过程

分拣装置上电时，传输带处于停止运行状态，各个气缸处于缩回状态，旋转编码器记录的数值为零。按下复位按钮 SB_1，进入待检状态。在传输带的上料区放上待检测零件，按下启动按钮 SB_2，传输带启动运行。当 I 类零件到达 $1^\#$ 仓库入口时，传输带停止运行，电磁阀 YV_1 动作，$1^\#$ 气缸活塞杆推出，将零件推入到仓库中，然后活塞杆缩回。同理 II 类零件、III 类零件分别送到相应的 $2^\#$ 仓库、$3^\#$ 仓库。按下停止按钮 SB_3，完成当前零件的分拣，将传输带上的零件送入到指定的仓库中，停止运行，再次按下启动按钮重新运行。使用 2 位数码管循环显示每个仓库中存储零件的数量，最多显示 99 个零件。首先使用低位数码管显示仓库号，显示时间为 2s，然后显示相应仓库内零件数量，显示时间为 5s，依次循环显示。

（3）控制方式

该装置控制的输入信号有材质检测信号、位置检测信号、限位保护信号以及主令信号，这些信号由启动按钮、停止按钮和急停按钮提供。输出信号有传输带控制信号和电磁阀的控制信号。控制框图如图 9-18 所示。

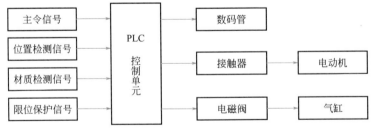

图 9-18　控制框图

该分拣装置的控制是一个位置闭环控制方式，要求装置的反馈检测装置具有一定的精度，执行机构要求具有一定的响应速度，处理器要求具有一定的运算速度。

这里反馈检测装置采用旋转编码器，编码器的价格取决于编码器的分辨率（脉冲 / 旋转）

即输出脉冲数。处理器采用西门子的PLC，其常见型号的CPU模块处理速度可达到0.22μs/位操作，故可满足运算要求。

（4）程序分析

PLC程序是一个典型的时序控制，控制过程中的节拍很明显，系统控制功能的主流程如图9-19所示。

在上述控制过程中，控制的重点是检测工件间隔距离及其检测的准确度。

（5）PLC的选择与配置

该装置有14个输入信号（3个工件材质传感器检测信号、2个旋转编码器的信号、6个气缸限位信号和3个按钮信号）和13个输出信号（2个传输带控制信号、3个电磁阀信号和8个两位七段数码管信号）。根据输入信号和输出信号，输入输出分配表如表9-3所示。检测与分拣控制电气原理图如图9-20所示。

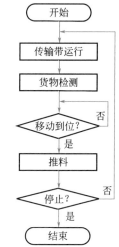

图9-19 系统控制功能的主流程

表9-3 输入输出分配表

输入		输出	
端子号	功能	端子号	功能
I0.0	旋转编码器A相	Q0.0	传输带正转KM_1线圈
I0.1	旋转编码器B相	Q0.1	传输带反转KM_2线圈
I0.2	电容传感器SQ_1	Q0.2	$1^{\#}$气缸YV_1
I0.3	电感传感器SQ_2	Q0.3	$2^{\#}$气缸YV_2
I0.4	颜色传感器SQ_3	Q0.4	$3^{\#}$气缸YV_3
I0.5	$1^{\#}$气缸伸限位SQ_4	Q1.0	个位数码管A_1
I0.6	$1^{\#}$气缸缩限位SQ_5	Q1.1	个位数码管B_1
I0.7	$2^{\#}$气缸伸限位SQ_6	Q1.2	个位数码管C_1
I1.0	$2^{\#}$气缸缩限位SQ_7	Q1.3	个位数码管D_1
I1.1	$3^{\#}$气缸伸限位SQ_8	Q1.4	十位数码管A_2
I1.2	$3^{\#}$气缸缩限位SQ_9	Q1.5	十位数码管B_2
I1.3	复位SB_1	Q1.6	十位数码管C_2
I1.4	启动SB_2	Q1.7	十位数码管D_2
I1.5	停止SB_3		

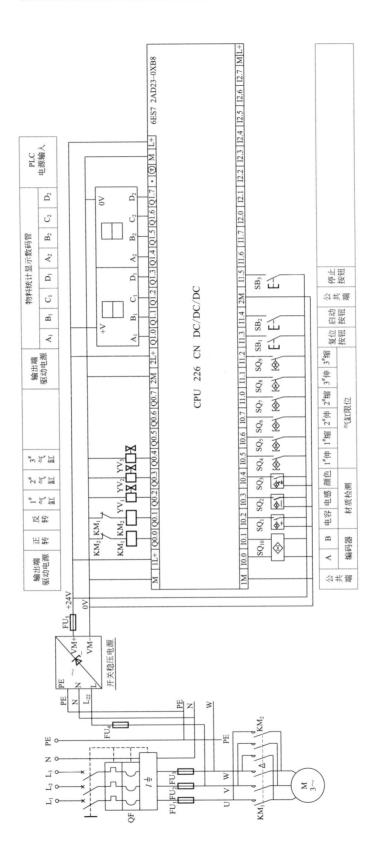

图 9-20 检测与分拣控制电气原理图

▶ 9.2.3 使用触摸屏实现输送机运行的监控分析

输送机是在一定的线路上连续输送物料的物料搬运机械。输送机可进行水平、倾斜和垂直输送物料，也可组成空间固定的输送线路。输送机输送能力大，运距长，还可在输送过程中同时完成若干工艺操作，所以应用十分广泛。输送机可以单台输送，也可由多台组成或与其他输送设备组成水平或倾斜的输送系统，以满足不同布置形式的作业线需要。

输送机按运作方式可以分为：带式输送机、螺旋输送机、斗式提升机、滚筒输送机和计量输送机。

（1）带式输送机的功能和要求

某工厂为了提高生产效率，要求配备一条带式输送机，具备以下功能和要求。

① 在输送端的起始端装有一个推料单元，输送机上的工件均由此装置进行供给。整个系统还要求配有一个触摸屏，用于系统监控和设定系统参数。其中输送速度为 0.01 ～ 0.06m/s，输送精度不低于 0.4mm（滚筒直径等于 40mm）。

② 触摸屏上设置控制画面、动态监控画面、数据显示画面。控制画面主要完成设备的启动和停止操作以及设定两个连续工件之间的距离；动态监控画面主要动态监控在传送带上的工件；数据显示画面显示已经推出工件的总个数和传送带上当前工件的个数。

③ 可在触摸屏上设定传送带上相邻两个工件之间的距离（单位为厘米）和选择变频器运行的频率（低速 15Hz，中速 30Hz，高速 50Hz）。按下触摸屏上的启动按钮，系统进入运行状态，传送带在变频器的控制下向右运行，推料单元按照一定的速度推出井式供料塔内的工件，以保证在传送带上的相邻工件间隔的距离能够达到设定值。

④ 按下触摸屏上的停止按钮，推料单元停止推料，传送带继续运行，当传送带上没有工件时，传送带立即停止运行。

⑤ 现场有一个急停按钮，按下急停按钮，系统立即停止运行。急停按钮解除后，在触摸屏上按下启动按钮，系统继续运行。

⑥ 使用触摸屏监控 PLC 现场输入信息的状态以及手动控制 PLC 输出状态的转换。

输送机系统组成如图 9-21 所示。输送机的速度可调节，且工件的当前位置可检测。采用变频器直接驱动永磁同步低速电动机来驱动传送带，这样避免使用减速机。旋转编码器用于检测其在传送带上的当前位置。在供料机的出口处有一个位置传感器 SQ_5 用于检测工件的起始位置。推料单元采用推料气缸作为执行机构，配合相应的电磁阀进行驱动。为了检测气缸的位置，在其行程范围的始末端装有磁性开关 SQ_3 和 SQ_4，同时为了检测推料单元中是否有料，装有一个位置传感器 SQ_1 进行工件有无的检测。为了检测工件是否到达目标位置，在该位置安装了一个位置传感器 SQ_2。系统控制框图如图 9-22 所示。

（2）系统外部信号

该系统的输入信号包括检测信号（包括工件有无检测、工件的位置检测信号）、限位保护信号（包括气缸的前后行程位置检测）以及主令信号（包括系统的启动停止信息以及急停信息等）。该系统的输出信号包括变频器的控制信号和电磁阀的控制信号，PLC 程序是一个典型的时序控制，控制过程中的节拍很明显，控制的重点是检测工件间隔距离及其检测的准确度。

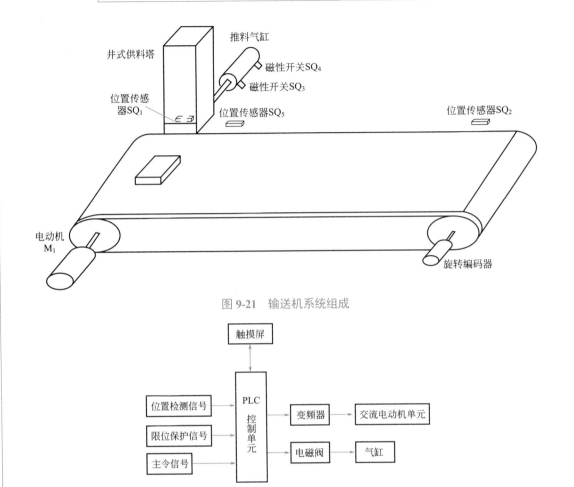

图 9-21　输送机系统组成

图 9-22　系统控制框图

（3）系统的电气原理

系统电气原理图如图 9-23 所示。PLC 的型号为 CPU314C-2DP，触摸屏的型号为 TP177B，旋转编码器的型号为 E6A2，精度为 400 脉冲 / 圈，变频器的型号为 MM420。对于 MM420 型变频器来说，本变频器模块的数字量端口已外加中间继电器进行隔离转换（刚出厂的变频器需要外部接中间继电器才能被 PLC 控制，图 9-23 中设计原理图需要考虑用中间继电器隔离，或者选择继电器输出接口的 PLC）。某一级的调速信号和变频器的启停信号可以通过参数设定为同一个触发信号，这样就可以省略两个输出信号。

由图 9-23 可知，系统的输入信号有工件有无检测信号 1 个、旋转编码器的信号 2 个、工件起始位置检测信号 1 个、工件目标位置检测信号 1 个、气缸限位信号 2 个、急停信号 1 个，共计 8 个。

系统的输出信号有变频器的启动信号 1 个、停止信号 1 个、调速信号 3 个、电磁阀控制信号 1 个，共计 6 个。

在考虑 I/O 端口数量时，一般需要具有 15% ～ 20% 余量，故输入端口数量不低于 10 个，输出端口数量不低于 8 个。

系统的 I/O 接线表，如表 9-4 所示。

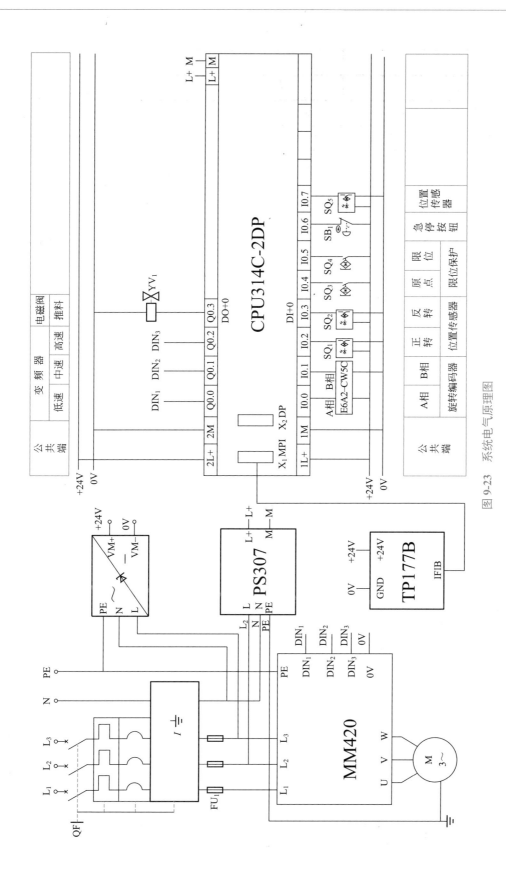

图9-23 系统电气原理图

表 9-4　系统 I/O 接线表

输入		输出	
端子号	功能	端子号	功能
I0.0	旋转编码器 A 相	Q0.0	变频器调速信号（低速）
I0.1	旋转编码器 B 相	Q0.1	变频器调速信号（中速）
I0.2	位置传感器 SQ$_1$	Q0.2	变频器调速信号（高速）
I0.3	位置传感器 SQ$_2$	Q0.3	气缸控制 YV$_1$
I0.4	磁性开关 SQ$_3$		
I0.5	磁性开关 SQ$_4$		
I0.6	急停 SB$_1$		
I0.7	位置传感器 SQ$_5$		

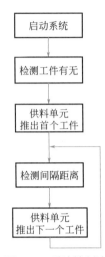

图 9-24　系统控制流程

触摸屏的主要功能包括图像的位置移动、数据输入、按钮输入等，系统控制流程如图 9-24 所示。

9.3　利用 PLC 改造普通平面磨床电气控制系统分析

9.3.1　技术指标

某企业因生产需要，需将一台普通平面磨床的电气控制系统进行 PLC 改造。要求在保留原有平面磨床功能的基础上，增加部分功能以进一步提高生产效率。在保持原功能指标的基础上增加磨床电磁工作台往返次数（可以在 1 ～ 99 之间设定）和平面磨床工作状态指示及蜂鸣器。设备改造后的具体功能如下。

（1）往返次数设定

通过两位拨码器，设置加工单个零件电磁工作台往返运行次数（设置范围 1 ～ 99 次）。

（2）工作台充磁/消磁

将工件摆放至电磁工作台，按下充磁按钮，电磁线圈通入直流电，电磁吸盘产生磁力将工件固定。若需要移动工件则按下消磁按钮，电磁线圈通入极性相反的直流电，使电磁吸盘消磁，5s 后消磁过程结束，此时工件方可移动。

（3）砂轮启、停控制

按下砂轮启动按钮，砂轮电动机正向运行；按下砂轮停止按钮，砂轮电动机停止运行。

（4）冷却泵的启、停控制

将钮子开关拨至冷却泵启动位置，冷却泵电动机运行；将钮子开关拨至冷却泵停止位置，冷却泵电动机停止运行。

（5）工件加工

按下启动按钮，液压泵电动机运行，同时电磁工作台电动机正向运行（电磁工作台向左运行）。当触碰到左侧行程开关SQ_1后，电磁工作台电动机反向运行（电磁工作台向右运行）。当触碰到右侧行程开关SQ_2后，电磁工作台电动机正向运行。如此往返运行，当往返次数达到拨码器设定数值时，液压泵、电磁工作台电动机、砂轮电动机停止运行，20s后电磁工作台自动完成消磁工作过程。

（6）停止工作

在加工过程中如果需要停止加工，按下停止按钮，则液压泵、电磁工作台电动机立即停止运行。

（7）失电保护

为了防止在加工过程中，因设备或元器件损坏造成电磁线圈突然失电或电流减小，使电磁吸力消失或减小造成事故，在工作台的电磁线圈电路中加入欠电流继电器。只有当欠电流继电器吸合动作，磨床才能进行加工，否则所有电动机应立即停止运行，防止事故发生（在此过程中，欠电流继电器的状态由钮子开关模拟，闭合时，模拟欠电流继电器的吸合状态；断开时，模拟欠电流继电器的释放状态）。

9.3.2 工作过程分析

① 设备运行顺序：电磁工作台充磁→砂轮电动机运行→液压泵电动机、工作台电动机运行。设备停止顺序：液压泵电动机、工作台电动机停止→砂轮电动机停止→电磁工作台消磁。急停保护：当按下急停开关，除电磁吸盘保持原状态外，其他输出立即终止运行。

② 工作状态指示。当系统通电后，运行指示灯HL_1（绿色）常亮。砂轮电动机运行时，工作指示灯HL_2（红色）常亮。工件加工过程中，运行指示灯HL_1、工作指示灯HL_2以1Hz的频率交替闪烁。当完成单个零件加工过程后，蜂鸣器HA鸣叫5s。

③ 设定电磁工作台往返次数，采用两位拨码器实现。工作状态指示灯及蜂鸣器通过塔式指示灯实现。系统由停止按钮、启动按钮、砂轮启动按钮、砂轮停止按钮、充磁按钮、消磁按钮、急停开关、冷却泵的启停钮子开关、行程开关、两位BCD拨码器、塔式指示灯及电动机等组成，结构示意图如图9-25所示。系统输入信号包括：主令信号、保护信号、拨码器信号。该系统输出信号为接触器控制信号、指示灯及蜂鸣器控制信号。

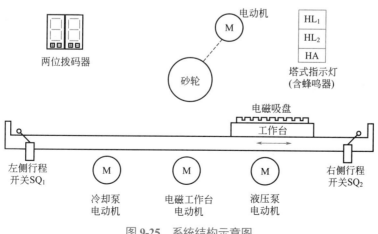

图9-25 系统结构示意图

④ 系统控制框图如图 9-26 所示。从控制方式来说，属于典型逻辑控制，在此种控制要求下，需注意各个控制量之间的互锁关系。从 PLC 程序设计方面来说，该项目属于逻辑控制，系统控制主流程图如图 9-27 所示。

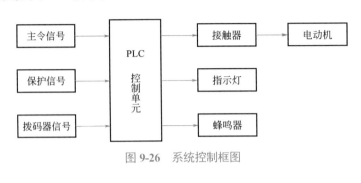

图 9-26　系统控制框图

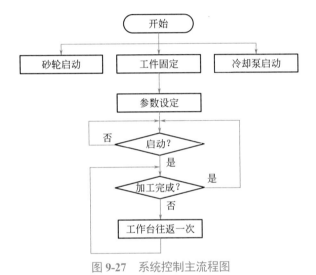

图 9-27　系统控制主流程图

9.3.3　硬件配置

系统的输入元件包括停止按钮、启动按钮、砂轮启动按钮、砂轮停止按钮、充磁按钮、消磁按钮、冷却泵启停控制开关、欠电流继电器模拟开关、左侧行程开关、右侧行程开关、急停开关和 BCD 拨码器信号，共计 19 个。

输出元件包括砂轮电动机控制接触器，工作台往返电动机正向运行接触器、反向运行接触器，冷却泵控制接触器，液压泵控制接触器，充磁控制接触器，消磁控制接触器，指示灯 HL_1、HL_2 及蜂鸣器，共计 10 个。PLC 使用输入端口数量不应低于 22 个，输出端口数量不应低于 12 个。

考虑到 CPU 处理速度、输出端口类型（晶体管或继电器）、模块的电源输入类型（AC 或 DC），系统采用继电器输出型 PLC，PLC 型号为 CPU226（6ES7 216-2BD23-0XB8）。为了配合现场环境，所以选择 AC220V 作为电源输入类型。系统接线原理图如图 9-28 所示。

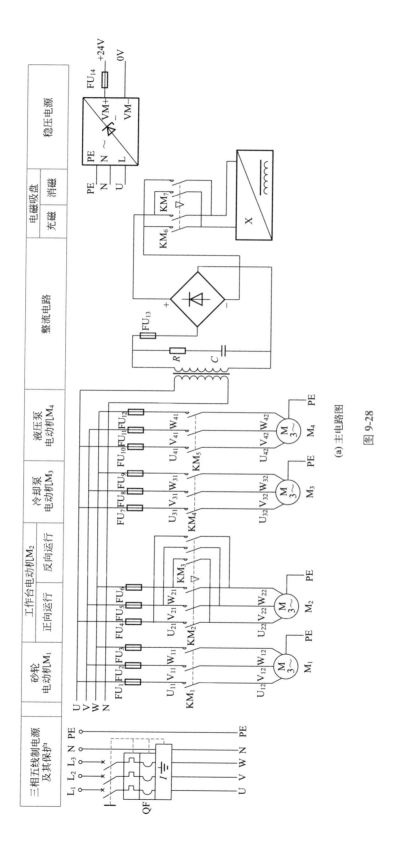

(a) 主电路图

图 9-28

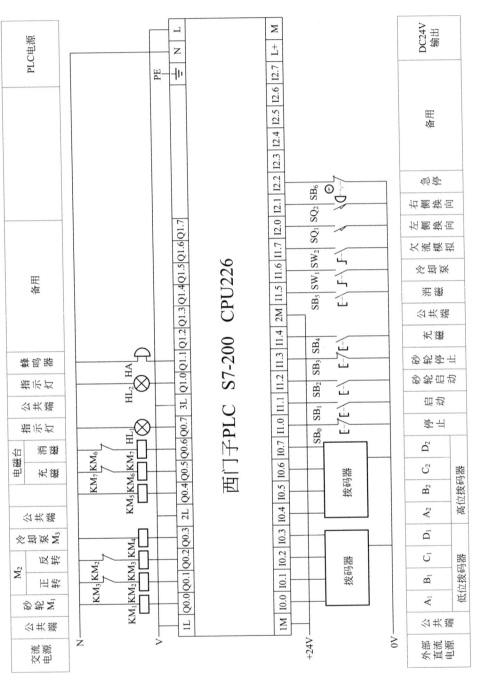

(b) 控制电路图

图 9-28 系统接线原理图

9.3.4 PLC 程序设计

根据系统的输入信号和输出信号，制定系统的输入输出分配表，如表 9-5 所示。

表 9-5 输入输出分配表

输入		输出	
端子号	功能	端子号	功能
I0.0	"个位" BCD 拨码器 A_1	Q0.0	砂轮电动机 M_1 控制接触器 KM_1
I0.1	"个位" BCD 拨码器 B_1	Q0.1	工作台电动机 M_2 正向运行接触器 KM_2
I0.2	"个位" BCD 拨码器 C_1	Q0.2	工作台电动机 M_2 反向运行接触器 KM_3
I0.3	"个位" BCD 拨码器 D_1	Q0.3	冷却泵 M_3 控制接触器 KM_4
I0.4	"十位" BCD 拨码器 A_2	Q0.4	液压泵 M_4 控制接触器 KM_5
I0.5	"十位" BCD 拨码器 B_2	Q0.5	充磁控制接触器 KM_6
I0.6	"十位" BCD 拨码器 C_2	Q0.6	消磁控制接触器 KM_7
I0.7	"十位" BCD 拨码器 D_2	Q0.7	指示灯 HL_1
I1.0	停止 SB_0	Q1.0	指示灯 HL_2
I1.1	启动 SB_1	Q1.1	蜂鸣器 HA
I1.2	砂轮启动 SB_2		
I1.3	砂轮停止 SB_3		
I1.4	充磁 SB_4		
I1.5	消磁 SB_5		
I1.6	冷却泵启/停切换开关 SW_1		
I1.7	模拟欠电流继电器 SW_2		
I2.0	左侧行程开关 SQ_1		
I2.1	右侧行程开关 SQ_2		
I2.2	急停开关 SB_6		

9.3.5 PLC 编程

（1）PLC 内部参数设置

打开 STEP7-Micro/WIN，选择 PLC 菜单，然后再选择下拉菜单中的"类型"选项，设置所选择的 PLC 类型。选择好 PLC 类型后，单击左侧工具盒里的"系统块"，设置好相应的系统参数，在此项目中选择默认设置即可。

（2）编写符号表

符号表包括三部分内容，第一部分是指定的符号，这是用户自己编写的字符，通常使用容易理解、记忆的词或者字母作为符号。第二部分是 PLC 的地址，就是 PLC 自身的变量名。

第三部分是注释，是用户为了方便记忆或阅读程序而编写的相关注解。符号表如表9-6所示。

表9-6 符号表

序号	符号	地址	注释
1	低位拨码器 A_1	I0.0	
2	低位拨码器 B_1	I0.1	
3	低位拨码器 C_1	I0.2	
4	低位拨码器 D_1	I0.3	
5	高位拨码器 A_2	I0.4	
6	高位拨码器 B_2	I0.5	
7	高位拨码器 C_2	I0.6	
8	高位拨码器 D_2	I0.7	
9	停止按钮 SB_0	I1.0	常闭触点
10	启动按钮 SB_1	I1.1	
11	砂轮启动 SB_2	I1.2	
12	砂轮停止按钮 SB_3	I1.3	常闭触点
13	充磁按钮 SB_4	I1.4	
14	消磁按钮 SB_5	I1.5	
15	冷却泵启停 SW_1	I1.6	
16	欠流继电器模拟 SW_2	I1.7	电磁吸力充足时，开关闭合
17	左侧行程开关 SQ_1	I2.0	
18	右侧行程开关 SQ_2	I2.1	
19	急停 SB_6	I2.2	常闭触点
20	工件加工标志位	M0.0	
21	到达设定值标志位	M0.1	
22	砂轮 KM_1	Q0.0	
23	工作台正向 KM_2	Q0.1	
24	工作台反向 KM_3	Q0.2	
25	冷却泵启停 KM_4	Q0.3	
26	液压泵启停 KM_5	Q0.4	
27	充磁 KM_6	Q0.5	
28	消磁 KM_7	Q0.6	
29	HL_1	Q0.7	
30	HL_2	Q1.0	
31	HA	Q1.1	

（3）构建程序框架

系统程序框架如图 9-29 所示。

（4）编制主程序

主程序主要完成子程序的调用及急停功能。主程序网络 1 如图 9-30 所示。

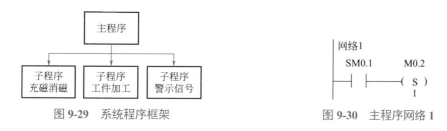

图 9-29 系统程序框架

图 9-30 主程序网络 1

网络 1 中使用 SM0.1，在系统首个扫描周期将 M0.2 置位，M0.2 在警示信号子程序中完成对 HL_1 的常亮控制。

主程序网络 2 如图 9-31 所示。

网络 2 中，I2.2 为急停信号，当急停开关处于正常状态时，I2.2 常开触点处于接通状态，程序在每个扫描周期均调用子程序。

主程序网络 3 如图 9-32 所示。

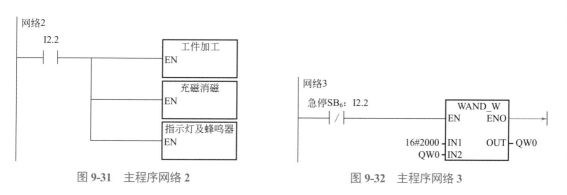

图 9-31 主程序网络 2

图 9-32 主程序网络 3

网络 2 中，I2.2 为急停信号，在紧急停止状态时，I2.2 常闭触点处于接通状态。此时通过将十六进制数据 "2000" 与 QW0 内数据进行 "与" 运算。完成保持 Q0.5（充磁 KM_6）的工作状态，而将其他输出复位的功能。

（5）编制子程序充磁消磁

充磁消磁子程序网络 1 如图 9-33 所示。

网络 1 中，I1.4 为充磁按钮信号，I1.5 为消磁按钮信号，Q0.5 为电磁吸盘充磁，Q0.6 为电磁吸盘消磁，M0.0 为工作标志位。

当按下充磁按钮时，Q0.5 线圈 "得电" 且自锁，完成电磁吸盘的充磁工作。I1.5、Q0.6 为双重联锁开关，保证充磁与消磁无法同时进行。工作标志位 M0.0，保证在工件加工过程中消磁按钮功能失效。当定时器 T38 时间到达设定值时，Q0.5 线圈 "失电"。

充磁消磁子程序网络 2 如图 9-34 所示。

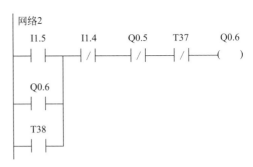

图 9-33　充磁消磁子程序网络 1　　　　　图 9-34　充磁消磁子程序网络 2

网络 2 中，I1.4 为充磁按钮信号，I1.5 为消磁按钮信号，Q0.5 为电磁吸盘充磁，Q0.6 为电磁吸盘消磁。

当按下消磁按钮时，Q0.6 线圈"得电"且自锁，对电磁吸盘进行消磁。I1.4、Q0.5 为双重联锁开关，保证充磁与消磁无法同时进行。通过定时器 T38、T37 可以实现消磁过程的自动启停。

充磁消磁子程序网络 3 如图 9-35 所示。

网络 3 中，与充磁消磁网络 2 配合实现消磁工作 5s 后，自动停止的控制要求。

（6）编制子程序工件加工

工件加工子程序网络 1 如图 9-36 所示。

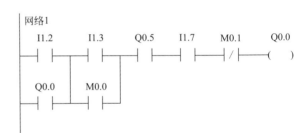

图 9-35　充磁消磁子程序网络 3　　　　　图 9-36　工件加工子程序网络 1

网络 1 中，I1.2 为砂轮启动信号，I1.3 为砂轮停止信号，I1.7 为欠电流继电器信号，Q0.0 为砂轮电动机 M_1，Q0.5 为电磁吸盘充磁，M0.0 为工作标志位，M0.1 为到达设定值标志位。

当按下砂轮启动按钮时，Q0.0 线圈"得电"且自锁，砂轮电动机 M_1 启动。当按下 I1.3 或 M0.1 分断时，Q0.0 线圈"失电"，砂轮电动机停止工作。M0.0 保证在加工过程中，砂轮停止按钮功能失效。Q0.5、I1.7 常开触点，保证电磁吸盘正常工作后，砂轮电动机才可以运行。工件加工子程序网络 2 如图 9-37 所示。

网络 2 中，当冷却泵启停钮子开关置于"启动"位置时，Q0.3"得电"，冷却泵电动机 M_3 启动。I1.7 常开触点，保证电磁吸盘正常工作后，冷却泵才可以运行。

工件加工子程序网络 3 如图 9-38 所示。

网络 3 中，I1.1 为启动按钮信号，I1.0 为停止按钮信号，Q0.0 为砂轮电动机 M_1，M0.0 为工作标志位，M0.1 为到达设定值标志位。

网络3

I1.1 IB0 I1.0 Q0.0 M0.1 M0.0
├┤├──┤>B├──┬──┤├──┤├──┤/├──( )
        0 │
M0.0   │
├┤├────────┘

图 9-38　工件加工子程序网络 3

网络2

I1.6 I1.7 Q0.3
├┤├──┤├──( )

图 9-37　工件加工子程序网络 2

当按下启动按钮时若 IB0 大于"0"，则工作标志位线圈 M0.0 "得电"且自锁，此时表示机床正处于工件加工过程中。当按下停止按钮或 M0.1 分断时，M0.0 线圈"失电"。Q0.0 常开触点，保证了 Q0.0 和 M0.0 的启动顺序。

工件加工子程序网络 4 如图 9-39 所示。

网络 4 中，工件加工标志位 M0.0 线圈"得电"时，Q0.4 线圈"得电"，液压泵电动机 M_4 运行。

工件加工子程序网络 5 如图 9-40 所示。

网络5

I1.1   IB0 M0.0 I2.0 Q0.1
├┤├─┤P├──┤>B├─┬─┤├──┤/├──( )
           0 │
I2.1   │
├┤├───────────┤
              │
Q0.1   │
├┤├───────────┘

图 9-40　工件加工子程序网络 5

网络4

M0.0 Q0.4
├┤├──( )

图 9-39　工件加工子程序网络 4

网络 5 中，I1.1 为启动按钮信号，I2.0 为左侧行程开关，I2.1 为工作台右侧行程开关，M0.0 为工件加工标志位，Q0.1 为工作台电动机 M_2 正向运行。

当按下启动按钮的瞬间若 IB0 大于"0"或 I2.1 闭合，则 Q0.1 线圈"得电"且保持，此时工作台向左移动。当触碰到左侧行程开关时，Q0.1 线圈"失电"。M0.0 常开触点，保证在工件加工过程中 Q0.1 才会"得电"。

工件加工子程序网络 6 如图 9-41 所示。

网络6

I2.0 M0.0 I2.1 Q0.2
├┤├──┬─┤├──┤/├──( )
     │
Q0.2 │
├┤├──┘

图 9-41　工件加工子程序网络 6

网络 6 功能与网络 5 类似，两个网络实现了工作台的自动往返控制。

工件加工子程序网络 7 如图 9-42 所示。

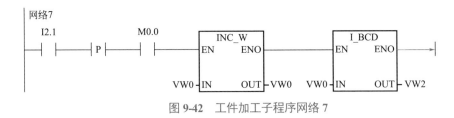

图 9-42 工件加工子程序网络 7

网络 7 工件加工过程中，工作台右侧行程开关闭合瞬间，对 VW0 内数据进行"递增"操作，并将 VW0 内整数数据转换为 BCD 格式数据存于 VW2 中。即将工作台往返次数以 BCD 码的形式存于 VW2 中（VW2 可存储 4 组 BCD 编码，高两位存于 VB2，低两位存于 VB3）。

工件加工子程序网络 8 如图 9-43 所示。

网络 8 利用 VB3 中，以 BCD 码形式保存的工作台往返次数，与拨码器输入 BCD 数值进行比较，当大于或等于设定值时，到达设定值标志位 M0.1 线圈"得电"且自锁。20s 后定时器 T38 到达设定时间，M0.1 线圈"失电"。

工件加工子程序网络 9 如图 9-44 所示。

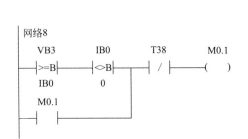

图 9-43 工件加工子程序网络 8

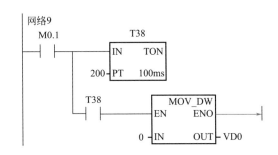

图 9-44 工件加工子程序网络 9

网络 9 到达设定值标志位 M0.1 "得电"后，定时器 T38 开始计时，当到达设定值时，将"0"传送至 VD0（即对 VB0 ～ VB3 内数据清零），为下一个工件的加工做准备。

（7）编制子程序指示灯及蜂鸣器

指示灯及蜂鸣器子程序网络 1 如图 9-45 所示。

网络 1 到达设定值标志位 M0.1 接通瞬间，Q1.1 线圈"得电"且自锁，蜂鸣器 HA 鸣叫。5s 后定时器 T39 到达设定时间，Q1.1 线圈"失电"。

指示灯及蜂鸣器子程序网络 2 如图 9-46 所示。

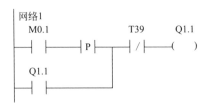

图 9-45 指示灯及蜂鸣器子程序网络 1

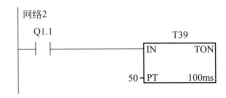

图 9-46 指示灯及蜂鸣器子程序网络 2

网络 2 与网络 1 配合使用，实现蜂鸣器鸣叫 5s 后自动停止的功能。

指示灯及蜂鸣器子程序网络 3 如图 9-47 所示。

网络 3 系统上电后，M0.2 线圈"得电"，HL_1(Q0.7) 常亮。当工件加工标志位 M0.0 接通时，HL_1 以 1Hz 频率闪烁。

指示灯及蜂鸣器子程序网络 4 如图 9-48 所示。

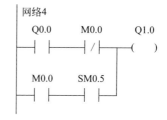

图 9-47　指示灯及蜂鸣器子程序网络 3　　　　图 9-48　指示灯及蜂鸣器子程序网络 4

网络 4 中砂轮电动机 M_1 运行时，HL_2（Q1.0）常亮，当工件加工标志位 M0.0 接通时，HL_2 以 1Hz 频率闪烁（与 HL_1 闪烁状态相反）。

9.4　PLC 简单程序设计常用方法

可编程序控制器的应用设计，应该首先详细分析被控对象、控制过程和控制要求，熟悉工艺流程，列出控制系统的全部功能和要求。然后，根据系统的控制要求选择 PLC 机型，进行控制系统的流程设计，画出较详细的程序流程图，并对输入口、输出口进行合理安排，给定编号。此后，软硬件的设计工作就可以平行进行了。

设计梯形图控制程序包括设计梯形图和列出相应的程序清单。通过对被控对象的了解，PLC 控制系统类型与 PLC 型号的选择，我们不仅对 PLC 在整个控制系统中所承担的任务已经明确，而且对哪些设备需要控制，受哪些元件控制，之间是什么关系；整个系统 (包括多机系统) 相互间又是什么关系；设置了哪些工作方式 (手动、单步、单周期、自动循环等)；各种输入、输出信号连接在 PLC 的什么地址；PLC 内有哪些元件可以使用，地址编号是多少等都已清楚，现在应当对 PLC 的控制程序进行设计。

梯形图设计 (相当于继电器控制系统中的原理图) 即编制程序。由于 PLC 所有的控制功能都是以程序的形式体现的，大量的工作量将用在程序设计上。其设计方法通常采用继电器系统设计方法，如解析法、翻译法、图解法、状态转移法、模块法、逻辑法、顺序控制法。现简要介绍常用的几种应用程序的设计方法。

（1）解析法

解析法是借鉴逻辑代数的方法，确定各种输入信号、输出信号的逻辑关系并化简，然后编制控制程序的一种方法。这种方法编程十分简便，逻辑关系一目了然，比较适合初学者。在继电器控制电路中，线路的接通和断开，都是通过控制按钮、继电器元件的触点来实现的，这些触点都只有接通、断开两种状态，和逻辑代数中的"1""0"两种状态对应。梯形图设计的最基本原则也是"与""非""或"的逻辑组合，规律完全符合逻辑运算基本规律。按照输入与输出的关系，梯形图电路也可以像逻辑电路一样分为两种：组合逻辑电路和时序逻辑电路。

① 组合逻辑电路。输出仅与输入的现状有关，而与输入的历史情况无关的梯形图电路称为组合逻辑电路。

② 时序逻辑电路。输出不仅与输入的现状有关，还与输入的历史状态有关的梯形图电路称为时序逻辑电路。对于这部分电路的分析，应该将其划分为节拍进行分析。在一个节拍里，各点的状态是唯一确定的，取决于上一个节拍中各点的状态及本节拍的输入状态，因此，若将上一个节拍中的状态也作为输入信号，那么时序电路在某一节拍上的设计也可理解为组合电路，这样就为时序电路的设计提供了一个可依照的模式。

③ 组合电路的设计。由于逻辑代数是描述开关量与继电器网络的一种数学方法，故在分析组合电路的时候可以借助于逻辑代数。设计组合电路的一般步骤如下。

a. 定义变量。将要求的各变量分别用符号表示，定义其逻辑表示符号。对于符号的逻辑定义，我们应遵循 PLC 设计原则，将开关量的闭合定义为"真"，打开定义为"否"，继电器的得电定义为"真"，失电定义为"否"。

b. 根据要求列写真值表，注意转换过程中各元素的状态。

c. 根据真值表的动作顺序，划分时间节拍，将输出为真的节拍定义为启动节拍，按照启动节拍列出逻辑表达式。

d. 判断逻辑表达式的合理性。

e. 列写 PLC 程序。在列写逻辑表达式时，可以根据前面章节中的化简方法进行简化，以优化程序的设计，提高程序的可读性。当输入信号的组合不足以满足输出动作时，可以引入中间继电器。

④ 时序电路的设计。由于时序电路中引入了定时器、计数器、功能指令、反馈信号，故其设计难度大，且对于不同的 PLC 机型，其各种指令的功能不尽相同，通过寻求一种通用的公式来达到电路设计不太现实。但基于组合电路的设计基础，可以对时序电路的设计作如下简化：

a. 不含功能指令的时序电路。对于不含功能指令的时序电路，可以按其动作顺序分为节拍动作，不同于组合电路的设计，其输入信号应包括反馈信号、定时器信号、计数器信号。

在每一个节拍内，都应将上一节拍中相关的输入、输出信号作为本节拍的输入信号，何谓"相关"，即是对本节拍输出有联系，其动作会从上一节拍延续到本节拍。

b. 含有功能指令的时序电路。对于含功能指令的时序电路，不同的 PLC 机型应采取不同的方法，这取决于其指定的功能指令的具体用法，设计时可以将其考虑为特定的某一个模块，作为输出信号，其作用结果作为下一节拍的输入信号。

（2）经验（翻译）法

此法是将继电器的控制逻辑图直接翻译成梯形图。对于原有的继电器控制系统，其控制逻辑图在长期的运行中，实践已证明该系统设计合理、运行可靠。在这种情况下，可采用经验（翻译）设计法直接把该系统的继电器的控制逻辑图翻译成 PLC 控制的梯形图。这种方法可以用来设计较简单控制系统的梯形图。它是根据生产工艺中的控制要求，利用各种典型控制电路或类似控制电路，直接设计梯形图的方法。这种设计方法比较简单，但要求设计人员必须对控制线路相当熟悉，掌握多种典型线路的设计资料，具有较丰富的电气控制电路图的设计经验。在设计过程中往往还要经过多次反复修改、调试，才能使梯形图符合设计要求。即使这样，设计出来的梯形图不一定是最简、最佳方案。这种方法对初学设计的人是有一定困难的。

经验（翻译）法的步骤：

① 将检测元件（如行程开关）、按钮等合理安排，且接入输入口。

② 将被控的执行元件(如电磁阀等)接入输出口。

③ 将原继电器控制逻辑图中的单向二极管用接点或用增加继电器的办法取消。

④ 和继电器系统一一对应选择 PLC 软件中功能相同的器件。

⑤ 按接点和器件对应关系画梯形图。

⑥ 简化和修改梯形图，使其符合 PLC 的特殊规定和要求，在修改中要适当增加器件或接点。对于熟悉机电控制的人员来说很容易学会翻译法，将继电器的控制逻辑直接翻译成梯形图。

（3）图解法

图解法是根据绘图进行 PLC 程序设计。常见的绘图有三种方法，即梯形图法、时序图法及流程图法。梯形图法是依据上述的各种方法把 PLC 程序绘制成梯形图，它是最基本的方法。时序图法特别适用于时间控制的电路，例如交通灯控制电路，对应的时序图画出后，再依时间用逻辑关系组合，就可以很方便地把电路设计出来。流程图法是用流程框图表示 PLC 程序执行过程以及输入与输出之间的关系。若使用步进指令进行程序设计是非常方便的。

（4）状态转移法

所谓"状态"是指特定的功能，因此状态转移实际上就是控制系统的功能转移。在设计较为复杂的程序时，仅仅采用简单的逻辑处理已经很难保证程序的正确性和易读性，所以就需要采用别的方法来编制程序。为了保证程序逻辑的正确性以及程序的易读性，可以将一个控制过程分为若干个阶段，在每一个阶段均设立一个控制标志，当每一个阶段执行完毕，就启动下一个阶段的控制标志，将本阶段的控制标志清除。机电自控系统中机械的自动工作循环过程就是电气控制系统的状态自动、有序、逐步转移的过程。这种功能流程图完整地表现了控制系统的控制过程、各状态的功能、状态转移顺序和条件，它是 PLC 应用控制程序设计的极好工具。利用状态流程图进行程序设计时，基本按以下几个步骤进行。

① 画状态流程图。按照机械运动或工艺过程的工作内容、步骤、顺序和控制要求画出状态功能流程图。

② 确定状态转移条件。用 PLC 的输入点或其他元件来定义状态转移条件，当某转移条件的实际内容不止一个时，每个具体内容定义一个 PLC 元件编号，并以逻辑组合形式表现为有效的转移条件。

③ 明确电气执行元件功能。确定实现各状态或动作控制功能的电气执行元件，并以对应的 PLC 输出点编号来定义这些电气执行元件。

（5）模块法

在编制一些大型系统程序时，采用基本的编程方法就显得比较烦琐，而且因为要考虑各种情况，所以合理安排程序结构就显得尤为重要。为了保证程序的可靠性、易读性，可以将一个控制程序分为以下几个控制部分进行编程。

① 系统初始化程序段。此段程序段的目的是使系统达到某一种可知状态，或是装入系统原始参数和运行参数，或是恢复数据。

因为意外停电等原因，有可能 PLC 控制系统会停止在某一种随机状态。那么在下一次系统上电时，就需要确定系统的状态。

初始化程序段主要使用的是特殊内部继电器或者特殊组织模块（初始闭合一个扫描周期的继电器）。

② 系统手动控制程序段。手动控制程序段是实现手动控制功能的，在有些不需要自动进行控制的控制系统中，有时候会添加手动控制以方便系统的调试。

在启动手动控制程序时，一定要注意的是必须防止自动程序被启动。

③ 系统自动控制程序段。自动控制程序是系统的主要控制部分，是系统控制的核心。在设计自动控制程序时，要充分考虑系统中的逻辑互锁关系、顺序控制关系等，确保系统按部就班地完成工作。

④ 系统意外情况处理程序段。意外情况处理程序段是系统在运行过程中发生不可预知情况下应进行的调整过程，最好的处理方法是让系统过渡到某一种状态，然后自动恢复正常控制。如果不可能实现，就需要报警，停止系统运行，等待人工干预。

⑤ 系统演示控制程序段。该程序段是为了演示系统中的某些功能而设定的，一般可以用定时器，使系统隔一段固定时间就将某一段动作循环演示一遍。为了使系统在演示过程中可以立即进行正常工作，需要随时检测输入端状态。一旦发现输入端状态有变化，就需要立即进入正常运行状态。

（6）逻辑法

这是根据生产工艺的控制要求，写出逻辑表达式，利用逻辑式来编程的。它以执行元件作为逻辑函数的输出变量，而以检测信号、中间单元及输出逻辑变量的反馈触点作为逻辑变量，按一定规律列出逻辑表达式。

值得指出的是，PLC 的指令不仅是逻辑指令，还有循环、跳转、中断、数据运算与处理等许多功能很强的指令，仅限于用逻辑指令来进行程序设计显然是不够的，必须充分利用其他指令来处理控制程序设计问题。

（7）顺序控制法

用经验法设计梯形图，没有一套固定的方法和步骤可遵循，设计复杂系统的梯形图时，需考虑的因素很多，设计周期一般都较长，分析和理解也不方便，用逻辑法设计梯形图又不易掌握。采用级式程序或顺序控制的方法来设计梯形图，可较好地解决上述问题，它不仅使梯形图设计变得很容易，大大节约设计时间，而且初学者容易掌握，有一定的方法和步骤可以遵循。画出的级式流程图、状态转移图（功能表图）对不同专业人员之间进行技术交流、帮助理解控制关系均非常方便。顺序控制的编程步骤一般如下。

① 将整个系统的工作过程划分为若干个清晰的阶段。一个阶段又称为一步或一级，每个阶段均要完成一定任务的操作。当某步（对某级也相同）执行时，该步相应的命令或动作就被执行。

② 确定各相邻步之间的转移条件。步转移条件是使系统由一步转入另一步的条件。当相邻两步之间的转移条件得到满足时，转换得以实现，即上一步的活动结束而下一步的活动开始，因此不会出现步的活动的重叠。步转移条件可以是某个信号，也可以是若干个信号的逻辑组合。

③画出状态转移图。它可清楚地表示出整个系统的工作分为多少步，每一步有哪些动作，从一步转入另一步的条件是什么。状态转移图可以简单、直观地表示出极其复杂的系统工作过程，有了状态转移图即可很方便地设计出梯形图来。

④顺序控制梯形图设计。有了状态转移图、级式流程图，利用不同的指令功能就能设计出相应的梯形图。

⑤根据梯形图列出程序清单，即完成了PLC控制程序的设计。

必须指出，对于没有顺序控制专用指令的PLC，只有用一般逻辑指令或移位寄存器来编制顺序控制程序。前一种方法编制的程序较长，但可以用来编制复杂系统的梯形图；后一种方法编制的程序较短，但用它来设计复杂系统的程序较困难。当状态数较少时，移位寄存器的利用率也不高。因此，当系统的状态较多，状态转移图没有分支和跳步时，最好用移位寄存器来编程。反之，则应该用一般逻辑指令来编程。用专用顺序控制指令则能适应各种简单、复杂情况，比较灵活方便。

9.5 PLC 程序设计一般步骤及调试

（1）PLC应用程序的设计步骤

设计PLC应用程序时，为了保证设计的系统可靠运行，需要遵循一定的步骤。具体的步骤如下。

①确定系统的控制要求。设计PLC应用系统之前，必须了解该PLC控制系统所需要完成什么样的任务。系统的控制要求有时候很清楚，比如设计一个三相交流异步电动机的星-三角启动控制线路，有时候系统的控制要求不是很清楚，比如需要改造一台旧设备时，可能要加入新的功能，那么这时候就需要重新确定系统的控制要求，了解整个系统有哪些输入信号，有哪些输出信号，所有的信号之间的逻辑关系是什么样的，这些都必须进行确定。如果对系统的控制要求理解有偏差，那么就有可能设计出错误的系统，甚至整个系统无法使用。

②对系统的输入、输出信号进行分配（I/O分配）。确定了系统的控制要求，也就是对系统的所有输入信号、输出信号的形式、逻辑关系有了清楚的了解。但是这些输入信号必须输入PLC，再由PLC输出执行结果来驱动外部负载，所以给所有的外部输入信号、系统的输出信号分配合适的PLC端口是十分必要的，在此过程中，可能用户需要更改所使用的PLC的类型，因为有时候需要的控制功能在以前确定型号的PLC上无法使用。

③PLC外部接线设计。对PLC进行了I/O分配后，就需要设计PLC的外部接线图，这个过程是纯硬件范畴的，这也是以后硬件施工的基础。外部接线设计的基本原则是所有的输入信号、输出信号必须能够分别构成电流回路，并且要注意所有的输入信号、输出信号的电压、电流、频率范围。

④PLC程序设计。PLC程序设计的主要任务就是根据控制系统的控制要求和I/O分配确定的各种输入/输出信号，依据各种变量的逻辑关系，编制PLC控制程序。在设计PLC程序时，建议对程序中加入注释和说明，以方便程序的修改和移植。

⑤现场联机调试。PLC控制系统的功能能不能满足控制要求，需要经过工业控制现场的

检验才能得出结论。如果经过现场检验，发现控制功能有错误或者不能满足指标的，需要修改程序，特殊情况下可能还需要修改硬件设计。

⑥ 保存程序。如果控制系统通过了试运行期的检验，已经正常工作，接下来的工作就是需要保存程序，将整个控制系统的控制要求、I/O 分配、硬件设计、软件设计都整理成册，作为资料保存，以便于控制系统日后维修、保养、改造。

（2）PLC 程序调试

分为软件和硬件调试两大部分。

① 软件调试（脱机调试）。设计好用户程序后，一般先作模拟调试。有的 PLC 厂家提供了在计算机上运行，可以用来代替 PLC 硬件来调试用户程序的仿真软件，例如西门子公司的与 STEP 7 编程软件配套的 S7-PLCSIM 仿真软件、三菱公司的与 SW3D5C-GPPW-C 编程软件配套的 SW3D5C-LLT-C 仿真软件，在仿真时按照系统功能的要求，将某些位输入元件强制为 ON 或 OFF，或改写某些元件中的数据，监视系统功能是否能正确实现。如果有 PLC 的硬件，可用小开关和按钮来模拟 PLC 实际的输入信号，例如用它们发出操作指令，或在适当的时候用它们来模拟实际的反馈信号，如限位开关触点的接通和断开。通过输出模块上各输出位对应的发光二极管，观察输出信号是否满足设计的要求。

调试顺序控制程序的主要任务是检查程序的运行是否符合顺序功能图的规定，即在某一转换实现时，是否发生步的活动状态的正确变化，该转换所有的前级步是否变为不活动步，所有的后续步是否变为活动步，以及各步被驱动的负载是否发生相应的变化。

在调试时应充分考虑各种可能的情况，对系统各种不同的工作方式、顺序功能图中的每一条支路、各种可能的进展路线，都应逐一检查，不能遗漏。发现问题后及时修改程序，直到在各种可能的情况下输入信号与输出信号之间的关系完全符合要求。

对于用经验法设计的电路，或根据继电器电路图设计的电路，为了调试程序方便，有时需要根据用户程序画出对应的顺序功能图，用它来调试程序。

如果程序中某些定时器或计数器的设定值过大，为了缩短调试时间，可以在调试时将它们减小，模拟调试结束后再写入它们的实际设定值。

在编程软件中，可用梯形图来监视程序的运行，触点和线圈的 ON/OFF 状态用不同的颜色来表示。也可以用元件监视功能来监视、改写或强制感兴趣的编程元件。

贯穿 PLC 梯形图设计过程中，逐一对负载进行调试，主要看动作是否符合要求，然后统调，看各负载逻辑关系是否符合要求。

② 硬件调试（联机调试）。在对程序进行模拟调试的同时，可以设计、制作控制屏，PLC 之外其他硬件的安装、接线工作也可以同时进行。完成控制屏内部的安装接线后，应对控制屏内的接线进行测试。可在控制屏的接线端子上模拟 PLC 外部的开关量输入信号，或操作控制屏面板上的按钮和指令开关，观察对应的 PLC 输入点的状态变化是否正确。用编程器或编程软件将 PLC 的输出点强制为 ON 或 OFF，观察对应的控制屏内的 PLC 负载 (如外部的继电器、接触器) 的动作是否正常，或对应的控制屏接线端子上的输出信号的状态变化是否正确。

对于有模拟量输入的系统，可给屏内的变送器提供标准的输入信号，通过硬件调整或调节程序中的系数，使模拟量输入信号和转换后的数字量之间的关系满足要求。

在现场安装好控制屏后，接入外部的输入元件和执行机构。与控制屏内的调试类似，首先检查控制屏外的输入信号是否能正确地送到 PLC 的输入端，PLC 的输出信号是否能正确操作控制屏外的执行机构。根据负载的动作顺序或在系统中的作用，先断续后连续，逐一对负载进行调试，看设备运行是否正常。

在硬件调试中，应首先摘除电动机的负载（或机构），进行电动机的各项控制的调试，正常后，在低速下进行带载调试。完成上述的调试后，将 PLC 置于 RUN 状态，运行用户程序，检查控制系统是否能满足要求。

在调试过程中将暴露出系统中可能存在的硬件问题，以及梯形图设计中的问题，发现问题后在现场加以解决，直到完全符合要求。按系统验收规程的要求，对整个系统进行逐项验收合格后，交付使用。

（3）安装与布线的注意事项

开关量信号一般对信号电线没有严格的要求，可选用一般电缆，信号传输距离较远时，可选用屏蔽电缆。模拟信号和高速信号（如脉冲传感器、计数码盘等提供的信号）应选择屏蔽电缆。通信电缆对可靠性的要求高，有的通信电缆的信号频率很高，一般应选用专用电缆（如光纤电缆），在要求不高或信号频率较低时，也可以选用带屏蔽的多芯电缆或双绞线电缆。

PLC 应远离强干扰源，如大功率晶闸管装置、变频器、高频焊机和大型动力设备等。PLC 不能与高压电器安装在同一个开关柜内，在柜内 PLC 应远离动力线（二者之间的距离应大于 200mm)。与 PLC 装在同一个开关柜内的电感性元件，如继电器、接触器的线圈，应并联 RC 消弧电路。

信号线与功率线应分开走线，电力电缆应单独走线，不同类型的线应分别装入不同的电缆管或电缆槽中，并使其有尽可能大的空间距离，信号线应尽量靠近地线或其他的金属导体。

当开关量 I/O 线不能与动力线分开布线时，可用继电器来隔离输入输出线上的干扰。当信号线距离超过 3mm 时，应采用中间继电器来转接信号，或使用 PLC 的远程 I/O 模块。

I/O 线与电源线应分开走线，并保持一定的距离。如不得已要在同一线槽中布线，应使用屏蔽电缆。交流线与直流线应分别使用不同的电缆。开关量、模拟量 I/O 线应分开敷设，后者应采用屏蔽线。如果模拟量输入输出信号距离 PLC 较远，应采用 4～20mA 或 0～10mA 的电流传输方式，而不是易受干扰的电压传输方式。

传送模拟信号的屏蔽线，其屏蔽层应一端接地，为了泄放高频干扰，数字信号线的屏蔽层应并联电位均衡线，其电阻应小于屏蔽层电阻的 1/10，并将屏蔽层两端接地。如果无法设置电位均衡线，或只考虑抑制低频干扰时，也可以一端接地。不同的信号线最好不用同一个插接件转接，如必须用同一个插接件，应用接线端子将它们分隔开，以减少相互干扰。

参 考 文 献

［1］ 李敬梅.电力拖动控制线路与技能训练.第4版.北京：中国劳动社会保障出版社，2007.

［2］ 叶云汉.电机与电力拖动项目教程.北京：科学出版社，2008.

［3］ 刘玉敏.机床电气线路原理及故障处理.北京：机械工业出版社，2008.

［4］ 杨宗强，李杰.维修电工操作技能培训教程（高级）.北京：化学工业出版社，2012.

［5］ 吴鸣山，项绮明，等.电子技术基础与技能实训教程.北京：电子工业出版社，2009.

［6］ 程民利.模拟电子技术实训.西安：西安电子科技大学出版社，2006.

［7］ 韩广兴，韩雪涛，等.电子产品装配技术与技能实训教程.北京：电子工业出版社，2009.

［8］ 杨宗强，辜竹筠.图解万用表的使用.北京：化学工业出版社，2010.

［9］ 赵广林.常用电子元件识别 / 检测 / 选用一读通.北京：电子工业出版社，2008.

［10］ 李全利.可编程序控制器及其网络系统的综合应用技术.北京：机械工业出版社，2005.

［11］ 李全利.PLC运动控制技术应用设计与实践（西门子）.北京：机械工业出版社，2010.